现 代 数 控 技 术 系 列（第4版）

现代数控原理
及控制系统
（第4版）

张吉堂　刘永姜　陆春月　周进节　编著

国防工业出版社
·北京·

内 容 简 介

本书主要介绍机械加工领域中的有关数控原理与系统,主要内容包括机床数字控制的基本原理、机床数控系统的基本概念、数控技术的最新发展动态,数控加工程序的预处理、点位控制与点位/直线切削控制、连续切削控制的各种插补算法、数控系统的刀具补偿原理以及数控机床进给速度的控制等数控技术,并介绍了机床数控系统的硬、软件结构及接口电路技术,还介绍了开放式数控系统和机器人数控技术。本书理论与实际相结合,着重于应用,突出理论的系统性、实例的代表性和技术的先进性。

本书既可作为机械设计制造及其自动化专业本科生、机电一体化类相关专业方向的硕士、博士研究生的教材和教学参考书,同时也可作为机械制造自动化领域相关工程技术人员和研究人员的学习参考书。

图书在版编目(CIP)数据

现代数控原理及控制系统/张吉堂编著. —4 版 . —北
京:国防工业出版社,2016.4
（现代数控技术系列/王爱玲主编）
ISBN 978 – 7 – 118 – 10634 – 3

Ⅰ.①现... Ⅱ.①张... Ⅲ.①数控机床 Ⅳ.①TG659

中国版本图书馆 CIP 数据核字(2016)第 030594 号

※

国防工业出版社 出版发行
（北京市海淀区紫竹院南路 23 号 邮政编码 100048）
三河市腾飞印务有限公司印刷
新华书店经售

*

开本 787×1092 1/16 印张 25¼ 字数 578 千字
2016 年 4 月第 4 版第 1 次印刷 印数 1—5000 册 定价 66.00 元

（本书如有印装错误,我社负责调换）

国防书店: (010)88540777　　　发行邮购: (010)88540776
发行传真: (010)88540755　　　发行业务: (010)88540717

"现代数控技术系列"（第4版）编委会

"现代数控技术系列"(第4版)总序

中北大学数控团队近期完成了"现代数控技术系列"(第4版)的修订工作,分六个分册:《现代数控原理及控制系统》《现代数控编程技术及应用》《现代数控机床》《现代数控机床伺服及检测技术》《现代数控机床故障诊断及维修》《现代数控加工工艺及操作技术》。该系列书2001年1月初版,2005年1月再版,2009年3月第3版,系列累计发行超过15万册,是国防工业出版社的品牌图书(其中,《现代数控机床伺服及检测技术》被列为普通高等教育"十一五"国家级规划教材,《现代数控原理及控制系统》还被指定为博士生入学考试参考用书)。国内四五十所高等院校将系列作为相关专业本科生或研究生教材,企业从事数控技术的科技人员也将该系列作为常备的参考书,广大读者给予很高的评价。同时本系列也取得了较好的经济效益和社会效益,为我国飞速发展的数控事业做出了相当大的贡献。

根据读者的反馈及收集到的大量宝贵意见,在第4版的修订过程中,对本系列书籍(教材)进行了较大幅度的增、删和修改,主要体现在以下几个方面:

(1)传承数控团队打造"机床数控技术"国家精品课程和国家精品网上资源共享课程时一贯坚持的"新""精""系""用"要求(及时更新知识点、精选内容及参考资料、保持现代数控技术系列完整性、体现教材的科学性和实用价值)。

(2)通过修订,重新确定各分册具体内容,对重复部分进行了协调删减。对必须有的内容,以一个分册为主,详细叙述;其他分册为保持全书内容完整性,可简略介绍或指明参考书名。

(3)本次修订比例各分册不太一样,大致在30%~60%之间。

变更最大的是以前系列版本中《现代数控机床实用操作技术》,由于其与系列其他各本内容不够配套,第4版修订时重新编写成为《现代数控加工工艺及操作技术》。

《现代数控原理及控制系统》除对各章内容进行不同程度的更新外,特别增加了一章目前广泛应用的"工业机器人控制"。

《现代数控编程技术及应用》整合了与《现代数控机床》重复的内容,删除了陈旧的知识,增添了数控编程实例,还特别增加一章"数控宏程序编制"。

《现代数控机床》对各章节内容进行更新和优化,特别新增加了数控机床的人机工程学设计、数控机床总体设计方案的评价与选择等内容。

《现代数控机床伺服及检测技术》更新了伺服系统发展趋势的内容,增加了智能功率模块、伺服系统的动态特性、无刷直流电动机、全数字式交流伺服系统、电液伺服系统等内容,并对全书的内容进行了优化。

《现代数控机床故障诊断及维修》对原有内容进行了充实、精炼,对原有的体系结构进行了更新,增加了大量新颖的实例,修订比例达到60%以上。第9章及第11章5、6节全部内容是新增加的。

(4)为进一步提升系列书的质量、有利于团队的发展,对参加编著的人员进行了调整。给学者们提供了一个新的平台,让他们有机会将自己在本学科的创新成果推广和应用到实践中去。具体内容见各分册详述及引言部分的介绍。

(5)为满足广大读者,特别是高校教师需要,本次修订时,各分册将配套推出相关内容的多媒体课件供大家参考、与大家交流,以达到共同提高的目的。

中北大学数控团队老、中、青成员均为第一线教师及实训人员,部分有企业工作经历,这是一支精诚团结、奋发向上、注重实践、甘愿奉献的队伍。一直以来坚守着信念:热爱我们的教育事业,为实现我国成为制造强国的梦想,为我国飞速发展的数控技术多培养出合格的人才。

从20世纪80年代王爱玲为本科生讲授“机床数控技术”开始,团队成员在制造自动化相关的科技攻关及数控专业教学方面获得了20多项国家级、省部级奖项。为适应培养数控人才的需求,团队特别重视教材建设,至今已编著出版了50多部数控技术相关教材、著作,内容涵盖了数控理论、数控技术、数控职业教育、数控操作实训及数控概论介绍等各个层面,逐步完善了数控技术教材系列化建设。

希望本次修订的“现代数控技术系列”(第4版)带给大家更多实用的知识,同时也希望得到更多读者的批评指正。

2015 年 8 月

第4版引言

随着微电子技术和计算机技术的发展,数控技术的发展日新月异,数控系统性能日臻完善,应用领域日益扩大。

本书从2002年1月第1版出版以来深受广大读者的欢迎,市场反应良好,2005年1月再版,2009年3月第3版。出版以来,被多所院校列为本科生、研究生教材,也被部分科研人员用作常备的参考书,获得了出版社及许多读者的好评,为我国飞速发展的数控事业做出了一定贡献。

本次再版仍以作为相关专业本科,特别是硕士、博士研究生的教材和教学参考书为基本定位,同时考虑为相关工程技术人员的研究、开发与应用提供技术参考。本着反映数控领域最新发展成果,拓展数控技术的相关内容,提高理论层次,淘汰过时内容的指导思想,对各章都进行了不同程度的提升、精炼、修改。并力争体现出以"取材新颖,介绍内容由浅入深,循序渐进,理论与实际相结合,着重于应用,突出理论的系统性、实例的代表性和技术的先进性"为特色。

为适应制造自动化的发展,向FMC、FMS和CIMS提拱基础设备,要求数控制造系统不仅能完成通常的加工功能,而且还要具备自动测量、自动上下料、自动换刀、自动更换主轴头等功能,而工业机器人为实现这些功能提供了最佳的方案,因此近年来数控系统与机器人的控制融合得到了快速的发展,各数控企业纷纷推出自己的解决方案。因此本次修订增加了"工业机器人控制"作为一章。

本书的主题是控制原理及系统,第1章是概述,第2章到第7章是原理,第8章到第11章是系统部分,按通用系统、开放系统、机器人控制系统及这些控制系统中有特色的接口技术来安排各章节。

本次再版除新增加了"工业机器人控制"作为第10章,原来的第10章调整为第9章,原第9章调整为第11章外,其余各章节都进行了不同程度的修改。第1章重写了1.3.2小节"我国数控系统的发展概况"中的"(我国)数控系统发展现状"和1.3.3小节"数控系统的发展趋势";第2章添加了介绍STEP-NC标准发展的新内容;第3章重写了3.2.3小节,题目从"DNC数控系统输入方式"变为"磁盘输入和通信输入方式";第4章到第7章是数控原理部分,内容基本没有改变,只调整了体系结构,精炼了文字表达,修正了个别错误;第8章增加了8.1节"计算机数控系统概述",分为8.1.1小节"计算机数控系统概念及原理"和8.1.2小节"计算机数控系统的组成及特点",还重写了8.5.2小节"并联数控系统",另外,原8.5.2小节"开放式数控系统"主要内容调整到了第9章,并进行了更新;第 9 章根据原 8.5.2 小节和"开放式数控系统案例"一节及收集到的最新资料进行了改写更新,充实了内容,突出了开数控系统的主题;第 11 章增加了 11.6 节"数控系统总线技术";另外还修正了原来的一些笔误、印刷错误等。

本书主要内容包括机床数字控制的基本原理、机床数控系统的基本概念、数控技术的最新发展动态,数控加工程序的预处理、点位控制与点位/直线切削控制、连续切削控制的各种插补算法、数控系统的刀具补偿原理以及数控机床进给速度的控制等数控技术,并介绍了机床数控系统的硬、软件结构及接口电路技术,还介绍了开放式数控系统和机器人数控技术。

本书第 1,2,3,4 章由张吉堂编写,第 5,6 章由刘永姜编写,第 7 章由梁晶晶编写,第 8,11 章由陆春月编写,第 9 章由周进节编写,第 10 章由张纪平编写。丛书总主编王爱玲教授对全书进行了主审。本书在编写过程中参阅了国内外同行的相关教材、资料与文献,在此谨致谢意。

数控技术发展日新月异,限于编著者的水平,书中定有不少尚且没有来得及更新的内容,也会在编写上存在一些缺点和疏漏,恳请读者批评指正。

张吉堂

2015 年 8 月

目　　录

第1章 数控系统概述

1.1 机床数字控制的基本原理

1.1.1 数字控制的基本概念

数字控制(Numerical Control,NC),简称为数控,是一种自动控制技术,是用数字化信号对控制对象加以控制的一种方法。数字控制是相对于模拟控制而言的,数字控制系统中的控制信息是数字量,而模拟控制系统中的控制信息是模拟量。数字控制与模拟控制相比有许多优点,如可用不同的字长表示不同精度的信息,可对数字化信息进行逻辑运算、数学运算等复杂的信息处理工作,特别是可用软件来改变信息处理的方式或过程,而不用改动电路或机械机构,从而使机械设备具有很大的"柔性"。因此数字控制已被广泛用于机械运动的轨迹控制和机械系统的开关量控制,如机床的控制、机器人的控制等。

数字控制的对象是多种多样的,但数控机床是最早应用数控技术的控制对象,也是最典型的数控化设备。数控机床是采用了数控技术的机床,或者说是装备了数控系统的机床。国际信息处理联盟(International Federation of Information Processing,IFIP)第五技术委员会,对数控机床作了如下定义:数控机床是一种装了程序控制系统的机床,程序控制系统能逻辑地处理由控制编码或其他符号指令构成的程序。

定义中所提的程序控制系统,就是数控系统(Numerical Control System,NCS)。数控系统是一种控制系统,它自动输入载体上事先给定的数字量,并将其译码,再进行必要的信息处理和运算后,控制机床动作和加工零件。最初的数控系统是由数字逻辑电路构成的专用硬件数控系统(Hard NC)。随着微型计算机的发展,硬件数控系统已逐渐被淘汰,取而代之的是计算机数控系统(Computer Numerical Control,CNC)。CNC 系统是由计算机承担数控中的命令发生器和控制器的数控系统。由于计算机可完全由软件来确定数字信息的处理过程,从而具有真正的"柔性",并可以处理硬件逻辑电路难以处理的复杂信息,CNC 系统与硬件数控系统相比,性能大大提高。

1.1.2 数控机床的组成

数控机床是典型的数控化设备,它一般由信息载体、计算机数控装置、伺服系统和机床四部分组成,如图 1-1 所示。

信息载体 → 计算机数控装置 → 伺服系统 → 机床

图 1-1 数控机床的组成

1

1. 信息载体

信息载体又称控制介质,用于记录数控机床上加工一个零件所必需的各种信息,如零件加工的位置数据、工艺参数等,以控制机床的运动,实现零件的机械加工。常用的信息载体有穿孔带、穿孔卡、磁带、磁盘等,它们通过相应的输入装置将信息输入到数控系统中。数控机床也可采用操作面板上的按钮和键盘将加工信息直接输入,或通过通信接口将计算机上编写的加工程序输入到数控系统。高级的数控系统可能还包含一套自动编程机或者 CAD/CAM 系统。由这些设备实现编制程序、输入程序、输入数据以及显示、模拟显示、存储和打印等功能。

2. 计算机数控装置

计算机数控装置是数控机床的核心,它的功能是接受载体送来的加工信息,经计算和处理后去控制机床的动作。它由硬件和软件组成。硬件除计算机外,其外围设备主要包括光电阅读机、CRT、键盘、操作面板、机床接口等。光电阅读机用于输入系统程序和零件加工程序;CRT 供显示和监控用;键盘用于输入操作命令及编辑、修改程序段,也可输入零件加工程序;操作面板可供操作人员改变操作方式、输入整定数据、启停加工等;机床接口是计算机和机床之间联系的桥梁,机床接口包括伺服驱动接口及机床输入/输出接口。伺服驱动接口主要是进行数/模转化,以及对反馈元件的输出进行数字化处理并记录,以供计算机采样;机床输入/输出接口用于处理辅助功能。软件由管理软件和控制软件组成。管理软件主要包括输入、输出、显示、诊断等程序;控制软件包括译码、刀具补偿、速度控制、插补运算、位置控制等部分。数控装置控制机床的动作可以概括为以下几点:

(1)机床主运动,包括主轴的启动、停止、转向和速度选择。

(2)机床的进给运动,如点位、直线、圆弧、循环进给的选择,坐标方向和进给速度的选择等。

(3)刀具的选择和刀具的补偿(长度补偿、半径补偿)。

(4)其他辅助运动,如各种辅助操作,工作台的锁紧和松开,工作台的旋转与分度和冷却泵的开、停等。

3. 伺服系统

伺服系统是数控系统的执行部分,包括驱动机构和机床移动部件,它接受数控装置发来的各种动作命令,驱动受控设备运动。伺服电机可以是步进电机、电液马达、直流伺服电机或交流伺服电机。

4. 机床

机床是用于完成各种切削加工的机械部分,是在普通机床的基础上发展来的,但也做了很多改进和提高,它的主要特点:

(1)由于大多数数控机床采用了高性能的主轴及伺服传动系统,因此数控机床的机械传动结构得到了简化,传动链大大缩短。

(2)为了适应数控机床连续地自动化加工,数控机床机械结构具有较高的动态刚度、阻尼精度及耐磨性,热变形较小。

(3)更多地采用高效传动部件,如滚珠丝杠副、直线滚动导轨等。

(4)不少数控机床还采用了刀库和自动换刀装置以提高机床工作效率。

1.1.3 数控机床加工零件的操作过程

1. 数控程序的编制

先根据零件图纸的要求设计数控加工工艺过程,如工步、加工路线、切削用量、行程等,再按编程手册的有关规定编制数控加工程序单。

2. 控制介质的制作和程序的输入

由加工程序单制作控制介质,如穿孔带、磁带、磁盘等,再将控制介质记录的加工信息通过输入装置输入到数控系统中。

3. 加工信息的处理与计算和控制指令的发出

当加工程序输入到数控系统后,在控制系统内部的系统程序的支持下,对加工程序进行必要的处理与计算后,发出相应的控制指令。

4. 控制指令的执行

运动部件按控制指令进行运动,从而实现零件的数控加工。

1.1.4 计算机数控系统的工作过程

计算机数控系统的工作过程如下:

(1)输入,即将零件加工程序、控制参数和补偿数据等输入给数控系统。

(2)译码,输入的程序段含有零件的轮廓信息(起点、终点、直线还是圆弧等)、要求的加工速度以及其他的辅助信息(换刀、换挡、冷却液开关等),计算机依靠译码程序来识别这些符号,并将加工程序翻译成计算机内部能识别的语言。

(3)数据处理,一般包括刀具半径补偿、速度计算和辅助功能的处理。刀具半径补偿是把零件轮廓轨迹转化为刀具中心轨迹。速度计算是解决该加工数据段以什么样速度运动的问题。加工速度的确定是一个工艺问题。数控系统仅仅是保证这个编程速度的可靠实现。另外,辅助功能如换刀、换挡等也在这个程序中实现。

(4)插补,即根据给定的曲线类型(如直线、圆弧或高次曲线)、起点、终点以及速度,在起点和终点之间进行数据点的密化。计算机数控系统的插补功能主要由软件来实现,目前主要有两类插补方法:一是脉冲增量插补,它的特点是每次插补运算结束产生一个进给脉冲;二是数字增量插补,它的特点是插补运算在每个插补周期进行一次,根据指令进给速度计算出一个微小的直线数据段。

(5)执行,伺服系统将计算机送出的位置进给脉冲或进给速度指令,经变换和放大后转化为伺服电机(步进电机或交、直流伺服电机)的转动,从而带动机床工作台移动。

(6)管理,当一个数据段开始插补时,管理程序即着手准备下一个数据段的读入、译码、数据处理,即由它调用各个功能子程序,且保证一个数据段加工过程中将下一个程序段准备就绪。一旦本数据段加工完成,即开始下一个数据段的插补加工。整个零件加工就是在这种周而复始的过程中完成。

1.2 机床数控系统的分类

机床数控系统的种类很多,为了便于了解和研究,可从不同的角度对其进行分类。

1.2.1 按机床的运动轨迹分类

按照机床的运动轨迹可把机床数控系统分为三大类：

1. 点位控制系统

点位控制系统(Point to Point Control System)只控制机床移动部件的终点位置，而不管移动所走的轨迹如何，可以一个坐标移动，也可以二坐标同时移动，在移动过程中不进行切削。为保证定位精度，可在移动过程中采用如图 1-2 所示的分级降速、连续降速或单向定位等方法提高定位精度。数控钻床、数控镗床、数控冲床等都属于点位控制系统。

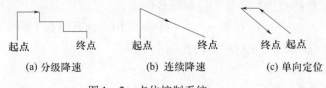

图 1-2 点位控制系统

2. 直线切削控制系统

直线切削控制系统(Strait Cut Control System)控制刀具或工作台以适当的速度按平行于坐标轴的方向直线移动并可对工件进行切削，这类系统也能按 45°进行斜线切削，但不能按任意斜率进行切削，简易数控车就属于直线切削控制系统。也可将点位控制系统和直线切削控制系统结合在一起成为点位/直线切削控制系统，数控镗床属于这一类系统。

3. 连续切削控制系统

连续切削控制系统(Contouring Control System)又称轮廓控制系统，它能对刀具与工件相对移动的轨迹进行连续控制，能加工曲面、凸轮、锥度等复杂形状的零件，数控铣床、数控车床、数控磨床均采用连续切削控制系统。连续切削控制系统的核心装置就是插补器。插补器的功能是按给定的尺寸和加工速度用脉冲信号使刀具或工件走任意斜线或圆弧，分别称为直线插补器和圆弧插补器。高级的连续控制系统的插补器还具有抛物线、螺旋线插补功能。

连续切削控制系统按同时控制且相互独立的轴数，可以有 2 轴控制，2.5 轴控制，3，4，5 轴控制等。2 轴控制指的是可以同时控制 2 轴，可以进行图 1-3 所示的曲线形状加工，但机床也许多于 2 轴，如 X,Y,Z 三个移动坐标轴，同时控制 X、Z 坐标和 Y、Z 坐标时，可以加工图 1-4 所示形状的零件；2.5 轴控制是指两个轴连续控制，第三个轴点位或直线控制，从而实现三个主要轴 X,Y,Z 内的二维控制；3 轴控制是指同时控制 X,Y,Z 三个坐标，这样刀具可移动到坐标空间的任意位置，因而能够进行三维的立体加工，如图 1-5 所示；4 轴控制是指同时控制 4 个坐标运动，即在 3 个平动坐标之外，再加一个旋转坐标，同时控制 4 个坐标的数控机床如图 1-6 所示，可用来加工叶轮或圆柱凸轮；5 轴控制中的 5 个轴是三个平动 X,Y,Z，再加上围绕这些直线坐标旋转的旋转坐标 A,B,C 中的两个坐标，实现 5 个坐标同时控制，这时刀具可以给定在空间的任意方向。因而当进行如图 1-7所示的曲面切削时，可以使刀具对曲面保持一定角度，也可以进行如图 1-8 所示零件侧面的切削。此外，在一次装卡的情况下，能实现任意方向的孔加工。由于刀具可以按数学规律导向，使之垂直于任何双曲线平面，因此特别适合于加工透平叶片、机翼等。

4

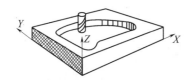

图 1 - 3　同时控制两个坐标的轮廓控制

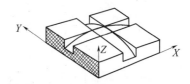

图 1 - 4　同时控制两个坐标的轮廓控制

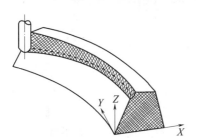

图 1 - 5　3 轴联动的数控加工

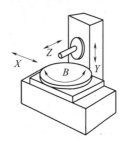

图 1 - 6　同时控制 4 个坐标的数控机床

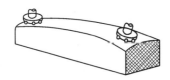

图 1 - 7　5 轴联动的曲面切削

图 1 - 8　5 轴联动的侧面切削

1.2.2　按伺服系统的控制方式分类

伺服系统包括驱动机构和机床移动部件,它是数控系统的执行部分,按其控制原理可分为以下三类。

1. 开环控制系统

典型的开环伺服系统(Open Loop Control System)如图 1 - 9 所示,是采用步进电机的伺服系统。数控装置发来的每一个进给脉冲经驱动线路放大并驱动步进电机转动一个步距(即一个固定的角度,如 1.5°),再经减速齿轮带动丝杠旋转,并通过丝杠螺母副传动使工作台移动。可以看出工作台的移动量与进给脉冲的数量成正比。显然这种开环系统的精度完全依赖于步进电机的步距精度及齿轮、丝杠的传动精度。它没有测量反馈矫正措施,所以不能用于高精度的数控机床,但开环系统的结构简单、调试容易、造价低,在数控机床的发展过程中占有一定的重要地位,现在仍普遍采用。

图 1 - 9　开环伺服系统方框图

2. 半闭环控制系统

半闭环控制系统(Semi-closed Loop Control System)如图 1 - 10 所示,采用装在丝杠上或伺服电机上的角位移测量元件测量丝杠或电机轴的转动量,从而间接地测量工作台的移动量。它的优点是不论工作台位移的长短,角位移测量元件可 360°循环使用。

5

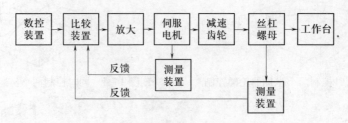

图 1 - 10　半闭环伺服系统方框图

半闭环的意思就是用丝杠(或电机轴)的转动量与数控装置的命令相比较(闭环),而另一部分丝杠——螺母——工作台的移动量不受闭环控制(开环),故称为半闭环。显然,从理论上讲,半闭环的精度低于闭环,但半闭环调试方便,稳定性好,角位移的测量元件简单、价廉,所以配备传动精度较高的齿轮、丝杠的半闭环系统得到了广泛应用。

3. 闭环控制系统

闭环控制系统(Closed Loop Control System)如图 1 - 11 所示,采用直线位移测量元件,测量机床移动部件工作台(或主轴箱)的位置并将测量结果送回数控装置,与命令的移动量相比较,二者不相等而有差值时,将此差值放大后控制伺服电机带动工作台继续移动,直至测量值与命令值相等差值为零或接近于零时停止移动。从理论上讲,闭环伺服系统的精度取决于测量元件的精度,但实际上机床的结构、传动装置以及传动间隙等非线性因素都会影响精度,严重的还会使闭环伺服系统的品质下降甚至引起振荡。

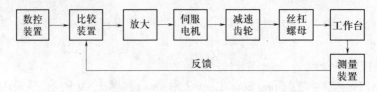

图 1 - 11　闭环伺服系统方框图

1.2.3　按数控系统功能水平分类

按照数控系统的功能水平,数控系统可以分为经济型(低档型)、普及型(中档型)和高档型数控系统三种。这种分类方法没有明确的定义和确切的分类界线,且不同时期、不同国家的类似分类含义也不同。下面的叙述可作为按数控系统功能水平分类的参考条件。

1. 经济型又称简易数控系统

使用这一档次数控系统的数控机床通常仅能满足一般精度要求的加工,能加工形状较简单的直线、斜线、圆弧及带螺纹类的零件,采用的微机系统为单板机或单片机系统,具有数码显示或 CRT 字符显示功能,机床进给由步进电机实现开环驱动,控制的轴数和联动轴数在 3 轴或 3 轴以下,进给分辨力为 $10\mu m$,快速进给速度可达 10m/min。这类机床结构一般都比较简单,精度中等,价格也比较低廉,一般不具有通信功能。如经济型数控线切割机床、数控钻床、数控车床、数控铣床及数控磨床等。

2. 普及型通常称为全功能数控系统

这类数控系统功能较多,但不追求过多,以实用为准,除了具有一般数控系统的功能以外,还具有一定的图形显示功能及面向用户的宏程序功能等。采用的微机系统为 16 位或 32 位微处理器,具有 RS-232C 通信接口,机床的进给多用交流或直流伺服驱动,一般系统能实现 4 轴或 4 轴以下联动控制,进给分辨力为 1μm,快速进给速度为 10m/min ~ 20m/min,其输入/输出的控制一般可由可编程序控制器来完成,从而大大增强了系统的可靠性和控制的灵活性。这类数控机床的品种极多,几乎覆盖了各种机床类别,且其价格适中,目前它总的趋势是趋向于简单、实用,不追求过多的功能,从而使机床的价格适当降低。

3. 高档型数控系统

使用高档数控系统的机床一般是多轴控制机床,能加工复杂形状的工件,且其工序集中、自动化程度高、功能强、具有高度柔性。高档数控系统采用的微机系统为 32 位以上微处理器系统,机床的进给大多采用交流伺服驱动,除了具有一般数控系统的功能以外,应该至少能实现 5 轴或 5 轴以上的联动控制,最小进给分辨力为 0.1μm,最大快速移动速度能达到 100m/min 或更高,具有三维动画图形功能和宜人的图形用户界面;同时还具有丰富的刀具管理功能、宽调速主轴系统、多功能智能化监控系统和面向用户的宏程序功能;还有很强的智能诊断和智能工艺数据库,能实现加工条件的自动设定,且能实现计算机的联网和通信。这类系统功能齐全,价格昂贵,如 5 轴以上的数控铣床,大、重型数控机床,五面加工中心,车削中心和柔性加工单元所用数控系统等。另外,用于高速加工机床的数控系统,由于要求系统有很高的内部数据处理速度、较大的程序存储量以及前瞻性等特点,也应归为高档数控系统。

1.3　数控系统的发展

1.3.1　数控系统的发展简史

1947 年,为了精确地制作直升机叶片,美国密歇根州特拉弗斯城帕森公司的帕森 (John C. Parson) 提出了用电子装置控制坐标镗床的方案。

1949 年,美国空军后勤司令部为了能在短时间内造出火箭发动机零件,与帕森公司合作并选择麻省理工学院伺服机构研究所为协作单位,开展了机床数控装置的研究工作。他们经过近三年的努力于 1952 年研制成功了基于电子管和继电器的机床数控装置,用于控制三坐标立式铣床,它标志着第一代数控系统——电子管数控系统的诞生。

1959 年,完全由固定布线的晶体管元器件电路所组成的第二代数控系统——晶体管数控系统研制成功,取代了昂贵的、易坏的、难以推广的电子管控制系统。

随着数控系统的发展,对数控系统的实用性、柔性、易维修性、控制装置的功能环境及对任意机床类型的适应性等来自应用方面的要求不断提高,要满足这些要求,对固定布线的晶体管元器件电路所组成晶体管数控系统而言,耗资巨大。因此,随着集成电路技术的发展,1965 年出现了第三代数控系统——集成电路数控系统,这些问题的解决难度稍微有所改观。当以计算机作为数控系统的核心部件后,才为这些复杂的问题提供了一种简单的、经济的解决方法。1970 年,在美国芝加哥国际机床展览会上,首次展出了第四代数控系统——小型计算机数控系统。

随着微型计算机以其无法比拟的性能价格比渗透到各个行业,1974 年,第五代数控系统——微型计算机数控系统也出现了。应用一个或多个计算机作为核心部件的数控系统统称为计算机数控系统(CNC)。随着微电子技术和微处理技术的飞速发展,特别是 32 位微处理器的问世,又出现了以 32 位微机为核心部件的高性能 CNC 系统。它的主要特点:能同时进行多任务处理,可得到高精度的进给分辨率,能进行高速度的插补运算和高速度的程序段处理,能够实现加工过程的高分辨率实时动态图像显示等。装有高性能 CNC 系统的数控机床在加工能力、加工速度、加工精度和自动化程度等方面都大幅度地得到提高。

但传统的 CNC 数控系统是一种专用封闭式系统,它的缺点如下:

(1)与通用计算机不兼容,不同厂家的数控系统不兼容,甚至同一个厂家的不同系列的数控系统也不兼容。

(2)各种数控系统内部结构和运行过程复杂,一旦发生故障,往往要找生产厂家来维修,很不方便,而且大大提高了维修费用。

(3)升级和进一步开发困难。

(4)专用封闭式数控系统的发展一般滞后计算机技术 5 年左右,在计算机迅猛发展的今天,这是一个相当长的时间。

上述特点严重制约着数控技术的发展,不能满足市场对数控技术的新要求。针对这种情况,人们在 20 世纪 80 年代提出了开放式控制系统的概念,经过二十多年的研究开发,世界上主要数控系统企业现在的主要产品已经具有了很大的开放性,这标志着数控系统已发展到第六代。

IEEE 关于开放式系统的定义:能够在不同厂商的多种平台上运行,可以和其他系统的应用程序互操作,并且能够给用户提供一致性的人机交互方式。根据这一定义,开放式数控系统应具有可互操作性、可移植性、可伸缩性、可互换性等特征。以 PC 作为 CNC 系统核心的开放式数控系统使数控技术从传统的封闭模式走出来,融入主流计算机中,并随主流计算机技术的迅速进步而快速发展。

回顾数控技术的发展,其经历了两个阶段、六代的发展历程。第一个阶段叫做 NC 阶段,经历了电子管、晶体管和小规模集成电路三代。自 1970 年小型计算机开始用于数控系统就进入到第二个阶段,叫做 CNC 阶段,称为第四代数控系统;从 1974 年微处理器开始用于数控系统即发展到第五代。经过十多年的发展,数控系统从性能到可靠性都得到了根本性的提高。实际上从 20 世纪末期直至今天,在生产中使用的数控系统大多是第五代数控系统。但第五代 CNC 数控系统以及以前的各代都是一种专用封闭式系统,而第六代——开放式数控系统将代表着数控系统的未来发展方向,将在现代制造业中发挥越来越重要的作用。

综上所述,尽管数控技术出现已经 50 年,但数控理论与技术仍然是方兴未艾、生机勃勃的新兴科学。现代工业向数控技术提出了越来越高的要求,同时微电子计算机技术以及电机技术的发展,也为数控技术发展提供了广阔的技术发展空间。

1.3.2 我国数控系统的发展概况

1. 历史回顾

我国数控系统研究起步于1958年,50多年的发展历程大致可分为三个阶段[1]:

(1) 第一阶段:从1958年到1979年,即封闭式发展阶段,这一阶段研制出了晶体管数控系统和集成电路数控系统。在此阶段,由于国外的技术封锁和我国的基础条件的限制,数控系统的发展较为缓慢。

1958年开始,全国有上百所高等学校、研究机构和工厂开展数控技术研究和试制。由于国产元器件不配套,加之工艺和技术还不够成熟,自1960年开始,数控研究工作纷纷下马,至1962年坚持开展数控技术研究工作的单位已寥寥无几。少数几个坚持开展数控研究工作的单位于1966年研制成功晶体管数控系统,随后将其样机用于生产,其中有的品种已小批量生产,如线切割机、非圆齿轮插齿机等是代表性产品。1972年研制成功集成电路数控系统。1973年召开了三次全国性的数控攻关会,制订规划,安排生产点,开展技术攻关,全国约有200多个单位参加,同时上马,同时开发同一产品,造成严重的重复和浪费。三年攻关成果于1976年在北京展览馆展出了34种、40多台使用国产数控系统的数控机床。但是真正在生产中应用的几乎没有,加之1979年国家进入调整时期,数控系统的科研和生产处于停顿状态。但数控线切割机用数控系统,由于模具加工的迫切需要,以及其价格低廉、技术简单、易于掌握、使用方便等特点,保持了发展的局面,年产量约在600~700套。后来,这些机床的数控系统采用微机进行了改造。

(2) 第二阶段:是在国家"六五"、"七五"期间以及"八五"的前期,这一阶段通过引进技术,消化吸收,初步建立起国产化数控系统体系。

1980年开始引进日本具有70年代末期水平的微处理器数控系统和直流伺服驱动技术,并于1981年开始生产,到1988年共生产各种数控系统1300多套,满足了国内市场的部分需求。同时,1985年又开始引进美国GE和DYNAPATH公司的数控系统和驱动技术,在上海市机床研究所和辽宁精密仪器厂组织生产。1985年以后,我国的数控机床,在引进、消化国外技术的基础上,进行了大量的开发工作,初步建立起国产化数控系统研究开发体系。到1989年底,我国数控机床的可供品种已超过300种,其中数控车床占40%,加工中心占27%,其他的品种为重型机床、镗铣床、电加工机床、磨床、齿轮加工机床等,其中的一部分使用了国产数控系统。

(3) 第三阶段:是在国家"八五"的后期开始发展至今,主要是实施产业化的研究,进入市场竞争阶段。在此阶段,我国国产数控装备的产业化取得了实质性进步,已奠定了数控技术发展的基础,形成了数控系统研发基地,建立了诸如华中数控、广州数控、航天数控、蓝天数控、沈阳高精数控等具有批量生产能力的数控系统生产企业。

2. 数控系统发展现状

目前,国内机床市场上的数控系统市场格局,基本还是中高档以国外系统为主,例如发那科、西门子、三菱等;中低档以国产系统为主,例如广州数控、华中数控、航天数控、蓝天数控、华兴数控、北京凯恩帝等。国外数控系统长期以来的技术优势,使得高速加工中心、钻铣中心、复合机床等高档设备,几乎很少选用国产数控系统。针对这种情况,从2009年起,国家实施了"高档数控机床与基础制造装备"科技重大专项,包括十多个项目,五十多个课题,围绕数控机床系统、功能部件、数字化工具系统及量仪、冲压设备、锻造设备等作了详细的研究发展计划,该计划的实施使国产中高档数控系统的开发和生产取得明显进展和突破。

1) 国产数控系统的特点[1,2]

(1) 目前国产经济型数控系统性价比高,而国外系统由于不能及时维修、维修费用高,性价比低。

(2) 国内普及型数控系统在技术性能上与国外系统差别不大,都可以实现 4 轴联动控制及各种曲线插补功能,但国产系统开放性好,可根据实际情况扩展功能,便于进行二次开发,与国外系统差距主要在硬件的稳定性、可靠性,以及配套驱动和电机的性能。

(3) 国内高档数控系统均实现了多轴多过程控制,主要采用了以工业 PC 机为硬件平台,DOS、Windows 及其丰富的支持软件为软件平台的技术路线,具有性能价格比高、产品开发周期短、系统维护方便、更新换代快等许多优点。与国外的差距主要在高速、高精、多通道等软件的功能上,以及配套的电主轴、直线电机、力矩电机等功能部件。

(4) 国产数控系统近几年升级换代很快,在高端市场也取得了跨越式的进展,但只占据小部分特殊的行业市场,没有得到大部分客户的认同,要实现"做得出、用得上、卖得掉"的目标,还有比较长的路要走。

(5) 国内数控技术研究开发方面严重缺乏各方面专家人才和熟练技术工人;缺少深入系统的科研工作;企业和企业间缺乏合作,基本上孤军作战,虽然厂多人众,但形成不了合力。而国外数控系统发展较早,几家知名企业像发那科、西门子技术队伍很强大,软件功能很完善,一直占据国内的高中档市场。

2) 国产数控系统最新发展[3-6]

数控机床专项自 2009 年实施以来,不断加强和完善组织实施和管理措施,取得了一批阶段性成果,在重点领域企业成功应用,有部分产品在与国际先进技术产品同台竞争中赢得订单,成功进入国际高端市场。下面介绍体现国产数控系统最新发展的一些典型成果。

(1) 武汉华中数控股份有限公司:研制了高性能、高性价比的新一代全数字总线式华中 8 型高档数控系统。该系统可跨平台移植、裁剪,深度二次开发,形成高、中、低档产品。针对中档、标准型数控机床市场的 HNC-818 已经进入批量生产和推广应用阶段。同时,以华中 8 型高档数控系统为基础,结合网络化、信息化功能,推出新一代"云数控系统",打造面向生产制造企业、机床厂商、数控厂商以制造设备为中心的数字化服务平台。

(2) 广州数控设备有限公司:研发了具有全部自主知识产权的 GSK27 系列全数字高档数控系统,并实现高档数控装置的产业化。可满足具有五轴联动功能的铣削加工中心、车削加工中心、车铣复合加工中心等高档数控机床的配套要求。该系统采用多处理器实现纳米级控制;人性化人机交互界面,菜单可配置,根据人体工程学设计,更符合操作人员的加工习惯;采用开放式软件平台,可以轻松与第三方软件连接;高性能硬件支持最大 8 通道,64 轴控制。另外,他们还开发了高性能全数字驱动单元(GS/GR 系列驱动单元)及交流伺服电机(SJT 系列交流伺服电机)、主轴电机(ZJY 系列主轴电机),满足配套中高档和大型数控机床的多规格系列化产品的需要,并形成批量生产能力。

(3) 沈阳高精数控技术有限公司:开发了新一代总线式数字高档数控系统 GJ400,系统采用基于多 CPU 的分体结构,支持 X86 和国产"龙芯"CPU 处理芯片,具有多种总线和传感器接口,并通过高速现场网络形成高性能分布式处理平台。

(4) 大连光洋科技工程有限公司:研制了新一代光纤总线开放式高档数控系统 GNC60、GNC61 系列化产品。具有多轴多通道控制能力,比较强的五轴控制能力,较高的数控系统及伺服驱动的动态响应能力和几何误差补偿能力。具有系统 3 维在线切削仿真和 GMDL 会话式编程引擎和更为方便的对刀方式和刀尖点坐标显示能力等。

另外 GNC61 数控系统还具有二次开发平台,该平台有三大功能:功能一是培训用户,用户可以像操作机床一样去操作;功能二是模拟仿真,用户为了避免碰坏昂贵零件,可以先在平台上进行首件的模拟仿真加工,安全不占机时;功能三是系统的二次开发,用户可以根据自身需要在平台上边开发边验证,验证之后可以形成用户自己特色的数控系统,从界面到功能都可以进行二次开发。

(5) 沈阳机床股份有限公司:自主研发 i5 系统,实现智能补偿、智能诊断、智能控制、智能管理。智能补偿实现智能校正,误差可以智能补偿,实现高精度,产品精度在不用光栅尺测量的情况下,达到 3μm;智能诊断实现故障及时报警、防止停机;智能控制实现高效、低耗和精准控制;智能管理实现"指尖上的工厂"实时传递和交换机床加工信息。更为重要的是该系列系统已经应用到公司的部分产品中,如 i5 T3、i5 T5 智能数控车床、i5 M2 智能钻攻中心、i5 M8 智能五轴立式加工中心等。

上述高档数控系统已经应用于我国航空航天、船舶、汽车、发电设备制造领域,用于加工航空发动机叶片、船用柴油机曲轴、汽车覆盖件、汽轮机叶片等,预示着我国高档数控系统得到更为广泛应用的美好前景。

1.3.3 数控系统的发展趋势

随着微电子技术和计算机技术的发展,数控系统性能日臻完善,数控系统应用领域日益扩大。为了满足社会经济发展和科技发展的需要,数控系统正朝着高精度、高速度、高可靠性、智能化、信息化与工业化高度融合、开放性、数控系统同工业机器人控制融合等方向发展。

1. 高速度高精度化[7,8]

速度和精度是数控系统的两个重要技术指标,它直接关系到加工效率和产品质量。对于数控系统,高速度化,首先是要求计算机数控系统在读入加工指令数据后,能高速度处理并计算出伺服电动机的位移量,并要求伺服电机高速度地做出反应。此外,要实现生产系统的高速度化,还必须谋求主轴转速、进给率、刀具交换、托盘交换等各种关键部件实现高速度化。

提高微处理器的位数和速度是提高 CNC 速度的最有效的手段。日本 FANUC 公司所有最新型号的 CNC 都使用 32 位微处理器技术。FANUC 公司 FS15 数控系统采用 32 位机,实现了最小移动单位为 0.1μm 情况下达到最大进给速度 100m/min。FANUC 公司 FS16 和 FS18 数控系统还采用了简化与减少控制基本指令的精简指令计算机(Reduced Instruction Set Computer,RISC),它能进行高速度的数据处理,其执行指令速度可达到每秒 100 万条指令。现在一个程序段的处理时间可缩短到 0.5ns,在连续 1mm 的移动指令下能实现的最大进给速度可达 120m/min。西门子 SINUMERIK 828D 的 80 位浮点数纳米计算精度(NANOFP),达到了紧凑型系统新的高度。

提高数控机床的加工精度,一般是通过减少数控系统的控制误差以及众多的先进技术来达到。

在减小 CNC 系统控制误差方面,一般采取提高数控系统的分辨率、以微小程序段实现连续进给、使 CNC 控制单元精细化、提高位置检测精度(日本交流伺服电动机有的已装上每转可产生 100 万个脉冲的内藏式位置检测器,其位置检测精度能达到 $0.01\mu m$/脉冲),以及位置伺服系统采用前馈控制与非线性控制等方法。

与计算机控制相配套的提高机床精度的技术主要包括高精度高刚度伺服驱动及反馈技术,高精度高刚度的结构设计技术,电主轴、力矩电机、直线电机与直驱技术,温升、变形、不平衡、磨损等多种检测补偿技术,减摩抗震技术,高精度高刚度的回转支承技术、静压技术,精密零部件制造技术等,从不同技术层面共同推动了机床精度的不断提升。

2. 高可靠性

数控系统比较贵重,用户期望发挥投资效益,要求设备可靠。特别是对要用在长时间无人操作环境下的数控系统,可靠性成为人们最为关注的问题。提高可靠性通常可采取如下一些措施:

(1)提高线路集成度。采用大规模或超大规模的集成电路、专用芯片及混合式集成电路,以减少原器件的数量,精简外部连线和减低功耗。

(2)建立由设计、试制到生产的一整套质量保证体系。例如,采取防电源干扰,输入输出光电隔离;使数控系统模块化、通用化及标准化,以便于组织批量生产及维修;在安装制造时注意严格筛选元器件;对系统可靠性进行全面的检查考核等。通过这些手段,保证产品质量。

(3)增强故障自诊断功能和保护功能。由于元器件失效、编程及人为操作错误等原因,数控系统完全可能出现故障。数控系统一般具有故障自诊断功能,能够对硬件和软件进行故障诊断,自动显示出故障的部位及类型,以便快速排除故障。新型数控系统还具有故障预报和自恢复功能。此外,注意增强监控与保护功能,例如,有的系统设有刀具破损检测、行程范围保护和断电保护等功能,以避免损坏机床及报废工件。

由于采取了各种有效的可靠性措施,现代数控系统的平均无故障工作时间可达到 $MTBF = 10000 \sim 36000h$。

3. 智能化[7,9,10]

智能化是各种智能技术的集合,通过这些智能技术可以让设备具有一定的感知、判断、选择、学习等主观分析能力。数控系统的智能化主要指设备本身的功能,包括数控系统对程序和加工的智能处理、对机床运行过程的信息记录和输出、对各种检测设备和传感设备的兼容、对各类通信和控制总线的接口等。下面以发那科(FANUC)和西门子数控系统为例来说明智能化方面发展。

目前发那科产品比较常见的智能化功能体现在 CNC 控制功能、操作编程、维护保养、通信接口和控制总线。

在 CNC 控制功能中,发那科研究了 20 余年的"学习控制"技术,是发那科最高级的智能化功能。该技术能够让 CNC 通过不断地自学习,实现加工误差的最小化,在汽车曲轴、凸轮等非圆零件加工中,得到了广泛的应用。

发那科也一直在致力于让 CNC 的操作变得更加智能,从而提升工作效率。比如,人机交互式的编程引导软件,可用于缩短加工编程时间;三维干涉检测功能,可用于防止由于操作不慎导致的机床碰撞。

在维护保养方面,故障报警自诊断功能,可以帮助维修人员快速找到故障原因;绝缘劣化检测功能,可以提前预知电动机可能的故障,从而让维护人员能够及早发现问题,减少停机时间。

在通信接口和控制总线方面,FANUC 提供了 RS－232、USB、以太网,以及 ETHERNET/IP①、DeviceNet②、PROFI－BUS③、CC－LINK④、PROFINET⑤ 等丰富的通信接口和控制总线。可连接各种刀具测量、工件测量装置,以及温度传感器、视觉传感器、无线射频识别(Radio Frequency Identification,RFID)等各种外围辅助设备。

西门子数控系统在智能化功能方面主要体现在与 IT 技术的集成、与机器人的集成及强大的工艺能力等方面。

(1) Sinumerik 与 IT 技术集成。借助西门子软件套件 Sinumerik Integrate,西门子数控系统可以帮助机床厂商快速、方便、高效地将其机床集成到客户的整体生产和通信流程中。已经使用工程数据管理系统(PLM 系统)或制造控制系统(MES/ERP)的客户也可以通过西门子提出的解决方案将机床制造过程连接到企业的高层管理系统中,以保证从公司层面到具体的控制器所使用的数据全部保持一致。

(2) Sinumerik 与机器人的集成解决方案。西门子机床系统可以将机器人的机械手集成到生产环境中,用户直接在数控机床上更加便捷高效地操作机器人。通过西门子 Sinumerik 数控系统与库卡机器人的集成解决方案,用户可以在同一界面进行操作和编程,同时浏览机床和机器人的状态,包括报警和诊断信息等,让数控机床和机器人的操作达到一体化。这是西门子数控系统智能化功能的进一步延伸,把原本相互独立的机器人控制系统和数控系统集成一体。

(3) 强大的工艺能力。借助于集成的 Sinumerik MDynamics 高速铣削工艺包,应用西门子数控系统的机床设备可以对加工参数进行智能优化与选择,以实现最佳加工精度和表面质量。例如"精优曲面"控制技术,可以让模具制造获得最佳表面质量和最少加工时间。

另外西门子数控系统支持多通道的操作面板,在提高设备效率的同时,提高加工的精

---

① 一种面向工业自动化应用的工业应用层协议,它建立在标准 UDP/IP 与 TCP/IP 协议之上,利用固定的以太网硬件和软件,为配置、访问和控制工业自动化设备定义了一个应用层协议。

② 一种低成本的通信总线,它可将工业设备,如限位开关、光电传感器、阀组、马达启动器、过程传感器、条形码读取器、变频驱动器、面板显示器和操作员接口等连接到网络,从而消除了昂贵的硬接线成本。

③ 一种国际化、开放式、不依赖于设备生产商的现场总线标准,也是一种用于工厂自动化车间级监控和现场设备层数据通信与控制的现场总线技术。

④ Control & Communication Link(控制与通信链路系统),一种开放式现场总线,其数据容量大,通信速度多级可选,能够适应于较高的管理层网络到较低的传感器层网络的不同范围。

⑤ 是新一代基于工业以太网技术的自动化总线标准,为自动化通信领域提供了一个完整的网络解决方案,囊括了诸如实时以太网、运动控制、分布式自动化、故障安全以及网络安全等当前自动化的焦点领域,并且可以完全兼容工业以太网和现有的现场总线技术,其功能包括 8 个主要的模块,依次为实时通信、分布式现场设备、运动控制、分布式自动化、网络安装、IT 标准和信息安全、故障安全和过程自动化。

度;而西门子数控系统的安全集成解决方案则能够确保设备与操作人员的安全。

4. 信息化与工业化高度融合[4,11,12]

"两化融合"是信息化和工业化的高层次的深度结合,是以信息化带动工业化,以工业化促进信息化,走新型工业化道路。对数控技术来说就是发展将机床快速、方便和高效地集成到客户的整体生产和通信流程中的技术。

蓝天数控研制出了 LT – DNC 车间监控管理系统。该系统致力于提升车间网络化、数字化与智能化水平,为工厂"两化融合"的快速实施提供整体解决方案。系统采用 B/S(Browser/Server,浏览器/服务器模式)与 C/S(Client/Server,客户机/服务器)架构,具备机床工件程序编辑、审核与管理,工件程序的自动传输,机床实时状态采集与监控,机床加工效率统计、分析与决策,机床故障统计与分析,作业计划管理,刀具成本管理,远程视频监控,远程系统控制等功能。系统在为机床操作者提供方便快捷服务的同时,可让管理者实时、精准地掌握车间详细状况,支持车间精准生产,显著提高智能制造水平。支持蓝天全系列数控系统,并支持国内外主流数控系统,单个车间布置 1 台服务器,就可对 256 台机床进行联网监控。

华中数控新近推出了新一代云数控平台。这是面向生产制造企业、机床厂商、数控厂商打造以制造设备为中心的数字化服务平台。领先的云数控模型提供"云管家、云维护、云智能"三大功能,完成制造设备从日常生产到维护保养、改造优化的全生命周期管理,随时监控设备状态、生产情况,享受专业、智能、安全的跟踪服务。

发那科和西门子也都推出了数控技术与 IT 技术整合的解决方案。如西门子推出的西门子软件套件 Sinumerik Integrate 是一个全面的模块化功能工具平台,Sinumerik Integrate 可以快速、方便地将 Sinumerik 数控系统集成到复杂的生产生命周期工作流和现有工厂的 IT 环境中。

西门子为机床有关的整个工程领域与其他机床的加工过程提供大量产品,现在,这些产品都以 Sinumerik Integrate 的形式集中在一个综合的解决方案中。通过此解决方案,用户可快速、方便而可靠地将机床数据集成到公司的其他流程中。通过对生产流程进行 IT 集成,生产经理、机床操作员、任务计划编制人员、维修工程师以及机床制造人员实际上可以相互连接在一起,并通过定义的流程集成到总体系统中。Sinumerik Integrate 通过将与 IT 有关的功能集中到一个过程套件中来完善这一网络,该过程套件使用了 6 个不同模块,覆盖机床集成过程的所有方面。

(1)"Create – it!"模块用于给解决方案分组,以便在 Sinumerik Operate 用户和编程界面中生成用户特定功能。与机床和公司服务器之间接口的编程也在此模块中进行。例如,"Create – it!"提供了广泛的函数库,可促进在整个网络内使用 PLC、NC 和 HMI 函数。

(2)"Lock – it!"模块的功能是防止人员未经授权而对机床中的专有技术知识进行访问。这方面的例子包括借助于加密循环来提供用户数据的复制保护或安全存储。

(3)"Run – it!"模块包含用于在 NC 内核中执行各个画面接口和内部编译循环的整个运行系统。虚拟数字控制器内核(VNCK)的驱动控制和工作流也是此模块的一部分。

(4)"Manage – it!"用于组织和管理 NC 程序和刀具,它包含与刀具、数据和程序管理有关的解决方案,可快速、全面地提供生产信息。此外通过网络快速提供 NC 程序以及进行集中 NC 程序管理和存储也是此模块的主要功能。除这些功能外,整个生产过程中的

14

透明刀具循环以及各个刀具识别系统也连接了起来。

（5）"Access－it!"模块提供了在整个Sinumerik数控系统中使用的标准化通信接口，允许对机床诊断数据进行远程访问。这将有助于缩短维修时间，通过允许快速在线访问来提高机床可用性，并削减维护成本。此模块还允许上层数据备份软件在夜间自动启动备份，或允许自动收集以分散方式生成的数据（如本地NC程序）。其优点是可缩短停机时间，并防止在部件出现故障时发生数据丢失。

（6）"Analyze－it!"模块提供了用于基于状况进行维护和基于关键指标进行分析的多个高效功能。通过对生产过程中的数据进行连续评估，可以增加机床运行时间，同时，面向状况的维护可缩短停产和停机时间。通过此模块，还可评估与机电一体化部件磨损有关的关键指标。

Sinumerik Integrate为机床厂商提供了众多不同的可能性，可使他们根据改进后的技术、编程和操作，对Sinumerik数控系统进行与机床特性相关的优化。它可以使机床厂商快速、方便和高效地将其机床集成到客户的整体生产和通信流程中。不过，机床拥有者也可以自己使用Siemens Integrate将其机床成功集成到公司内现有的复杂IT系统中。除了全面降低生产成本外，机器设备的生产效率和可用性都将得到提高。

通过将机床数控系统中所有与IT相关的功能集中到一起以形成一个总体的过程解决方案，在完整的产品生命周期管理过程链中，机床可更加有效地得到调试，提高生产效率，并且更易于实现定制和优化。

5. 体系开放化

传统的数控系统是一种专用封闭式系统，各个厂家的产品之间以及与通用计算机之间不兼容，维修、升级困难，越来越难以满足市场对数控技术的要求。针对这种情况，人们提出了开放式数控系统的概念，国内外正在大力研究开发开放式数控系统，现在市场上出售的数控系统都已具有相当大的开放性，可以说数控系统已进入开放性的时代（详见第9章）。

6. 数控系统同工业机器人控制的融合[5,9,10,13]

为适应制造自动化的发展，向FMC、FMS和CIMS提供基础设备，要求数控制造系统不仅能完成通常的加工功能，而且还要具备自动测量、自动上下料、自动换刀、自动更换主轴头等功能，而工业机器人为实现这些功能提供了最佳的方案，因此近年来数控系统与机器人控制的融合得到了快速的发展，各数控企业纷纷推出自己的解决方案。

如发那科是世界最大的专业CNC制造厂商和世界产量最大的工业机器人厂商，拥有最丰富的产品线和最尖端的技术，发那科的CNC和机器人在机加工行业的机床上下料、工件分拣码垛等工厂物流方面具有丰富的解决方案和相当广泛的应用，在汽车动力、齿轮、轴承、3C等行业具有大量的成功应用案例。

西门子机床系统可以将机器人的机械手集成到生产环境中，用户直接在数控机床上更加便捷高效地操作机器人，把原本相互独立的机器人控制系统和数控系统集成一体。

针对机床上下料应用领域，广州数控专门研发了RJ系列三关节新型专用上下料机器人，并可根据客户具体要求提供优化设计方案。RJ系列机器人结构紧凑，节省空间，运动节拍更快，性价比更高，适用于车、铣等多种机床的加工自动化。

华中数控机器人的 HNC 自动化加工单元主要加工盘、盖类零件,特别适合于汽车零部件和纺织机械零部件的生产。该系统采用两台数控车床相对布置,配有六轴工业机器人,八位旋转料库,可以完成工件的全部车削和钻孔、镗削加工。该柔性单元达到车削工序加工和物流传送的自动化。另外华中数控推出的基于华中 8 型研发的五轴桁架机械手目前已有数百套在珠海格力批量配套,用于空调注塑件的上下料,取到了良好的效果,该项目为客户节省一个亿的资金。

此外数控系统发展方向还包括网络化、集成化、个性化、复合化等。

第2章　数控系统控制信号的构成

数字控制是用数字信号对控制对象加以控制的一种方法。数字信号是按一定的国际标准构成的,到目前为止,数控系统的控制信号绝大部分都是基于ISO6983标准的G、M代码语言编写的。这种语言只包括一些简单的运动指令和辅助指令,不包括零件的几何形状、刀具路径生成、刀具选择等信息,而是把这些信息留给编程人员来考虑,编程效率低。随着计算机辅助系统CAX技术、系统集成技术等的飞速发展和广泛应用,该标准已越来越不能满足现代数控系统的要求,成为制约数控技术乃至自动化制造发展过程中的瓶颈问题。为此,开发了一种遵从STEP(Standard for the Exchange of Product Model Data,产品模型数据交互规范)标准、面向对象的数据模型,称为STEP-NC标准(标准号为ISO 14649),将产品模型数据转换STEP标准扩展到CNC领域,重新制定了CAD/CAM与CNC之间的接口。为实现CAD/CAM/CNC之间的无缝连接,进而实现真正意义上的完全开放式数控系统奠定了基础。目前大部分的STEP-NC标准尚未完成,国际上对基于STEP-NC的数控技术的研究也还处于起步阶段,但已有的研究成果表明,它必将会对数控技术乃至制造业带来深远的影响。

本章前三节介绍传统数控系统数字化信号构成的相关内容,包括数控机床的坐标系、运动方向定义、零点偏置问题、指令代码和程序段格式等,最后一节介绍STEP-NC标准的构成。

2.1　数控机床的坐标系

2.1.1　数控机床所使用的坐标系

坐标值类数字信号是在某种坐标系中确定的,在数控机床行业为了编程的简便和程序对同类型机床有交换性,统一规定了数控机床的坐标轴名称及运动的正、负方向。目前,国际上已采用统一的标准坐标系。我国确定了JB 3051—82《数字控制机床坐标和运动方向的命名》标准,它与ISO 841国标标准等效,该标准为坐标和运动方向命名,以便程序编制人员能够在不知道刀具移近工件或工件移近刀具的情况下,确定机床的加工操作。它可永远假定刀具相对于静止的工件坐标系统而运动。该标准不但适用于数控机床,也适用于其他数字控制机械,如绕线机、切割机、绘图机等。

标准中所规定的坐标系是右手笛卡儿坐标系,旋转方向用右手螺旋规则。如图2-1所示为右手拇指、食指和中指相互成直角,分别代表X,Y,Z三个坐标轴的正方向。在确定了平动坐标轴后,以右手拇指为平动坐标轴的正方向,其余四指握的方向就是绕该轴旋转的正方向,分别代表A,B,C的正向旋转方向。

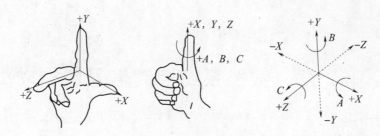

图 2 - 1　右手螺旋原则

2.1.2　机床坐标的确定方法

1. Z 坐标的确定

凡与主轴平行的轴定为 Z 轴,多主轴的机床选一个垂直于工件装夹面的主轴作为主要主轴,从而确定 Z 轴。刨床没有主轴,则 Z 轴垂直于工件装夹面。

2. X 坐标的确定

工件旋转的机床如车床、磨床,径向是 X 轴移动的方向,离开工件的方向为正。刀具旋转的机床如铣床、镗床,X 轴一般平行于装夹平面。

1)立式机床

立式机床 Z 轴是垂直的,人站在机床前(工作位置),面向主轴(单立柱机床)向立柱看,向右方向为 X 轴的正方向(双柱立式机床面向左立柱)。

2)卧式机床

卧式机床 Z 轴是水平的,对于工件旋转的机床(如车床、磨床),取平行于横向滑座的方向(工件径向)为 X 坐标,取刀具远离工件中心的方向为正方向。对刀具旋转的机床(如铣床、镗床),当 Z 轴为水平时,水平面内垂直 Z 轴的方向为 X 轴,人站在立柱旁(工作位置)面向工作台,向右方向为 X 轴的正方向。

3. Y 坐标的确定

当 Z 轴与 X 轴确定后,Y 轴及其方向可用右手笛卡儿坐标系来确定。

4. 附加坐标

如果在机床上除了 X,Y,Z 主要坐标外,还有第二组平行于它们的坐标,可用 U,V,W 命名,第三组坐标可用 P,Q,R 命名。同样,除了 A,B,C 旋转组外,还有附加旋转运动可用 D,E 命名。

5. 刀具固定、工件移动时机床坐标轴正方向的确定

上述的机床坐标轴正方向是在假定刀具移动的情况下确定的,如果机床实际上是刀具固定、工件移动,则取相反的方向作为正方向,并用 $+X'$,$+Y'$,$+Z'$ 等表示。

根据上述规定,对实际中常用的几种数控机床的坐标系进行了定义,如图 2 - 2 ~ 图 2 - 7 所示。

2.1.3　绝对坐标系与相对坐标系

所有坐标点均以某一固定原点计量的坐标系称为绝对坐标系。运动轨迹的终点坐标以其起点计量的坐标系称相对坐标系。绝对坐标系和相对坐标系是数控系统中描述移动

18

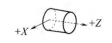

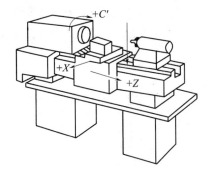

图 2-2 车床坐标系

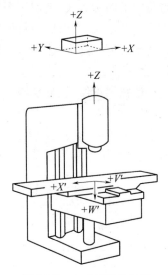

图 2-3 立式铣床坐标系

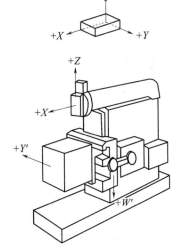

图 2-4 牛头刨床坐标系

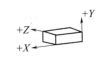

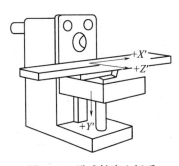

图 2-5 卧式铣床坐标系

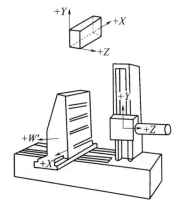

图 2-6 镗床坐标系

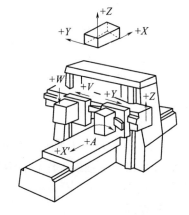

图 2-7 龙门铣床坐标系

到特定点位置的两种方式,类似于图样上尺寸标注的两种方式。图 2-8 为绝对坐标系。A,B,C 三孔的中心尺寸都从工件的原点(工件定位基准)标注。与之对应,程序编制时三个定位点的坐标值也这样表示,分别输入 $(x_A,y_A)(x_B,y_B)$ 和 (x_C,y_C)。图 2-9 为相对坐标系。2,3,4 三孔的中心尺寸均以前一孔的中心为基准标注。与之对应,程序编制时定位点的坐标值按增量给出,分别输入 $(\Delta x_1,\Delta y_1)$、$(\Delta x_2,\Delta y_2)$ 和 $(\Delta x_3,\Delta y_3)$。编程时,根据数控系统的坐标功能,从编程方便(即按图样的尺寸标注)及加工精度等要求出发选用坐标系。对于车床可以选用绝对坐标系或相对坐标系,也可以两者混合使用,而对铣床及线切割机床,则常使用相对坐标系。

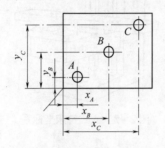

图 2-8 绝对坐标系

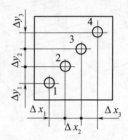

图 2-9 相对坐标系

2.2 数控机床的原点偏置

2.2.1 数控机床的各种原点

所有的数控机床都要定义各种原点,图 2-10 和图 2-11 是车床和钻床的各种原点。

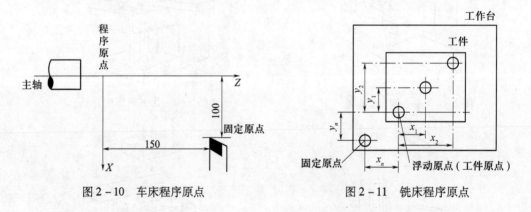

图 2-10 车床程序原点　　　　　　　图 2-11 铣床程序原点

1. 固定原点

又称机械原点,是机床的原始坐标点,是机床坐标系统的设计原点,当给出 G00,X0 Y0 Z0 指令时,机床主轴或工作台就返回固定原点,图 2-10 的刀具位置及图 2-11 的左下角位置均为固定原点位置。

2. 工件原点

工件上尺寸的出发点称为工件原点,编程人员编程时可视其方便自由选择,如

20

图 2 - 11 所示。

3. 浮动原点

工件原点只与工件相关,工件没有安装到机床工作台前已经存在。当工件在工作台上安装时,工件原点在机床的什么位置视其安装方便而定。因此工件原点的位置是不固定的,称为浮动原点。换句话说,浮动原点是工件安装在工作台上的工件原点。

4. 程序原点

编制程序的出发点,图 2 - 10 的主轴中心和工件端面分别为 X 轴和 Z 轴的程序原点。图 2 - 11 的工件原点即为程序原点。以上各原点可以是重合的,如采用固定原点作为编制程序出发点则固定原点同时又是程序原点。

2.2.2　数控机床的零点偏置

零件程序是按工件原点编制的,当工件安装到机床上后工件原点就变成了浮动原点。浮动原点与固定原点的几何尺寸是随工件的类型和安装的不同而变化的,其关系由零点偏置定义。零点偏置用来确定浮动原点(工件原点)与机床固定原点之间的距离,即确定机床坐标系原点与工件坐标系原点之间的关系。G54 ~ G57 是可设定零点偏置指令,可通过操作面板或纸带输入来实现,G58,G59 为可编程零点偏置指令。

G58,G59 的功能就是将设置零偏(G54 ~ G57)和编程零偏值加在一起,建立一个新的工件坐标系,所以也称 G58,G59 为变换工件坐标系指令。

另外,还有外部零点偏置。如果三种零点偏置均用了,则零偏总和 = 可设置零偏(G54 ~ G57) + 可编程零偏(G58、G59) + 外部零偏。G53 是取消零点偏置指令。

2.3　数控机床指令代码

数控机床用数字化信号来控制机床的运动和动作,从而完成零件的加工。换言之,必须把零件的图纸尺寸、工艺路线、切削参数等内容,用数控机床能够接受的数字及文字代码,即数字化信号表示出来,再根据代码的规定形式制成输入介质(如穿孔带、磁带、磁盘等),然后将输入介质所记载的信息输入到数控装置中去,从而实现对机床的自动控制加工。

这种从零件图到制成输入介质的过程称为数控机床的程序编制。为了使机床能够接收所编制的程序,必须有相应的规定。

2.3.1　数控代码标准

数控机床的信息输入方式有两种:一是手动输入方式;二是自动输入方式。因此作为数控机床信息载体的控制介质有两类:一类是自动输入时的穿孔带、穿孔卡片、磁带、磁盘等;另一类是控制台手动输入时的键盘、波段开关等。穿孔带通过穿孔与不穿孔易于区别二进制的 1 和 0 的两种状态,再通过纸带上不同孔数及排列的组合,可以获得众多信息,是早期应用最为普遍的控制介质。现在由于自动编程技术及数控机床与计算机通信技术的发展,一般在计算机上直接编程,程序存放在硬盘或软盘上,使用时从磁盘上直接传输给数控机床,因而穿孔带作为控制介质已经不用了。但数控的一些代码标准是以穿孔带为基础建立起来的,因此介绍这些标准时仍以穿孔带为基础。

国际上常用的 8 单位穿孔带有两种标准代码,即 EIA(Electronic Industries Association,美国电子工业协会)代码和 ISO(International Organization for Standardization,国际标准化组织)代码,EIA 和 ISO 编码分别如表 2-1 与表 2-2 所列。从表中可以看出,两种代码都有数字码、字符码和其他符号码,第 3 列与第 4 列之间的连续小孔称中导孔(又称同步孔),贯穿整个纸带的全长,作为一行大孔的基准。

表 2-1　数控机床用 EIA 编码表

代码孔									代码符号	定义
8	7	6	5	4		3	2	1		
		○			○				0	数字 0
					○			○	1	数字 1
					○		○		2	数字 2
			○		○		○	○	3	数字 3
					○	○			4	数字 4
			○		○	○		○	5	数字 5
			○		○	○	○		6	数字 6
					○	○	○	○	7	数字 7
				○	○				8	数字 8
			○	○	○			○	9	数字 9
	○	○			○			○	A	绕着 X 轴的转角
	○	○			○		○		B	绕着 Y 轴的转角
	○	○	○		○		○	○	C	绕着 Z 轴的转角
	○	○			○	○			D	第三进给速度功能
	○	○	○		○	○		○	E	第二进给速度功能
	○	○	○		○	○	○		F	进给速度功能
	○	○			○	○	○	○	G	准备机能
	○	○		○	○				H	输入(或引入)
	○	○	○	○	○			○	I	不用
	○		○		○			○	J	没有备指定
	○		○		○		○		K	没有备指定
	○				○		○	○	L	不用
	○		○		○	○			M	辅助机能
	○				○	○		○	N	序号
	○				○	○	○		O	不用
	○		○		○	○	○	○	P	平行于 X 轴的第三坐标
	○		○	○	○				Q	平行于 Y 轴的第三坐标
	○			○	○			○	R	平行于 Z 轴的第三坐标

代码孔									代码符号	定　义
8	7	6	5	4		3	2	1		
	○		○				○	○	S	主轴速度功能
○	○		○			○			T	刀具功能
	○		○			○		○	U	平行于 X 轴的第二坐标
	○		○			○	○		V	平行于 Y 轴的第二坐标
○	○		○			○	○	○	W	平行于 Z 轴的第二坐标
○	○		○	○					X	X 轴方向的主运动坐标
	○		○	○				○	Y	Y 轴方向的主运动坐标
	○		○	○			○		Z	Z 轴方向的主运动坐标
		○		○		○	○		.	小数点(句号)
		○		○			○	○	+	加
		○		○		○		○	−	减
○		○		○			○		*	乘
○		○		○		○	○	○	/	省略/除
○		○		○		○			,	逗号
○		○	○	○		○		○	=	等号
		○		○					(	括号开
○		○		○				○	)	括号闭
		○				○			$	单元符号
		○	○	○			○		:	选择(或计划)倒带停止
○		○				○		○	STOP(ER)	纸带倒带停止
				○				○	TAB	制表(或分隔符号)
○				○		○		○	CR	程序段结束
○	○	○	○	○		○	○	○	DELETE	注销
○		○							SPACE	空格

表 2-2　数控机床用 ISO 编码表

代码孔									代码符号	定　义
8	7	6	5	4		3	2	1		
		○	○						0	数字 0
○		○	○					○	1	数字 1
○		○	○				○		2	数字 2
		○	○				○	○	3	数字 3
○		○	○			○			4	数字 4
		○	○			○		○	5	数字 5
		○	○			○	○		6	数字 6

代 码 孔									代码符号	定 义
8	7	6	5	4		3	2	1		
○		○	○		○	○	○	○	7	数字 7
○		○	○	○	○				8	数字 8
		○	○	○	○			○	9	数字 9
	○				○			○	A	绕着 X 轴的角度
	○				○		○		B	绕着 Y 轴的角度
○	○				○			○	C	绕着 Z 轴的角度
	○				○	○			D	特殊坐标的角度尺寸；或第三进给速度功能
○	○				○			○	E	特殊坐标的角度尺寸；或第二进给速度功能
○	○				○	○	○		F	进给速度机能
	○				○	○	○	○	G	准备机能
	○		○		○				H	永不指定（可作特殊用途）
○	○			○	○			○	I	沿 X 坐标圆弧起点对圆心值
○	○			○	○		○		J	沿 Y 坐标圆弧起点对圆心值
	○			○	○		○	○	K	沿 Z 坐标圆弧起点对圆心值
○	○			○	○	○			L	永不指定
	○			○	○	○		○	M	辅助机能
	○			○	○	○	○		N	序号
○	○			○	○	○	○	○	O	不用
	○		○		○				P	平行于 X 坐标的第三坐标
○	○		○		○			○	Q	平行于 Y 坐标的第三坐标
○	○		○		○		○		R	平行于 Z 坐标的第三坐标
	○		○		○		○	○	S	主轴速度功能
○	○		○		○	○			T	刀具功能
	○		○		○	○		○	U	平行于 X 坐标的第二坐标
	○		○		○	○	○		V	平行于 Y 坐标的第二坐标
○	○		○		○	○	○	○	W	平行于 Z 坐标的第二坐标
○	○		○	○	○				X	X 坐标方向的主运动
	○		○	○	○			○	Y	Y 坐标方向的主运动
	○		○	○	○		○		Z	Z 坐标方向的主运动
		○		○	○	○	○		·	小数点*
		○		○	○	○		○	+	加/正
		○		○	○	○			−	减/负
○					○		○		*	星号/乘号*
○		○		○	○	○	○	○	/	跳过任选程序段(省略)/除
○		○		○	○	○			,	逗号*

24

（续）

代码孔								代码符号	定　义
8	7	6	5	4	3	2	1		
○		○	○	○	○		○	=	等号*
		○		○	○			(	左圆括号/控制暂停
○		○		○	○		○	)	右圆括号/控制恢复
		○		○	○			$	单元符号*
		○	○	○	○	○		:	对准功能/选择（或计划）倒带停止
					○	○		NlorLF	程序段结束，新行或换行
○		○		○	○		○	%	程序开始
				○	○		○	HT	制表（或分隔符号）
○				○	○	○	○	CR	滑座返回（仅对打印机适用）
○	○	○	○	○	○	○	○	DEL	注销
○		○			○			SP	空格
○				○	○			BS	反绕（退格）
				○				NUL	空白纸带
○			○	○	○		○	EM	载体终了

注：＊表示补充的不常用

EIA 代码是补奇码，即它的每行代码孔的个数必须是奇数个，若为偶数个，则可在第 5 列补一个孔使之成为奇数个，故第 5 列为补奇列。ISO 代码为补偶代码，其第 8 列为补偶列，即它的每行代码孔的个数必须是偶数个，若为奇数个，则在第 8 列补一个孔使之成为偶数个，这是其一；其二，ISO 代码有特征可寻，即数字码在第 5 列和第 6 列都有孔，字母码则在第 7 列都有孔，这对数控系统的逻辑设计及编程使用来说都优于无这些特征的 EIA 代码；其三，在容量上，EIA 代码第 8 列孔只能作程序的结束符 CR，其余 7 列孔只能表示 $2^6 = 64$ 种组合，而 ISO 代码则为 $2^7 = 128$ 种组合，此外，ASCⅡ码与 ISO 码相同。由此可见，与 EIA 代码相比，ISO 代码具有信息量大、可靠性高、与当今数据传输系统统一等优点，所以目前许多国家生产的数控系统已采用 ISO 代码。如在 1971 年至 1973 年，英国、西德、日本等国已在有关的数控机床国家标准中采用 ISO 代码，美国电子工业协会也在 EIARS－358 标准中规定了 ISO 代码与 EIA 代码并存。作为过渡措施，许多数控机床产品中设立了 EIA/ISO 代码转换功能，允许采用两种代码中的任意一种。

我国过去生产的数控系统多采用 EIA 代码，1974 年根据主管部门的意见，各设计制造单位从 1975 年开始改用 ISO 代码，或以 ISO 代码为主具备 EIA/ISO 转换的功能。1982 年 4 月 28 日我国第一机械工业部发布了《数字控制机床用 7 单位编码字符》标准（JB 3050—82），它与 ISO 标准规定相同。

2.3.2 程序段的组成

程序段,是为了完成某一动作要求所需的功能"字"的组合。"字"是表示某一功能的一组代码符号,如 X3400 为一个字,表示 X 方向尺寸为 3400;F200 为一个字,表示进给速度为 200。一个程序段对应着零件的一段加工,它由三部分组成,起始是序号字,中间是数据字,结尾是程序段结束符 LF。例如:N001 G41 X + 1250 Y − 15300 Z + 5410 F99 S00 M13 LF。

这个程序段由序号字 N001、七个数据字及程序段结束符 LF 组成。每个数据字的第一个字母称为地址,它的作用是指明后续一串数字的意义,同时也是这一串数字应存储的寄存器地址。G 代表准备功能,X,Y,Z 代表在各轴上正负方向的移动量,F 代表进给速度功能,S 代表主轴转速功能,M 代表辅助功能。另外还有 T 代表刀具功能,A,B,C 代表在各轴上的旋转角度等。各功能地址符及其含义如表 2 − 2 所列,该表还表示出 ISO 代码规定的辅助字符及其含义。

1. G 准备功能字

G 准备功能字以地址符 G 为首,后跟二位数字(G00 ~ G99)组成,分别代表不同的准备功能。G00 为快速点定位,G01 为直线插补,G02 为顺时针圆弧插补,G03 为逆时针圆弧插补。

G17,G18,G19 分别代表选择 XY,ZX,YZ 平面。

G40 为取消刀具补偿,G41 为按前进方向刀具向左侧补偿,G42 为刀具向右侧补偿。

G80 为取消固定循环,G81 ~ G89 为各种固定循环。

G90 为绝对值输入方式(固定原点),G91 为增量值输入方式(活动原点)。

以上为主要 G 代码功能,其余可参阅表 2 − 3。我国标准号为 JB 3208—83,其规定与 ISO 1056—1975(E)相同。

表 2 − 3 ISO 标准对准备功能 G 的规定

代码	功能	说　明	代码	功能	说　明
G00	点定位		G18	选择 ZX 平面	
G01	直线插补		G19	选择 YZ 平面	
G02	顺时针圆弧插补		G20 ~ G32	不指定	
G03	逆时针圆弧插补		G33	切削等螺距螺纹	
G04	暂停	执行本段程序前暂停一段时间	G34	切削增螺距螺纹	
G05	不指定		G35	切削减螺距螺纹	
G06	抛物线插补		G36 ~ G39	不指定	
G07	不指定		G40	取消刀具补偿	
G08	自动加速		G41	刀具补偿—左侧	
G09	自动减速		G42	刀具补偿—右侧	
G10 ~ G16	不指定		G43	正补偿	
G17	选择 XY 平面		G44	负补偿	

代码	功 能	说 明	代码	功 能	说 明
G45	用于刀具补偿		G81	钻孔循环	
G46~G52	用于刀具补偿		G82	钻或扩孔循环	
G53	直线位移功能取消		G83	钻深孔循环	
G54	X 轴直线位移		G84	攻螺纹循环	
G55	Y 轴直线位移		G85	镗孔循环 1	
G56	Z 轴直线位移		G86	镗孔循环 2	
G57	XY 平面直线位移		G87	镗孔循环 3	
G58	XZ 平面直线位移		G88	镗孔循环 4	
G59	YZ 平面直线位移		G89	镗孔循环 5	
G60	准确定位（精）	按规定公差定位	G90	绝对值输入方式	
G61	准确定位（中）	按规定公差定位	G91	增量值输入方式	修改尺寸字 而不产生运动
G62	快速定位（粗）	按规定之较大公差定位	G92	预置寄存	
G63	攻螺纹		G93	按时间倒数给定	
G64~G67	不指定		G94	进给速度/(mm/min)	
G68	内角刀具偏置		G95	进给速度/(mm/r)	
G69	外角刀具偏置		G96	主轴恒线速度/ (m/min)	
G70~G79	不指定		G97	主轴转速/(r/min)	取消 G96 的指定
G80	取消固定循环	取消 G81~G89 的 固定循环	G98~G99	不指定	

2. 坐标功能字

坐标功能字（又称为尺寸字）用来设定机床各坐标之位移量。它一般使用 X,Y,Z,U,V,W,P,Q,R,A,B,C,D,E 等地址符为首,在地址等后紧跟着"＋"（正）或"－"（负）及一串数字,该数字以系统脉冲当量为单位（如 0.01mm/脉冲）或以毫米为单位,数字前的正负号代表移动方向。

3. F 进给功能字

进给功能字用来指定刀具相对工件运动的速度。其单位一般为 mm/min。在进给速度与主轴转速有关时,如车螺纹、攻螺纹时使用的单位为 mm/r。进给功能字以地址符 F 为首,其后跟一串数字代码。具体有以下几种指定方法:

（1）二位数代码法。F 后跟二位数字代码,F00 为停止,F99 为最高速,从 F01~F98 速度是按等比级数关系上升,比例系数规定为 10 的 20 次方根（约等于 1.12）,即相邻的后一速度比前一速度增加 12%。如 F20 为 10mm/min,F21 为 11.2mm/min 等。F00~F99 的进给速度对照关系如表 2－4 所列。

表2-4 二位代码

代码	速度	代码	速度	代码	速度	代码	速度
00	0 停止	25	18.0	50	315	75	5600
01	1.12	26	20.0	51	355	76	6300
02	1.25	27	22.4	52	400	77	7100
03	1.40	28	25.0	53	450	78	8000
04	1.60	29	28.0	54	500	79	9000
05	1.80	30	31.5	55	560	80	10000
06	2.00	31	35.5	56	630	81	11200
07	2.24	32	40.0	57	710	82	12500
08	2.50	33	45.0	58	800	83	14000
09	2.80	34	50.0	59	900	84	16000
10	3.15	35	56.0	60	1000	85	18000
11	3.55	36	63.0	61	1120	86	20000
12	4.00	37	71.0	62	1250	87	22400
13	4.50	38	80.0	63	1400	88	25000
14	5.00	39	90.0	64	1600	89	28000
15	5.60	40	100	65	1800	90	31500
16	6.30	41	112	66	2000	91	35500
17	7.10	42	125	67	2240	92	40000
18	8.00	43	140	68	2500	93	45000
19	9.00	44	160	69	2800	94	50000
20	10.00	45	180	70	3150	95	56000
21	11.2	46	200	71	3550	96	63000
22	12.5	47	224	72	4000	97	71000
23	14.0	48	250	73	4500	98	80000
24	16.0	49	280	74	5000	99	快速进给

（2）一位数代码法。对于速度挡较少的数控机床可用 F 后跟一位数字,即 0~9 来对应 10 种预定速度。

（3）直接指定法。在 F 后面按照预定的单位直接写上要求的进给速度。

（4）FRN 方式。这种进给速度的指定方法是供数字积分（DDA）插补方法使用的。此种编程方法也称为进给速率数（FRN）编程。FRN 定义为指令进给速度 v_0 与程序段长度 L（或圆弧半径 R）之比,即

$$F = v_0/L \qquad 或 \qquad F = v_0/R$$

4. S 主轴速度功能字

主轴速度功能字用来指定主轴速度,单位为 r/min,它以地址符 S 为首,后跟一串数字。它也可以与进给一样,用位数代码法或直接指定法来代表转速。位数的意义、分挡办法及对照表与进给功能字通用,只是单位改为 r/min。

5. T 刀具功能字

在系统具有换刀功能时,刀具功能字用以选择替换的刀具。刀具功能字以地址符 T 为首,其后一般跟两位数字,代表刀具的编号。

6. M 辅助功能字

辅助功能字以地址符 M 为首,其后跟两位数字(M00～M99)分别代表不同的辅助功能。

M00 为程序停止,M02 为程序结束,M03 为主轴顺时针方向转,M04 为主轴逆时针方向转,M05 为主轴停,M06 为换刀,M10 为夹紧,M11 为松开等,其余可参阅表 2－5。此表与我国标准 JB 3208—83 中的 M 功能相同。

表 2－5　ISO 标准对辅助功能 M 的规定

代码	功能	说明	代码	功能	说明
M00	程序停止	主轴、切削液停	M32～M35	不指定	
M01	计划停止	需按钮操作确认才执行	M36	进给速度范围1	不停车齿轮变速范围
M02	程序结束	主轴、切削液认定,机床复位	M37	进给速度范围2	
M03	主轴顺时针方向转	右旋螺纹进入工件方向	M38	主轴速度范围1	不停车齿轮变速范围
M04	主轴逆时针方向转	右旋螺纹离开工件方向	M39	主轴速度范围2	
M05	主轴停止	切削液关闭	M40～M45	不指定	可用于齿轮换挡
M06	换刀	手动或自动换刀,不包括选刀	M46～M47	不指定	
M07	2 号切削液开		M48	取消 M49	
M08	1 号切削液开		M49	手动速度修正失效	回至程序规定的转速或进给率
M09	切削液停止		M50	3 号切削液开	
M10	夹紧	工作台、工件、夹具、主轴等	M51	4 号切削液开	
M11	松开		M52～M54	不指定	
M12	不指定		M55	刀具直线位移到预定位置1	
M13	主轴顺时针转,切削液开		M56	刀具直线位移到预定位置2	
M14	主轴逆时针转,切削液开		M57～M59	不指定	
M15	正向快速移动		M60	换工件	
M16	反向快速移动		M61	工件直线位移到预定位置1	
M17～M18	不指定		M62	工件直线位移到预定位置2	
M19	主轴准停	主轴缓转至预定角度停止	M63～M70	不指定	
M20～M29	不指定		M71	工件转动到预定角度1	
M30	纸带结束	完成主轴切削液停止,机床复位,纸带回卷等动作	M72	工件转动到预定角度2	
M31	互锁机构暂时失效		M73～M99	不指定	

2.3.3　程序段格式

程序段格式是指一个程序段中各字的排列顺序及表达形式。常用的程序段格式有三种,即固定程序段格式,具有分隔符号 TAB 的固定顺序的程序段格式和字地址程序段格式。

1. 固定程序段格式

早期由于数控装置简单,规定了一种称为固定顺序的程序段格式。例如:

00701 +02500—13400153002LF

以这种格式编制的程序,各字均无地址码,字的顺序即为地址的顺序,各字的顺序及字符行数固定(不管某一字需要与否),即使与上一段相比某些字没有改变,也要重写而不能略去。一个字的有效位数较少时,要在前面用 0 补足规定的位数。所以各程序段所占穿孔带的长度是一定的。这种格式的控制系统简单,但编程不直观,穿孔带较长,应用较少。

2. 具有分隔符号 TAB 的固定顺序的程序段格式

这种格式的基本形式与上述格式相同,只是各字间用分隔符隔开,以表示地址的顺序。

由于有分隔符号,不需要的字与上程序段相同的字可以省略,但必须保留相应的分隔符(即各程序段的分隔符数目相等)。此种格式比前一种格式好,常用于功能不多的数控装置,如线切割机床和某些数控铣床等。

3. 字地址程序段格式

目前使用最多的就是这种字地址程序段格式。以这种格式表示的程序段,每个字之前都标有地址码用以识别地址。因此对不需要的字或与上一程序段相同的字都可省略。一个程序段内的各字也可以不按顺序(但为了编程方便,常按一定的顺序)排列。采用这种格式虽然增加了地址读入电路,但编程直观灵活,便于检查,可缩短穿孔带,广泛用于车、铣等数控机床。对于地址格式的程序段常常可以用一般形式来表示,如 N134G01X—32000Y +47000F1020S1250T16M06。

2.4　发展中的 STEP – NC 标准[6-9]

2.4.1　STEP – NC 标准的提出

从 1952 年研制成功世界上第一台数控机床样机开始,数控机床已走过了 60 多年的发展历程,数控系统已由原先的硬线系统发展到现在的计算机数控系统,正在向开放式数控系统发展。但到目前为止,绝大多数数控系统数字控制信号(加工程序)的编写都采用 G,M 代码标准(RS274D,即 ISO 6983)。按照该标准的要求,CAD/CAM 系统所描述的零件信息不能直接驱动数控机床,而是首先要生成 G,M 代码,然后再将 G,M 代码送到数控机床进行加工。其局限性表现在以下几个方面:

(1) G,M 代码只定义了机床的运动和开关动作,编出来的数控程序仅包含了 CAD/CAM 系统中的一部分信息,大量的信息如尺寸公差、精度要求、表面粗糙度等在传递过程中丢失了。因此 CNC 系统不能获得完整的产品信息,无法实现真正的智能化。

（2）从 CAD/CAM 系统到 CNC 系统的传输过程是单向的，不能进行双向数据交换，不支持系统的集成和数据共享，不支持先进制造模式。这样如果 CAM 中发现了 CAD 中的问题，必须回到 CAD 进行修改，重新编工艺，重新用 G、M 代码写数控程序。

（3）G 代码编程语言规定了数控机床刀具的路径，而不是整个工件的加工过程，不能从工件整体来控制各加工步骤之间的配合，这样就不能很好地保证工件的加工质量。

（4）各数控系统都有 ISO 6983 定义之外的补充指令和专有指令，因而系统之间互不兼容，零件程序在不同数控系统中不具有互换性。

（5）现场编程和修改非常困难，对于稍微复杂的加工对象，G、M 代码一般需要事先由后置处理程序生成，这样增加了信息流失和出错的可能性。

为了克服 G、M 代码标准的局限性，1997 年欧共体提出了 OPTIMAL（Optimized Preparation of Manufacturing Information with Multi-level CAM – CNC Coupling）计划，将 STEP（Standard for the Exchange of Product Model Data，ISO10303）延伸到自动化制造的底层设备，开发了一种遵从 STEP 标准、面向对象的数据模型称为 STEP – NC 标准（标准号为 ISO 14649 和 ISO 010303AP – 238 欧盟和其他地区的研究一般基于前者，而美国的研究一般基于后者，本书的介绍也基于 ISO 014649 标准），将产品模型数据转换 STEP 标准扩展到 CNC 领域，重新制定了 CAD/CAM 与 CNC 之间的接口，是一个面向对象的新型 NC 编程数据接口国际标准。STEP – NC 标准要求 CNC 系统使用符合 STEP 标准（ISO 10303）的 CAD 三维产品数据模型（包括工件几何数据、设置和制造特征），再加上工艺信息和刀具信息，直接产生加工程序来控制机床。为实现 CAD/CAM/CNC 之间的无缝连接，进而实现真正意义上的完全开放式数控系统奠定了基础。

2.4.2　STEP – NC 与 STEP 标准

为了能支持整个产品生命周期的产品数据交换，国际标准化组织从 1984 年开始开发产品数据交换标准（Standard for the Exchange of Product Model Data，STEP），编号是 ISO 10303。STEP 标准的目标是建立一种完整的、明确无歧义的、中性的、计算机可处理的标准来表示产品全生命周期的产品数据，并且独立于任何特定的系统。这个标准不仅仅适合于中性文件交换，还是实现和共享产品数据库的基础，也是资料存档的基础。STEP 作为产品生命周期交换标准，用于定义覆盖产品开发各个环节的信息模型和交换方法。其核心思想包括：层次结构概念（应用层、逻辑层、物理层）、Express 信息建模语言定义产品数据模型、多种信息交换途径等。

STEP – NC 是 STEP 标准向数控加工领域延伸形成的数控接口标准（ISO 14649），其正式名称为 Data model for Computerized Numerical Controllers。STEP 是关于 CAD 设计数据的标准，而 STEP – NC 在此设计信息的基础上又添加了加工信息，它既包括原料信息，又包括加工特征、检查质量公差、刀具要求和加工工艺顺序。ISO 14649 标准是一个新的数据模型，它用来在 CAD/CAM 系统和 CNC 之间进行数据转换。它的一个主要优点就是使用了已经存在的来自于 ISO 10303 的数据模型，所以它可以作为数据交换的基础。

2.4.3　STEP – NC 的数据模型

STEP – NC 数据模型中包含了加工工件的所有任务，其基本原理是基于制造特征（如孔、型腔、螺纹、倒角等)进行编程,而不是直接对刀具–工件之间的相对运动进行编程。它通过一系列的加工任务,描述零件从毛坯到最终成品的所有操作,内容涉及工件三维几何信息、刀具信息、制造特征与工艺信息,并将这些任务信息提供给加工车间的 CAM 系统。STEP – NC 中采用的数据模型与 STEP 标准完全一致。一个基于 STEP – NC 的数控加工程序由几何信息和工艺信息组成。几何信息采用 STEP 数据格式描述,CNC 系统可以直接从系统读取数据文件,从而消除了由于数据类型转换而可能导致的精度降低问题。工艺信息描述部分包括了所有工步的详细参数,如工艺特征代码、刀具、机床功能、加工方法等数据。

STEP – NC 定义了一种称为 AP – 238 的应用协议,要求系统直接使用符合标准的 CAD 三维产品数据模型(包括工件三维几何数据与制造特征信息)、加工工艺信息和刀具信息,产生加工程序,进而控制加工过程。此过程覆盖了产品从概念到制成品所需的全部信息。这种新的数据模型中的加工程序又以工步(Working Steps)作为基本模块。工步是指在产品模型中定义的对机床具体动作的概括性描述。其间,系统只负责加入工艺信息和刀具信息而不必进行常规自动编程系统中的后置处理操作,图 2 – 12 所示为一个简化的 STEP – NC 数据模型。

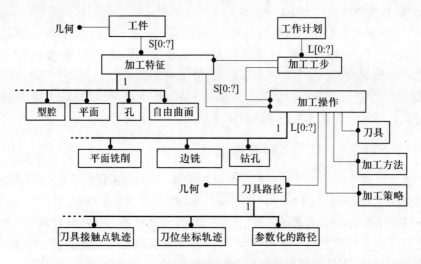

图 2 – 12   简化的 STEP – NC 数据模型

数据模型由工件和工作计划这两大部分组成。工件上需要去除材料的区域由一系列的加工特征来定义。工作计划包括若干加工工步。加工工步将具体的加工特征(如型腔、平面、孔及自由曲面等)与具体的加工操作联系起来。"加工操作"是一个面向对象的概念,涉及到加工方法、刀具路径、加工策略等。

2.4.4　STEP – NC 数控程序结构

STEP – NC 程序采用 ISO 10303 规定的文件格式,从结构上可分为两部分:文件头和数据段。文件头以 HEADER 为标记,主要说明文件名、编程者、日期以及注释等。数据段以 DATA 开始,包含了加工零件所需的所有信息和操作任务。

STEP – NC 文件与 STEP 文件所不同的是数据段部分的内容,如图 2 – 13 所示,数据段是 STEP – NC 文件的主要部分,主要描述零件的几何信息和加工信息。数据段有三部分:工作计划和执行(Work Plan and Execution)、技术描述(Technology Description)和几何描述(Geometry Description),以工程(Project)实体实例开头,它是加工任务的起始点。每个STEP－NC数据段中必须包括工程实体实例。

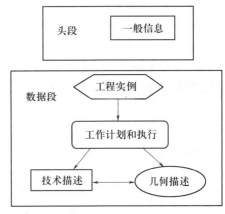

图2－13　STEP数据段

STEP－NC文件中的工作计划与以线性顺序或给定顺序执行的方案相结合。执行有三种:按照工作步骤、按照NC功能和按照程序结构。如果要改变操作顺序,只需改动程序的这部分就可以了。除了工作步骤外,零件程序次序中还可能包括其他NC功能描述。

技术描述:这部分含有工作计划中所有工作步骤的详细、完整的定义,它包括刀具参数、加工参数以及其他工艺数据。它描述了工件和所有表面的定义,零件的区域和特征,表面特征对应的工作步骤。

几何描述:以STEP格式描述了工件几何数据、工作步骤中的加工特征。

2.4.5　STEP－NC标准的发展[14,15]

STEP－NC的出现,必将会对数控技术乃至制造业带来深远的影响。主要体现在以下几个方面:

(1)数控机床将废弃沿用已久的G,M等代码,代之以更加高效、易于理解和操作更方便、描述性更强的数控语言。这种数控程序通过一系列的加工任务(工作步骤)描述制造过程中的所有操作,以面向对象(而不是面向动作)的编程使得现场编程界面大为改观。

(2)CAD/CAM/CNC之间将会实现无缝连接。CAD/CAM与CNC的双向数据流动,使得设计部门能够清楚地了解到加工实况,并且可根据现场编程返回的信息对生产规划进行及时快速的调整,生产效率将得到极大的提高。

(3)网络化设计/制造成为现实。现代制造企业通过网络共享各种信息,同时由于全球制造企业采用统一的数据接口标准,企业之间的数据流动可以在基于PC机的CNC机床与数据库服务器之间直接进行,操作人员只需要对数据库中的三维工件模型进行简单的参数设置,就可以使机床实现预期动作。

(4)实现完全意义上的开放式智能数控系统。STEP－NC采用标准,其数据格式和接口标准完全一致,且STEP－NC数据包含了加工产品所需的所有信息,对于控制器而言,它只需要告诉要加工什么,具体动作自行决定,使程序具有良好的互操作性和可移植性,为系统的开放性和智能化奠定了稳固的基础。

到目前为止,国际标准化组织已经基本完成了通用加工数据、铣削和车削等常见加工数据标准的制定,国内外许多研究机构都开展了关于STEP－NC应用的研究,主要有以下5个研究方向:STEP－NC制造系统架构研究、基于STEP－NC的CAD/CAPP/CAM技术研究、STEP－NC数控技术研究、基于STEP－NC的检测与反馈技术研究和基于STEP－

NC 的智能加工技术研究。

（1）先进 STEP – NC 制造系统架构是当前研究的重点，产生了很多新的应用领域与概念，系统功能更加强大和完善，并向着全球化制造方向发展。

（2）基于 STEP – NC 的 CAD/CAPP/CAM 技术研究主要的科学问题与技术难点是制造特征识别理论与方法和工艺规划策略。很多研究团队都致力于 STEP – NC 文件的输入、处理和输出以及工艺规划方法的研究，以建立完整的基于 STEP – NC 的 CAD/CAPP/CAM 系统。所采用的主要方法与技术有：基于特征的技术、基于知识的系统、人工神经网络、遗传算法、模糊集合理论与模糊逻辑、Petri 网络、基于智能体的技术和基于互联网的技术等。

（3）STEP – NC 制造系统的一个显著特征就是工艺规划和刀具轨迹生成等 CAM 功能在 CNC 实现，这使得同一数控程序文件可以在不同的加工环境中应用。但是目前所使用的绝大部分数控系统都采用 G 代码作为输入，因此实现 STEP – NC 文件的读取是其推广和应用的关键。STEP – NC 程序解释方法可分为三类：间接解释，读取 STEP – NC 文件，然后翻译成 G 代码；直接解释，直接根据 STEP – NC 文件、机床功能数据和刀具数据生成轴运动指令，如果机床具备检测探头，则可以将检测结果也作为刀具轨迹生成的依据；自适应解释，根据加工状态信息对工艺参数和刀具轨迹实施优化。

最初的 STEP – NC 数控系统都是采用间接解释方法，利用外部 CAM 软件或内部系统的发展，目前研究开发 STEP – NC 程序的直接解释器系统是一个焦点。在今后的研究中，开放式数控系统和智能加工将是 STEP – NC 数控系统的重要技术支撑，并实现 STEP – NC 文件的自适应解释。未来的数控系统不仅能够读取 STEP – NC 并实现加工，还可以根据零件特性与加工环境进行自主决策，对加工过程进行优化。

（4）在基于 STEP – NC 的检测与反馈研究方面，主要研究方向是 STEP – NC 数据模型建立、检测工艺规划与闭环加工系统研究。目前在这方面的研究还不是很多，而且大多采用了对传统加工模式进行修改的实现方式，对 STEP – NC 的应用还不充分。

（5）在智能加工中一般采用的方法是以人工智能算法、专家系统和传感器技术为基础，对加工参数进行离线优化或根据加工状态对加工参数进行在线调整。目前，对于 STEP – NC 智能加工的研究还较少，但在今后的研究中，基于 STEP – NC 的智能加工将成为一个研究热点。同时，智能加工能够充分体现 STEP – NC 的优势，也对数控系统的开发提出了更高的要求。

许多企业和研究机构都在广泛开展 STEP – NC 相关技术的研究工作，但 STEP – NC 是一项庞大的系统工程，距离完全真正实现 STEP – NC 的最终目标，仍然有很长的路要走。

第3章 控制信息的输入

数控系统的控制信息可分为两类：一是操作控制信息，如主轴转速的修调操作、数控系统的工作方式选择操作等，此类信息一般是由控制面板输入的；二是数控加工程序信息，这类信息的输入有多种方式，主要有纸带阅读机输入、键盘输入、计算机通信输入等。本章主要介绍控制信息的输入方式和输入过程，包括两种典型控制面板的介绍、键盘输入方式、计算机通信方式以及输入后的译码等内容。

3.1 数控系统控制面板

数控系统的控制面板是操作人员控制、操作数控机床的最主要人机界面。数控系统控制面板一般由 MDI 面板（Manual Data Input）和机床操作面板（Operator Panel）两部分组成。MDI 面板一般由键盘和显示器面板组成，主要用于手工程序的输入、编辑等功能。机床操作面板主要用于手动方式下对机床的操作以及自动方式下对机床的操作或干预。各种数控系统的控制面板是不相同的，但其功能是相同或是相似的，可以举一反三。本节介绍两种控制面板，一种是经济型 JWK 系统操作面板，一种是 SIEMENS880DE 系统操作面板。更为详细的控制面板输入操作参见本套丛书中《现代数控加工工艺及操作技术》（第4版）相关章节。

3.1.1 经济型 JWK 数控系统控制面板

经济型 JWK 数控系统控制面板如图 3－1 所示。上部是 MDI 面板部分，下部是机床操作面板部分。整个面板有一组 40 键的 ISO 编码键盘和一组 3 排显示器，另有 8 个控制键，8 个状态键，一个急停开关，一个电源开关。下面分别介绍各自的功能。

1. 编辑键

编辑键用于加工程序的输入和检索等，共分三类。

第一类是数字键，共 12 个：$\cdot$，$-$，0，1，2，3，4，5，6，7，8，9。

第二类是地址键，共 18 个：%，N，G，X，Z，Y，U，W，V，I，K，J，F，S，T，M，L，R。

第三类是功能键，共 10 个：*，↑，↓，←，→，SCH，COPY，DEL，LF，MON。

另外，还有两个没有标志的空白键。

前二类键主要是字母、数字、符号，它们代表的意义很明确。这里仅介绍功能键的意义及使用方法：

（1）复位键 MON 。它的功能是结束当前状态，进入波段开关所指示的状态，并显示

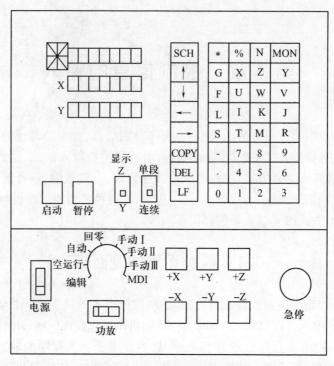

图 3-1 JWK 系统面板图

以等待新的命令。但在加工过程中绝不能按此键,否则将中断加工程序,而无法自动返回起始点。

（2）换行键 LF。在输入加工程序过程中,每输完一个程序段,都要按一次 LF 键,表示本程序段结束,并自动生成下一个程序段的段号,省略了每次对段号的输入。自动出号的规律是:从 N0010 开始,每段加 10,以便在修改程序时进行程序段的插入。另外,在检索过程中,插入的程序段也要用 LF 键结束。

（3）特殊定义键 *。此键和数字键同时按下,可形成特定功能。如同时按下 * 和 9 键,可清除加工程序的程序区;但只要存储区内已有加工程序,就不能随意进行这样的操作。

（4）检索移动键 ↑, ↓, ←, →。↑, ↓ 键可实现程序号和程序段的上下检索。←, → 键可实现在一个程序段内的逐字左右检索。

（5）程序复写键 COPY。在加工程序类似的情况下,可利用这个键进行程序复写,然后加以少量修改,实现新程序的设计,不用重写程序。

（6）删除键 DEL。可实现对某一个程序、某一个程序段或某一个程序指令字的删除。

（7）检索键 SCH。利用这个键,可对程序存储区中的程序,或对某一程序进行认定和检索。

2. 控制开关和控制键

（1）电源开关。它是装置的总电源开关。打开电源开关后，计算机通电，散热风机开始运转。

（2）功放开关。电源开关打开之前，功放开关应置于断开位置，目的是切断+5V接口电源，使大功率管截止。若机床长时间不运行，应将此开关切断，以免电动机长时间停在某一相，造成大功率管过热。系统不工作时，应先关功放开关，后关电源开关。

（3）单段/连续开关。单段工作方式就是每运行一个程序段就暂停，按下启动键才能向下运行一个程序段。单段工作方式一般用于空运行或检查程序。此开关置于连续位置时，程序将连续运行。

（4）编辑方式。在编辑方式下，可对加工程序进行输入、检索、修改、插入或删除等操作。

（5）空运行方式。此方式下启动加工程序，只执行加工指令，对S，T，M指令跳过不执行，而且刀具以设定的速度快速运行。可用来观察程序编制是否正确，但不能用于加工。

（6）自动方式。只有在此方式下才能按下启动键实行加工。在编辑状态下输入程序并检查无误后，将开关置自动方式，再按下启动键，认定现行状态下刀具位置为起始点，开始执行加工程序。

（7）手动方式Ⅰ，Ⅱ，Ⅲ。用于加工前对刀调整或进行简单加工。操作时，将开关置于手动Ⅰ，Ⅱ或Ⅲ位置，配合方向键进行手动操作。

手动Ⅰ速度：X轴15mm/min，Z轴30mm/min；

手动Ⅱ速度：X轴150mm/min，Z轴300mm/min；

手动Ⅲ速度：X轴1500mm/min，Z轴3000mm/min。

（8）回零方式。在空运行或自动方式下，程序执行过程中，如果操作者按下暂停键或单段开关后，需要使刀架返回起始点时，就先把波段开关置于回零方式，再按下相应的方向键，就可使刀架以快进速度返回起始点。即使是手动操作后，也可以控制刀架返回起始点。

（9）启动键。在波段开关置于空运行或自动方式下，按下启动键，可以启动加工程序。另外，当运行中按下暂停键后需要继续运行时，也要按下启动键。

（10）暂停键。在空运行或自动方式下运行程序时，按下暂停键，中断程序的运行。暂停后，可利用启动键继续运行程序。在回零方式下，回零途中也可使用暂停键。

（11）手动方向键。手动方向键共有6个：+Z，-Z，+Y，-Y，+X，-X。这6个键只能在手动或回零方式下使用。手动操作时，可以单步点动，亦可以连续动作（按住方向键不放）；回零方式时，只需按下回零方向即可。

（12）急停键。加工过程中，遇到紧急情况须立即停止加工时，可按下急停键。这时工作台立即停止运动，并自动发出主轴停转信号。急停后，只能使用MON复位键退出急停状态，然后用手动操作使刀架返回起始点，并重新校核起始点。

3.1.2　SIEMENS 880 数控系统控制面板

图3-2所示是SIEMENS880数控系统的MDI面板。

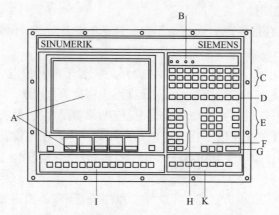

图 3－2　SIEMENS880 数控系统的 MDI 面板

A—具有 5 个集成软功能键的 12 英寸(30.5cm)CRT 显示器；B—由 4 个发光二级管组成的显示板；
C—地址键；D—符号键；E—算术符号键；F—数字键；G—编辑和输入键；
H—控制键；I—用户定义键；K—操作模式组合选择键。

CRT 的显示说明如图 3－3 所示，CRT 上字符或图形仅仅在虚线框内显示。CRT 的显示被划分成 17 行，每行 41 个字符。表 3－1 中给出 CRT 的各个区域内显示的内容。

表 3－1　CRT 的各个区域内显示的内容

区域	行数	显示内容	最大字符数
A	1	选择的操作方式	14
B		操作状态	23
C		通道号的模式组合号	4
D	2	报警和信息	4
E	3～14	NC 显示:字符,图形	12×41
F	15	人机对话/提示	24
G	15	键盘(数字键和符号键等)的输入	17
H	16～17	5 个软功能键的软键菜单	5×2×7

CRT 与软功能键的组合如图 3－4 所示。一个软功能键被定义为一个没有固定功能的键，通过对 5 个软功能键中任意一个键的操作，可以选择该软功能键上面对应的菜单上显示的功能。

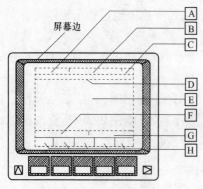

图 3－3　CRT 显示说明

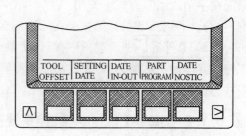

图 3－4　CRT 与软功能键的组合

38

SIEMENS 公司 880 数控系统中,机床控制面板与所控制的机床类型有关,不同类型的数控系统,其机床控制面板略有不同,但大部分是相同或相似的。图3-5 中给出了 SIEMENS880T 的机床控制面板。

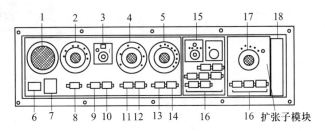

图 3-5 SIEMENS880T 的机床控制面板

1—紧停按纽; 2—操作方式选择开关;
3—单段程序切换,在加工程序逐段执行和连续执行两种方式之间进行选择;
4—主轴转速修调开关,是一个有 15 个位置的选择开关,将编程的主轴转速 S(对应于 100%),按 5% 分级,进行 50% ~120% 的修正;5—进给速度/快速移动修调开关,是一个有 23 个位置的选择开关,将编程的进给速度 F(对应于 100%)从 0 到 120% 进行修正,在快速移动方式中,修正值不会超过 100%。修正的分挡为 0、1%、2%、4%、6%、8%、10%、20%、30%、40%、50%、60%、70%、75%、80%、85%、90%、95%、100%、105%、110%、115%、120%; 6—NC 电源通;7—操作键盘开关,用来禁止键盘数据输入;8—复位;9—NC 停止,用来中断正在加工的程序,可通过按 NC 启动键继续进行加工;10—NC 启动,在当前程序段下启动调用的程序,在自动操作方式时,将已被覆盖的功能函数传送到 PLC;11—主轴停止,使主轴保持不动;12—主轴启动,使主轴加速到指定的转速;13—进给保持,使进给停止;14—进给启动,使当前程序段继续执行,进给速度增加到程序指定的速度;15—手轮选择开关;16—方向键,快速移动;17—辅助轴选择开关;18—串行接口,用于与其他计算机的通信,传送加工程序、PLC 程序、工作参数、机床参数等。

数控系统操作方式选择开关如图 3-6 所示,该旋钮开关具有 13 个锁定位置,使操作者能够选择适当的操作方式。SIEMENS880 数控系统共有 7 种操作方式,如表 3-2 所列。图中从左边开始,按顺时针的顺序,分别为设定实际值方式(Set Actual Value,点 1 位置)、手动数据输入/自动加工方式(MDI——Automatic,点 2、点 3 位置)、连续点动方式(Jog,点 4 位置)、增量点动方式(Incremental Traverse,点 5 ~ 点 9 位置)、重定位方式(Repositioning,点 10 位置)、自动加工方式(Automatic Operation,点 11 和点 12 位置)和返回参考点方式(Approach Reference Point,点 13 位置)。

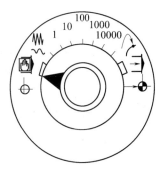

图 3-6 操作方式选择开关

表 3-2 880 数控系统的 7 种操作方式

选择开关	功能	操作方式的符号表示
⊕	设定实际值方式 (SET ACTUAL VALUE)	PRESET Preset Setpoint 点 1 位置
🖑	手动数据输入/自动加工方式 (MANUAL DATA INPUT/AUTOMATIC)	MDI – AUTOMATIC Manual Data Input Automatic 点 2、点 3 位置

选择开关	功能	操作方式的符号表示
	连续点动方式 （JOG）	JOG Jogging 点4位置
1、10、100、1000、10000	增量点动方式 （INCREMENTAL TRAVERSE）	INC FEED Incremental Feed 点5～点9位置
	重定位方式 （REPOSITIONING）	REPOS Reposition 点10位置
	自动加工方式 （AUTOMATIC OPERATION）	AUTOMATIC 点11、点12位置
	返回参考点方式 （APPROACH REFERENCE POINT）	REFPOINT Reference Point 点13位置

3.2 数控加工程序的输入

3.2.1 数控加工程序的输入过程

数控加工程序的输入是指把"写"在信息载体上的数控加工程序,通过一定输入方式送至数控系统的数控加工程序存储器的过程。数控系统的信息输入方式有两种:一是手动数据输入方式(MDI),一般用键盘输入;二是自动输入方式,一般用穿孔纸带通过光电阅读机输入,或由上一级计算机与数控系统通信输入。手动输入方式一般仅限于简单的数控加工程序输入,而大量复杂的零件加工程序的输入要利用自动输入方式。

从计算机数控系统内部来看存储数控程序的程序存储器分两部分:一部分是数控加工程序缓冲器;另一部分是数控加工程序存储器。数控加工程序缓冲器中只能存放一个或几个程序数据段,其规模相对较小,它是数控加工程序输入通路的重要组成部分,在加工的时候,缓冲器内的数据段直接和后续的译码程序相关联,当数控加工程序缓冲器每次只容纳一个数据段时,管理操作都很简单,但当其规模可以同时存放多个数据段时,就必须配置一个相应的缓冲器管理程序。数控加工程序存储器用于存放整个数控加工程序,一般规模较大。当存储器中同时须存放有多个完整的数控加程序时,为了便于数控加工程序的调用或编辑操作,一般在存储区中开辟一个目录区,在目录区中按规定格式存放着对应数控加工程序的相关信息,如程序名称,该程序在数控加工程序存储区中的首地址和末地址等。

对光电阅读机输入方式来说,若是边读入边加工,阅读机间歇工作时,读入的程序存储在缓冲器中,根本没有数控加工程序存储器,早期的数控系统特别是硬件数控系统就是这样工作的。若是一次将零件加工程序输入,就是阅读机先把程序读入缓冲器,再由缓冲器送至存储器全部保存,加工时再从存储器一段一段地读入缓冲器。

对由上一级计算机与数控系统通信的输入方式,一般由上级计算机一次把一个完整的程序送到数控加工程序存储器存储,加工时再一段一段读入缓冲器。当然由于数控加工程序存储器容量的限制,有时一个完整的程序无法一次存入,解决的办法是人工把程序在上一级计算机中分成几个完整的子程序,加工完一个子程序后,再输入第二个子程序,直至加工完毕。若数控系统有与上一级计算机动态数据传输功能,则整个大程序可边传输边加工,而无需分成子程序。

对于用键盘进行手动方式输入,一般数控系统还专门设置了 MDI 缓冲器。通过键盘把程序输入缓冲器存储,用于加工,也可把数控加工程序转存到数控加工程序存储器,以备后用。

图 3-7 是数控加工程序的输入过程框图,从图中可看出数控加工程序的输入一方面是指通过阅读机或键盘(经过缓冲器)将数控加工程序输入到存储器,另一方面是指执行时将数控加工程序从存储器送到缓冲器,然后送至译码程序进行译码处理。因此广义讲译码处理也包含在数控加工程序的输入过程中。从图 3-7 可看出,根据被译码数控加工程序的不同将其输入方式分为键盘输入方式、计算机通信输入方式和纸带阅读机输入方式。纸带阅读机输入方式已逐渐被淘汰,因此数控加工程序的输入目前主要是采用键盘输入和计算机通信输入两种方式,而计算机通信输入是以直接数控(DNC-Direct Numerical Control)和分布式数控(DNC-Distributed Numerical Control)的方式出现,统称为 DNC 数控。直接数控系统是指由一台计算机对多台数控机床统一分配控制程序和进行管理。分布式数控系统面向车间的生产计划、技术准备、加工操作等基本作业,进行集中监控和分散控制。系统的目标任务通过网络分配给子系统,子系统之间进行信息交换,协调完成各项任务。

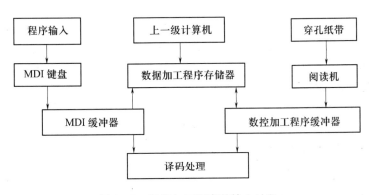

图 3-7　数控加工程序的输入过程

下面将介绍键盘输入和 DNC 数控,有关计算机通信输入详细的内容将在第 9 章叙述。

3.2.2　键盘输入方式

键盘是数控机床最常用的输入设备,是人机对话的重要手段。键盘有两种基本类型:

全编码键盘和非编码键盘。全编码键盘每按下一键,键的识别由键盘的硬件逻辑自动提供被按键的 ASC Ⅱ代码或其他编码,并能产生一个选通脉冲向 CPU 申请中断,CPU 响应后将键的代码输入内存,通过译码执行该键的功能。此外还有消除抖动、多键和串键的保护电路,这种键盘使用方便,不占用 CPU 的资源,但价格较高。非编码键盘,其硬件上仅提供键盘的行和列的矩阵,其他识别、译码等全部工作是由软件来完成。因此键盘结构简单、价格低,使用灵活,应用广泛,本节主要介绍利用非编码键盘进行数控加工程序输入的工作原理。

非编码式键盘如图 3 - 8 所示,其工作原理是用逐行加低电平的办法判断有无键钮按下。例如当行 1 加低电平时可以判断 3,4,5 键钮是否按下,如果此时列 1 变成低电平,则表示键钮 4 按下,表 3 - 3 列出了按下的键钮和行、列信号的关系,如果各列都是高电平则表示无键钮按下。

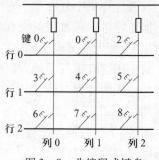

图 3 - 8　非编码式键盘

表 3 - 3　按键一览表

行 0、行 1、行 2 ＼ 键号 ＼ 列 0、列 1、列 2	011	101	110
011	0	1	2
101	3	4	5
110	6	7	8

键盘上行 0 ~ 2 的信号由主机送来,而列 0 ~ 2 的信号由键盘反馈给主机,供主机判断。主机是分两步进行查询的,第一步是检测有无键钮按下,第二步再分析哪一个键钮按下,然后再作相应的处理。

第一步键检测,就是所有的行都加低电平,如果所有的列都反馈高电平,则表示无键钮按下,则不必进行第二步分析,直接回到原来的程序上去继续进行第一步检测工作。如果有一列反馈为低电平则表示有键钮按下了。

第二步键分析,就是再逐行加低电平,如果某一行加低电平时,列有低电平反馈,即可由行、列综合判断出哪一键钮按下了。

图 3 - 9 是一个实际使用的键盘硬件结构,它由 6 行 ×5 列的矩阵组成。主机通过接口 A 输入行信号,而键盘的列信号通过接口 B 控制的三态门输入主机。例如主机从 A 口送出数据 L5 ~ L0 = 000000,若无键钮按下,则从键盘通过 B 口输入主机的 R4 ~ R0 全为 1。如有键钮按下,则所按下键的行列线接通,该键列输出为 0,其余列仍为 1 则表示有键钮按下。再逐行加低电平,如该行无键钮按下,则 R4 ~ R0 = 11111,如加到 L5 ~ L0 = 11101 时,R4 ~ R0 = 11011,则表示键钮 6 被按下了。根据以上的设计思想列出软件程序流程图如图 3 - 10 所示。

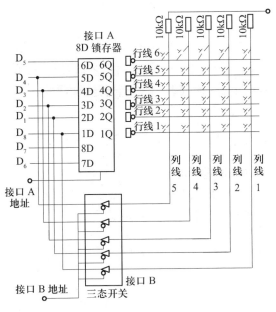

图 3 - 9　键盘输入电路

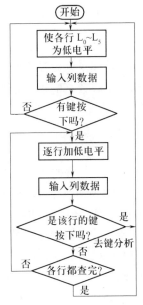

图 3 - 10　键检测程序流程图

3.2.3　磁盘输入和通信输入方式

数控机床键盘输入方式适用于比较简单、行数少的数控程序输入,一般是用数控系统键盘直接编程输入。但更为普遍的编程方式是在其他计算机上手工编制程序或利用各种自动编程软件自动编制数控程序。这样编制的程序是存放在其他计算机的磁盘中,要把这些程序输入到数控系统中一般通过两种方式:一是磁盘输入方式,早期的数控机床配有 5 寸、3 寸磁盘读写器,现在的数控机床普遍配有优盘读写器;二是计算机通信输入方式,即通过计算机和数控系统的通信把所编好的数控程序输入到数控系统中,用于数控加工。数控机床一般都配置了点对点的通信接口,如 RS232 接口、RS485 接口和网络通信接口,如广域网接口、DNC 接口、网络 DNC 接口等。

3.3　数控加工程序的译码

对传统的数控系统,数控加工程序输入到缓冲器后,下一部就是译码处理过程。"译码"就是把输入的数控加工程序段按一定规则翻译成 CNC 装置中计算机能识别的数据形式,并按约定的格式存放在指定的译码结果缓冲器中,具体来讲,译码就是从数控加工程序缓冲器或 MDI 缓冲器中逐个读入字符,先识别出其中的文字码和数字码,再将具体的文字或辅助符号译出,最后根据文字码所代表的功能,将后续数字码送到相应译码结果缓冲器单元中。另外,在译码过程中还要进行数控加工程序的错误诊断。数控加工程序的译码可由硬件线路来实现,也可由软件编程来实现。

对遵循 STEP - NC 标准的数控加工程序,其译码过程是 STEP - NC 加工程序解释成 CNC 能识别的信息,驱动刀具运动来完成对零件的加工。

3.3.1 硬件译码过程

硬件译码过程以采用 ISO 代码的某车床数控系统所用到字符的译码为例来加以说明。图 3 – 11 是该车床数控系统用到的 ISO 代码。译码电路一般包括三个内容:一是通过译码得到文字或数字的识别信号;二是将具体的文字或辅助符号译出;三是根据非尺寸字 N,G,F,M,S,T 等后的数字译出具体的功能信号。

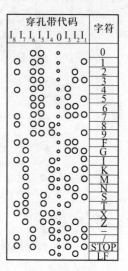

图 3 – 11 某车床数控系统
用到的 ISO 代码

1. 文字与数字的识别

对文字或数字的译码识别是根据各类代码的特征进行的。

ISO 代码中,所有文字 A ~ Z 的特征为第六孔无孔与第七孔有孔;数字 0 ~ 9 (连同辅助字符":"和" = ")的特征为第五孔、第六孔均有孔,而第七孔无孔。

图 3 – 11 是采用 ISO 代码的某车床数控系统用到的字符。根据上述代码特征及字符的使用情况可写出文字信号 F_a 与数字信号 F_d 的逻辑表达式:

$$F_a = \overline{I_6} \cdot I_7 \cdot P$$

$$F_d = I_5 \cdot I_6 \cdot \overline{I_7} \cdot P$$

式中 P 是"允许译码"脉冲,译码电路由与非门构成,如图 3 – 12 所示。

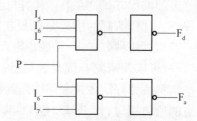

图 3 – 12 文字与数字识别信号的译出

2. 文字或辅助字符的译码

文字或辅助字符的译码方法也是按代码表及本系统所使用的字符进行分析,列出它们的逻辑表达式,最后用门电路实现。仍以图 3 – 11 所示某数控车床使用的字符为例。由图中可见,此系统使用的 F,G,I,K,M,N,S,T,X,Z 共 10 个文字,只要用 $I_1 \sim I_4$ 的四价目孔道信号就可区分开来。为此,可用已得到的 F_a 脉冲信号将 $I_1 \sim I_4$ 读入由 4 个 R – S 触发器组成的文字寄存器,然后进行译码,得到各具体文字的信号。线路如图3 – 13所示。

图中 $Q_1 \sim Q_4$ 在读入后的状态与 $I_1 \sim I_4$ 相对应,再用 10 个与非门译出各文字的译码信号。10 个逻辑表达式参照图 3 – 13 化简得出,如:

$$X = \overline{Q_1} \cdot \overline{Q_2} \cdot Q_4$$

$$Q = \overline{Q_1} \cdot Q_2 \cdot \overline{Q_3}$$

4 个辅助字符可直接根据孔道信号 $I_1 \sim I_7$ 译出并寄存。其逻辑表达形式如下:

44

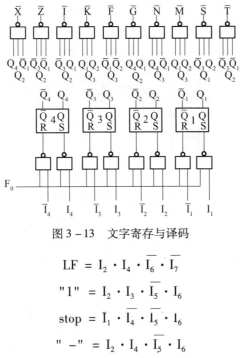

图 3 – 13　文字寄存与译码

$$LF = I_2 \cdot I_4 \cdot \overline{I_6} \cdot \overline{I_7}$$

$$"1" = I_2 \cdot I_3 \cdot \overline{I_5} \cdot I_6$$

$$stop = \overline{I_1} \cdot \overline{I_4} \cdot \overline{I_5} \cdot I_6$$

$$" - " = I_2 \cdot I_4 \cdot \overline{I_5} \cdot I_6$$

3. 各项功能的译码

在文字 G,S,T,M 等后面的两位十进制数,将各项功能具体化。仍以某数控车床的 G 功能为例,共有 11 种 G 功能:G00 快速、G01 直线、G02 顺圆、G03 逆圆、G04 暂停、G32 备用、G33 切螺纹、G81 钻孔循环、G82 扩孔循环、G83 钻深孔循环、G84 攻螺纹循环。

经分析其个位数有 0,1,2,3,4 五种数字,10 位数只有 0、3、8 三种数字。可见使用三个触发器 Q_1,Q_2,Q_3 分别寄存 I_1,I_2 与 I_3 即可区分个位数的五种情况;使用两个触发器 Q_4 与 Q_5 分别寄存 I_1 与 I_4,即可区分十位数的三种情况。根据 5 个变量 $Q_1 \sim Q_5$ 可排出并化简得到 11 种 G 功能的逻辑表达式:

$$G00 = \overline{Q_5} \cdot \overline{Q_4} \cdot \overline{Q_3} \cdot \overline{Q_2} \cdot \overline{Q_1}$$

$$G01 = \overline{Q_5} \cdot \overline{Q_4} \cdot \overline{Q_2} \cdot Q_1$$

$$G02 = \overline{Q_5} \cdot \overline{Q_4} \cdot Q_2 \cdot \overline{Q_1}$$

$$G03 = \overline{Q_5} \cdot \overline{Q_4} \cdot Q_2 \cdot Q_1$$

$$G04 = \overline{Q_5} \cdot \overline{Q_4} \cdot Q_3$$

$$G32 = Q_4 \cdot \overline{Q_1}$$

$$G33 = Q_4 \cdot Q_1$$

$$G81 = Q_5 \cdot \overline{Q_2} \cdot Q_1$$

$$G82 = Q_5 \cdot Q_2 \cdot \overline{Q_1}$$

$$G83 = Q_5 \cdot Q_2 \cdot Q_1$$

$$G84 = Q_5 \cdot Q_3$$

G 功能的寄存与译码电路如图 3 - 14 所示。

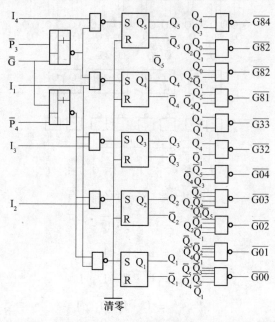

图 3 - 14 某车床数控系统 G 功能的寄存与译码电路

图中文字信号 G 和最高位置数脉冲 P_5 将十位数的 I_1 与 I_4 分别置入 Q_4 与 Q_5。Q_1，Q_2 和 Q_3 则由 G 信号和第二位置数脉冲 P_4 将个位数的 I_1，I_2，I_3 分别置入。译码按上述逻辑表达式由简单的与非门完成。同样，M，S，T 等功能的译码也可像上述 G 功能一样。

3.3.2 软件译码过程

1. 代码的识别

代码识别通过软件来实现很简单，一般先把由 ISO 代码或 EIA 代码组成的排列规律不明显的代码转换成具有一定规律的数控内部代码（简称内码，参见图 3 - 16），这样就可将取出的字符与各个内码数字相比较，若相等则说明输入了该字符，并设置相应标志，或转相应处理，图 3 - 15 就是有关数控加工程序译码处理中代码识别的部分软件流程图。

2. 功能码的译码

经过上述代码识别建立了各功能代码的标志后，下面就要分别对各功能码进行处理了。这里首先要建立一个与数控加工程序缓冲器相对应的译码结果缓冲器。对于一个具体的 CNC 系统来讲，译码结果缓冲器的格式和规模是固定不变的。显然，最简单的方法是在 CNC 装置的存储器中划出一块内存区域，并为数控加工程序中可能出现的各个功能代码均对应一个内存单元，存放对应的数值或特征字，后续处理软件根据需要就到相对应的内存单元中取出数控加工程序信息，并予以执行。但由于 ISO 标准或 EIA 标准中规定的字符和代码都是很丰富的，那么相应地也要求设置一个很庞大的表格，这样不但会浪费内存，而且还会影响译码的速度，显然是不太理想的。为此必须对译码结果存储区的格式加以规范，尽量减小规模。

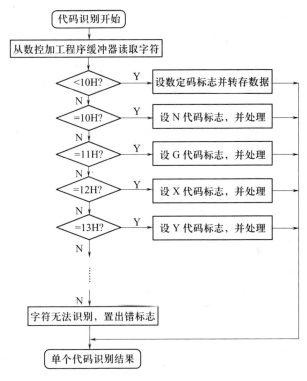

图 3-15 代码识别流程图

由于在设计 CNC 系统时,对各自的编程格式都有规定,并不是每个数控系统都具有 ISO 标准或 EIA 标准给出的所有命令,一般情况下只具有其中的一个子集,这样就可根据各个 CNC 系统来设置译码结果缓冲区,从而可大大减小其内存规模。另外,由于某些 G 代码是不可能同时出现在一个数控加工程序段中,也就是说没有必要在译码结构缓冲器中同时为这些互相排斥的 G 代码设置单独的内存单元,可将它们进行合并,然后依不同的特征字来加以区分。通过这样分组整理后,可以进一步缩小缓冲器的容量。现将常用 G 代码的分组情况列于表 3-4 中,并定义成六组分别为 GA,GB,GC,GD,GE,GF,然后在译码结果缓冲区中只要为每一组定义一个内存单元即可。类似地对常用 M 代码也可以实行分组处理,结果如表 3-5 所列。在这里要说明的是,上述划分是针对具体 CNC 系统而言的,特别是对于不具备的功能就没必要再给它分配内存单元了。

表 3-4 常用 G 代码的分组

组 别	G 代 码	功 能
GA	G00	点定位(快速进给)
	G01	直线插补(切削进给)
	G02	顺时针圆弧插补
	G03	逆时针圆弧插补
	G06	抛物线插补
	G33	等螺距的螺纹切削
	G34	增螺距的螺纹切削
	G35	减螺距的螺纹切削

组别	G 代码	功能
GB	G04	暂停
GC	G17	XY 平面选择
	G18	ZX 平面选择
	G19	YZ 平面选择
GD	G40	取消刀具补偿
	G41	左刀具半径补偿（刀具在工件左侧）
	G42	右刀具半径补偿（刀具在工件右侧）
GE	G80	取消固定循环
	G81 ~ G89	固定循环
GF	G90	绝对尺寸编程
	G91	增量尺寸编程

表 3 - 5　常用 M 代码的分组

组别	M 代码	功能
MA	M00	程序停止（主轴、冷却液停）
	M01	计划停止（需按钮操作确认才执行）
	M02	程序结束（主轴、冷却液停，机床复位）
MB	M03	主轴顺时针方向旋转
	M04	主轴逆时针方向旋转
	M05	主轴停止
MC	M06	换刀
MD	M10	夹紧
	M11	松开

在经过上述处理,并指定译码结果的内存单元之后,就要对各个单元的容量大小进行设置,而这些单元的字节数又与系统的精度、加工行程等有关。现假设某 CNC 装置中 CPU 为 8 位字长,对于以二进制存放的坐标值数据分配两个单元。另外,除 G 代码和 M 代码需要分组外,其余的功能代码均只有一种格式,它的地址在内存中是可以指定的。据此可以给出一种典型的译码结果缓冲器格式,如表 3 - 6 所列。事实上,一般数控系统中都规定,在同一个数控加工程序段中最多允许同时出现三个 M 代码指令,所以在这里为 M 代码也设置三个内存单元 MX,MY 和 MZ。

表 3 - 6　译码结果缓冲器格式

地址码	字节数	数据形式
N	1	BCD 码
X	2	二进制
Y	2	二进制
Z	2	二进制

地址码	字节数	数据形式
I	2	二进制
J	2	二进制
K	2	二进制
F	2	二进制
S	2	二进制
T	1	BCD 码
MX	1	特征字
MY	1	特征字
MZ	1	特征字
GA	1	特征字
GB	1	特征字
GC	1	特征字
GD	1	特征字
GE	1	特征字
GF	1	特征字

在表 3-6 中的地址码实际上是表示相应单元的名称,而其中存放的值应是数控加工程序中对应功能代码后的数字或有关该功能码的特征信息。对于数据的处理,也需要根据对应功能码的标志区别对待,不同的功能码要求后面的数字位数或存放形式也有区别。例如对于 N 代码和 T 代码对应单元中存放的数据为两位 BCD 码(一个字节),则其对应范围为 00~99。对于 X 代码对应两个字节单元,如果存放二进制带符号数,则对应范围为 $-32768 \sim +32767$。对于 G 代码和 M 代码的处理要简单些,只要在对应的译码结果缓冲单元中以特征字形式表示。例如,设在某个数控加工程序段中有一个 G90 代码,那么首先要确定 G90 属于 GF 组,然后为了区别出是 GF 组内的哪一个代码时,可在 GF 对应的地址单元中送入一个 90H 作为特征字,代表已编入了 G90 代码。当然这个特征字并非固定的,只要保证不会相互混淆,且能表明某个代码已有即可。由于 M 代码和 G 代码的后面数字范围均为 00~99,为了方便起见,可直接将后面的数字作为特征码放入对应内存单元中。但对于 G00 和 M00 的特殊情况,可以自行约定一个标志来表示,以防与初始化清零结果相混淆。

下面以 N05G90G01X106Y-60F46M05LF 数控加工程序段为例说明译码程序的工作过程。首先从数控加工程序缓冲器中读入一个字符,判断是否是该程序段的第一个字符 N,如是则设定标志,接着去取其后紧跟的数字,应该是两位的 BCD 码,并将它们合并,在检查没有错误的情况下将其转化成 BCD 码并存入译码缓冲器中 N 代码对应的内存单元。再取下一个字符是 G 代码,同样先设立相应标志,接着分两次取出 G 代码后面的两位数码(90),判别出是属于 GF 组,则在译码结果缓冲器中 GF 对应的内存单元置入"90H"即可。继续再读入下一个字符仍是 G 代码,并根据其后的数字(01)判断出应属于 GA 组,这样只要在 GA 对应的内存单元中置入"01H"即可。接着读入的代码是 X 代码和 Y 代码及其后紧跟的坐标值,这时需将这些坐标值内码进行拼接,并转换成二进制数,同时检查无误后即将其存入 X 或 Y 对应的内存单元中。如此重复进行,一直读到结束字符 LF 后,才进行有关的结束处理,并返回主程序。这样经过上述译码程序处理后,一个完整数控加工程序段中的所有功能代码连同它们后面的数字码都被依次对应地存入到相应的译码结果缓冲器中,从而得到图 3 - 16 所示的译码结果。这里假设其内存首址为 4000H。

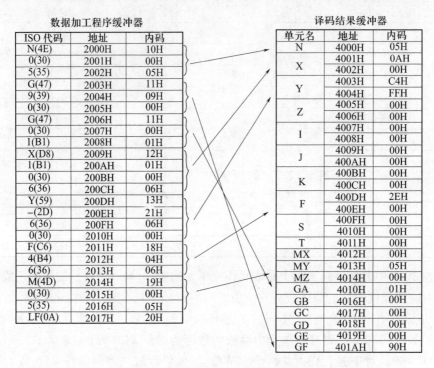

数据加工程序缓冲器

ISO 代码	地址	内码
N(4E)	2000H	10H
0(30)	2001H	00H
5(35)	2002H	05H
G(47)	2003H	11H
9(39)	2004H	09H
0(30)	2005H	00H
G(47)	2006H	11H
0(30)	2007H	00H
1(B1)	2008H	01H
X(D8)	2009H	12H
1(B1)	200AH	01H
0(30)	200BH	00H
6(36)	200CH	06H
Y(59)	200DH	13H
–(2D)	200EH	21H
6(36)	200FH	06H
0(30)	2010H	00H
F(C6)	2011H	18H
4(B4)	2012H	04H
6(36)	2013H	06H
M(4D)	2014H	19H
0(30)	2015H	00H
5(35)	2016H	05H
LF(0A)	2017H	20H

译码结果缓冲器

单元名	地址	内码
N	4000H	05H
X	4001H	0AH
	4002H	00H
Y	4003H	C4H
	4004H	FFH
Z	4005H	00H
	4006H	00H
I	4007H	00H
	4008H	00H
J	4009H	00H
	400AH	00H
K	400BH	00H
	400CH	00H
F	400DH	2EH
	400EH	00H
S	400FH	00H
	4010H	00H
T	4011H	00H
MX	4012H	00H
MY	4013H	05H
MZ	4014H	00H
GA	4010H	01H
GB	4016H	00H
GC	4017H	00H
GD	4018H	00H
GE	4019H	00H
GF	401AH	90H

图 3 - 16　数控加工程序译码过程示意图

3. 数控加工程序的诊断

在阅读机中断服务程序中要求对读入的字符穿孔信息进行诊断,这主要是为了防止误码的产生,但这种诊断仅是针对这一个字符或这条纸带而言。

进一步,在译码过程中就要对数控加工程序的语法错误和逻辑错误等进行集中检查,只允许合法的程序段进入后续处理过程。其中语法错误主要指某个功能代码的错误,而逻辑错误主要指一个数控加工程序段或者整个数控加工程序内功能代码之间互相排斥、互相矛盾的错误。对于一个具体 CNC 系统来讲,数控加工程序的诊断规则很多,并且还与系统的一些约定有关,这里不便一一列出,下面仅将其中的一些主要常见错误现象列举出来。

1) 语法错误现象

(1) 第一个代码不是 N 代码。

(2) N 代码后数值超过 CNC 系统所规定的范围。

(3) N 代码后数值为负数。

(4) 碰到了不认识的功能代码。

(5) 坐标值代码后的数据超越了机床行程范围。

(6) S 代码设定的主轴转速越界。

（7）F代码设定的进给速度越界。

（8）T代码后的刀具号不合法。

（9）遇到了CNC系统中没有的G代码，一般数控系统只能实现ISO标准或EIA标准中G代码的一个子集。

（10）遇到了CNC系统中没有的M代码，一般数控系统只能实现ISO标准或EIA标准中M代码的一个子集。

2）逻辑错误现象

（1）在同一个数控加工程序段中先后出现了两个或两个以上同组的G代码。例如同时编入了G41和G42是不允许的。

（2）在同一个数控加工程序段中先后出现了两个或两个以上同组的M代码。例如同时编入了M03和M04也是不允许的。

（3）在同一个数控加工程序段中先后编入了互相矛盾的零件尺寸代码。

（4）违反了CNC系统的设计约定。例如设计时约定一个数控加工程序段中一次最多只能编入三个M代码，但在实际编程时编入了4个甚至更多个M代码是不允许的。

以上仅是数控加工程序诊断过程中可能会碰到的部分错误。事实上，在实现过程中还会遇到许许多多的错误现象，这时要结合具体情况加以诊断和防范。另外，上述诊断过程的实现大多是贯穿在译码软件中进行，有时也会专门设计一个诊断软件模块来完成，具体方法不能一概而论。

4. 软件实现

根据前面介绍的译码方法和诊断原则设计出软件流程图如图3-17所示。其中，由于译码结果缓冲器对于某个数控系统来讲是固定的，因此可通过变址方式完成各个内存单元的寻址。另外，为了寻址方便，一般在ROM区中还对应设置了一个格式字表，表中规定了译码结果缓冲器中各个地址码对应的地址偏移量、字节数和数据位数等。

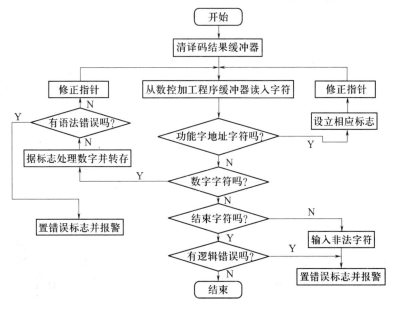

图3-17 数控加工程序译码与诊断流程图

最后,还要指出的是上述内码的转换过程不是必须和唯一的,那仅仅是为了译码的方便而进行的一种人为约定,当使用汇编语言实现时效果较好。事实上,当使用高级语言实现译码过程时,完全可以省去这个过程,直接将数控加工程序翻译成标准代码。

3.3.3　基于 STEP – NC 数控系统的译码过程

STEP – NC 标准是 STEP 向数字化制造领域的扩展,是设计模块和制造模块之间基于 STEP 建立的新接口标准。STEP – NC 加工程序是一种遵循 ISO10303 的文本文件,文件采用了 STEP 数据格式和面向特征的编程原则,较 G/M 代码(ISO6983)数控加工程序具有更加丰富的信息,包含了加工产品所需的所有信息。但整个文件重在描述加工任务和要求而不是具体的实现过程,文件中数据不能直接翻译成运动代码,不能直接驱动刀具运动。也就是说对 STEP – NC 控制器而言它告诉的是 CNC"要加工什么",而不是"如何加工"的具体动作。所以在后续 STEP – NC 控制器实现工件加工之前,必须对 STEP – NC 加工程序进行预处理,将加工程序中刀具数据译码(解释)成数控机床可识别的信息,驱动刀具运动来完成对零件的加工。目前把 STEP – NC 加工程序译码为 CNC 系统可识别信息的模式有三种,如图 3 – 18 所示。

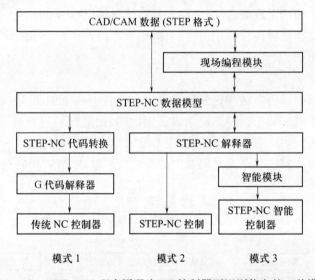

图 3 – 18　STEP – NC 程序译码为 NC 控制器可识别信息的三种模式

模式 1 是在传统 CNC 控制器的基础上插入一个 STEP – NC 代码转换器,将 STEP – NC 程序转换为数控系统内核可识别的 NC 指令,进而实现对现行数控系统的控制。严格来说模式 1 只是一种过渡形式,许多基于 PC 的数控系统都可以采用这种形式。

模式 2 是直接处理 STEP – NC 程序,将其编译成内核所能识别的逻辑控制指令和轨迹控制指令,完成基于 STEP – NC 的数控加工。从信息流动模式与控制方式而言,已经完全符合 STEP – NC 标准,具备了下一代数控系统的特性,是真正意义上的 STEP – NC 控制器模型。

模式 3 是模式 2 的发展与完善,为了使控制系统进一步实现智能化,可以在模式 2 的基础上建立基于 STEP – NC 的智能模块,实现各种智能化操作,如加工过程优化、刀具监控、在线测量、突发事件的处理等许多非常规数控系统的功能,以提高生产效率和加工质量。

本节介绍一种采用模式 2 的解释器,它是在已有的数控系统内核基础上设计的 STEP – NC

程序解释器,其功能是替换原有的 G 代码解释器,实现符合 STEP – NC 标准的完全开放式和智能化的数控系统。考虑到 STEP – NC 标准完全取代 ISO6983 需要一个过渡周期,在建立 STEP – NC 解释器模块的同时仍保留了 G 代码解释器作为 STEP – NC 控制器的一个子系统。

STEP – NC 程序解释器是基于蓝天硬件平台开发的 STEP – NC 数控系统中一个比较独立的功能模块。解释器实现的功能是对 STEP – NC 程序文件进行分析,根据该程序结构逐一识别出加工工件所需的所有信息和操作任务。其输入是用 EXPRESS 语言描述的程序文件,输出为数控系统内核可以识别的数据流。主要由以下几个功能模块组成:信息提取模块、轨迹生成模块、STEP – NC 规则库、规范加工模块,如图 3 – 19 所示。在工件加工过程中,STEP – NC 程序解释器的执行过程为:

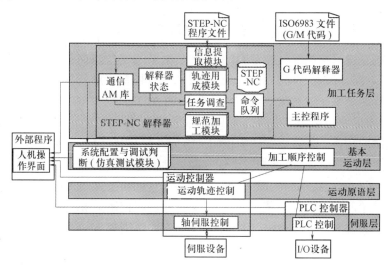

图 3 – 19　STEP – NC 控制器的四层体系结构

(1)信息提取模块从程序代码中读取加工工件所有的制造特征、工作计划与可执行语句及技术描述、几何描述等,进而过滤出几何参数、坐标、刀具等数据信息存储到指定的数据结构中。

(2)轨迹生成模块根据数据结构中这些加工特征、操作以及加工策略等信息生成每一加工工步的刀位轨迹,并根据 STEP – NC 规则库中提供的加工条件和加工参数等信息对刀轨进行优化。

(3)任务调度程序依次读取存储在指定数据结构中的刀位轨迹信息,并根据当前保存的解释器状态信息,调用规范加工模块将加工操作转换成 NMLmessage 形式的控制命令,并将这些控制命令写入到命令队列中。

(4)命令队列的控制命令由加工顺序控制程序读取并做相应的处理后写入到任务控制器和运动控制器之间的共享内存,然后由运动控制器执行。

在解释器中,还提供了一个外部接口,即通信库 API 库的设计。库中主要封装了一组能对共享内存中特定数据结构直接进行操作的 API。系统配置与调试诊断模块(仿真测试模块)就是通过调用这些 API 函数来实现对控制器软件灵活的配置、加工路径校验以及运行状态的实时监控与诊断。

第4章 数控机床点位控制与点位/直线切削控制

4.1 点位控制与点位/直线控制的一般概念

4.1.1 点位控制与点位/直线控制的异同

点位控制系统只控制刀具相对工件的定位,由某一定位点向另一定位点运动时不进行切削,对运动路径没有严格要求。在数控钻床及数控镗床中所使用的是典型的点位控制系统。直线切削系统刀具(或工作台)沿坐标轴方向运动,并对工件进行切削加工。在加工过程中,不但要控制切削进给的速度,还要控制运动的终点。可见,直线切削控制也具有点位控制的功能。所以直线切削控制又称为点位/直线控制。换句话说,如果一个点位控制系统除了快速定位外,增加对坐标方向运动速度的控制能力,使之适应切削加工的要求,它就有了控制直线切削的能力,可称为点位/直线切削控制系统。镗铣床、加工中心机床与功能简单的车床数控系统多采用点位/直线切削控制系统。

点位控制系统与点位/直线切削控制系统的主要区别如下:

(1)刀具由一个定位点向另一个定位点移动时是否进行切削:这首先对机床结构提出了不同的要求。如允许直线切削的导轨要有足够的稳定性,以承受切削力并抑制切削引起的振动;点位控制系统的机床常设有工作台夹紧机构。

(2)对运动速度的要求不同:点位控制系统对运动速度的要求比较简单,要求快速定位以提高效率,在接近定位点时适当降速以求定位准确;而点位/直线切削控制系统要考虑各种切削加工的要求,应具有多种速度控制的功能,有时还要与主轴转速相配合,用每转毫秒数设定进给速度。

(3)机床机能设置不同:点位控制系统着眼于准确定位,其机能设置比较简单,与点位/直线切削控制系统相比,"自动"程度较低。有些点位控制系统在自动定位后的第三坐标加工,甚至不用数字控制。如某些数控钻床的钻孔与返回用行程开关发信号的程序控制,某些数控镗床在自动定位后手动操作镗孔等;点位/直线切削控制系统虽然精度一般,但因其加工项目多且特别注重效率,所以机能设置较多,"自动"程度高,除上述的进给速度控制功能外,还有完善的主轴转速选择功能、刀具的选择功能以及刀具长度补偿功能等。

以上,从不同的角度对点位控制系统与点位/直线切削控制系统进行了比较。因为这两种系统所共有的点位控制机能及它们在控制线路上的相似性,在某些文献里及习惯说法中常把它们统称为点位与直线切削控制系统,有时又简称为点位控制系统。以便与连续控制(轮廓控制)系统相区别。

4.1.2　程序编制的增量方式与绝对值方式

增量方式与绝对值方式常称为点位控制的两种方式。这里包含着两层意思,即程序编制的增量方式与绝对值方式,以及测量系统的增量方式与绝对值方式。随着数控技术的发展,特别是测量器件水平的提高,测量系统的方式与程序编制的方式常常不再一致,比如在许多使用增量方式测量系统的数控机床中,采用了绝对值方式编程。

程序编制的增量方式与绝对值方式是指定位点坐标值在输入时的两种表示方式,类似于图纸上标注尺寸的两种方式。图 4 – 1(a)中 A , B , C 三孔的中心尺寸都从工件的原点(工件的定位基准)标注。与之对应,若程序编制时三个定位点的坐标值也是这样表示,分别输入 X_a 与 Y_a , X_b 与 Y_b , X_c 与 Y_c 时,就称其程序编制是绝对值方式。

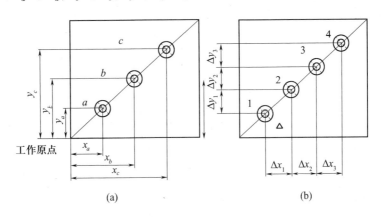

图 4 – 1　两种尺寸标注方法

图 4 – 1(b)中的 2,3,4 三孔的中心尺寸均以前一孔的中心基准进行标注,与之对应,若程序编制时定位点的坐标值按增量给出,分别输入 Δx_1 与 Δy_1 , Δx_2 与 Δy_2 , Δx_3 与 Δy_3 时,就称其程序编制为增量方式。

用绝对值方式编制程序时,在多点定位过程中,第 n 点的定位误差(如超程)不会累计到第 $n+1$ 点。因为第 $n+1$ 点的坐标仍从原点计算而与第 n 点无关。所以说绝对值方式程序编制从原理上避免了多点定位所造成累计误差的可能性。此外,因各定位点的尺寸标注是独立的,故各定位点加工的顺序可以任意选择。

用增量方式编制程序时,必须在控制线路中采取措施,以消除多点定位的累计误差。仍以 4 – 1(b)图为例。设 $\Delta x_1 = \Delta x_2 = \Delta x_3 = \Delta y_1 = \Delta y_2 = \Delta y_3 = 10.00\text{mm}$,且各点的超程均为 $\Delta x = \Delta y = 0.02\text{mm}$ 。若不采取措施,将造成第三点由 $x = y = 10.02\text{mm}$ 开始走,第四点由 $x = y = 20.04\text{mm}$ 开始走,最后定位于 $x = y = 30.06\text{mm}$ 。其中有 0.04mm 是由前两点定位误差累积而来的。本章第二节中将讲到消除增量方式程序编制时累积误差的措施。此外,增量方式各定位点的尺寸标注是依次相关的,故定位加工的顺序一般只能按尺寸标注次序进行。

有些机床控制系统允许将绝对值与增量两种方式混合使用编制程序,在需要改变为另一种程编方式时,于程序段开始时用 G 功能指定。

4.1.3　测量系统的增量方式与绝对方式

高精度的点位控制系统一般采用闭环控制,而测量系统是闭环控制的重要组成部分。增量方式测量系统又被称为位移测量系统,一般用计数器接受测量装置发来的当量脉冲,记录或计算位移量。测量装置可用光电脉冲编码器、光栅尺、磁尺、旋转变压器及感应同步器等。绝对方式测量系统又被称为位置测量系统,其测量装置比较复杂,有类似时钟的粗、中、细多挡刻度。它有一固定的原点,在任意位置均可直接读出当时的绝对位置。绝对方式的测量装置有数码盘、直线数码尺、多级旋转变压器组、三重式感应同步器等。

图4-2是两种测量系统的示意,其中绝对值方式测量系统用数码盘的部分展开图表示(这里使用了葛莱码,以避免在交接处出现读错现象)。可以看出,增量方式测量系统要计算脉冲数以表示位移,而绝对方式可以直接读出当时的位置。当然,要用绝对值方式测量足够的长度(如1m)时,需要增加图中刻度的层数及相应的读出线路。

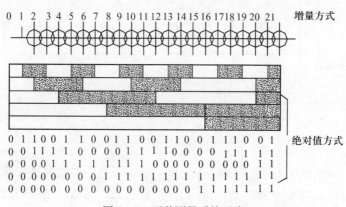

图4-2　两种测量系统示意

绝对值方式测量系统抗干扰性强,由于干扰造成的偶然错误可以自动纠正,中途断电时,只要坐标位置没有移动,电源恢复后仍可以重现断电前的位置读数,有利于加工的中断及故障后的补救。其缺点是测量装置及相应线路复杂、成本高。相比之下,增量方式测量系统必须加强抗干扰措施,因为干扰脉冲一旦进入测量系统,造成的错误计数将无法修正并在计数器中累计。使用可逆计数器的增量式测量系统,目前应用很广泛,它克服了因振动引起的计数误差;只要能够抑制干扰脉冲的进入(按现今的电子线路水平做到这一点并不困难),因此完全可以在足够大的程度上代替绝对值测量系统。这使线路的复杂性与成本大大降低,因此,绝对值方式的测量系统虽然在早期的点位控制中用得较多,但现在只在少数有特殊要求的点位控制与数字显示装置中使用。

4.1.4　点位控制系统与点位/直线切削控制系统的结构

图4-3是点位控制系统的典型结构。其核心部分是位置计算与比较线路,线路中一般都有位置计数器,以接收测量装置发来的正向或反向脉冲,并做相应的加法或减法计数。在采用绝对值编程方式时,它记录以工件原点为基准的刀具位置并送去数字显示。

纸带上的定位点坐标值由输入电路存入一指令寄存器(也可用一组拨码开关拨定),这个给定坐标值与位置计数器中的数字进行比较,并根据差值的大小给伺服系统发出分级或是连续的速度信号,使定位速度随着差值的减小而降低。最后在差值为零时发出进给停止信号,完成一个坐标的定位。

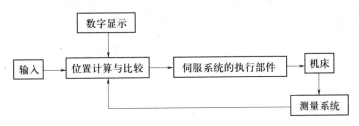

图 4-3 点位控制系统结构

在采用增量程序编制方式时,位置计算与比较线路要简单得多。这时的指令计数器不再记录刀具位置而是存放本次要走的坐标增量。随着刀具向定位点的趋近,指令计数器中的数字不断减小,并由比较线路判断发出降速信号,最后在计数器中的数字被减到零时,发出进给停止信号,一个坐标的定位结束。在这种情况下,数字显示一般不再表示工件原点为基准的刀具位置,而只表示目前刀具至定位点间的距离。

为了提高定位加工的效率,有些点位控制系统允许两个坐标同时运动,这时要设置两套位置计算与比较线路以同时控制两个坐标的伺服系统,但多数的点位控制系统在同一时刻只允许一个坐标运动,故可共用一套位置计算与比较线路,并在各坐标的伺服系统间切换。

高精度的点位控制系统大多使用测量装置构成闭环控制,图 4-3 画出的就是这种情况。伺服系统的执行部件有直流伺服电机、交流伺服电机、液动机、双向油缸等。对于精度等级较低的点位控制也可以不使用测量装置,进行开环控制,执行部件用电液脉冲马达或功率步进电机。这里,应由一进给脉冲发生器供给步进电机进给脉冲,此脉冲也同时给位置计数器计数,速度的变化通过进给脉冲频率来实现。

点位/直线切削控制系统因其机能设置较多故有较完善的进给速度(F)、主轴转速(S)、刀具选择(T)及辅助机能(M)的寄存与控制。对坐标移动的控制与点位控制系统一样是由位置计算与比较线路完成的。又因点位/直线切削控制系统的精度等级不很高,故较多地采用电液脉冲马达或功率步进电机驱动进行开环控制。图 4-4 是一开环点位/直线切削控制系统的结构方框图。

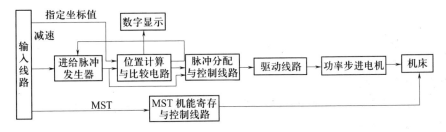

图 4-4 开环点位/直线切削控制系统结构

4.2 位置计算与比较

4.2.1 位置计算与比较线路的各种方案

位置计算与比较线路的作用,是记录刀具相对于工件的位置或移动量,并与程序给定的位置或移动量相比较,适时地发出降速信号或进给停止信号。根据编程方式和测量系统的不同,位置计算与比较线路有多种方案。

1. 采用增量编程方式

(1) 减法计数。在位置计数器中预置给定的位移量,坐标移动时进行减法计数,在接近零之前,计数值与预定的适当数值进行比较,符合时发出降速信号,到达全零时发出停止进给信号。

(2) 加法计数。将给定的位移量对全程进行变补,如给定位移量为567,全程为1000,则变补后为433,坐标移动时进行加法计数,计数器达满程时停止进给。

(3) 比较计数。将给定的位移量存入指令寄存器,坐标移动时,位置计数器从零开始进行加法计数,二者相互比较,在计数值与给定值相符合时停止进给。

2. 采用绝对值编程方式

(1) 将给定的位移量存入指令寄存器,坐标移动时,位置计数器在当前刀具的位置值的基础上进行加法计数,二者相互比较发出相应的降速和停止信号。

(2) 在给定位移量输入过程中,先将其与当前计数器中的位置值作减法运算,相减的结果就是要走的增量值,因此可按上述增量值方法进行比较控制。

4.2.2 消除增量方式累计误差的方法

在本章第一节中讲到程序编制的增量值方式与绝对值方式。用绝对值方式编制程序时,在多点定位过程中,第 n 点的定位误差(如超程)不会累计到第 $n+1$ 点,因此,用绝对值方式编制程序从原理上避免了多点定位造成累计误差的可能性。

当采用增量方式编制程序时,对惯性较大、超程严重的机床,在多点定位过程中会产生累计误差。当某坐标定位误差是同一方向时(如每次都是超程),累计误差最严重。因此在使用增量方式编程的线路中要采取一定措施,以消除多点定位的累计误差。如图4-5所示,当用绝对值方式编程时,如第一次定位点为5,因工作台有惯性超过行程停于6,超程误差为1,第二次定位点为10,工作台到达10后仍因惯性停于11,超程误差仍为1。

当采用增量方式编程时,第一次定位点为5,超程停于6,超程误差为1,第二次从当前定位处再走5仍因超程停于6,虽然超程误差仍为1,但其累计误差已达2。

累计误差消除方法:

(1) 对超程严重的机床测出其超程量,当接近定位点时在比较线路中适当提前发出停止信号,以降低超程量。

(2) 在比较线路中设置误差寄存器,并对下次输入的增量值进行修正,可以消除多次定位时的误差积累。图4-6是有误差寄存器与修正能力的线路结构。

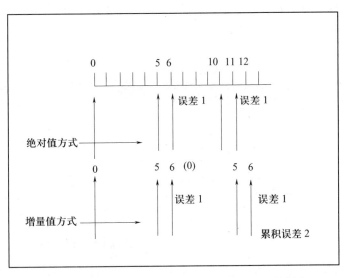

图4-5 绝对值方式及增量值方式超程误差示意图

在每次定位后,将可逆计数器中的误差值转移到误差寄存器中保存。对于移动不足,这一误差为一正数;对于超程,这一误差值为一由补码表示的负数。

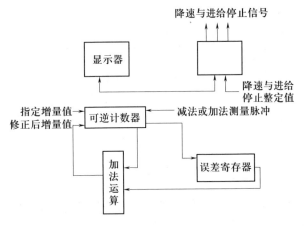

图4-6 清除增量方式累积误差的线路结构

当下一次的指定增量值输入可逆计数器后,将误差寄存器中的误差值取出与可逆计数器中指定增量相加,得到修正后的增量值再送回可逆计数器,则定位将按修正后的增量进行。例如本次定位时超程两个脉冲当量,可逆计数器的结果是补码形式的(-2),这(-2)存放于误差寄存器中,并与下次坐标指定的增量位移(如500)相加,得到498。下次定位时本坐标要少走两个脉冲当量。因此本次的定位误差不会累积下次定位误差上去。

使用误差寄存器对下一次的增量值输入进行修正,可以有效地消除误差积累,取得与绝对值编程方式同样的效果。在有些重复定位精度较差的机床或某点位控制的加工机械(如要受回弹影响的数控弯曲机)中使用较多。

4.2.3 使用绝对值编程方式的位置计算与比较线路结构

图4-7是适应绝对值编程方式的位置计算与比较线路的结构。像目前多数点位与

直线控制系统一样,它也备有能发出正、反方向脉冲的测量系统,送至位置计数器反映以原点为基准的绝对位置,并予以显示。

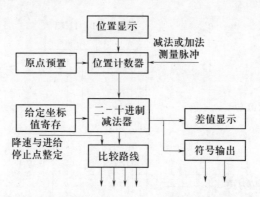

图4-7 绝对值编程方式的位置计算与比较线路结构

用绝对值方式给定的坐标数值输入寄存器中,现在位置的坐标值由位置计数器提供。以现在坐标值为被减数,给定坐标值为减数,二者在二-十进制减法器中相减。减法的实现方法是被减数加上减数的补码。这种加补码运算的特点是当被减数(现在坐标值)大于减数(给定坐标值)时,出现溢出;而被减数小于减数时不出现溢出。可据此特点,在出现溢出时判定现在坐标值大于给定坐标值,应发出反向移动信号;而没有溢出时,可判定现在坐标值小于给定坐标值,应发出正向移动信号。

减法运算的结果,其差值不论是正或负,均以原码表示,并送至比较线路与降速点及进给停止点的整定值相比较。降速与进给停止整定值是预先确定的,并用线路固定下来,每一降速点的整定值都经一套比较线路与差值进行比较,当整定值小于差值时,比较线路无动作;当整定值等于或大于差值时,说明降速点已到达或超过,比较线路发出相应降速信号。

4.2.4 位置计算与比较的软件实现

与硬件相比,软件控制可以比较方便地实现更多的控制功能。例如,可以允许绝对值、增量编程方式混合使用,其控制流程图如图4-8所示。

该软件允许设置浮动原点。若根据加工零件的要求设置了浮动原点,则反映刀具当前位置的位置计数器中应预置原点偏差值。该值反映了程序原点与固定原点之间的距离,在设浮动原点时,已被自动计算出来。由于一个零件程序只是在开始时设置浮动原点,故该标志不能保留,应在处理后清除,然后按绝对值或增量值编程方式分两条支路进行位置计算。第一次判别 G90/G91 是为 G91 方式的减法计数器预置数,该数值来自给定坐标值寄存器,反映了该程序段的位移增量。第二次判断 G90/G91 标志才是为区分绝对值方式和增量方式而设置的,其运算过程可参见前面的框图。每走一步运算一次,每次都要判别是否需要降速,以保证准确定位。最后是终点判别,若到终点则进行下一个程序段,否则继续循环。此控制流程图仅为单轴控制,即先走 x(或 y),再走 y(或 x),若要 2 轴或 3 轴同时控制,可设标志来判断。流程图中依次反映出 x 走一步,y 走一步,z 走一步。

60

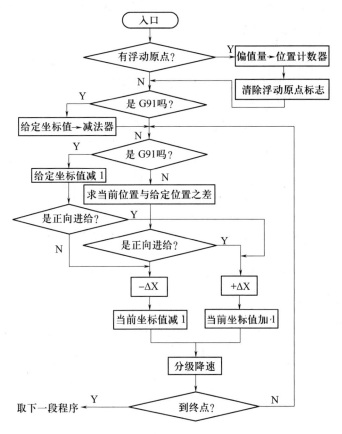

图 4-8　绝对值/增量混合使用的位置计算与比较流程图

4.3　点位/直线切削机床的其他功能

4.3.1　主轴准停功能

主轴准停功能又称为主轴定位功能,即当主轴停止时必须停于固定位置。这是适应刀具交换所必须的功能,同时也是完成镗背孔或刮背平面等难度较高的加工所必须的功能。

（1）如图 4-9 所示,当加工阶梯孔或精镗孔后退刀时,为防止刀具与小阶梯孔碰撞或拉毛已加工的孔表面,必须先让刀后再退刀。而要让刀时,刀具必须停于固定位置。

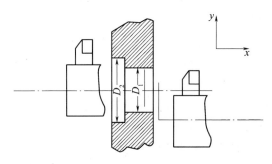

图 4-9　利用主轴准停机能镗背孔示意图

（2）如图 4 - 10 所示,当要进行自动换刀时,刀具柄上的键槽必须与主轴上的键位置相对准,否则刀具就无法插入主轴。

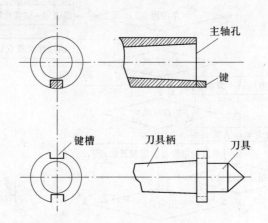

图 4 - 10　主轴及刀具准停示意图

（3）准停方法。如图 4 - 11 所示,当主轴停车时由于惯性继续转动,转到某一位置时,传感器发出信号进行主轴制动而使主轴停于固定位置。

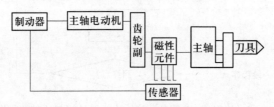

图 4 - 11　主轴准停机构示意图

4.3.2　自动换刀功能

1. 自动换刀装置的形式

各类数控机床的自动换刀装置的结构形式取决于机床的型式、工艺范围以及刀具的种类和数量等,主要有回转刀架和带刀库的换刀装置两种形式。

1）回转刀架换刀

数控车床上使用的回转刀架是一种简单的自动换刀装置,根据不同加工对象,可以设计成四方刀架或六角刀架等多种形式。回转刀架上分别安装着四把、六把或更多的刀具,当刀具退回至换刀点后可手动换刀或根据 M06 指令自动换刀。

图 4 - 12 所示为利用转塔刀架进行自动换刀的数控机床,它集刀库与换刀功能于一体,刀库容量较小,但结构及控制较简单。

2）带刀库的换刀装置

带刀库的自动换刀装置由刀库和刀具交换机构组成。目前,它是数控机床上应用最广泛的换刀方法。

其换刀过程如下:首先把加工过程中需要使用的全部刀具分别安装在标准刀柄上,在机外进行尺寸预调之后,按一定的方式放

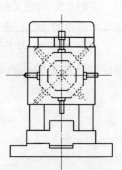

图 4 - 12　利用多主轴的转塔头进行自动换刀的数控机床

入刀库。换刀时,先在刀库中进行选刀,并由刀具交换机构从刀库和主轴上取出刀具,在进行刀具交换之后,将新刀具装入主轴,把旧刀具放回刀库。

2. 刀库

刀库是自动换刀装置中最为主要的部件之一。其存储量、布局及具体结构对数控机床的设计有很大影响。

1) *刀库的存储量*

应当根据被加工零件的工艺要求合理地确定刀库的存储量。根据对车床、铣床和钻床所需刀具数的统计,可绘出图 4 – 13 的曲线。

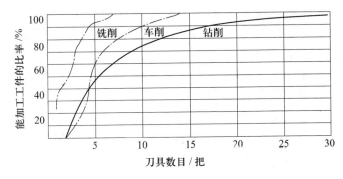

图 4 – 13　刀具统计曲线

图 4 – 13 表明,在加工过程中经常使用的刀具数目并不很多,对于钻削加工,用 14 把不同规格的刀具就能完成约 80% 的加工,即使要求完成 90% 的工件的加工,用 20 把刀具也已足够了。对于铣削加工,需要的刀具数量更少,用 4 把不同规格铣刀就能完成约 90% 的加工。用 5 把不同规格的铣刀可加工 95% 的工件。因此从使用的角度来看,刀库的存储量一般为 20 ~ 40 把较为合适,多的可达 60 把刀,超过 60 把刀的很少。

2) *刀库的形式*

根据刀库容量和取刀方式,刀库有多种形式。

图 4 – 14(a) ~ (d) 为圆盘式刀库,但刀的放置方向各有不同。图(a) 为轴向放置;图(b) 为径向放置;图(c) 为斜向放置;图(d) 为轴向放置,但可以翻转 90° 变为径向的取

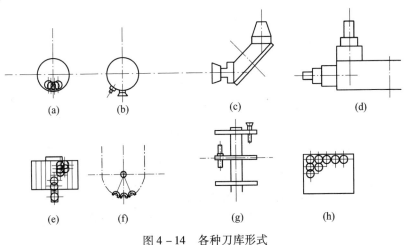

图 4 – 14　各种刀库形式

63

刀位置。圆盘式刀库结构简单,取刀也较方便,使用也较广泛,但缺点是由于受圆盘尺寸的限制,刀库容量较小(一般为 15 ~ 30 把)。当需要有更多的刀具时可采用其余形式。图(e)为鼓筒弹夹式;图(f)为链式;图(g)为多层盘式;图(h)为格子式。其中以鼓筒弹夹式和链式应用较多。

3. 刀具的选择方式

按数控装置的刀具选择指令 T_{xx},在刀库中挑选刀具的操作称为自动选刀。目前,刀具的选择方式主要有以下几种:

(1)顺序选择方式。选用刀具按预定顺序进行,即在每次换刀时,刀库转过一个刀具的位置。这种选刀方式的控制很简单,但要求加工前按加工顺序将各刀具顺序插入刀座。采用顺序选刀方式时,为某一工件准备的刀具,不能在其他工件中重复使用,这在一定程度上限制了机床加工的能力。

(2)固定地址选择方式。这是一种"对号入座"的方式,又称为刀座编码方式。这种方式是对刀库的刀座进行编码,并将与刀座编码相对应的刀具一一放入指定的刀座中,然后根据刀座的编码选取刀具。该方式使刀柄结构简化,刀具可做得较短,但刀具不能任意安放,一定要插入配对的刀座中,与顺序选择方式相比较,刀座编码方式最突出的优点是刀具可以在加工过程中重复多次使用。

(3)任意选择方式。又称为刀具编码方式。刀具的编码直接做在刀具的刀柄上,供选刀识别,而与刀座无关。刀具可以放入刀库中的任一刀座,在换刀时可把卸下的刀具就近安放,如放入刚取走的刀具空出的刀座中。这种方式简化了机械动作与加工前的刀具准备工作,也减少了选刀失误的可能性,是目前采用较多的一种选刀方式。

刀具上编码的方法如图 4 - 15 所示,可在刀具夹头上安装直径不同的编码环。刀具编码的识别有接触式和非接触式两类。接触式采用对准编码环的一排触针,大直径的环与触针相接触产生信号"1",小直径的环与触针不接触信号为"0"。如果有 5 个环,则共有 32(2 的 5 次幂)种刀具编码。可自动按编码在刀库中寻找所需刀具,如图4 - 16所示。接触式编码识别装置结构简单,但长期使用后有磨损,可靠性较差,寿命较短。

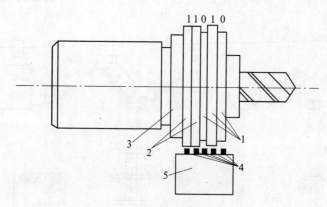

图 4 - 15　接触式识别装置对数码环进行识别

1、2—数码环;3—刀具夹头;4—触针;5—接触式识别装置。

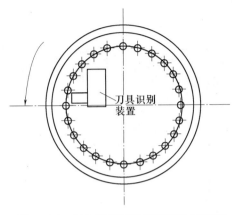

图 4 - 16　刀具识别装置对刀具进行识别

非接触式编码识别装置又可分为磁性式和光电式。磁性式编码环分别采用导磁材料（软钢）和非导磁材料（黄铜或塑料）制成，按规定编码排列，安装在刀柄的前端。如图 4 - 17 所示。导磁材料使线圈产生感应为"1"，非导磁材料不产生感应为"0"，这样可得到不同编码，然后再通过识别电路选出所需要的刀具。

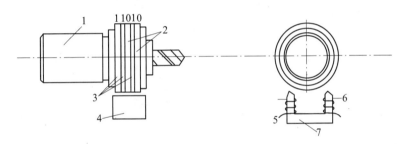

图 4 - 17　非接触式识别装置对数码环进行识别

1—刀具夹头；2—非导磁材料数码环；3—导磁材料数码环；
4—非接触式识别装置；5——次线圈；6—二次线圈；7—检测器。

光电式识别方法是采用光电原理读取刀具编码的方法。其中，用光导纤维构成的刀具编码识别装置已经得到了应用。

4. 换刀控制过程

1）找刀

如果下一工序选用 T06 号刀具，根据找刀信号 M77，刀库开始旋转，并进行刀具编码检测，如图 4 - 18 所示找到 T06 号刀具后发出符合信号，刀库停转。

2）主轴停转

当前一工序结束停转时，主轴准停后发出主轴准停信号。

3）返回原点

主轴根据返回程序返回原点后发出返回信号。

4）换刀指令 M06

当下一工序需进行换刀时，发出换刀指令 M06，即进行换刀。

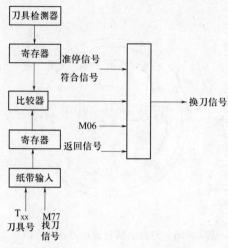

图 4 – 18　刀具识别框图

5）换刀动作程序

如图 4 – 19 所示，机床的刀库为鼓筒弹夹式，刀库圆柱面上最多可装 25 个弹夹（刀匣），每匣四个刀座。它采用固定地址选刀方式，即识别刀匣与刀座的编码，控制刀库的转动与刀匣的升降，进行选刀。用换刀机械手进行卸刀和装刀，卸刀臂和装刀臂分别在三角形刀臂支架的两侧，二者互相联动，一个伸出，一个退回。

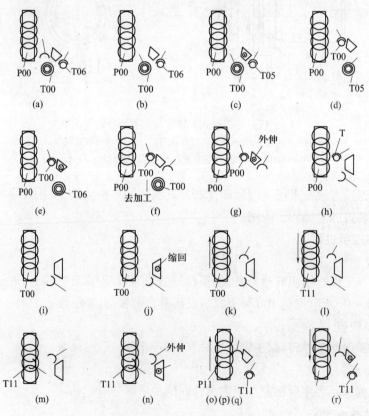

图 4 – 19　某加工中心机床换刀的动作程序

66

换刀过程的动作程序如下：

（1）前一个工序加工完毕，主轴上是 T00 号刀，装刀臂已抓好下道工序要用的 T06 号刀，且刀匣已下降使 T00 号刀具的刀座 P00 等候在换刀位置。

（2）卸刀臂伸出，抓住 T00 号刀。

（3）三角形刀臂支架外伸（如图为伸出纸面，记号为⊙表示），将 T00 号刀从主轴中拔出。

（4）装刀臂伸出，T06 号刀对准主轴孔。

（5）刀臂支架缩回（用记号⊗表示），T06 号刀插进主轴孔。

（6）装刀臂退回中间位置，主轴换刀完毕，开始下道工序加工。同时换刀装置继续动作。

（7）刀臂支架外伸。

（8）刀臂支架顺时针转动 60°。

（9）卸刀臂伸出，使 T00 号刀对准 P00 号刀座。

（10）卸刀臂缩回，将 T00 号刀插入刀匣的 P00 号刀座。

（11）卸刀臂退回中间位置，刀匣上升回到刀库。

（12）设 T 指令指明下道工序用 T41 号刀，刀库转动，选取 T41 号刀所在的刀匣。刀匣下降，至 T41 号刀到达换刀位置停止。

（13）装刀臂前伸抓住 T41 号刀。

（14）刀臂支架外伸，拔出 T41 号刀。

（15）装刀臂退回中间位置。

（16）刀臂支架逆时针转动 60°。

（17）刀匣上升回到刀库。

（18）刀臂支架缩回。选取正在切削的刀具 T06 的刀座 P06，使 P06 到达换刀位置，准备换刀时的插还。

4.4　补偿机能

开环方式的数控机床具有结构简单、使用调整方便、工作稳定可靠等特点，所以应用比较广泛。但其加工精度较低，因而需要各种补偿机能，以便改善和提高其加工精度。通常，齿隙造成的反向死区和螺距误差对点位/直线切削控制系统的进给精度影响较大，为提高进给精度，需采用齿隙补偿和螺距补偿措施。下面介绍这两种补偿机能的原理及方法。

4.4.1　齿隙补偿

齿隙补偿也称反向间隙补偿。机械传动链在改变转向时，由于齿隙的存在，会引起伺服电机的空走，而无工作台的移动，这对开环系统和半闭环系统控制的机床加工精度影响很大，必须加以补偿。假定某一齿轮副反向间隙相当于 Q 个脉冲所走的空行程（Q 简称为反向间隙，可由程序预置），若某一轴由正向变成负向运动，则反向前输出 Q 个正脉冲；反之，若某一轴由负向变成正向运动，则在反向前输出 Q 个负脉冲。

4.4.2　螺距补偿

开环方式的数控机床,其定位精度主要取决于进给丝杠的精度。所以一般在数控机床上采用高精度的滚珠丝杠。对点位/直线切削控制系统来说,如要进一步提高进给精度,则除了采用高精度滚珠丝杠外,还应采用螺距误差补偿的措施。

1. 螺距误差补偿的方法

在设计补偿电路前,需测定进给丝杠螺距误差的实际数值,图4－20画出了实测的进给丝杠螺距误差的分布曲线。

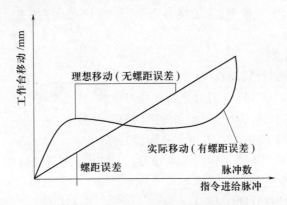

图4－20　螺距误差分布曲线图

根据螺距误差 δ 分布的数据,一般可用下述三种方法来实现误差补偿:

（1）采用机械样板补偿的方法。

（2）采取在累计螺距误差达到单位脉冲当量的地方装上挡块,用位置开关检测并发出补偿脉冲的方法。

（3）螺距误差软件补偿。

下面就后两种方法说明其补偿原理。

2. 螺距误差补偿原理

在进行螺距补偿时,一般认为螺距误差数值与进给方向无关。也就是说,当正向进给时某螺距过小,需追加进给脉冲,那么,当负向进给经过同一地点,也应追加相同数量的进给脉冲。若某螺距过大,则应扣除进给脉冲,所扣除的数字也与进给方向无关。螺距误差补偿原理如图4－21所示。

在机床床身上设置 A 和 B 两根补偿杆,杆上装有挡块作螺距补偿的位置检测用,与这两根补偿杆相对应,在工作台上装有微动开关。当进给丝杠旋转带动工作台移动时,所设置的挡块使微动开关动作,发出补偿信号。微动开关的安装位置是这样确定的:对于 A 杆上的微动开关,与工作台上的挡块配合,使其在螺距比规定值长的时候动作;而 B 杆上的微动开关,则在螺距比规定值短的时候动作。

当 A 杆上的微动开关工作时,说明工作台移动量过大,这时应封锁指令脉冲进给门,在扣除这个进给脉冲后便封锁撤消。当 B 杆上的微动开关工作时,说明工作台移动量过小,这时应使运算器暂停工作,也就是暂停脉冲分配运算,在追加一个进给脉冲后,再恢复脉冲分配运算。

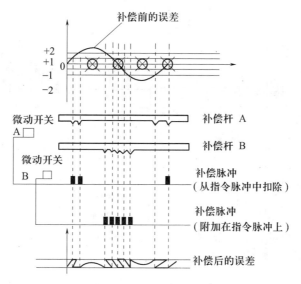

图 4 - 21 螺距误差补偿原理图

3. 软件补偿法

若用软件补偿,可针对误差曲线上各点的修正量制成表格,存入数控系统的存储器中。这样,数控系统在运行过程中就可对各点坐标位置自动进行补偿,从而提高了机床的精度。

4.4.3 计算机数控系统的误差补偿

1. CNC 系统进行误差补偿的方法

在 CNC 系统中,进给传动链的反向间隙和滚珠丝杠的螺距误差补偿均由软件或软硬件结合的方法来实现。补偿的最低增量可达 0.001mm。在系统中可以设置若干参数,这其中包括各种补偿参数:螺距补偿参数、间隙补偿参数等。图 4 - 22 是某 CNC 数控系统的部分框图。在这里,各种补偿参数预先存在 RMA 中,而实现补偿功能与其他数字控制功能的控制程序全部存在 ROM 中。

2. 轴向校准

在数控机床的加工过程中,无论什么原因造成的各种误差,其最后结果总是反映在数控机床每一运动轴向的指令位置和实际位置的偏差上。补偿的目的就在于减小这个偏差。把激光干涉仪这种十分精确的测量装置和计算机特别强的处理能力结合起来,进行轴向综合纠编补偿,就称为"轴向校准"。

轴向校准的步骤如下:

(1)把一台激光干涉仪安装在某一轴向的拖板上,以便能确定轴向的确切位置。

(2)在轴向移动的整个范围内,用标准数控指令确定沿轴向某些点的位置,这些点的数目按需要任意确定。

(3)用计算机记录命令位置(即数控指令所要求的位置)和由激光干涉仪所测得的实际位置之间的偏差。

由上述步骤在不同等级力的载荷上重复进行,得到一条如图 4 - 23(a)所示的误差曲

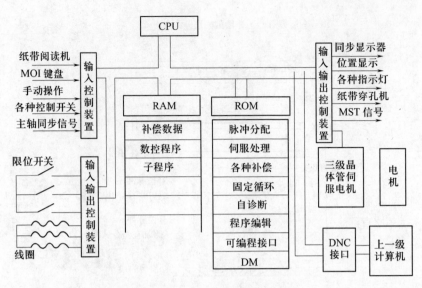

图 4 - 22 某 CNC 数控系统的部分框图

线。把这些测得的机床误差数据储存在计算机的存储器中。当数据指令被送到伺服系统中时,其中每个命令信号都能依据存储器中相应的误差数目自动获得修改,从而保证工作台面移动到实际命令位置。例如在 4 - 23(a)中,在绝对坐标为 30.000mm 处的定位命令,将有 0.006mm 的误差。当接到一个 30.000mm 处的定位命令时,计算机查看对应的误差值,并对此命令进行补偿,改为到 29.994mm 处定位。这样,在整个运动轴向范围内,通过轴向校准,误差便大大减小了,如图 4 - 23(b)所示。对于各种运动轴向都可以这样处理。

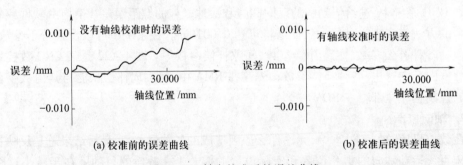

(a) 校准前的误差曲线   (b) 校准后的误差曲线

图 4 - 23 轴向校准后的误差曲线

第5章 数控机床的连续切削控制

5.1 概 述

连续切削控制又称轮廓控制,有这种控制能力的数控机床用来加工各种外形复杂得零件,它与点位/直线切削控制相比要复杂得多,一个连续切削控制的数控系统,除了有工作台准确定位之外,还必须控制刀具相对工件以给定速度沿着指定的路径运动,切削零件的轮廓,并保证切削过程中,每一点的精度和粗糙度。

机床上进行轮廓加工的各种工件,大部分由直线和圆弧这种简单、基本的曲线构成。若加工的轮廓由其他二次曲线和高次曲线组成,也可以采用一小段直线或圆弧来拟合,就可满足精度要求(也有需要抛物线和高次曲线拟合的情况)。这种拟合的方法就是"插补"。它是数控装置依据编程时的有限数据,按照一定方法产生直线、圆弧等基本线型,并以此为基础完成所需要轮廓轨迹的拟合工作。

以直线插补为例,如果为待加工的曲线(见图 5-1),那么,在插补器没有刀具偏移的情况下,首先必须作出刀具中心的轨迹 L',然后在允许的误差 ε 以内,用直线进行近似,将 L' 分割成一系列的线段:p_0p_1,p_1p_2…然后计算出各线段的坐标增量 $(\Delta x_1, \Delta y_1)$,$(\Delta x_2, \Delta y_2)$…根据规定的程序将加工信息输入数控装置,进行插补计算,从而在 X,Y 方向协调地发出脉冲,一步步把线段 p_0p_1,p_1p_2…描画出来,用直线拟合出任意曲线。

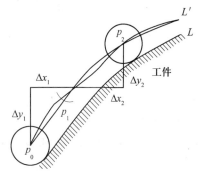

图 5-1 对任意曲线进行直线插补

因此,对于轮廓控制系统(即控制刀具运动轨迹)来说,最重要的功能是插补。插补的任务就是根据进给速度的要求,在轮廓起点和终点之间计算出若干个中间点的坐标值。由于每个中间点计算所需的时间直接影响系统的控制速度,而插补中间点坐标值的计算精度又影响到 CNC 系统的控制精度,所以插补算法是整个 CNC 系统控制的核心。

目前应用的插补算法主要分两类。

1. 脉冲增量插补

这类插补算法的特点是每次插补结束只产生一个行程增量,以一个个脉冲的方式输出给步进电机。这类插补的实现方法比较简单,通常只用加法和移位即可完成插补。故其易用硬件实现,且运算速度很快。目前也有用软件来完成这类算法的,但仅适用于一些中等精度(0.01mm)或中等速度(1~3min)要求的 CNC 系统。因这类算法通常需要大约 20 余条指令,如果 CPU 时钟为 50Hz,那么计算一个脉冲当量的时间约为 40μs,当脉冲当量为 1μm 时，可以达到的极限速度为 1.5m/min，如果要控制两个或两个以上的坐标时，速度还将进一步降低。当然可用损失精度的办法来提高速度。

2. 数字增量插补

这类插补计算法的特点是插补运算分两步完成。第一步是粗插补，即在给定起点和终点的曲线之间插入若干个点，用若干条微小直线段来逼近给定曲线，每一微小直线段的长度 Δl 相等，且与给定的进给速度有关。粗插补在每个插补运算周期中计算一次，因此每一微小直线段的长度与进给速度 F 和插补周期 T 有关，即 $\Delta l = FT$。粗插补的特点是把给定的一条曲线用一组直线段来逼近。第二步为精插补，它是在粗插补时计算出的每一条微小直线段上再做"数据点的密化"工作，这一步相当于对直线的脉冲增量插补。

脉冲增量插补算法适用于以步进电机为驱动装置的开环数控系统，如图 5 − 2 所示。脉冲增量插补在计算过程中不断向各个坐标轴发出相互协调的进给脉冲，以驱动坐标轴步进电机运动。一个脉冲所产生的坐标轴移动量称为脉冲当量 δ，脉冲当量是脉冲分配的基本单位，按加工精度选定。普通机床取 $\delta = 0.01$mm，较精密精度的机床取 $\delta = 1$μm 或 0.1μm。目前闭环数控系统已成为数控机床发展的主流，采用步进电机的开环系统仅用于经济型数控机床系统。

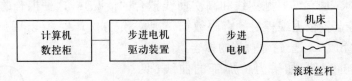

图 5 − 2　开环数控系统

在普通的 CNC 装置中，逐点比较法和数字积分法获得了广泛的应用，这些插补算法最初是用在硬件数控装置中，现在也可用软件来实现。本章重点介绍这两种插补算法的原理，描绘出插补的完整过程，包括插补方法以及终点判别方法。除了直线和圆弧插补外，本章还介绍了椭圆插补和高次曲线的样条插补原理，另外还将介绍螺纹加工原理。

5.2　逐点比较法

逐点比较法起初称区域判别法，又称代数运算法，或醉步式近似法。这种方法的原理：计算机在控制加工过程中，能逐点地计算和判别加工偏差，以控制坐标进给，按规定图形加工出所需要工件，用步进电机或电液脉冲马达拖动机床，其进给是步进式的，插补器控制机床（某个坐标），每走一步都要完成四个工作节拍（见图 5 − 3）。

图 5 − 3　逐点比较法的工作节拍

（1）偏差判别。判别加工点对规定图形的偏离位置，决定拖板进给的走向。

（2）进给。控制某个坐标工作台进给一步，向规定的图形靠拢，缩小偏差。

（3）偏差计算。计算新的加工点对规定图形的偏差，作为下一步判别的依据。

（4）终点判别。判断是否到达终点,若到达终点,则停止插补,若没有到达终点,再回到第一拍,如此不断重复上述循环过程,就能加工出所需要的轮廓形状。

5.2.1　逐点比较法直线插补

1. 逐点比较法直线插补原理

直线插补时,以直线的起点为坐标原点,给出终点坐标 $E(x_e,y_e)$,如图 5 - 4 所示,则直线方程为

$$\frac{x}{y} = \frac{x_e}{y_e}$$

改写为

$$x_e y - x y_e = 0 \tag{5-1}$$

式中:x、y 为该直线上任一点 A 的坐标。

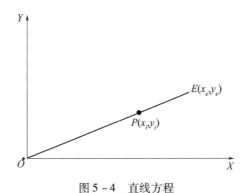

图 5 - 4　直线方程

1）偏差判别

设 $p(x_i,y_i)$ 为加工动点,则

若 p 位于该加工直线上,则

$$x_e y_i - x_i y_e = 0$$

若 p 位于该直线上方,则

$$x_e y_i - x_i y_e' > 0$$

若 p 位于该直线下方,则

$$x_e y_i - x_i y_e < 0$$

由此,可取偏差判别函数 F_i 为

$$F_i = x_e y_i - x_i y_e \tag{5-2}$$

当 $F_i = 0$ 时,加工动点在给定直线上;

当 $F_i > 0$ 时,加工动点在给定直线上方;

当 $F_i < 0$ 时,加工动点在给定直线下方。

2）坐标进给(以第Ⅰ象限直线为例)

坐标进给是向使偏差缩小的方向,根据这个原则,就有:

当 $F_i > 0$ 时,在 x 的正向进给一步,使点接近直线 OE;

当 $F_i < 0$ 时,在 y 的正向进给一步,使点接近直线 OE;

73

当 $F_i = 0$ 时，可任意走 x 的正向或 y 的正向，但通常是按 $F_i > 0$ 时处理。

在某一方向进给一步，就是由插补装置发出一个进给脉冲，来控制向某一方向进给一步。

3）偏差计算

若直接依据式（5-2）进行偏差计算，则要进行乘法和减法计算，还要对动点 p 的坐标进行计算，不论是对硬件进行插补，还是对软件进行插补，都比较繁杂，故为便于计算机的计算，在插补运算的新偏差计算中，通常采用递推公式来进行。即设法找出相邻两个加工动点偏差值间的关系，每进给一步后，新加工动点的偏差可用前一加工动点的偏差推算出来。而起点是给定直线上的点，即 $F_0 = 0$。这样所有加工动点的偏差都可以从起点开始一步步推算出来。

若给定直线在第Ⅰ象限，则当 $F_i \geqslant 0$ 时，加工动点向 $+x$ 方向进给一步，即加工动点由 P_i 沿 $+x$ 方向移动到 P_{i+1}，而新加工动点 P_{i+1} 的偏差 F_{i+1} 为

$$F_{i+1} = x_e y_{i+1} - x_{i+1} y_e$$

又因为 P_{i+1} 的坐标为

$$\begin{cases} x_{i+1} = x_i + 1 \\ y_{i+1} = y_i \end{cases}$$

所以
$$F_{i+1} = x_e y_i - (x_i + 1) y_e = x_e y_i - x_i y_e - y_e$$

则
$$F_{i+1} = F_i - y_e$$

当 $F_i < 0$ 时，加工动点向 $+y$ 方向进给一步，同理可得

$$F_{i+1} = F_i + x_e$$

上述公式就是第Ⅰ象限直线插补偏差的递推公式。从中可以看出，偏差 F_{i+1} 计算只用到了终点坐标值 (x_e, y_e)，而不必计算每一加工动点的坐标值，且只有加法和减法运算，形式简单。

4）终点判别

一种方法是设置 Σ_x、Σ_y 两个减法计数器，在加工开始前，Σ_x、Σ_y 计数器中分别存入终点坐标值 x_e、y_e。x 或 y 坐标方向每进给一步时，就在相应的计数器中减去 1，直到两个计数器中的数都减为零时，停止插补，到达终点。

另一种方法是设置一个终点计数器，计数器中存入 x 和 y 两坐标进给的步数总和 Σ，$\Sigma = x_e + y_e$，当 x 或 y 坐标进给时均在 Σ 中减 1，当减到零时，停止插补，到达终点。

第三种方法是选终点坐标值较大的坐标作为计数坐标。如 $x_e \geqslant y_e$ 则用 x_e 做终点计数器初值，仅 X 轴走步时，计数器才减 1，计数器减到零到达终点。如 $y_e > x_e$，则用 Y 轴计数。

注意：终点判别的三种方法中，均用坐标的绝对值进行计算。

2. 直线插补计算举例

例 5-1 设欲加工一直线 OE，起点在原点，终点为 $E(5,4)$，脉冲当量为 $\delta_x = \delta_y = 1$，写出其用逐点比较法进行插补运算的过程。

74

解:用第一种判别方法,则

$$\Sigma = 5 + 4 = 9$$

又因为 E 点的坐标为 $(5,4)$,即该直线位于第 Ⅰ 象限,故按第 Ⅰ 象限进行插补运算。其运算过程如表 5-1 所列,走步轨迹如图 5-5 所示。

表 5-1 例 5-1 的插补运算表

序号	工 作 节 拍			
	偏差判别	坐标进给	新偏差计算	终点判别
1	$F_0 = 0$	$+\Delta x$	$F_1 = F_0 - y_e = 0 - 4 = -4$	$\Sigma = 9 - 1 = 8$
2	$F_1 = -4 < 0$	$+\Delta y$	$F_2 = F_1 + x_e = -4 + 5 = 1$	$\Sigma = 8 - 1 = 7$
3	$F_2 = 1 > 0$	$+\Delta x$	$F_3 = F_2 - y_e = 1 - 4 = -3$	$\Sigma = 7 - 1 = 6$
4	$F_3 = -3 < 0$	$+\Delta y$	$F_4 = F_3 + x_e = -3 + 5 = 2$	$\Sigma = 6 - 1 = 5$
5	$F_4 = 2 > 0$	$+\Delta x$	$F_5 = F_4 - y_e = 2 - 4 = -2$	$\Sigma = 5 - 1 = 4$
6	$F_5 = -2 < 0$	$+\Delta y$	$F_6 = F_5 + x_e = -2 + 5 = 3$	$\Sigma = 4 - 1 = 3$
7	$F_6 = 3 > 0$	$+\Delta x$	$F_7 = F_6 - y_e = 3 - 4 = -1$	$\Sigma = 3 - 1 = 2$
8	$F_7 = -1 < 0$	$+\Delta y$	$F_8 = F_7 + x_e = -1 + 5 = 4$	$\Sigma = 2 - 1 = 1$
9	$F_8 = 4 > 0$	$+\Delta x$	$F_8 = F_8 - y_e = 4 - 4 = 0$	$\Sigma = 1 - 1 = 0$

3. 四个象限的直线插补计算

前面所述的均为第 Ⅰ 象限直线的插补方法。第 Ⅰ 象限直线插补方法经适当处理后推广到其余象限的直线插补。为适用于四个象限的直线插补,在偏差计算时,无论哪个象限直线,都用其坐标的绝对值计算。由此,可得的偏差符号如图 5-6 所示。当动点位于直线上时偏差 $F = 0$,动点不在直线上且偏向 Y 轴一侧时 $F > 0$,偏向 X 轴一侧时 $F < 0$。由图 5-6 还可以看到,当 $F \geq 0$ 时应沿 X 轴走步,第 Ⅰ、Ⅳ 象限走 $+X$ 方向,第 Ⅲ、Ⅱ 象限走 $-X$ 方向;当 $F < 0$ 时应沿 Y 轴走步,第 Ⅰ、Ⅱ 象限走 $+Y$ 方向,第 Ⅲ、Ⅳ 象限走 $-Y$ 方向。终点判别也应用终点坐标的绝对值作为计数器初值。

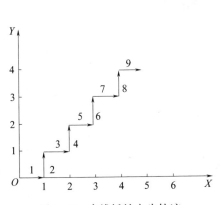

图 5-5 直线插补走步轨迹

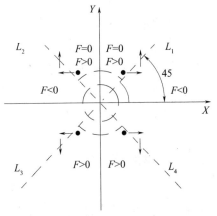

图 5-6 四象限直线偏差符号和进给方向

例如,第Ⅱ象限的直线 OA_2,其终点坐标为 $(-x_e,y_e)$,在第Ⅰ象限有一条和它对称于 Y 轴的直线 OA_1,其终点坐标为 (x_e,y_e)。当从 O 点开始出发,按第Ⅰ象限直线 OA_1 进行插补时,若沿 X 轴正向进给改为沿 X 轴负向进给,这时实际插补出的就是第Ⅱ象限的直线 OA_2,而其偏差计算公式与第Ⅰ象限直线的偏差计算公式相同。同理,插补第Ⅲ象限终点为 $(-x_e,-y_e)$ 的直线 OA_3,它与第Ⅰ象限终点 (x_e,y_e) 的直线 OA_1 是对称于原点的,所以依然按第Ⅰ象限直线 OA_1 插补,只须在进给时将 $+X$ 进给改为 $-X$ 进给,$+Y$ 进给改为 $-Y$ 进给即可。

四个象限的直线插补偏差计算递推公式如表 5-2 所列;也可以使插补计算中的坐标值不带符号,用坐标的绝对值进行计算,此时偏差计算的递推公式如表 5-3 所列。

表 5-2　直线插补公式(坐标值带符号)

象限	坐标进给		偏差计算	
	$F \geqslant 0$	$F \leqslant 0$	$F \geqslant 0$	$F \leqslant 0$
Ⅰ	$+\Delta x$	$+\Delta y$	$F_{i+1} = F_i - y_e$	$F_{i+1} = F_i + x_e$
Ⅱ	$-\Delta x$	$+\Delta y$	$F_{i+1} = F_i - y_e$	$F_{i+1} = F_i - x_e$
Ⅲ	$-\Delta x$	$-\Delta y$	$F_{i+1} = F_i + y_e$	$F_{i+1} = F_i - x_e$
Ⅳ	$+\Delta x$	$-\Delta y$	$F_{i+1} = F_i + y_e$	$F_{i+1} = F_i + x_e$

表 5-3　直线插补公式(坐标值为绝对值)

象限	坐标进给		偏差计算	
	$F \geqslant 0$	$F \leqslant 0$	$F \geqslant 0$	$F \leqslant 0$
Ⅰ	$+\Delta x$	$+\Delta y$	$F_{i+1} = F_i - y_e$	$F_{i+1} = F_i + x_e$
Ⅱ	$-\Delta x$	$+\Delta y$		
Ⅲ	$-\Delta x$	$-\Delta y$		
Ⅳ	$+\Delta x$	$-\Delta y$		

5.2.2　逐点比较法圆弧插补

1. 逐点比较法圆弧插补原理

逐点比较法圆弧插补中,一般以圆心为原点,给出圆弧起点坐标 (x_0,y_0) 和终点坐标 (x_e,y_e),以及加工顺逆圆及圆弧所在象限。

如图 5-7 所示,设弧 AB 为所要加工的第Ⅰ象限逆圆,$A(x_0,y_0)$ 为圆弧起点,$B(x_e,y_e)$ 为圆弧终点,$P_i(x_i,y_i)$ 点为加工动点。

若 P_i 点在圆弧上则下式成立,即

$$(x_i^2 + y_i^2) - (x_0^2 + y_0^2) = 0 \qquad (5-3)$$

选择偏差函数 F_i 为

$$F_i = (x_i^2 + y_i^2) - (x_0^2 + y_0^2) \qquad (5-4)$$

根据动点所在区域的不同,有下列三种情况:

$F_i > 0$,动点在圆弧外;

$F_i = 0$,动点在圆弧上;

$F_i < 0$,动点在圆弧内。

把 $F_i > 0$ 和 $F_i = 0$ 合在一起考虑,按如下原则,就可以实现第 I 象限逆圆的圆弧插补。

当 $F_i \geqslant 0$ 时,向 $-x$ 进给一步。

当 $F_i < 0$ 时,向 $+y$ 进给一步。

每走一步后,计算一次偏差函数 F,以其符号作为下一步进给方向的判别标准,同时进行一次终点判别。

显然,直接根据式(5-4)计算偏差是很麻烦的,故和直线插补类似,也应导出便于计算的偏差递推公式。

仍以第 I 象限逆圆为例来导出圆弧插补时偏差递推公式,上述进给原则如图 5-8 所示。

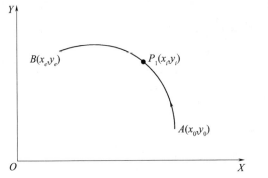

图 5-7 圆弧与动点的关系

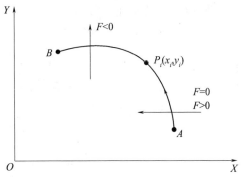

图 5-8 第 I 象限内逆圆进给原则

当 $F_i \geqslant 0$ 时,向 $-x$ 方向进给一步,加工点由 $P_i(x_i, y_i)$ 移动到点 $P_{i+1}(x_{i-1}, y_i)$,则新加工点 P_{i+1} 的偏差为

$$
\begin{aligned}
F_{i+1} &= \left[(x_i - 1)^2 + y_i^2 \right] - (x_0^2 + y_0^2) \\
&= x_i^2 + y_i^2 - 2x_i + 1 - (x_0^2 + y_0^2) \\
&= \left[(x_i^2 + y_i^2) - (x_0^2 + y_0^2) \right] - 2x_i + 1 \\
&= F_i - 2x_i + 1
\end{aligned}
\tag{5-5}
$$

当 $F_i \leqslant 0$ 时,向 $+y$ 方向进给一步则新加工点 $P_{i+1}(x_i, y_{i+1})$ 的偏差为

$$
\begin{aligned}
F_{i+1} &= (x_i)^2 + (y_i + 1)^2 - (x_0^2 + y_0^2) \\
&= x_i^2 + y_i^2 + 2y_i + 1 - (x_0^2 + y_0^2) \\
&= (x_i^2 + y_i^2) - (x_0^2 + y_0^2) + 2y_i + 1 \\
&= F_i + 2y_i + 1
\end{aligned}
\tag{5-6}
$$

式(5-5)和式(5-6)就是第 I 象限逆圆插补加工时偏差计算的递推公式。

再看第Ⅰ象限顺圆的情况。从图5-9可以看出,当$F \geqslant 0$时,需向圆内走,即沿$-y$方向走一步。当$F < 0$时,需向圆外走,即沿$+x$方向走一步。

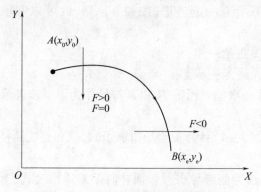

图5-9　第Ⅰ象限顺圆进给原则

动点在$-y$方向走一步时

$$F_{i+1} = x_i^2 + (y_i - 1)^2 - (x_0^2 + y_0^2)$$
$$= (x_i^2 + y_i^2) - (x_0^2 + y_0^2) - 2y_i + 1$$
$$= F_i - 2y_i + 1 \qquad (5-7)$$

动点在$+x$方向走一步时

$$F_{i+1} = (x_i + 1)^2 + y_i^2 - (x_0^2 + y_0^2)$$
$$= (x_i^2 + y_i^2) - (x_0^2 + y_0^2) + 2x_i + 1$$
$$= F_i + 2x_i + 1 \qquad (5-8)$$

式(5-7)和式(5-8)就是第Ⅰ象限顺圆插补时偏差的递推公式。使用以上递推公式在计算上比较方便。

2. 逐点比较法圆弧插补运算过程

前面我们讨论了逐点比较法圆弧插补原理,与直线插补相同,圆弧插补每进给一步,也要进行四个节拍的工作:

(1)偏差判别。根据加工偏差确定加工点相对于规定圆弧的位置,以决定进给方向。

(2)坐标进给。控制电机向判定的方向进给一步,以便于加工点逼近规定的圆弧。当$F \geqslant 0$时,向$-x$方向进给一步;当$F < 0$时,向$+y$方向进给一步(以第Ⅰ象限逆圆弧为例)。

(3)偏差与坐标计算。计算进给后新加工点的加工偏差和坐标值,为F下一次判别和计算提供依据。

需要指出的是,逐点比较法圆弧插补中,在偏差计算递推公式中含有前一加工动点坐标x_i和y_i,由于加工动点是变化的,因此在计算偏差F_{i+1}的同时,还要计算动点的坐标x_{i+1}, y_{i+1},以便为下一加工点的偏差计算作好准备。这是直线插补所不需要的。

(4)终点判别。圆弧插补的终点判别方法与直线插补的方法基本相同。可将X、Y轴走步数总和存入一个计数器,$\Sigma = |x_e - x_0| + |y_e - y_0|$,每走一步,$\Sigma$减1,当$\Sigma = 0$,发出停止信号。

例 5 - 2 设欲加工第 Ⅰ 象限逆时针走向的圆弧 $\overparen{AB}$，起点为 $A(5,0)$，终点为 $B(0,5)$。如图 5 - 10 所示。$\delta_x = \delta_y = 1$。请写出其插补计算过程。

解： 按两方向坐标应走总步数之和作为 Σ，则 $\Sigma_0 = (5 - 0) + (5 - 0) = 10$；起点在圆弧上，则 $F_0 = 0$，$x_0 = 5$，$y_0 = 0$。

其插补运算过程如表 5 - 4 所列。

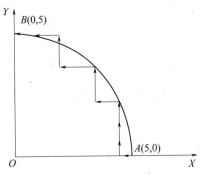

图 5 - 10 圆弧插补轨迹

表 5 - 4 圆弧插补运算过程表

序号	偏差判别	坐标进给	计 算	终点判别
1	$F_0 = 0$	$-x$	$F_1 = 0 - 2 \times 5 + 1 = -9, x_1 = 5 - 1 = 4, y_1 = 0$	$\Sigma = 10 - 1 = 9$
2	$F_1 = -9 < 0$	$+y$	$F_2 = -9 + 2 \times 0 + 1 = -8, x_2 = 4, y_2 = 0 + 1 = 1$	$\Sigma = 9 - 1 = 8$
3	$F_2 = -8 < 0$	$+y$	$F_3 = -8 + 2 \times 1 + 1 = -5, x_3 = 4, y_3 = 1 + 1 = 2$	$\Sigma = 8 - 1 = 7$
4	$F_3 = -5 < 0$	$+y$	$F_4 = -5 + 2 \times 2 + 1 = 0, x_4 = 4, y_4 = 2 + 1 = 3$	$\Sigma = 7 - 1 = 6$
5	$F_4 = 0$	$-x$	$F_5 = 0 - 2 \times 4 + 1 = -7, x_5 = 4 - 1 = 3, y_5 = 3$	$\Sigma = 6 - 1 = 5$
6	$F_5 = -7 < 0$	$+y$	$F_6 = -7 + 2 \times 3 + 1 = 0, x_6 = 3, y_3 = 3 + 1 = 4$	$\Sigma = 5 - 1 = 4$
7	$F_6 = 0$	$-x$	$F_7 = 0 - 2 \times 3 + 1 = -5, x_7 = 3 - 1 = 2, y_7 = 4$	$\Sigma = 4 - 1 = 3$
8	$F_7 = -5 < 0$	$+y$	$F_8 = -5 + 2 \times 4 + 1 = 4, x_8 = 2, y_8 = 4 + 1 = 5$	$\Sigma = 3 - 1 = 2$
9	$F_8 = 4 > 0$	$-x$	$F_9 = 4 - 2 \times 2 + 1 = 1, x_9 = 2 - 1 = 1, y_9 = 5$	$\Sigma = 2 - 1 = 1$
10	$F_9 = 1 > 0$	$-x$	$F_{10} = 1 - 2 \times 1 + 1 = 0, x_{10} = 1 - 1 = 0, y_{10} = 5$	$\Sigma = 1 - 1 = 0$

3. 四个象限圆弧插补计算

为叙述方便，用 SR1、SR2、SR3、SR4 分别表示第 Ⅰ、第 Ⅱ、第 Ⅲ、第 Ⅳ 象限的顺圆弧；用 NR1、NR2、NR3、NR4 分别表示第 Ⅰ、第 Ⅱ、第 Ⅲ、第 Ⅳ 象限的逆圆弧。

从前面分析可知，第 Ⅰ 象限逆圆插补运动，使动点坐标 x_m 的绝对值减少，使 y_m 的绝对值增加。

X 轴进给一步 $\qquad\qquad x_{m+1} = x_m - 1$

从而得出 $\qquad\qquad F_{m+1} = F_m - 2x_m + 1$

Y 轴进给一步 $\qquad\qquad y_{m+1} = y_m + 1$

从而得出

$$F_{m+1} = F_m + 2y_m + 1 \qquad\qquad (5 - 9)$$

参照图 5-11,第Ⅰ象限顺圆弧 SR1 运动趋势是 X 轴绝对值增加,Y 轴绝对值减小。由此可以得出:

当 $F_m \geq 0$ 时,动点在圆上或圆外,Y 轴负向进给,绝对值减小:

$$y_{m+1} = y_m - 1$$
$$F_{m+1} = F_m - 2y_m + 1$$

当 $F_m < 0$ 时,动点在圆内,X 轴正向进给,绝对值增加:

$$x_{m+1} = x_m + 1$$
$$F_{m+1} = F_m + 2x_m + 1$$

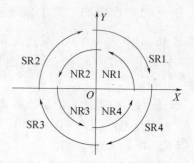

图 5-11 四个象限的动点趋向

与直线插补相似,如果插补计算都用坐标的绝对值进行,将进给方向另做处理,那么,四个象限的圆弧插补计算可统一起来,变得简单多了。从图 5-11 可以看出,SR1,NR2,SR3,NR4 的插补运动趋势都是使 X 轴坐标绝对值增加,Y 轴坐标绝对值减小,这几种圆弧的插补计算是一致的,以 SR1 为代表。NR1,SR2,NR3,SR4 插补运动趋势都是使 X 轴坐标绝对值减小,Y 轴坐标绝对值增加,这四种圆弧插补计算也是一致的,以 NR1 为代表。

如图 5-11 所示,与第Ⅰ象限逆圆 NR1 相对应的其他三个象限的圆弧有 SR2,NR3,SR4。其中,第Ⅱ象限顺圆 SR2 与第Ⅰ象限逆圆 NR1 是关于 Y 轴对称的,起点坐标 $(-x_0, y_0)$,从图中可知,两个圆弧从各自起点插补出来的轨迹对于 Y 坐标对称,即 Y 方向的进给相同,X 方向进给相反。机器完全按第Ⅰ象限逆圆偏差计算公式进行计算,所不同的是将 X 轴的进给方向变为正向,则走出的就是第Ⅱ象限顺圆 SR2。在这里,圆弧的起点坐标要取其数字的绝对值,即送入机器时,起点坐标为无符号数 (x_0, y_0),而 $-x_0$ 的"$-$"号则用于确定象限,从而确定进给方向。

表 5-5 列出了 8 种圆弧插补的计算公式和进给方向。

表 5-5 圆弧插补计算公式和进给方向

偏差符号 $F_m \geq 0$			
圆弧线型	进给方向	偏差计算	坐标计算
SR1、NR2	$-y$	$F_{m+1} = F_m - 2y_m + 1$	$x_{m+1} = x_m$
SR3、NR4	$+y$		$y_{m+1} = y_m - 1$
SR4、NR1	$-x$	$F_{m+1} = F_m - 2x_m + 1$	$x_{m+1} = x_m - 1$
SR2、NR3	$+x$		$y_{m+1} = y_m$
偏差符号 $F_m \leq 0$			
圆弧线型	进给方向	偏差计算	坐标计算
SR1、NR4	$+x$	$F_{m+1} = F_m + 2x_m + 1$	$x_{m+1} = x_m + 1$
SR3、NR2	$-x$		$y_{m+1} = y_m$
SR2、NR1	$+y$	$F_{m+1} = F_m + 2y_m + 1$	$x_{m+1} = x_m$
SR4、NR3	$-y$		$y_{m+1} = y_m + 1$

4. 逐点比较法圆弧插补的过象限问题

从以上讨论可知,圆弧插补的进给方向和偏差计算与圆弧所在象限和顺、逆时针方向有关。一条圆弧可能分布在两个或者两个以上的象限内。如图 5-12 所示,圆弧 AC 分布在第Ⅰ和第Ⅱ象限内。对于这种圆弧的加工有两种处理方法。

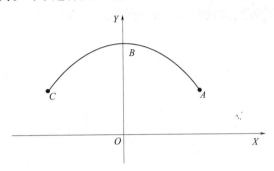

图 5-12   过象限圆弧

1) 将该圆弧按所在象限分段

如将图 5-12 中的 AC 弧分为两段:第Ⅰ象限中的 AB 顺圆和第Ⅱ象限中的 BC 顺圆,然后按各象限中的圆弧插补方法编制加工程序。

2) 按整段圆弧编制加工程序

按整段圆弧编制加工程序,则要在该程序中考虑自动过象限问题。要使圆弧自动过象限需解决如下两个问题:

(1) 何时变换象限。变换象限的点必须发生在坐标轴上,亦即发生在有一个坐标值为 0 时,故又称检零切换。

当象限由Ⅰ↔Ⅱ或Ⅲ↔Ⅳ时,必有 $x=0$;

Ⅱ↔Ⅲ或Ⅳ↔Ⅰ时,必有 $y=0$。

因此,在插补圆弧时,每走一步 X 或 Y,分别计算 $x\pm1$ 是否等于 0 及 $y\pm1$ 是否等于 0。当 $x=0$ 或 $y=0$ 而 $\Sigma\neq0$ 时,就需要变换象限了。

(2) 变换象限后的走向,即原来的象限要更换。规定

G02 顺圆次序为:

$$\text{SR1} \rightarrow \text{SR4} \rightarrow \text{SR3} \rightarrow \text{SR2}$$
$$Y=0换 \quad X=0换 \quad Y=0换$$

$$X=0换$$

G03 逆圆次序为:

$$\text{NR1} \rightarrow \text{NR2} \rightarrow \text{NR3} \rightarrow \text{NR4}$$
$$X=0换 \quad Y=0换 \quad X=0换$$

$$Y=0换$$

经过检零检查后自动切换象限就不必分段编程了,但应在加工程序的译码程序段,取得所分布象限的进给方向和插补运算公式。

5.2.3 逐点比较法插补软件

1. 直线插补

1）第 I 象限直线插补程序

用软件实现插补功能的微机控制系统框图如图 5-13 所示。

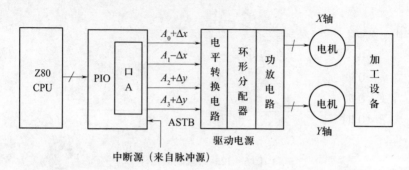

图 5-13 驱动电源带环形分配器的微机控制系统方框图

该系统的伺服元件步进电机的驱动电源本身带有环形分配器,所以只要求插补运算程序送出控制两个方向(X,Y)步进电机的步进脉冲($\Delta x,\Delta y$)和正反转($\pm \Delta x, \pm \Delta y$)的控制信号。I/O 接口选用可编程 PIO 并行接口。口 A 的 $A_0 \sim A_3$ 位分别表示进给脉冲 $\pm \Delta X, \pm \Delta Y$,当其中某位为 1,表示送出一个具有方向的脉冲,该脉冲要具有一定的宽度,如图 5-14 所示。进给速度的控制通过 PIO 的中断由机床的速度控制脉冲输入进行控制。该脉冲源送至 PIO 的联络线 ASTB,产生中断请求,当 CPU 响应中断后就执行中断服务程

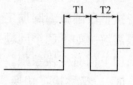

图 5-14 脉冲宽度

序,完成偏差判别、输出进给脉冲、偏差运算和终点判别等四个节拍的功能。

第 I 象限直线插补程序和中断服务程序流程图如图 5-15 所示。

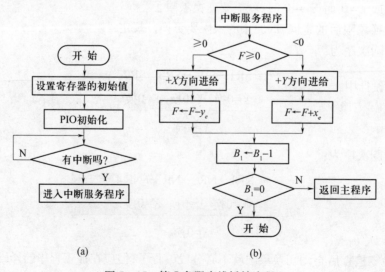

图 5-15 第 I 象限直线插补流程

2) 不同象限的直线插补

表 5 – 2、表 5 – 3 列出了不同象限直线插补公式和进给方向。为简化程序,重新定义了 $F > 0$ 和 $F < 0$ 的区域,如图 5 – 6 所示。根据这个定义,其他几个象限用递推法推导得到的插补公式与第 I 象限相同,其插补公式如下:

$F \geq 0$ 时,$\qquad F - Y_z \rightarrow F, x + 1 \rightarrow x$;

$F < 0$ 时,$\qquad F + X_z \rightarrow F, Y + 1 \rightarrow Y$。

所不同的是各象限的进给方向不同,根据图 5 – 6 归纳得到:

L_1, L_4 在 $F \geq 0$ 时,$\qquad$ 进给 $+\Delta X$;$\qquad$ PIO 口 A 应输出 01H;

L_2, L_3 在 $F \geq 0$ 时,$\qquad$ 进给 $-\Delta X$;$\qquad$ PIO 口 A 应输出 02H;

L_1, L_2 在 $F < 0$ 时,$\qquad$ 进给 $+Y$;$\qquad$ PIO 口 A 应输出 04H;

L_3, L_4 在 $F < 0$ 时,$\qquad$ 进给 $-Y$;$\qquad$ PIO 口 A 应输出 08H。

由此可见,不同象限直线插补的程序设计宜采用分支结构形式。将八种不同情况的直线归纳成两个分支,每个分支有两个入口,每个入口包括了两个相同偏差公式的不同象限。其流程图如图 5 – 16 所示。

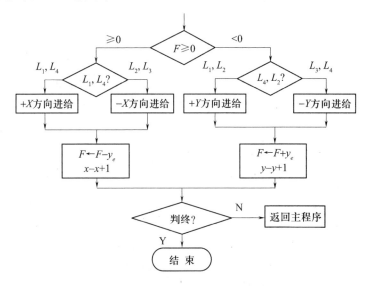

图 5 – 16　不同象限直线插补流程图

在程序设计中,象限的判别用设置标志字实现。对直线插补 I ～ IV 象限以标志字的 0、1 位组合表示,其他各位暂设为 1,标志字如图 5 – 17 所示。

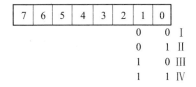

图 5 – 17　标志字的定义

2. 圆弧插补

1) 第 I 象限圆弧插补程序

如前所述,圆弧插补与直线插补不同之处除了运算公式不同外,主要是圆弧插补时动

点坐标(x,y)的绝对值总是一个增大,另一个减小。如第 I 象限逆圆插补时,动点坐标的增量公式为

$$x_{i+1} = x_i - 1; \qquad y_{i+1} = y_i + 1$$

圆弧插补的主程序基本上与直线插补时相同,只是初始化时寄存器存放的数据有所不同。例如坐标值寄存器中存放的是起点坐标值;终点判别值

$$\Sigma = | x_Q - x_Z | + | y_Q - y_Z |$$

中断服务程序的流程图如图 5 – 18 所示。

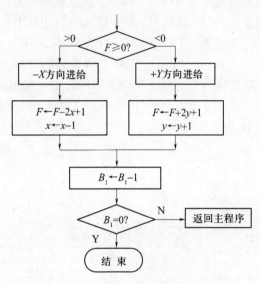

图 5 – 18 NR1 中断服务程序流程图

2）不同象限的圆弧插补

由圆弧插补原理可知,对应四个象限的不同加工方向（逆、顺）和偏差值（$F \geqslant 0$ 及 $F < 0$）,其中有 16 种情况。为了简化程序,可按表 5 – 6 和图 5 – 11 中的规律加以归纳如下：

SR3,NR4	在 $F \geqslant 0$ 时,	进给 $+\Delta Y$;
SR1,NR2	在 $F \geqslant 0$ 时,	进给 $-\Delta Y$;
SR2,NR3	在 $F \geqslant 0$ 时,	进给 $+\Delta X$;
SR4,NR1	在 $F \geqslant 0$ 时,	进给 $-\Delta X$;
SR2,NR1	在 $F < 0$ 时,	进给 $+\Delta Y$;
SR4,NR3	在 $F < 0$ 时,	进给 $-\Delta Y$;
SR4,NR3	在 $F < 0$ 时,	进给 $-\Delta Y$;
SR1,NR4	在 $F < 0$ 时,	进给 $+\Delta X$;
SR3,NR2	在 $F < 0$ 时,	进给 $-\Delta X$。

根据以上分析可归纳为两个分支,8 个入口,程序流程图如图 5 – 19 所示。图中 XX 和 YY 单元为 X 轴坐标值和 Y 坐标值的存放单元,用来存放瞬时加工点的坐标值(x_i,y_i)。初始存入起点坐标(x_0,y_0),在加工过程中依据坐标计算结果而变化。JJ 为步数存放单元。初始存入总步数 $\Sigma = | x_Q - x_Z | + | y_Q - y_Z |$,在加工过程中作减 1 运算,直至 JJ = 0 表示加工结束。FF 为加工点瞬时偏差值 F 的存放单元,初始时将 FF 由数据处理模块清零,

84

在加工过程中依据偏差计算结果而变化。进给方向在圆弧不过象限的情况下是不变的，可以由数据处理模块以标志字的形式直接传送伺服驱动程序，插补模块不用处理进给方向的正负问题。数据区的初始化由数据处理程序模块完成。

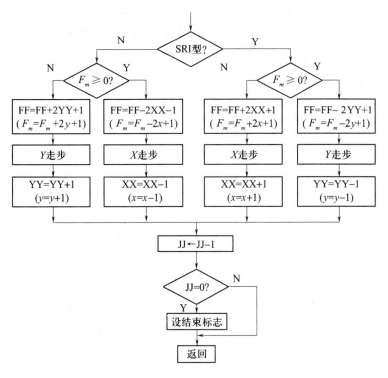

图 5 – 19　圆弧插补流程图

在程序设计中，象限的判别同直线插补的判别，采用设置标志字的方式，一个字有 8 位。在直线插补中，标志字只占用了两位，所以圆弧各象限的判别可共占用一个标志字，标志字各位的功能如表 5 –6 所列。直线和圆弧插补的识别以及 12 种插补类型识别的标志字形式可以有许多种。表 5 –6 仅是其中的一种方式。

表 5 –6　标志位各位的功能

分类	位编码	7	6	5	4	3	2	1	0	备　注
结束		1								7 位为 1 标志加工结束
直线	象限Ⅰ	0	0	0	0	1	0	0	1	3 位为 1 是直线插补
	象限Ⅱ	0	0	0	0	1	0	0	0	
	象限Ⅲ	0	0	0	0	1	0	0	1	
	象限Ⅳ	0	0	0	0	1	0	1	0	
逆圆	象限Ⅰ	0	0	0	0	0	1	0	0	2 位为 1 是逆圆插补
	象限Ⅱ	0	0	0	0	0	1	0	1	
	象限Ⅲ	0	0	0	0	0	1	1	0	
	象限Ⅳ	0	0	0	0	0	1	1	1	

分类 \\ 位编码		7	6	5	4	3	2	1	0	备注
顺圆	象限Ⅰ	0	0	0	0	0	0	0	0	2位为0是顺圆插补
	象限Ⅱ	0	0	0	0	0	0	0	1	
	象限Ⅲ	0	0	0	0	0	0	1	0	
	象限Ⅳ	0	0	0	0	0	0	1	1	

5.2.4　逐点比较法算法的改进

从以上介绍可以看出,逐点比较法每插补一次,要么在 X 方向走一步,要么在 Y 方向走一步,走步方向为 $+X$, $-X$, $+Y$, $-Y$ 这四个方向之一。因此可称为四方向逐点比较法。四方向逐点比较法插补结果以垂直的折线逼近给定轨迹,插补误差小于或等于一个脉冲当量。

八方向逐点比较法与四方向逐点比较法相比,不仅以 $+X$, $-X$, $+Y$, $-Y$ 作为走步方向,而且两个坐标可以同时进给,即四个合成方向 $+X+Y$, $-X+Y$, $-X-Y$, $+X-Y$ 也作为进给方向,如图 5-20 所示。八方向逐点比较法以 45°折线逼近给定轨迹,逼近误差小于半个脉冲当量,加工出来的工件质量要比四方向逐点比较法的高。

下面以四方向逐点比较法为基础,导出八方向逐点比较法插补原理及算法。

1. 八方向逐点比较法直线插补

如图 5-20 所示,八个进给方向将四个象限分为八个区域。在各个区域中直线的进给方向如图 5-21 所示。如在 1 区的直线进给方向为 $+X+Y$ 或 $+X$,在 2 区的直线进给方向为 $+X+Y$ 或 $+Y$。可见,对于某一区域的直线来说,进给方向也只有两种可能,要么两坐标同时进给,要么单坐标进给。

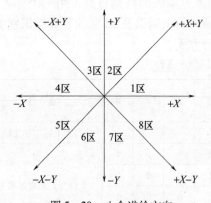

图 5-20　八个进给方向

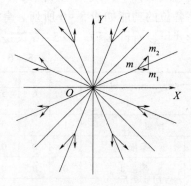

图 5-21　八个方向直线插补

这里以 1 区的直线插补为例,设动点为 m,如向 $+X$ 走一步,到达点 m_1,此点的偏差为 F_{m1};如两坐标同时进给,到达点 m_2,此点偏差为 F_{m2}。如果在 m_1 的基础上再向 $+Y$ 方向进给一步,同样到达点 m_2,其偏差仍为 F_{m2}。由四方向直线插补可知,向 $+X$ 走一步,则偏差为

86

$$F_{m1} = F_m - y_e$$

再由点 m_1 向 $+Y$ 走一步,偏差为

$$F_{m2} = F_{m1} + x_e$$

比较两个偏差绝对值的大小,如果 $|F_{m1}| > |F_{m2}|$,则表示单坐标进给偏差大,应两坐标同时进给,并保留 F_{m2} 作为下一步的偏差;反之则单坐标进给,保留 F_{m1} 作为下一步的偏差。

同理,对于 2 区的直线,向 $+Y$ 走一步,偏差为

$$F_{m2} = F_{m1} - y_e$$

按四方向逐点比较法的处理方式,均以坐标的绝对值计算,进给方向正负由数据处理程序直接传给驱动程序,则 4、5、8 区的直线插补算法与 1 区的直线插补算法一致,3、6、7 区的直线插补算法与 2 区的直线插补算法一致。

八方向逐点比较法终点判别,可以用两个坐标总的走步数作为判终计数器的初值,单坐标进给时减 1,双坐标进给时减 2,计数器为 0 时停止插补。

八方向逐点比较法直线插补的流程图如图 5 - 22 所示。

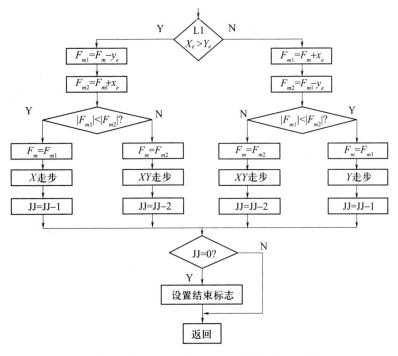

图 5 - 22　八方向逐点比较法直线插补流程图

2. 八方向逐点比较法圆弧插补

用八方向逐点比较法,在八个区域中共有 16 种圆弧。如图 5 - 23 所示,各种圆弧的进给方向都在图上标出,仍按四方向逐点比较法处理方式,用坐标绝对值进行计算,进给方向的正负由数据处理程序模块直接传递进给驱动程序,不由插补程序处理。八方向逐点比较法圆弧插补计算可分为四种算法:

(1)圆弧 NR2,SR3,MR6,SR7,X 轴为单进给坐标,且动点的 X 坐标值呈减小趋势。算法如下:

$$F_{m1} = F_m - 2x_m + 1$$
$$F_{m2} = F_{m1} + 2y_m + 1$$

$(5-10)$

若 $|F_{m1}| \geq |F_{m2}|$,则走双坐标, $|x_m|$ 减 1, $|y_m|$ 加 1。

若 $|F_{m1}| < |F_{m2}|$,则走 X 单坐标, $|x_m|$ 减 1。

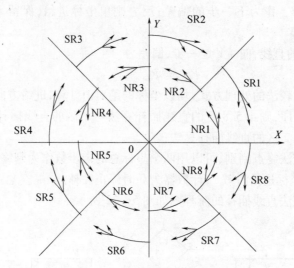

图 5-23   16 种圆弧及进给方向

（2）圆弧 SR2,NR3,SR6,NR7, X 轴为单进给坐标,且动点的 X 坐标绝对值呈增加趋势。算法如下:

$$F_{m1} = F_m + 2x_m + 1$$
$$F_{m2} = F_{m1} - 2y_m + 1$$

$(5-11)$

若 $|F_{m1}| \geq |F_{m2}|$,则走双坐标, $|x_m|$ 加 1, $|y_m|$ 减 1。

若 $|F_{m1}| < |F_{m2}|$,则走 X 单坐标, $|x_m|$ 加 1。

（3）圆弧 SR1,NR4,SR5,NR8, Y 轴为单进给坐标,且动点的 Y 坐标绝对值呈减小趋势。算法如下:

$$F_{m1} = F_m - 2y_m + 1$$
$$F_{m2} = F_{m1} + 2x_m + 1$$

$(5-12)$

若 $|F_{m1}| \geq |F_{m2}|$,则走双坐标, $|y_m|$ 减 1, $|x_m|$ 加 1。

若 $|F_{m1}| < |F_{m2}|$,则走 Y 单坐标, $|y_m|$ 减 1。

（4）圆弧 NR1,SR4,NR5,SR8, Y 轴为单进给坐标,且动点的 Y 坐标绝对值呈增加趋势。算法如下:

$$F_{m1} = F_m + 2y_m + 1$$
$$F_{m2} = F_{m1} - 2x_m + 1$$

$(5-13)$

若 $|F_{m1}| \geq |F_{m2}|$,则走双坐标, $|y_m|$ 加 1, $|x_m|$ 减 1。

若 $|F_{m1}| < |F_{m2}|$,则走 Y 单坐标, $|y_m|$ 加 1。

以上四种算法中,走双坐标时保留 F_{m2} 作为下一步的偏差,走单坐标时保留 F_{m1} 作为下一步的偏差。

综上所述,八方向逐点比较法圆弧插补的四种类型,可用第 I 象限中的四种圆弧作为代表,即可分 SR1、NR1、SR2、NR2 四种插补方式。八方向逐点比较法圆弧插补流程图如图 5 - 24 所示。

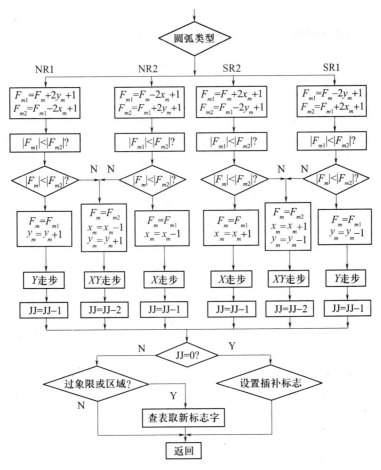

图 5 - 24　八方向逐点比较法圆弧插补流程图

3. 圆弧过象限处理

用四方向逐点比较法,有过象限圆弧插补的问题。相邻象限的圆弧插补计算方法不同,进给方向也不同,过了象限如果不改变插补方式和进给方向,就会发生错误。因此,用八方向逐点比较法插补圆弧,一过区域就必须改变插补方式和进给方向。

过象限和过区域的处理,首先应进行过象限或过区域判断。当 $x_m = 0$ 或 $y_m = 0$ 时过象限;当 $x_m = y_m$ 时过区域(这里 x_m, y_m 是绝对值)。每走一步,除进行终点判别外,要进行过象限或过区域判别,到达过象限或过区域点时进行相应处理。

过象限或区域的处理,可用查表的方法。由数据处理模块中的译码程序对用户程序段译码后生成插补数据和标志字。标志字中包含了插补方式、进给方向等信息。其中有 4 位为圆弧的编码,最多可表示 16 种圆弧,用此编码查表,可得到下一象限(或区域)的圆弧标志字。新的标志字也包含插补方式、进给方向及圆弧编码等信息。过象限(或区域)处理,实际就是用旧的标志字通过查表取得新的标志字,替换旧标志字。当再次进行插补时,即根据新的标志字进行插补和进给。

前面介绍了逐点比较法插补的原理,在数控系统的软件中,插补只是一个模块,它和其他模块,如进给驱动、数据处理模块等有着不可分割的联系。在程序设计前,模块的界面一定要定义好,如任务如何划分、数据如何传递等。按结构化程序设计的要求,模块应该有一个入口、一个出口,一个模块只做一件事情。就插补模块来说,其任务是插补计算,但插补任务包含许多子任务,这些子任务由一些子模块来完成。对于插补程序模块来说,与之有直接关系的主要有数据处理模块和进给驱动模块。插补模块从数据处理模块得到插补数据和标志字,然后根据插补结果调用进给驱动模块(子程序),将进给命令传递给驱动系统。要设计好一个程序模块,首先必须定义好它与其他模块的关系。

数据处理模块向插补模块提供两种信息:一是坐标数据,如圆弧起点坐标(直线的终点坐标)、判别终点的计数值等;二是标志字,它确定插补程序作何种插补,并提供圆弧过象限(或过区域)的信息。标志字同时还向进给驱动程序提供各个坐标轴的进给方向的正负信息。对于坐标数据,数据处理模块用固定的存放单元传送,因为是绝对值,所以为无符号二进制数,单位为脉冲当量。标志字要传递的信息有插补方式、进给方向(传递给进给驱动程序)、圆弧编码(用于过象限或过区域查表)、插补结束标志等。标志字各位的作用可如表5-7方式定义。

表5-7 标志字定义

标志字	15	14	13	12	11	10	09	08	07	06	05	04	03	02	01	00
作 用	插补结束	保留	保留	保留	保留	保留	Y进给方向	X进给方向	圆弧编码				插补类型编码			

定义好数据信息和控制信息的格式后,读者不难根据插补流程图,编制出相应的插补程序。

5.3 数字积分插补法

数字积分法又称数字微分分析器(DDA),它不仅可方便地实现一次、二次曲线的插补,还可用于各种函数运算。而且易于实现多坐标联动,所以DDA插补的使用范围较广。其基本原理可用图5-25所示的函数积分来说明。从微分的几何概念来看,从时刻 $t=0$ 到 t 求函数 $y=f(t)$ 曲线所包围的面积时,可用积分公式

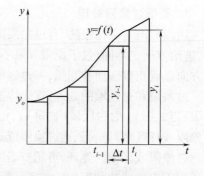

图5-25 矩形公式的意义

$$S = \int_0^t f(t)\,\mathrm{d}t \qquad (5-14)$$

如果将 $0 \sim t$ 的时间划分成时间间隔为 Δt 的有限区间,当 Δt 足够小时,可得近似公式

$$S = \int_0^t f(t)\,\mathrm{d}t = \sum_{i=1}^n y_{i-1}\Delta t$$

式中：y_i 为 $t = t_i$ 时的 $f(t)$ 值。此公式说明，求积分的过程就是用数的累加来近似代替，其几何意义就是用一系列微小矩形面积之和来近似表示函数 $f(t)$ 以下的面积。在数字运算时，若 Δt 一般取最小的基本单位"1"，上式则称为矩形公式，并简化为

$$S = \sum_{i=1}^{n} y_{i-1} \qquad (5-15)$$

如果将 Δt 取得足够小，就可以满足所需要的精度。实现这种近似积分法的数字积分器称为矩形数字积分器。

5.3.1 数字积分法直线插补

1. 直线插补原理

设在平面中有一直线 OA，其起点为坐标原点 O，终点为 $A(x_e, y_e)$，则该直线的方程为

$$y = \frac{y_e}{x_e} x \qquad (5-16)$$

将式(5-16)化为对时间 t 的参量方程，即

$$x = Kx_e t$$
$$y = Ky_e t$$

式中　K——比例系数。

再对参量方程对 t 求微分得

$$dx = Kx_e dt$$
$$dy = Ky_e dt$$

然后再积分可得 x、y 为

$$x = \int dx = K\int x_e dt$$

$$y = \int dy = K\int y_e dt$$

上式积分如果用累加的形式表达，则近似为

$$x = \sum_{i=1}^{n} Kx_e \Delta t$$

$$y = \sum_{i=1}^{n} Ky_e \Delta t$$

式中 $\Delta t = 1$。写成近似微分形式为

$$\Delta x = Kx_e \Delta t$$
$$\Delta y = Ky_e \Delta t$$

动点从原点出发走向终点的过程，可以看作是各坐标轴每隔一个单位时间 Δt 分别以增量 Kx_e 及 Ky_e 同时对两个累加器累加的过程。当累加值超过一个坐标单位（脉冲当量）时产生溢出。溢出脉冲驱动伺服系统进给一个脉冲当量，从而走出给定直线。

若经过 m 次累加后，x 和 y 分别到达终点 (x_e, y_e)，下式成立，即

$$x = \sum_{i=1}^{m} Kx_e = Kx_e m = x_e$$

$$y = \sum_{i=1}^{m} Ky_e = Ky_e m = y_e$$

(5 - 17)

由此可见,比例系数 K 和累加次数之间关系为

$$Km = 1 \quad 即 \quad m = 1/K$$

K 的数值与累加器的容量有关。累加器的容量应大于各坐标轴的最大坐标值。一般二者的位数相同,以保证每次累加最多只溢出一个脉冲。设累加器有 n 位,则

$$K = \frac{1}{2^n}$$

故累加次数 $\qquad\qquad\qquad m = 1/K = 2^n$

上述关系表明,若累加器的位数为 n,则整个插补过程中要进行 2^n 次累加才能到达直线的终点。

因为 $K = 1/2^n$,n 为寄存器的位数,对于存放于寄存器中的二进制数来说,Kx_e(或 Ky_e)与 x_e(或 y_e)是相同的,可以看作前者小数点在最高位之前,而后者的小数点在最低位之后。所以,可以用 x_e 直接对 X 轴累加器进行累加,用 y_e 直接对 Y 轴的累加器进行累加。

2. DDA 平面直线插补器

图 5-26 为平面直线的插补运算框图,它由两个数字积分器组成,每个坐标的积分器由累加器和被积函数寄存器组成。被积函数寄存器放终点坐标值。每隔一个时间间隔 Δt,将被积函数的值向各自的累加器中累加。X 轴的累加器溢出的脉冲驱动 X 轴走步,Y 轴累加器溢出脉冲驱动 Y 轴走步。

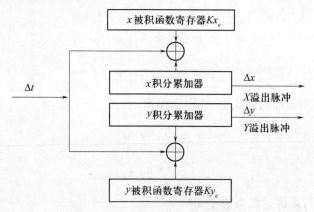

图 5-26　平面直线插补运算框图

不同象限平面直线 DDA 数字积分法采用与逐点比较法相同的处理方法,把符号与数据分开,取数据的绝对值作被积函数,而以符号作进给方向控制信号处理,便可对所有不同象限的直线进行插补。

3. 直线插补计算举例

例 5-3　设有一直线 OA,起点为原点 O,终点 A 坐标为 $(8,10)$,累加器和寄存器的位数为 4 位,其最大容量为 $2^4 = 16$。试用数字积分法进行插补计算并画出走步轨迹图。

插补计算过程如表 5 - 8 所列,为加快插补,累加器初值置为累加器容量的一半。走步轨迹如图 5 - 27 所示。

表 5 - 8 直线插补计算过程

累加次数	X 轴数字积分器			Y 轴数字积分器		
	x 被积函数寄存器	x 累加器	x 累加器溢出脉冲	x 被积函数寄存器	y 累加器	y 累加器溢出脉冲
0	8	8	0	10	8	0
1	8	16 - 16 = 0	1	10	18 - 16 = 2	1
2	8	8	0	10	12	0
3	8	16 - 16 = 0	1	10	22 - 16 = 6	1
4	8	8	0	10	16 - 16 = 0	1
5	8	16 - 16 = 0	1	10	10	0
6	8	8	0	10	20 - 16 = 4	1
7	8	16 - 16 = 0	1	10	14	0
8	8	8	0	10	24 - 16 = 8	1
9	8	16 - 16 = 0	1	10	18 - 16 = 2	1
10	8	8	0	10	12	0
11	8	16 - 16 = 0	1	10	22 - 16 = 6	1
12	8	8	0	10	16 - 16 = 0	1
13	8	16 - 16 = 0	1	10	10	0
14	8	8	0	10	20 - 16 = 4	1
15	8	16 - 16 = 0	1	10	14	0
16	8	8	0	10	24 - 16 = 8	1

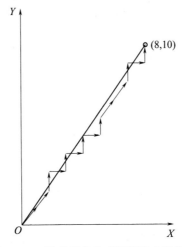

图 5 - 27 数字积分法直线插补走步轨迹图

5.3.2 数字积分法圆弧插补

1. 圆弧插补原理

由上面的叙述可知:DDA 直线插补的物理意义是使动点沿速度矢量的方向前进。这同样适用于 DDA 圆弧插补。

如图 5 – 28 所示,圆的方程为

$$x^2 + y^2 = R^2$$

式中 R——常数;

x,y——以时间 t 为参数的变量。

等式两边同时对 t 求导,则有

$$2x \frac{\mathrm{d}x}{\mathrm{d}t} + 2y \frac{\mathrm{d}y}{\mathrm{d}t} = 0$$

$$\frac{\frac{\mathrm{d}y}{\mathrm{d}t}}{\frac{\mathrm{d}x}{\mathrm{d}t}} = -\frac{x}{y}$$

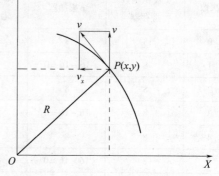

图 5 – 28 XY 平面 DDA 圆弧插补

由此可导出第 Ⅰ 象限逆圆加工时动点沿坐标轴方向的速度分量为

$$\begin{cases} v_x = \dfrac{\mathrm{d}x}{\mathrm{d}t} = -y \\ v_y = \dfrac{\mathrm{d}y}{\mathrm{d}t} = x \end{cases}$$

上式表明:速度分量 v_x 和 v_y 是随动点的变化而变化的。坐标轴方向的位移增量为

$$\begin{cases} \Delta x = -y \cdot \Delta t \\ \Delta y = x \cdot \Delta t \end{cases} \tag{5 – 18a}$$

上式为逆圆加工时情况,若为顺圆加工,上式变为

$$\begin{cases} \Delta x = y \cdot \Delta t \\ \Delta y = -x \cdot \Delta t \end{cases} \tag{5 – 18b}$$

据上式可写出第 Ⅰ 象限逆圆加工时的 DDA 插补表达式为

$$\begin{cases} x = \displaystyle\int_0^t (-y)\,\mathrm{d}t = -\sum_{i=1}^n y_i \cdot \Delta t \\ y = \displaystyle\int_0^t x\,\mathrm{d}t = \sum_{i=1}^n x_i \cdot \Delta t \end{cases} \tag{5 – 19a}$$

同理,据上式可写出第 Ⅰ 象限顺圆加工的 DDA 插补表达式为

$$\begin{cases} x = \displaystyle\int_0^t y\,\mathrm{d}t = \sum_{i=1}^n y_i \cdot \Delta t \\ y = \displaystyle\int_0^t (-x)\,\mathrm{d}t = -\sum_{i=1}^n x_i \cdot \Delta t \end{cases} \tag{5 – 19b}$$

以上两式表明:

第一,在圆弧插补时,X 向的被积函数和 Y 向的被积函数均为动点值。

第二,在圆弧插补时,$\pm X$ 向进给,由 Y 方向的被积函数控制,$\pm Y$ 向进给,由 X 方向的被积函数控制。

圆弧插补的终点判别,由计算出的动点坐标轴位置 $\Sigma\Delta X$,$\Sigma\Delta Y$ 值和圆弧的终点坐标作比较,当某个坐标轴到终点时,该轴不再有进给脉冲发出,当两坐标轴都到达终点后,运算结束。

2. DDA 圆弧插补器

由第 I 象限逆圆加工的 DDA 插补表达式可得到其圆弧插补器框图,如图 5 - 29 所示。图中,J_{V_x} 为 X 方向的被积函数寄存器,J_{V_y} 为 Y 方向的被积函数寄存器,J_{R_x} 是 X 向的积分累加器,存放 X 向积分结果的余数;J_{R_y} 是 Y 向的积分累加器,存放 Y 向积分结果的余数;ΔX 为 Y 向积分结果的溢出(进位);ΔY 为 X 向积分结果的溢出(进位)。其工作过程如下:

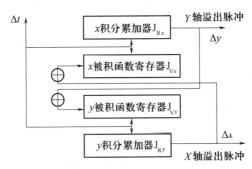

图 5 - 29　第 I 象限 DDA 逆圆插补逻辑图

(1) 运算开始时,X 和 Y 被积函数寄存器中分别存放 x,y 的初值 x_0,y_0。

(2) X 轴被积函数寄存器累加得到的溢出脉冲发到 Y 方向,而 Y 轴被积函数寄存器累加得到的溢出脉冲则发到 $-X$ 方向。

(3) 每发出一个进给脉冲后,必须将被积函数寄存器内的坐标值加以修正。其修正方法:当 X 方向发出进给脉冲时,使 X 轴被积函数寄存器的内容减 1,这是因为 X 进给一步时,X 坐标减小;当 Y 方向发出进给脉冲时,使 Y 轴被积函数寄存器的内容加 1,这是因为 Y 进给一步时,Y 坐标增大。即使被积函数寄存器内随时存放着坐标的瞬时值。

3. 其他象限圆弧的 DDA 插补

其他象限圆弧插补的原理与第 I 象限逆圆插补类似。其不同之处有二:进给方向不同;被积函数的修正不同。X、Y 平面内坐标轴位移与被积函数的修正关系如表 5 - 9 所列。

表 5 - 9　顺逆圆进给方向及修正符号表

圆弧走向 所在象限	NR1	NR2	NR3	NR4	SR1	SR2	SR3	SR4
X 进给方向 $(x_e - x_0)$	$-\Delta x$	$-\Delta x$	$+\Delta x$	$+\Delta x$	$+\Delta x$	$+\Delta x$	$-\Delta x$	$-\Delta x$
Y 进给方向 $(y_e - y_0)$	$+\Delta y$	$-\Delta y$	$-\Delta y$	$+\Delta y$	$-\Delta y$	$+\Delta y$	$+\Delta y$	$-\Delta y$
被积函数 $J_{V_x}(X_i)$ 修正符号	$-$	$+$	$-$	$+$	$+$	$-$	$+$	$-$
被积函数 $J_{V_y}(Y_i)$ 修正符号	$+$	$-$	$+$	$-$	$-$	$+$	$-$	$+$

表 5 - 9 中共有八种线型,分别为顺圆第 I,II,III,IV 象限(符号为 SR1、SR2、SR3、SR4)和逆圆第 I,II,III,IV 象限(符号为 NR1,NR2,NR3,NR4)。" + "号表示修正被积

函数时该被积函数加 1，"－"号表示修正被积函数时该被积函数减 1。$+\Delta x$ 表示在 X 的正向进给，$-\Delta x$ 表示在 X 的负向进给，$+\Delta y$ 表示在 Y 的正向进给，$-\Delta y$ 表示在 Y 的负向进给。被积函数值和余数值均为无符号数，即按绝对值处理。

4. DDA 圆弧插补计算举例

例 5 - 4　用 DDA 法插补第 I 象限逆圆，起点坐标为 (5,0)，终点坐标为 (0,5)。插补过程如表 5 - 10 所列。

表 5 - 10　DDA 第 I 象限逆圆插补过程表

序号	$J_{Ry} = J_{Ry} + J_{Vy}$	$J_{Rx} = J_{Rx} + J_{Vx}$	进给 X	进给 Y
1	0000 + 0000 = 0000	0000 + 0101 = 0101	0	0
2	0000 + 0000 = 0000	0101 + 0101 = 1010	0	0
3	0000 + 0000 = 0000	1010 + 0101 = 1111	0	0
4	0000 + 0000 = 0000	1111 + 0101 = 0100 $J_{Vy} = 0000 + 0001 = 0001$	0	1
5	0000 + 0001 = 0001	0100 + 0101 = 1001	0	0
6	0001 + 0001 = 0010	1001 + 0101 = 1110	0	0
7	0010 + 0001 = 0011	1110 + 0101 = 0011 $J_{Vy} = 0001 + 0001 = 0010$	0	1
8	0011 + 0010 = 0101	0011 + 0101 = 1000	0	0
9	0101 + 0010 = 0111	1000 + 0101 = 1101	0	0
10	0111 + 0010 = 1001	1101 + 0101 = 0010 $J_{Vy} = 0010 + 0001 = 0011$	0	1
11	1001 + 0011 = 1100	0010 + 0101 = 0111	0	0
12	1100 + 0011 = 1111	0111 + 0101 = 1100	0	0
13	1111 + 0011 = 0010 $J_{Vx} = 0101 - 0001 = 0100$	1100 + 0101 = 0000 $J_{Vy} = 0011 + 0001 = 0100$	1	0
14	0010 + 0100 = 0110	0000 + 0100 = 0100	0	0
15	0110 + 0100 = 1010	0100 + 0100 = 1000	0	0
16	1010 + 0100 = 1110	1000 + 0100 = 1100	0	0
17	1110 + 0100 = 0010 $J_{Vx} = 0100 - 0001 = 0011$	1100 + 0100 = 1111	1	0
18	0010 + 0100 = 0110	1111 + 0100 = 0010 $J_{Vy} = 0100 + 0001 = 0101$	0	1
19	0110 + 0101 = 1011	0010 + 0011 = 0101	0	0
20	1011 + 0101 = 0000 $J_{Vx} = 0011 - 0001 = 0010$	0101 + 0011 = 0111	1	0
21	0000 + 0101 = 0101	0111 + 0010 = 1001	0	0
22	0101 + 0101 = 1010	1001 + 0010 = 1011	0	0
23	1010 + 0101 = 1111	1011 + 0010 = 1101	0	0
24	1111 + 0101 = 0100 $J_{Vx} = 0010 - 0001 = 0001$	1101 + 0010 = 1101	1	0
25	0100 + 0101 = 1001	1110 + 0001 = 1111	0	0
26	1001 + 0101 = 1110	1111 + 0001 = 0000	0	1
27	1110 + 0101 = 0011 $J_{Vx} = 0001 - 0001 = 0000$	0000 + 0001 = 0001	1	0

在有些情况下，上述计算方法存在误差，解决的方法有两种：一种方法是在插补过程中判别是否有一个坐标方向到达终点，若已到达终点，在积分运算时该方向就不再累加计算，只在另一方向进行累加计算。另一种方法是"预加载"，即在积分运算前先将两个余数寄存器 J_{Vx} 和 J_{Vy} 赋初值（最高位置 1，其他位置 0 为半加载），然后再进行积分运算。

5.3.3 空间直线插补

1. 空间直线插补原理

数字积分法的优点是可以对空间直线或多维线型函数进行插补,从而可以控制多坐标联动。因为曲面可以由空间曲线组成,空间曲线可以用空间直线来逼近,所以空间直线插补应用较多。多维线性函数的运动轨迹不一定是直线。例如,空间直线插补法可用于三维线性函数插补,若此函数中有一个变量是转角,走出来的运动轨迹也就不是直线了。

前面介绍了平面直线的插补方法。平面直线插补有两个积分器,X 轴被积函数为直线终点的 X 坐标值 x_e,Y 轴的被积函数为直线终点的 Y 坐标值 y_e。空间直线插补与平面直线的原理相同,只是需要增加一个 Z 轴的积分器。Z 轴积分器的被积函数为直线终点的 Z 坐标值 z_e。每进行一次插补,对三个积分器积分,即累加,哪个轴的累加器有溢出则该轴进给一步。

空间直线的终点判别可采用与平面直线相似的方法,可以每个轴各设一个终点判别计算器,分别进行终点判别,哪一轴到终点,则该轴即停止进给,三轴都到终点,则插补结束。因为各轴可能不同时到终点,先到终点的轴可能多走出一个脉冲来,使终点坐标产生误差,在增量系统中此误差可能积累下来。各轴分设判终计数器可克服这个缺点。

2. 空间直线插补举例

例 5 – 5 有一空间直线 OA,起点在坐标原点,终点 Z 的坐标为 $x_Z = 12,y_Z = 9,z_Z = 3$。试用数字积分法插补之。

解: 设寄存器为四位,容量为 $2^4 = 16$,为减少误差,预置累加器初值为累加器容量的一半,运算过程如表 5 – 11 所列。

表 5 – 11 空间直线插补计算过程

累加次数	X、Y、Z 累加器			X、Y、Z 累加器溢出脉冲		
	J_{Rx}	J_{Ry}	J_{Rz}	ΔX	ΔY	ΔZ
0	8	8	8	0	0	0
1	16 + 4	16 + 1	11	1	1	0
2	16 + 0	10	14	1	0	0
3	12	16 + 3	16 + 1	0	1	1
4	16 + 8	12	4	1	0	0
5	16 + 4	16 + 5	7	1	1	0
6	16 + 0	14	10	1	0	0
7	12	16 + 7	13	0	1	0
8	16 + 8	16 + 0	16 + 0	1	1	1
9	16 + 4	9	3	1	0	0
10	16 + 0	16 + 2	6	1	1	0
11	12	11	9	0	0	0
12	16 + 8	16 + 4	12	1	1	0
13	16 + 4	13	15	1	0	0
14	16 + 0	16 + 6	16 + 2	1	1	1
15	12	15	5	0	0	0
16	16 + 8	16 + 8	8	1	1	0

5.3.4 改进 DDA 插补质量的措施

1. 数字积分法插补的进给速度分析

DDA 插补的特点是控制脉冲源每产生一个脉冲,就作一次积分运算。每次运算中,X 方向平均进给的比率为 $X/2^n$(2^n 为累加器容量),而 Y 方向的进给比率为 $Y/2^n$,所以合成的轮廓进给速度为

$$v = 60\delta \frac{f_g}{2^n} \sqrt{x^2 + y^2} = 60\delta \frac{L}{2^n} f_g$$

式中 δ——脉冲当量(mm);

   f_g——插补迭代控制脉冲源频率;

   L——编程的插补段的行程,直线插补段时为直线长度,即 $L = \sqrt{x^2 + y^2}$;圆弧插补段时为圆弧半径,即 $L = R$。

插补合成的轮廓速度与插补迭代控制源虚拟速度(即假定每发一个插补控制脉冲后坐标轴走一步)的比值称为插补速度变化率,其表达式为

$$\frac{v}{v_g} = \frac{60\delta \dfrac{L}{2^n} f_g}{60\delta f_g} = \frac{L}{2^n}$$

上式表明速度变化率与程序段的行程 L 成正比。当插补迭代控制源脉冲频率 f_g 一定时,行程长,脉冲溢出快,进给快;行程短,脉冲溢出慢,进给慢。数据段行程的变化范围在 $0 \sim 2^n$ 间,所以合成速度的变化范围为 $v = (0 - 1)v_g$,这种变化在实际加工中是不允许的。

在 DDA 硬件插补中,常常采用"左移规格化"的措施来稳定速度。

2. 进给速度的均匀化措施——左移规格化

1)DDA 直线插补的左移规格化

直线插补时,在被积函数数据送入寄存器时,进行左移,直到 X 或 Y 寄存器有一个最高位为 1 时左移停止,转入插补运算。由于左移,迫使数据段的行程增大到充分利用寄存器容量的程度,从而使插补溢出速度基本稳定。左移的同时,为了使发出的脉冲总数不变,就要相应地减少累加次数。在硬件系统中,常采用使终点计数器右移同样位数的方法来实现。

由于左移规格化的结果,使寄存器中数值变化范围小,即缩小了 L 值的范围。其可能的最小数是

$$X = 2^{n-1}, Y = 0$$

$$L_{\min} = X = 2^{n-1}$$

最大数是

$$X = 2^{n-1}, Y = 2^{n-1}$$

$$L_{\max} = \sqrt{2} X \approx \sqrt{2} 2^n$$

式中,n 为寄存器字长,故合成的速度最小、最大值为

$$\left(\frac{v}{v_g}\right)_{\min} = \frac{2^{n-1}}{2^n} = 0.5$$

$$\left(\frac{v}{v_g}\right)_{\max} = \frac{\sqrt{2}2^n}{2^n} = 1.414$$

即合成速度变化范围为 $v = (0.5 \sim 1.414)v_g$，比未采取左移规格化时的速度大为稳定。

2）DDA 圆弧插补的左移规格化

为提高圆弧插补的速度均匀性，在圆弧插补时也可采用左移规格化的方法。其原理与前述的直线插补左移规格化相似，但要注意以下三个问题。

（1）圆弧插补的左移规格化，是将两个被积函数同时左移，使其中至少有一个寄存器的内容的次高位为1。这是因为当一个坐标进给，而要修正另一个被积函数时，防止在第一次修正被积函数时使其溢出。例如，在加工第 I 象限顺圆，圆弧的起点坐标值相同时，若左移规格化是最高位为1，先将 X 方向累加，其结果产生溢出，X 方向进给一步，Y 方向被积函数加上一个增量，这样 Y 方向的被积函数还未参加累加计算就有可能溢出，导致 Y 方向的第一次累加错误。

（2）要求被积函数寄存器的容量是最大被积函数的 2 倍，其原因也是因为每次累加有溢出时要修正被积函数，防止在修正时被积函数本身产生溢出。例如，当寄存器为 8 位二进制时，最大坐标值为 127。

（3）由前述插补原理可知，当有一个坐标进给时，要修正另一坐标的被积函数。例如，当有 ΔX 时，$J_{V_y}(x)$ 加或减 ΔX，此时 ΔX 为1，经过左移规格化后，ΔX 就不是 1 了。其解决方法是，左移规格化前，先设一个寄存器存放 Δ，并使其预置为1，在被积函数左移一位的同时，将 Δ 左移一位。在修正被积函数时，不再是加1或减1，而是加 Δ 或减 Δ。

3. 减少插补误差的方法——累加器预置数

产生误差的原因是插补采用步进式，在一步（一个脉冲当量距离）的范围内，用切线代替圆弧是有误差的，而且下一步又在前一步的基础上判断新的走向，最后必然产生误差，积分器圆弧插补误差大于一个脉冲当量，小于或等于两个脉冲当量。

减少插补误差的方法：

（1）减少脉冲当量，则误差的几何尺寸减小，但信息量变大。寄存器的容量需加大，而且欲获得同样的机床进给速度，需要提高运算速度，这些都是不好的。

（2）累加器中预置 0.5，即被积函数寄存器中的数如果存的是终点坐标值 X_z 或 Y_z，若存的是整数时，则小数点设置在寄存器最低位后，即预置 $2^n/2$，如 $n = 5$，则 $2^n/2 = 2^5/2 = 32/2 = 16$，即

$$1 \quad 0 \quad 0 \quad 0 \quad 0$$

若寄存器中存的数是 $X_z/2^n$，即存的是小数，小数点位于数码最高位前，如

$$1 \quad 0 \quad 0 \quad 0 \quad 0$$

即

$$16/2^5 = 16/32 = 0.5$$

前者累加 $\Sigma\delta_x$ 超过 2^n 时才有溢出脉冲，而后者累加 $\Sigma\delta_x$ 超过 1 时便有溢出脉冲。

下面分直线与圆弧两种情况加以分析：

（1）直线插补时，如有一直线 OZ 位于第Ⅰ象限，起点在坐标原点，终点 Z 坐标为 $X_z=8$，$Y_z=2$，不预置数时累加过程如表 5-12 所列，插补轨迹如图 5-30 所示。

表 5-12　不预置数时累加过程

累加次序	$\Sigma\delta_x$	$\Sigma\delta_y$	ΔX	ΔY
0	0	0	0	0
1	0.50	0.125	0	0
2	1.0	0.25	1	0
3	0.5	0.375	0	0
4	1.0	0.50	1	0
5	0.5	0.625	0	0
6	1.0	0.75	1	0
7	0.5	0.875	0	0
8	1.0	1.0	1	1
9	0.5	0.125	0	0
10	1.0	0.25	1	0
11	0.5	0.375	0	0
12	1.0	0.50	1	0
13	0.5	0.625	0	0
14	1.0	0.75	1	0
15	0.5	0.875	0	0
16	1.0	1.0	1	1

预置 0.5，累加运算过程如表 5-13 所列，插补轨迹如图 5-31 所示，比较图 5-30 及图 5-31，后者误差显著减小。

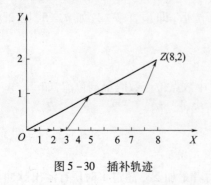

图 5-30　插补轨迹

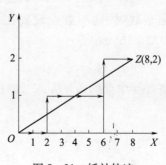

图 5-31　插补轨迹

表 5 - 13　预置 0.5 时累加过程

累加次序	$\Sigma\delta_x$	$\Sigma\delta_y$	ΔX	ΔY
0	0.50	0.50	0	0
1	1.0	0.625	1	0
2	0.5	0.75	0	0
3	1.0	0.875	1	0
4	0.5	1.0	0	1
5	1.0	0.125	1	0
6	0.5	0.25	0	0
7	1.0	0.375	1	0
8	0.5	0.5	0	0
9	1.0	0.625	1	0
10	0.5	0.75	0	0
11	1.0	0.875	1	0
12	0.5	1.00	0	1
13	1.0	0.125	1	0
14	0.5	0.25	0	0
15	1.0	0.375	1	0
16	0.5	0.50	0	0

（2）圆弧插补时，用下例说明。

例 5 - 6　在 XY 平面内有一逆时针走向的圆弧 QZ，圆弧起点 $Q(5,0)$，终点 $Z(0,5)$，试用数字积分法圆弧方式插补之。不预置数时累加过程如表 5 - 14 所列。预置 $\dfrac{2^3}{2}=4$，累加运算过程如表 5 - 15 所列，插补轨迹如图 5 - 32 所示。

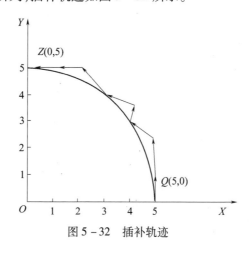

图 5 - 32　插补轨迹

表 5 – 14　不预置数时累加过程

累加次序	J_{V_x}	$\Sigma I(J_{R_x})$	ΔX	J_{V_y}	$\Sigma J(J_{R_y})$	ΔY
0	0	0	0	5	0	0
1	0	0	0	5	5	0
2	0	0	0	5	8 + 2	1
3	1	1	0	5	7	0
4	1	2	0	5	8 + 4	1
5	2	4	0	5	8 + 1	1
6	3	7	0	5	6	0
7	3	8 + 2	1	5	8 + 3	1
8	4	6	0	4	7	0
9	4	8 + 2	1	4	8 + 3	1
10	5	7	0	3	6	0
11	5	8 + 4	1	3	8 + 1	1
12	5	8 + 1	1	2	3	0
13	5	6	0	1	4	0
14	5	8 + 3	1	1	5	0
15	5	8 + 0	1	0	5	0

表 5 – 15　预置 4 时累加过程

累加次序	J_{V_x}	$\Sigma I(J_{R_x})$	ΔX	J_{V_y}	$\Sigma J(J_{R_y})$	ΔY
0	0	4	0	5	4	0
1	0	4	0	5	8 + 1	1
2	1	5	0	5	6	0
3	1	6	0	5	8 + 3	1
4	2	8 + 0	1	5	8 + 0	1
5	3	3	0	4	4	0
6	3	6	0	4	8 + 0	1
7	4	8 + 2	1	4	4	0
8	4	6	0	3	7	0
9	4	8 + 2	1	3	8 + 2	1
10	5	7	0	2	4	0
11	5	8 + 4	1	2	6	0
12	5	8 + 1	1	1	7	0
13	5	6	0	0	7	0

5.3.5 数字积分法插补软件的实现

1. 数字积分法直线插补的程序实现

积分法插补运算公式实际是被积函数（Kx_Z 或 Ky_Z）与累加运算后的余数不断累加的过程。

当累加的结果大于 1 时，整数部分溢出作为进给脉冲（ΔX 或 ΔY），余数部分保存在累加寄存器中，待下次累加用。下面先讨论第 Ⅰ 象限直线积分插补程序。

积分插补控制系统框图与逐点比较法控制系统框图相同（见图 5 – 13）。进给脉冲频率受 PIO 中断频率控制。为了能根据加工情况调整进给速度，进给控制设在中断服务程序中，每中断一次进行一次或多次插补运算，送出一个或两个（不同方向）进给脉冲。程序分主程序和中断服务程序两部分。

主程序主要设置插补运算的初值、数据指针、对 PIO 的两个口子初始化及分支等工作。它涉及的面比较广，下面先讨论积分插补的中断服务程序的设计。

根据逐点比较法插补运算分析，选用 24 位字长（三个字节）基本能满足一般的加工长度。设标志字、终点坐标值 x_Z 和 y_Z、累加寄存器的数值 J_{RX} 和 J_{RY} 以及累加次数 ΣJ 的数据分别存于指定的内存数据区。

设计积分法直线插补中断服务程序时，应考虑以下几个问题：

（1）积分法进行插补运算时，X 和 Y 两个坐标可同时进给，即可同时送出 ΔX、ΔY 脉冲。在积分运算过程中，必须有无进给的标志，设置一标志位，如图 5 – 33 所示。标志字的第 6 位为 1 代表 X 和 Y 方向有进给；反之，没有进给。在程序执行过程中，只要检测到进给标志，就退出中断，返回主程序。否则将循环进行累加运算。

（2）积分法直接插补时，不论被积函数有多大，对于 n 位加工长度，必须累加 2^n 次才能到达终点，所以终判运算数据 ΣJ 指累加次数 $m(m=2^n)$。到达终点的标志为标志字的第 5 位，象限的标志设为 0、1 位，标志字各位的功能如图 5 – 33 所示。

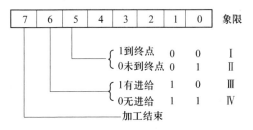

图 5 – 33　积分法直线插补标志字

（3）正如前面分析过的，被积函数（$Kx_Z = x_Z/2^n$）与 x_Z 两数之差为 n 位小数点，只将 Kx_Z 左移 n 位即可。所以一个 n 位寄存器存放 x_Z 和 Kx_Z 的数字是相同的，只是小数点出现的位置不同，对运算来讲不受任何影响。在数据区实际存放的是 x_Z 和 y_Z 的数值。

直线插补流程图如图 5 – 34 所示。进给速度可调用插补子程序的时间间隔来控制。

按数字积分法直线插补原理，插补直线要给定终点坐标 x_Z 及 y_Z，这里终点坐标都以绝对值计算，4 个象限直线插补方法相同。进给方向的正负由数据处理模块直接以标志的形式传递给进给驱动程序，插补程序不做处理。累加器和被积函数寄存器的长度取 3

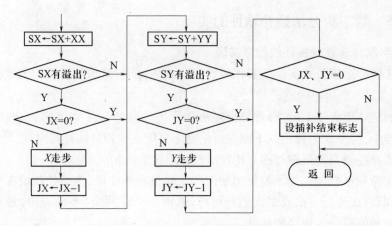

图 5 - 34　数字积分法直线插补流程图

个 ~4 个字节,一般 8 位机用 3 字节,16 位机或 32 位机用 4 字节。在内存中开辟 6 个数据区:

XX 区存放 X 轴的被积函数 x_z(已规格化);

YY 区存放 Y 轴的被积函数 y_z(已规格化);

SX 区为 X 轴累加器;

SY 区为 Y 轴累加器;

JX 为 X 轴终点判别计数器;

JY 为 Y 轴终点判别计数器;

数据区的初始化工作由主程序完成。

2. 数字积分法圆弧插补的程序实现

积分法的圆弧插补与直线插补都是累加运算,但有很大差别,在程序设计时,要做相应的处理,因此这里再次说明两者的不同之处。

(1) 圆弧插补时,被积函数 Ky 和 Kx 是变化的。所以在累加运算中有脉冲溢出时必须对 X 和 Y 进行修改,对于不同象限的不同插补方式(SN、NR),坐标修改方式不同(见表 5 - 9),表中同时列出了与上述对应的进给方向。

(2) 圆弧插补时,X 方向的位移是对 Y 坐标的累加,Y 方向的位移是对 X 方向的累加,所以坐标值 X 存入寄存器 YY,Y 值存入 XX。

(3) 圆弧插补时,因为 X,Y 方向的插补速度不同,两个方向到达终点的时间不同。为减少误差,终判须对 X,Y 两个坐标分别进行。为此,设置了两个减法计数器 JX、JY,在插补运算中,每产生一个进给脉冲 ΔX 或 ΔY,就使对应的计数器减 1。若某一个先减为零,就需要封锁该轴使其不再输出脉冲,直到另一个计数器也减为零时为止。插补运算才结束。

(4) 象限及顺逆圆插补的判别标志字,各位的定义如表 5 - 6 所列。

(5) 终判及进给标志字各位功能如图 5 - 35 所示。

$D_0 = 1$　　　 X 方向有进给;

$D_1 = 1$　　　 X 轴或 Y 轴有进给;

$D_2 = 1$　　　 $-\Delta X$ 方向有进给;

$D_2 = 0$　　　 $+\Delta X$ 方向有进给;

$D_3 = 1$　　　 $-\Delta Y$ 方向有进给；

$D_3 = 0$　　　 $+\Delta Y$ 方向有进给；

$D_6 = 1$　　　 X 轴到达终点；

$D_7 = 1$　　　 Y 轴到达终点；

D_4、D_5 为预留位,可设置为 0。

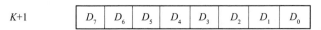

$$K+1 \quad \boxed{D_7 \mid D_6 \mid D_5 \mid D_4 \mid D_3 \mid D_2 \mid D_1 \mid D_0}$$

图 5 – 35　终判及进给标志字各位功能

（6）设进给方向的正负直接由进给驱动程序处理,数据初始化（包括左移规格化）都由数据处理程序模块完成。并定义

XX 区存放 Y 轴的被积函数寄存器,其初值为起点 Y 坐标 y_0（已规格化）；

YY 区存放 X 轴的被积函数寄存器,其初值为起点 X 坐标 x_0（已规格化）；

SX 区为 X 轴累加器；

SY 区为 Y 轴累加器；

JX 为 X 轴终点判别计数器；

JY 为 Y 轴终点判别计数器；

PP 为被积函数修改量寄存器。

圆弧插补中断服务程序流程图如图 5 – 36 所示。

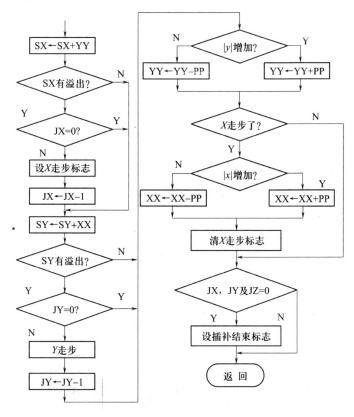

图 5 – 36　数字积分法圆弧插补流程图

3. 空间直线插补的程序实现

与平面直线相比,空间直线增加了一个积分器,即需要增加一个累加器 SZ、一个被积函数寄存器 ZZ 及一个判终计数器 JZ。

空间直线插补流程图如图 5－37 所示。

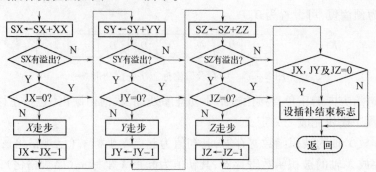

图 5－37　数字积分法空间直线插补流程图

4. 左移规格化程序设计

1) 直线插补的左移规格化及终点判别处理

根据前述的直线插补左移规格化的方法,在程序设计中须解决的两个问题:

(1) 将 $x_z(XX)$ 和 $y_z(YY)$ 两数同时左移,直到其中有一个数据是规格化数为止。

(2) 与 x_z, y_z 有关的终判累加次数 m 做相应减小。若 x_z, y_z 左移 Q 位,相当于数值增加了 2^Q。处理的方法是从终判计数器的最高位输入一个 1,然后右移 Q 位,即

$$\Sigma J = m = 2^{n-Q}$$

左移规格化及终判处理子程序流程图如图 5－38 所示。

2) 圆弧插补的左移规格化

根据前面已讨论的圆弧插补左移规格化的方法,在程序设计中必须解决以下几个问题:

(1) 因为在圆弧插补过程中,被积函数 $Kx(XX)$、$Ky(YY)$ 的数据是变化的,数据可能不断增加,为避免在修正过程中产生溢出现象,规格化时,使数据的次高位为 1。

(2) 因为 Kx、Ky 数据在圆弧插补时不断被修改,左移 Q 位后,坐标修改就不能在最末一位加 1 或减 1,应是加 2^Q 或减 2^Q。即在第 $Q+1$ 位做加 1 或减 1,因此须记录左移次数 Q 值,控制流程图如图 5－39 所示。

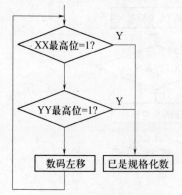

图 5－38　直线插补左移规格化流程图

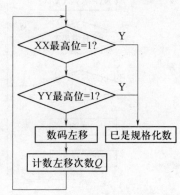

图 5－39　圆弧插补左移规格化流程图

106

5.4 数据采样插补法

在使用基准脉冲插补法的数控系统中,计算机一般不包括在伺服控制环内,计算机插补的结果是输出进给脉冲,伺服系统根据进给脉冲进给。每进给一步(一个脉冲当量),计算机都要进行一次插补,进给速度受计算机插补速度的限制,很难满足现代数控机床高速度的要求。在使用数据采样插补法的系统中,计算机一般包含在伺服系统环内。数据采样插补用小段直线来逼近给定轨迹,插补输出的是下一个插补周期内各轴要运动的距离,不需要每走一步脉冲当量插补一次,从而可达到很高的进给速度。随着直流、交流伺服技术和计算机的发展,数字式闭环伺服系统成为数控伺服系统的主流。采用这类伺服系统的数控系统,一般都用数据采样插补法。

5.4.1 数据采样插补法原理

数据采样插补是根据用户程序的进给速度,将给定轮廓曲线分割为每一插补周期的进给段,即轮廓步长。每一个插补周期,执行一次插补运算,计算出下一个插补点(动点)坐标,从而计算出下一个周期各个坐标的进给量,如 Δx、Δy 等,从而得出下一插补点的指令位置。与基准脉冲插补法不同,由数据采样插补算法得出的不是进给脉冲,而是用二进制表示的进给量,也就是在下一插补周期中,轮廓曲线上的进给段在各坐标轴上的分矢量。计算机定时对坐标的实际位置进行采样,采样数据与指令位置进行比较,得出位置误差,再根据位置误差对伺服系统进行控制,达到消除误差、使实际位置跟随指令位置的目的。插补周期可以等于采样周期,也可以是采样周期的整倍数。对于直线插补,动点在一个周期内运动的直线段与给定直线重合。对于圆弧插补,动点在一个插补周期运动的直线段以弦线(或切线、割线)逼近圆弧。

圆弧插补常用弦线逼近的方法,如图 5 – 40 所示。用弦线逼近圆弧,会产生逼近误差 e_r。设 δ 为在一个插补周期内逼近弦所对应的圆心角,r 为圆弧半径,则

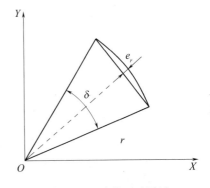

图 5 – 40　弦线逼近圆弧

$$e_r = r\left(1 - \cos\frac{\delta}{2}\right) \tag{5 – 20}$$

将式(5 – 20)中的 $\cos(\delta/2)$ 用幂级数展开,得

$$
\begin{aligned}
e_r &= r\left(1 - \cos\frac{\delta}{2}\right) \\
&= r\left\{1 - \left[1 - \frac{(\delta/2)}{2!} + \frac{(\delta/2)}{4!} - \cdots\right]\right\} \\
&\approx \frac{\delta^2}{8}r
\end{aligned} \tag{5 – 21}
$$

设 T 为插补周期,F 为刀具移动速度(进给速度),则进给步长为

$$l = TF$$

用进给步长 l 代替弦长,有

$$\delta = l/r = TF/r$$

将上式代入式(5-21),得

$$e_r = \frac{\delta^2}{8}r = \frac{l^2}{8r} = \frac{(TF)^2}{8r} \tag{5-22}$$

从式(5-22)可以看出,逼近误差与速度、插补周期的平方成正比,与圆弧半径成反比。在一台数控机床上,允许的插补误差是一定的,它应小于数控机床的分辨率,即应小于一个脉冲当量。那么,较小的插补周期,可以在小半径圆弧插补时允许较大的进给速度。从另一角度讲,在进给速度、圆弧半径一定的条件下,插补周期越短,逼近误差就越小。但插补周期的选择要受计算机运算速度的限制。首先,插补计算比较复杂,需要较长时间。此外,计算机除执行插补计算之外,还必须实时地完成其他工作,如显示、监控、位置采样及控制等。所以,插补周期应大于插补运算时间与完成其他实时任务所需时间的和。插补周期一般是固定的,如 System-7 系统的插补周期为 8ms。插补周期确定之后,一定的圆弧半径,应有与之对应的最大进给速度限定,以保证逼近误差 e_r 不超过允许值。数据采样插补的具体算法有多种,如时间分割法、扩展 DDA 法、双 DDA 法等。这里主要介绍时间分割法及扩展 DDA 法。

5.4.2　时间分割法插补原理

1. 时间分割法直线插补原理

时间分割插补法是典型的数据采样插补方法。它首先根据加工指令中的进给速度 F,计算出每一插补周期的轮廓步长 1。即用插补周期为时间单位,将整个加工过程分割成许多个单位时间内的进给过程。以插补周期为时间单位,则单位时间内移动的路程等于速度,即轮廓步长 1 与轮廓速度 f 相等。插补计算的主要任务是计算出下一个插补点的坐标。从而算出轮廓速度 f 在各个坐标轴的分速度,即下一个插补周期内的各个坐标的进给量 Δx、Δy。控制 x、y 坐标分别以 Δx、Δy 为速度协调进给,即可走出逼近直线段,到达下一个插补点。在进给过程中,对实际位置进行采样,与插补计算的坐标值进行比较,得出位置误差,位置误差在后一采样周期内修正。采样周期可以等于插补周期,也可以小于插补周期,如插补周期的 1/2。

设指令进给速度为 F,其单位为 mm/min,插补周期 8ms,f 的单位为 μm/8ms,l 的单位为 μm,则

$$l = f = \frac{F \times 1000 \times 8}{60 \times 1000} = \frac{2}{15} \times F \tag{5-23}$$

无论进行直线插补还是圆弧插补,都必须先用上式计算出单位时间(插补周期)的进给量,然后才能进行插补点的计算。

设要加工 XOY 平面上的 OA,如图 5-41 所示。直线起点在坐标原点 O,终点为 $A(x_e, y_e)$。当刀具从 O 移动到 A 点时,X 轴和 Y 轴移动的增量分别为 x_e 和 y_e。要使动点从 O 到 A 沿给定直线运动,必须使 X 轴和 Y 轴的运动速度始终保持一定比例关系,这个比例关系由终点坐标 x_e、y_e 的比值决定。

设要加工的直线与 X 轴的夹角为 α，om 为已计算出的轮廓步长 l，即单位时间间隔（插补周期）的进给量 f。于是有

$$\Delta x = l\cos\alpha \qquad (5-24)$$

$$\Delta y = \frac{y_e}{x_e}\Delta x = \Delta x\tan\alpha \qquad (5-25)$$

而

$$\cos\alpha = \frac{x_e}{\sqrt{x_e^2 + y_e^2}} = \frac{1}{\sqrt{1 + \tan^2\alpha}} \qquad (5-26)$$

式中　Δx——X 轴插补进给量；

　　　Δy——Y 轴插补进给量。

时间分割插补法插补计算结果，就是计算出下一单位时间间隔（插补周期）内各个坐标轴的进给量。因此，时间分割插补法插补计算可按以下步骤进行：

（1）根据加工指令中的速度值 F，计算轮廓步长 l。

（2）根据终点坐标值 x_e，y_e，计算 $\tan\alpha$。

（3）根据 $\cos\alpha$ 计算 $\tan\alpha$。

（4）计算 X 轴进给量 Δx。

（5）计算 Y 轴进给量 Δy。

在进给速度不变的情况下，各个插补周期 Δx，Δy 不变，但在加减速过程中是要变化的。为了和加减速过程采用统一的处理办法，所以即使在匀速段也进行插补计算。

2. 时间分割法圆弧插补原理

时间分割法圆弧插补，也必须根据加工指令中的进给速度 F，计算出轮廓步长，即单位时间（插补周期）内的进给量 l，才能进行插补运算。圆弧插补运算，就是以轮廓步长为圆弧上相邻两个插补点之间弦长，由前一个插补点的坐标和圆弧半径，计算由前一插补点到后一插补点两个坐标轴的进给量 Δx、Δy。

如图 5-42 所示的顺圆弧，A 点为圆弧上的一个插补点，其坐标为 (x_i, y_i)，B 点为经 A 点之后一个插补周期应到达的另一插补点，B 点也应在圆弧上。A 点和 B 点之间的弦长等于轮廓步长 l。AP 是圆弧在 A 点的切线，M 是弦 AB 的中点，$OM \perp AB$，$ME \perp AF$，E 为

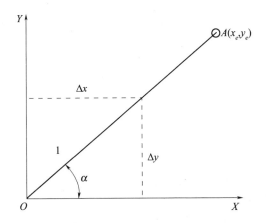

图 5-41　时间分割法直线插补

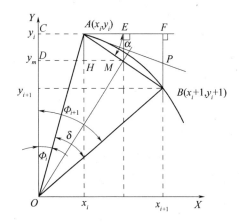

图 5-42　时间分割法圆弧插补

AF 的中点。圆心角具有以下关系,即

$$\Phi_{i+1} = \Phi_i + \delta$$

式中　δ——轮廓步长 l 所对应的圆心角增量,也称为步距角。

因为 $OA \perp AP$,所以 $\triangle AOC \sim \triangle PAF$　则

$$\angle AOC = \angle PAF = \Phi_1$$

因为 AP 为切线,所以

$$\angle BAP = \frac{1}{2}\angle AOB = \frac{1}{2}\delta$$

$$\alpha = \angle PAF + \angle BAP = \Phi_i + \frac{1}{2}\delta$$

在 $\triangle MOD$ 中

$$\tan\left(\Phi_i + \frac{1}{2}\delta\right) = \frac{DH + HM}{OC - CD}$$

将 $DH = x_i, OC = y_i, HM = \frac{1}{2}l\cos\alpha = \frac{1}{2}\Delta x, CD = \frac{1}{2}l\sin\alpha = \frac{1}{2}\Delta y$ 代入上式,则有

$$\tan\alpha = \tan\left(\Phi_i + \frac{1}{2}\delta\right) = \frac{x_1 + \frac{1}{2}l\cos\alpha}{y_1 - \frac{1}{2}l\sin\alpha} = \frac{x_1 + \frac{1}{2}\Delta x}{y_1 - \frac{1}{2}\Delta y} \qquad (5-27)$$

式(5-27)中,$\cos\alpha$ 和 $\sin\alpha$ 均为未知,要计算 $\tan\alpha$ 仍很困难。为此,采用一种近似算法,即以 $\cos45°$ 和 $\sin45°$ 来代替 $\cos\alpha$ 和 $\sin\alpha$。这样,上式可改为

$$\tan\alpha \approx \frac{x_i + \frac{1}{2}l\cos45°}{y_i - \frac{1}{2}l\sin45°} \qquad (5-28)$$

因为 A 点的坐标值 x_i, y_i 为已知,要求 B 点的坐标可先求 X 轴的进给量:

$$\cos\alpha = \frac{1}{\sqrt{1 + \tan\alpha}}$$

$$\Delta x = l\cos\alpha$$

因为 $A(x_i、y_i)$ 和 $B(x_i + \Delta x, y_i - \Delta y)$ 是圆弧上相邻两点,必须满足下列关系式:

$$x_i^2 + y_i^2 = (x_i + \Delta x)^2 + (y_i - \Delta y)^2$$

经展开整理后可得

$$\Delta y = \frac{\left(x_i + \frac{1}{2}\Delta x\right) \cdot \Delta x}{y_i - \frac{1}{2}\Delta y} \qquad (5-29)$$

由式(5-29)可计算出 Δy。式(5-29)实际上仍为一个 Δy 的二次方程,如要用解方程的方法求 Δy,则较复杂。这里可以直接用上式进行迭代计算。第一次迭代,等式右边的 Δy 由下式决定:

$$\Delta y = \Delta x \cdot \tan\alpha$$

计算出式(5-29)左边的 Δy 后代入右边再计算左边的 Δy,直到等式两边的 Δy 相等(误

差小于一个脉冲当量）为止。

由此可得下一个插补点 $B(x_{i+1}, y_{i+1})$ 的坐标值：

$$x_{i+1} = x_i + \Delta x$$
$$y_{i+1} = y_i - \Delta y$$

在用式(5 - 28)进行近似计算 $\tan\alpha$ 时,势必造成 $\tan\alpha$ 的偏差,进而造成 Δx 的偏差。但是,这样的近似计算并不影响 B 点仍在圆弧上。这是因为 Δy 是通过式(5 - 29)计算出来的,满足式(5 - 29), B 点就必然在圆弧上。$\tan\alpha$ 的近似计算,只造成进给速度的微小偏差,实际进给速度的变化小于指令进给速度的 1%。这么小的进给速度变化在实际切削加工中是微不足道的,可以认为插补速度是均匀的。

时间分割插补法用弦线逼近圆弧,因此插补误差主要为半径的绝对误差。插补周期是固定的,该误差取决于进给速度和圆弧半径(见式(5 - 22))。为此,当加工的圆弧半径确定后,为了使径向误差不超过允许值,对进给速度有一个限制。

由式(5 - 22)可得

$$1 \leqslant \sqrt{8e_r r}$$

式中　e_r——最大径向误差；

　　　r——圆弧半径。

当要求 $e_r \leqslant 1\mu m$,插补周期为 $T = 8ms$,则进给速度

$$F \leqslant \sqrt{8e_r r}/T = \sqrt{450000 r}$$

式中　F——进给速度(mm/min)。

5.4.3　扩展 DDA 数据采样插补法

和前面介绍的数字积分插补法相似,扩展 DDA 算法是在数字积分原理的基础上发展起来的。它在处理圆弧插补时,不是直接应用数字积分,而是对数字积分法作了改进,将数字积分法用切线逼近圆弧的方法改进为割线逼近,减小了逼近误差。

1. 直线插补原理

如图 5 - 43 所示,设要加工的直线为 OP,其起点为坐标原点 O,终点 P 为 (x_e, y_e),在时间 T 内,动点由起点到达终点,则有

$$v_x = \frac{1}{T}x_e$$
$$v_y = \frac{1}{T}y_e$$

式中　v_x——X 轴的分速度；

　　　v_y——Y 轴的分速度。

由数字积分原理

$$x_m = \sum_{i=1}^{m} \frac{1}{T}x_e \Delta t_i$$
$$y_m = \sum_{i=1}^{m} \frac{1}{T}y_e \Delta t$$

将时间 T 用采样周期 Δt 分割成 n 个子区间(n 取大于等于 $T/\Delta t$ 最接近的整数),则可得到下式：

$$\Delta x = v_x \Delta t = v \Delta t \cos\alpha$$

$$\Delta y = v_y \Delta t = v \Delta t \sin\alpha$$

$$x_m = \sum_{i=1}^{m} \Delta x_1$$

$$y_m = \sum_{i=1}^{m} \Delta y_i$$

式中　v——编程的进给速度(mm/min)。

由上式可导出直线插补的迭代公式:

$$x_{i+1} = x_i + \Delta x$$

$$y_{i+1} = y_i + \Delta y$$

轮廓步长在坐标轴上的分量 Δx、Δy 的大小取决于编程速度 v,其表达式为

$$\Delta x = v \Delta t \cos\alpha = \frac{v x_e \Delta t}{\sqrt{x_e^2 + y_e^2}} = \lambda_i FRN x_e$$

$$\Delta y = v \Delta t \sin\alpha = \frac{v y_e \Delta t}{\sqrt{x_e^2 + y_e^2}} = \lambda_i FRN y_e \tag{5-30}$$

式中　Δt——采样周期;

　　　λ_i——经时间换算的采样周期;

　　FRN——进给速率数,进给速度的一种表示方法,

$$FRN = \frac{v}{\sqrt{x_e^2 + y_e^2}} = \frac{v}{L}$$

式中　L——所要插补的直线长度。

对于具体的一条直线来说,FRN 和 λ_i 为已知常数,因此式中的 $\lambda_i FRN$ 可以用常数 λ_d 表示,称为步长系数。故式(5-30)可写为

$$\Delta x = \lambda_d x_e$$

$$\Delta y = \lambda_d y_e \tag{5-31}$$

2. 圆弧插补

如图 5-44 所示,设要加工第 I 象限顺圆 AQ,其圆心在原点 O,半径为 R。设圆弧上

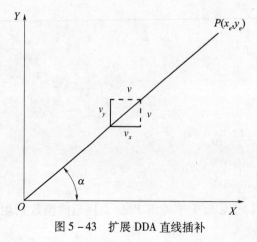

图 5-43　扩展 DDA 直线插补

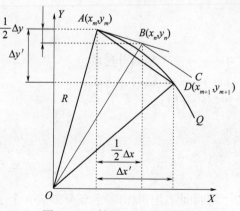

图 5-44　扩展 DDA 圆弧插补

112

某一插补点为 $A(x_m, y_m)$。在数字积分一节里,已导出下式:

$$v_x = \frac{\mathrm{d}x}{\mathrm{d}t} = -y$$

$$v_y = \frac{\mathrm{d}y}{\mathrm{d}t} = x$$

从而有

$$v = \sqrt{v_x^2 + v_y^2} = \sqrt{(-y)^2 + x^2}$$

$$x_m = \sum_{i=1}^{m} -y_i \Delta t_i$$

$$y_m = \sum_{i=1}^{m} x_i \Delta t_i$$

设轮廓步长为 l,如直接用数字积分法计算,则有

$$\Delta x_{m+1} = l \frac{v_x}{v} = l \frac{-y_m}{\sqrt{y_m^2 + x_m^2}}$$

$$\Delta y_{m+1} = l \frac{v_y}{v} = l \frac{x_m}{\sqrt{y_m^2 + x_m^2}}$$

按上式计算,进给的方向为合成速度 v 的方向。从图 5 - 44 可以看出,在插补点 $A(x_m, y_m)$ 时 v 的方向是该点的切线方向,其斜率为该点半径斜率的负倒数,即

$$\frac{\Delta y}{\Delta x} = \frac{v_y}{v_x} = -\frac{x}{y}$$

以切线逼近圆弧势必造成较大的逼近误差。扩展 DDA 插补法将 DDA 的切线逼近改进为割线逼近,从而提高插补精度。如图 5 - 44 所示,用 DDA 的算法求出按切线方向的各坐标轴增量 Δx,Δy,取其 1/2 可得到点 $B(x_n, y_n)$ 的坐标:

$$x_n = x_m + \Delta x / 2$$

$$y_n = y_m + \Delta y / 2$$

再以直线 OB 的垂线 BC 方向为合成速度方向计算实际进给的增量 $\Delta x'$ 和 $\Delta y'$。

$$\Delta x' = l \frac{-y_n}{\sqrt{y_n^2 + x_n^2}}$$

$$\Delta y' = l \frac{x_n}{\sqrt{y_n^2 + x_n^2}}$$

$$x_{m+1} = x_m + \Delta x'$$

$$y_{m+1} = y_m + \Delta y'$$

从图 5 - 44 可以看出,从 A 点以 BC 的方向进给,走出割线 AD,D 点的坐标为 (x_{m+1}, y_{m+1})。

以上介绍了时间分割插补法和扩展 DDA 插补法,它们是比较典型的数据采样插补法。此外还有双 DDA 法、直线函数计算法、线性插补算法,对于多坐标数控加工(指三、四、五坐标数控加工),一般采用线性插补(也称直线插补)。限于篇幅,这里就不做详细

介绍了。

5.4.4 数据采样插补的终点判别

数据采样插补的终点判别的作用是使插补运算在插补到轨迹终点后停止插补,而不是无限制地执行下去。终点判别是插补运算的重要问题之一,因为终点判别影响着插补运算的速度,插补运算速度取决于插补方法和终点判别方法。

1. 终点判别的一般方法

在每次插补运算结束后,系统都要根据求出的各轴的插补进给量,计算刀具的中心离本程序终点的距离 S_i,然后进行终点判别。在即将到达终点时,设置相应标志,以便进行程序段转接等的处理。若本程序段要减速,则还需检查是否已达到减速区域并开始减速。

终点判别处理可分为直线和圆弧两方面。

1) 直线插补时 S_i 的计算

如图 5 - 45 所示,设刀具沿 OP_e 作直线运动,P_e 为程序段终点,A 为某一瞬时点。在插补计算中,已求得 X 和 Y 轴的插补进给量 Δx 和 Δy。因此,亦可得 A 点的瞬时坐标值为

$$x_i = x_{i-1} + \Delta x$$
$$y_i = y_{i-1} + \Delta y$$

设 X 轴为长轴,其增量值为已知,则刀具在 X 方向上离终点的距离为 $|X_e - X_i|$。因为长轴与刀具移动方向的夹角是定值,且 $\cos\alpha$ 的值已计算好。因而,瞬时点 A 离终点 P_e 的距离 S_i 为

$$S_i = |X_e - X_i| \frac{1}{\cos\alpha} \tag{5-32}$$

2) 圆弧插补时 S_i 的计算

(·1) 当编程圆弧所对应的圆心角小于 π 时,瞬时点离圆弧终点的直线越来越短,如图 5 - 46 所示。$A(X_i, Y_i)$ 为顺圆插补时圆弧上某一瞬时点,$P_e(X_e, Y_e)$ 为圆弧的终点,AM 为 A 点在 X 方向离终点的距离,$|AM| = |X_e - X_i|$,MP_e 为 A 点在 Y 方向离终点的距离,$|MP_e| = |Y_e - Y_i|$,$AP_e = S_i$。以长边 MP_e 为基准,则 A 点离终点的距离为

$$S_i = |MP_e| \frac{1}{\cos\alpha} = |Y_e - Y_i| \frac{1}{\cos\alpha} \tag{5-33}$$

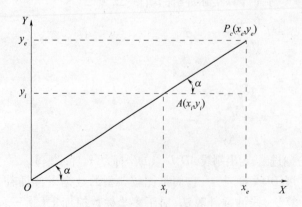

图 5 - 45　直线插补终点判别

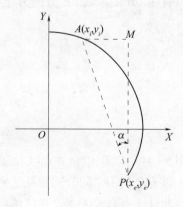

图 5 - 46　圆弧插补终点判别之一

（2）当编程圆弧所对应的圆心角大于π时，设A点为圆弧AP_e的起点，B点为离圆弧终点的弧长所对应的圆心角等于π时的分界点，C点为插补到离终点的弧长所对应的圆心角小于π时的某一瞬时点，如图5-47所示。显然此时瞬时点离圆弧终点的距离S的变化规律是当从圆弧的起点A开始，插补到B点时，S_i越来越大，直到$S_i = 2R$；当插补越过分界点B后，S_i越来越小，与（1）的情况相同。

对于这种情况，S_i的计算首先要判别S_i的变化趋势。S_i若是变大，则不进行终点判别处理，一直等到越过分界点；若S_i的变化趋势变小，再进行终点判别等处理。

2. 终点判别的快速判别方法

1）直线插补的终点判别

直线插补的终点判别原理如图5-48所示。设起点为$P_0(x_0, z_0)$，终点为$P_e(x_e, z_e)$，插补点为$P_i(x_i, z_i)$，OXZ坐标系为直线插补参考坐标系。采用扩展的DDA插补算法。为了进行终点判别，在P_0点建立一个辅助坐标X系$O'X'Z'$，如图5-48所示。设立两个终点判别参数S_X和S_Z，它们根据终点$P_e(x_e, z_e)$在$O'X'Z'$四个象限的位置取值，计算公式如下：

$$S_X = \begin{cases} 1 & x_e - x_0 \geqslant 0 \\ -1 & x_e - x_0 < 0 \end{cases} \qquad (5-34a)$$

$$S_Z = \begin{cases} 1 & z_e - z_0 \geqslant 0 \\ -1 & z_e - z_0 < 0 \end{cases} \qquad (5-34b)$$

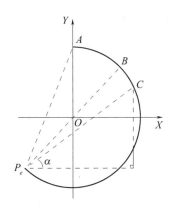

图5-47 圆弧插补终点判别之二

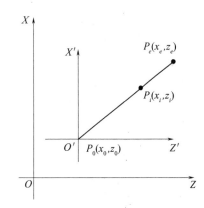

图5-48 直线插补的终点判别原理图

直线插补终点的判别条件为

$$(x_i - x_e)S_X > 0 \qquad (5-35a)$$

$$(Z_i - Z_e)S_Z > 0 \qquad (5-35b)$$

如果式（5-35a）成立，则表示插补点在X轴上的坐标已超过终点，此时X轴的进给增量应为$(x_e - x_{i-1})$；而如果式（5-35b）成立，则表示插补点在Z轴上的坐标已超过终点，此时X轴的进给增量应为$z_e - z_{i-1}$。这样处理后，直线插补到终点无误差。

根据上述设计思想,直线插补终点判别的程序框图如图 5 – 49 所示,F_X 与 F_Z 分别为插补点在 X 轴和 Z 轴上的坐标是否到达终点的标志。其值为 1 时,表示已到达终点;其值为 0 时,表示未到达终点。

如果 P_0 与 P_e 的 X 坐标或 Z 坐标值相同,则直接令 $F_x = 1$ 或 $F_z = 1$;不同时,令 $F_x = 0$ 或 $F_z = 0$。直线插补到达终点的标志为 $F_x = 1 \cap F_z = 1$。

直线插补终点判别方法中,只需离线计算两个标志 S_X 和 S_Z,实时计算式(5 – 34)。S_X 和 S_Z 在插补之前计算好,在插补过程中不变化。而且式(5 – 35)只进行符号运算,不含乘法运算,可见该方法计算速度快。

2) 圆弧插补的终点判别

圆弧插补的终点判别问题要比直线插补的终点判别问题复杂,因为圆弧的特性与直线不同,不是单调的。快速圆弧插补的终点判别原理如图 5 – 50 所示。$O'X'Z'$ 是为了进行终点判别而在圆弧的圆心处建立的辅助坐标系。该方法的主要思想是,只有当插补点与插补点位于以圆心为原点的辅助坐标系 $O'X'Z'$ 的同一象限时,才开始进行终点判别,这时所采用的终点判别方法与上述直线插补终点判别方法相类似。

圆弧插补所用的参数是由用户加工程序 ISO 代码所提供的起点坐标 $P_0(x_0, z_0)$,终点坐标 $P_e(x_e, z_e)$ 及 I, K 参数,则圆弧的圆心坐标为 $x_0 = x_0 + I, z_0 = z_0 + K$,$(x_0, z_0)$ 即是坐标系 $O'X'Z'$ 的原点在坐标系 OXZ 中的坐标值。与直线插补终点判别类似设立两个终点判别类似参数 S_X 和 S_Z。

顺圆插补时,S_X 和 S_Z 的计算公式为

$$S_X = \begin{cases} 1 & z_e - z_0 > 0 \\ \operatorname{sgn}(x_e - x_0) & z_e - z_0 = 0 \\ -1 & z_e - z_0 < 0 \end{cases}$$

$$S_Z = \begin{cases} 1 & x_e - x_0 > 0 \\ \operatorname{sgn}(z_e - z_0) & x_e - x_0 = 0 \\ -1 & x_e - x_0 < 0 \end{cases} \qquad (5 - 36)$$

逆圆插补时,S_X 和 S_Z 的计算公式为

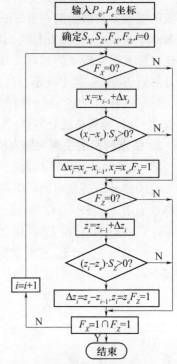

图 5 – 49 快速直线插补终点判别流程框图

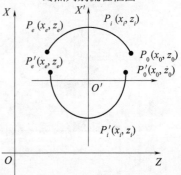

图 5 – 50 快速圆弧插补终点判别原理图

116

$$S_X = \begin{cases} -1 & z_e - z_0 > 0 \\ \mathrm{sgn}(x_e - x_0) & z_e - z_0 = 0 \\ 1 & z_e - z_0 < 0 \end{cases}$$

$$\tag{5-37}$$

$$S_Z = \begin{cases} -1 & x_e - x_0 > 0 \\ \mathrm{sgn}(z_e - z_0) & x_e - x_0 = 0 \\ 1 & x_e - x_0 < 0 \end{cases}$$

上述公式中,$\mathrm{sgn}(*)$ 为符号函数,其定义如下:

$$\mathrm{sgn}\,\alpha = \begin{cases} 1 & \alpha \geqslant 0 \\ -1 & \alpha < 0 \end{cases} \tag{5-38}$$

圆弧插补终点判别的程序框图如图 5-51 所示,标志变量 P_{SX} 与 P_{SZ} 是用来判别插补点是否与插补终点处于同一象限的,此处象限是指辅助坐标系 $O'X'Z'$ 中所定义的四个象限,它们的计算公式如下:

顺圆插补时
$$\begin{array}{l} P_{SX} = S_Z \\ P_{SZ} = -S_X \end{array} \tag{5-39}$$

逆圆插补时
$$\begin{array}{l} P_{SX} = -S_Z \\ P_{SZ} = -S_X \end{array} \tag{5-40}$$

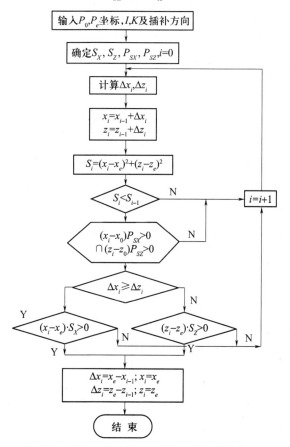

图 5-51　快速圆弧插补终点判别流程框图

F_X 和 F_Z 的定义与直线插补终点判别法相同。其值为 1 时，表示已到达终点；其值为 0 时，表示未到达终点。圆弧插补到达终点的标志为 $F_X = 1 \cap F_Z = 1$。圆弧插补到达终点的条件与式(5-35)判别直线插补的相同，但只需对 X, Z 两轴中位置增量大的一个进行终点判别。判别插补点与终点在坐标系 $O'X'Z'$ 同一象限的条件为

$$(x_i - x_0)P_{SX} > 0 \qquad\qquad (5-41)$$
$$(z_i - z_0)P_{SZ} > 0$$

图 5-51 中，S_i 为插补点 $P_i(X_i, Z_i)$ 到终点 $P_e(X_e, Z_e)$ 的距离的平方值，即

$$S_i = (x_i - x_e)^2 + (z_i - z_e)^2 \qquad\qquad (5-42)$$

从图 5-51 可看出，插补开始时，首先检查插补点与终点间的距离是递增还是递减。因为只需判别大小，因此不需求出式(5-42)的开方值。如为递增，则表明插补点还未过与终点 $P_e(X_e, Z_e)$ 相对应的半圆，这时不做终点判别，继续进行插补。如为递减，则表明插补点已过半圆，这时进一步判别插补点与终点是否位于 $O'X'Z'$ 坐标系同一象限，如位于不同象限，则仍不进行终点判别，只有当插补点和终点位于 $O'X'Z'$ 同一象限时，才能进行终点判别。

圆弧插补终点判别方法中，算法分成离线计算与在线计算两部分，判别终点和象限所用变量 S_X, S_Z, P_{SX}, P_{SZ}(式(5-36)~式(5-40))均为离线计算，在圆弧插补之前计算好，它们的数值仅与圆弧插补的起点、终点及圆心坐标有关，在插补过程中不变化。实时计算只需计算式(5-41)，用于判别插补点与终点是否同象限；式(5-35)用于判别是否到达终点；式(5-42)用于判别插补点是否过半圆。而且式(5-35)和式(5-41)只进行符号运算，不含乘法运算，可见该方法计算速度快。

5.5 椭圆插补方法

5.5.1 椭圆插补基本原理

椭圆插补的基本思想是以弦进给代替弧进给。图 5-52 所示为第 I 象限内插补方法为顺时针的一段圆弧。

$A(x_i, y_i)$ 为本次插补点，$B(x_{i+1}, y_{i+1})$ 为下次插补点。以弦长 AB 代替弧长 AB，有 $|AB| = vT$，其中 v 为编程切削速度(mm/s)，T 为插补采样时间(s)。从 A 点做椭圆切线与过 B 点做 X 轴垂线交于 Q，过 A 点做 Y 轴垂线与 BQ 交于 P 点。显然，$|AP|$ 为本次插补 X 轴坐标增量 Δx_i，$|BP|$ 为 Y 轴坐标增量 Δy_i。由椭圆方程

$$\frac{x^2}{a^2} + \frac{y^2}{b^2} = 1 \quad (a > 0, b > 0) \qquad (5-43)$$

可以得出过 A 点的椭圆切线 AQ 的斜率为

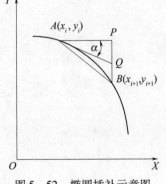

图 5-52 椭圆插补示意图

$$K_{AQ} = -\frac{b^2 x_i}{a^2 y_i} \qquad (5-44)$$

由于插补周期内进给量|AB|非常小,切线 AQ 与 AB 几乎重合。
因此有

$$|AQ| \approx |AB| = f$$

所以

$$\Delta x_i = AQ\cos a = AQ/\sqrt{1 + \tan^2 a} = fy_i/\sqrt{y_i + kx_i^2}$$

式中,$f = vT$;$k = b^4/a^4$。

由于 $B(x_{i+1}, y_{i+1})$ 在椭圆上,所以有

$$x_{i+1} = x_i + \Delta x_i$$
$$y_{i+1} = b\sqrt{a^2 - x_{i+1}^2} \qquad (5-45)$$
$$\Delta y_i = y_{i+1} - y_i$$

上述算法中,由于以|AQ|近似代替|AB|,每次插补实际进给的轮廓步长不等于 f,但它们之间相差非常小,在实际切削过程中,完全可以认为轮廓步长保持恒定,即切削进给速度保持恒定。

必须说明,上述推导仅限于本次插补点切线斜率小于 1 时成立。当本次插补点切线斜率大于 1 时,上述算法的计算舍入误差是发散的。

以图 5-52 为例,设 Δx_i 的计算舍入误差为 e,x_{i+1},y_{i+1} 的实际值记为 x'_{i+1},y'_{i+1},则有

$$x'_{i+1} = x_i + \Delta x_i + e$$
$$y'_{i+1} \approx x_{i+1}\tan a = y_{i+1} + e\tan a \qquad (5-46)$$

上述对 y'_{i+1} 计算的近似,同样是因为插补采样周期内进给量|AB|足够小。

从式(5-46)可知,当 $\tan\alpha \leq 1$ 时,y'_{i+1} 的计算舍入误差不大于 x'_{i+1} 的计算舍入误差。也就是说,当长轴的舍入误差满足精度要求时,短轴的舍入误差也一定满足精度要求。而当 $\tan\alpha > 1$ 时,由式(5-46)可以看出,若仍用上述算法推导,那么 y'_{i+1} 的计算舍入误差是发散的。在这种情况下,应该先计算 Δy_i,再由椭圆方程式(5-43)求出 Δx_i。

将椭圆插补区间按图 5-53 分域。针对椭圆顺时针和逆时针两种插补方向,同时考虑四个象限内的不同情况,可以得出椭圆插补Ⅳ象限通用公式。

当 $|k_1 x_i| \leq |y_i|$ 时(对应图 5-53 中除 A、B 段外的其它段椭圆),有

$$\Delta x_i = fy_i \text{sgn}(S)/\sqrt{y_i + k_2 x_i^2}$$
$$x_{i+1} = x_i + \Delta x_i$$
$$y_{i+1} = k_3\text{sgn}(y_i)\sqrt{a^2 - x_{i+1}^2} \qquad (5-47)$$
$$\Delta y_i = y_{i+1} - y_i$$

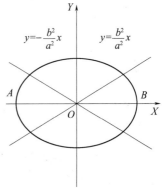

图 5-53　椭圆插补示意图

119

当$|k_1x_i| > |y_i|$时(对应图5-53中A、B段椭圆),有

$$\Delta y_i = -fx\text{sgn}(S)/\sqrt{x_i^2 + y_i^2/k_2}$$

$$y_{i+1} = y_i + \Delta y_i$$

$$x_i = \text{sgn}(x_i)/\sqrt{b^2 + y_{i+1}^2/k_3} \qquad (5-48)$$

$$\Delta x_i = x_{i+1} - x_i$$

式中:$f = vT$;$k_1 = b^2/a^2$;$k_2 = b^4/a^4$;$k_3 = b/a$。S代表椭圆插补方向,顺时针插补时,$S = 1$;逆时针插补时,$S = -1$;sgn($*$)为符号函数,其定义见式(5-38)。

可以看出,运用式(5-47)、式(5-48)进行插补运算,不必进行过象限判别,实现了插补点自动过象限,计算公式更为简洁,同时,从根本上避免了过象限时由于插补公式切换不及时而引起的表面凸台现象。为了保证算法的收敛,将整个椭圆按图5-53进行分域。但这种区分要求并不严格,在区域切换时,插补公式可以有几个周期的滞后,不必像过象限判别那样严格。同时,在区域切换时对加工表面粗糙度的影响也微乎其微。

5.5.2 椭圆插补终点判别处理

终点判别处理方法直接影响着插补速度。为减少椭圆插补判别的实时计算量,仅当插补点与插补终点位于同一象限时才开始判别终点。但是,当插补3/4以上椭圆时,插补点与插补终点一开始便位于同一象限,如图5-54所示。此时若进行终点判别,必将得出错误的结论。

从图5-54可以看出,插补开始时,插补点与插补终点的距离是递增的,而当插补即将结束插补点与终点位于同一象限时,插补点与终点是递减的。所以,只有当插补点与插补终点位于同一象限,且插补点与插补终点的距离是递减时,才开始终点判别。为避免繁琐的运算,采用矢量内积的方法判别插补点与插补终点的距离是递增或递减,如图5-55所示。

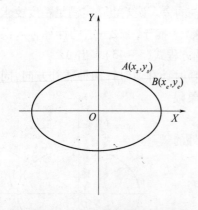

图5-54 3/4以上椭圆插补示意图

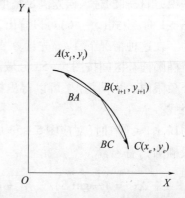

图5-55 椭圆插补终点判别示意图

椭圆插补方向为顺时针方向,$A(x_i,y_i)$为本次插补点,$B(x_{i+1},y_{i+1})$为下次插补点,$C(x_e,y_e)$为插补终点,可以看出,当插补点与插补终点距离递减时,必有

$$BA \cdot BC \leqslant 0 \qquad (5-49)$$

120

根据矢量内积的定义,即有

$$(x_e - x_{i+1})(x_i - x_{i+1}) + (y_e - y_{i+1})(y_i - y_{i+1}) \leqslant 0 \qquad (5-50)$$

当插补终点位于其他象限或插补方向为逆时针时,不难得出同样的结论。至于插补点与插补终点是否位于同一象限,可根据符号函数简单地由式(5-51)加以判别。

$$\text{sgn}(x_{i+1}) = \text{sgn}(x_e) \ \text{且} \ \text{sgn}(y_{i+1}) = \text{sgn}(y_e) \qquad (5-51)$$

当插补点(x_{i+1}, y_{i+1})满足上式时,插补点与终点位于同一象限。

在判别插补点是否超过插补终点时,为进一步节省实时计算量,用接近终点时x_{i+1},y_{i+1}中变化敏感的一个与终点相应坐标作比较的方法来判别插补点是否位于插补椭圆之外。如图5-54所示,当插补终点位于实线段椭圆时,插补最后一步$\Delta x > \Delta y$,以x_{i+1}作为判别依据。当x_{i+1}超过终点坐标x_e时,认为插补终点已到。考虑椭圆顺圆、逆圆两种不同插补方向以及四象限不同情况,可以得到椭圆插补终点判别通用式

$$\text{sgn}(x_{i+1} - x_e) = \text{sgn}(Sy_e) \qquad (5-52)$$

式中,S、$\text{sgn}(*)$的定义同式(5-47)、式(5-48)。

当式(5-52)成立时,说明插补点已位于插补椭圆之外,此时直接插补至终点,同时置插补结束标志。当插补终点位于图5-53所示A、B段椭圆外时,以y_{i+1}作为判别依据,当满足式(5-53)时,转入终点处理。

$$\text{sgn}(y_e - y_{i+1}) = \text{sgn}(Sx_e) \qquad (5-53)$$

5.5.3 椭圆插补精度分析

从椭圆插补基本原理可以看出,弦进给代替弧进给是造成椭圆插补轮廓误差的主要因素。椭圆插补最大可能轮廓误差$\delta_{\max}$发生在椭圆最小曲率半径处。由于椭圆上各点的曲率是变化的,切削不同的椭圆曲线段时,对最大切削进给速度的限制也不同。当插补一整个椭圆时,其最大可能轮廓误差发生在两长轴端点处,即图5-56所示A、B点处。不难推导出

$$\delta_{\max} = a(1 - \sqrt{1 - f^2/4b^2}) \qquad (5-54)$$

显然,椭圆插补的最大可能误差与切削进给速度、插补采样周期以及所加工的椭圆长短轴半径有关。当$\delta_{\max}$(不超过一个脉冲当量)确定时,切削进给速度受到了限制,不能太大。

假设加工一长轴100mm,短轴50mm的整个椭圆,由式(5-54)可以推出,切削进给速度限制在2683mm/min以下时,图5-56椭圆轮廓插补误差小于一个脉冲当量。可以看出,对切削进给速度的限制是完全可以接受的。

为验证椭圆插补算法的正确性及其计算实时性,在工业控制计算机(80386CPU,带80387协议处理器,33MHz主频)上进行了仿真验证。插补采样周期为10ms,加工椭圆长轴为100mm,短轴为50mm,切削进给速度为2500mm/min。插补起点和终点皆为(100,0)。图5-57给出了插补仿真曲线,表5-16给出了插补计算部分结果。

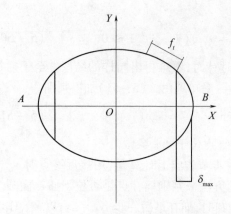

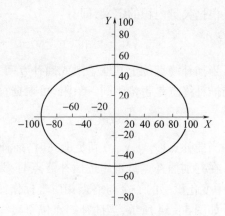

图 5 – 56　椭圆插补轮廓误差示意图　　　　　图 5 – 57　椭圆插补仿真曲线

表 5 – 16　　椭圆插补计算部分结果　　　　　　　　　　（mm）

次数	X_i	Y_i	$\sqrt{\Delta X_i^2 + \Delta Y_i^2}$
0	100. 0000	0. 000000	—
1	99. 99564	0. 466667	0. 466687
2	99. 98257	0. 933252	0. 46768
3	99. 96081	1. 399594	0. 466849
4	99. 93037	1. 865530	0. 466930
5	99. 89127	2. 330901	0. 467010
⋮	⋮	⋮	⋮
	99. 99539	– 0. 47989	0. 466362
	99. 9999	– 0. 01330	0. 466603
末次	100. 0000	0. 000000	0. 452276

仿真实验表明,每一次插补占用 CPU 时间小于 0. 2ms,大大小于系统 10ms 的插补采样时间,完全满足系统实时性的要求。从表 5 – 16 可以看出,插补最大轮廓误差不大于一个脉冲当量(0. 001mm),切削进给速度基本保持恒定,满足系统精度要求。

根据数据采样插补法基本原理推导出的椭圆插补方法,对平面非圆二次曲线的插补具有较大的通用性,适合推广到抛物线、双曲线等其他二次曲线。

5.6　高次曲线样条插补方法

5.6.1　参数三次样条插补原理

三次样条函数的一般定义如下:

已知 n 个点 $P_1(x_1,y_1)$,$P_2(x_2,y_2)$,$\cdots$,$P_n(x_n,y_n)$,且 $x_1 < x_2 < \cdots < x_n$,若函数 $S(x)$ 满足以下条件:

(1) 曲线通过所有型值点,即 $S(x_i) = y_i(i = 1,2,\cdots,n)$ 。

(2) $S(x)$ 在 $[x_1,x_n]$ 区间上有连续的一阶和二阶导数。

(3) $S(x)$ 在每一个子区间 $[x_i,x_{i+1}]$ 上都是三次多项式,即每一子区间内有

$$S_i(x) = A_i + B_i(x - x_i) + C_i(x - x_i)^2 + D_i(x - x_i)^3 \quad (i = 1, 2, \cdots, n - 1)$$

$$(5 - 55)$$

则称 $S(x)$ 为 $[x_1, x_n]$ 上以 $x_i(i = 1, 2, \cdots, n)$ 为结点的三次样条函数。

三次样条函数已经广泛地应用于给定型值点的曲线拟合等研究领域。根据所插补高次曲线给出的一定数量的型值点,用三次样条函数求解出插补的中间点,无疑是高次曲线插补的一种思路。但是,若将三次样条函数直接应用于高次曲线插补,则有其难以克服的困难,主要表现在:

(1) 对任意一条曲线,有两种加工方向。以图 5 - 58 为例,当加工方向为 BA 时,图 5 - 58 加工方向示意图起始点坐标大于终点坐标,不满足三次样条函数区间划分条件 $x_1 < x_2 < \cdots < x_n$,无法直接用三次样条函数计算。

(2) 难以保证曲线轮廓上切削速度恒定。以轮廓步长作为切削速度的表征,难以保证 $\sqrt{\Delta x^2 + \Delta y^2} = f$。如果通过控制 Δx 或 Δy 来保证 $\sqrt{\Delta x^2 + \Delta y^2} = f$,则要涉及非常复杂的高次方程计算,算法十分复杂,每次插补时间变长,无法满足插补实时性要求。

(3) 当加工大挠度曲线工件时,由于 y'' 与曲率有较大的偏差,有时会出现多余的拐点,导致加工曲线轮廓误差明显加大,影响加工精度。

为解决上述问题,本书介绍经过改进的参数三次样条函数插补方法,以曲线弦长作为参数。为简化分析过程,进行了坐标平移,如图 5 - 59 所示。

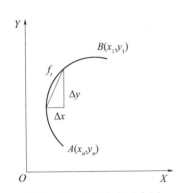

图 5 - 58　加工方向示意图

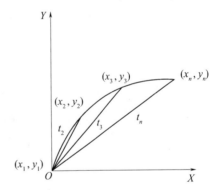

图 5 - 59　弦长参数示意图

引入弦长参数 t,令 $x = x(t)$,$y = y(t)$。可以看出:对应于 n 个型值点 $(x_i, y_i)(i = 1, 2, \cdots, n)$,有 n 个弦长参数 $t_i(i = 1, 2, \cdots, n)$。

令 $t_1 = 0$,$t_2 = \sqrt{(x_2 - x_1)^2 + (y_2 - y_1)^2}$,$\cdots$,$t_n = \sqrt{(x_n - x_1)^2 + (y_n - y_1)^2}$。选择严格单调的 $t_1, t_2, t_3, \cdots, t_n$,构成 $t_1 < t_2 < \cdots < t_n$ 序列。以弦长作为参数,大部分加工曲线可以满足这一条件。对于凸轮等特殊工件,可以采用分段的方法,满足弦长递增这一条件,然后分段进行插补。显然,以 $(t_i, x_i)(i = 1, 2, \cdots, n)$ 构造的三次样条函数 $x(t)$ 严格经过 $x_i(i = 1, 2, \cdots, n)$ 点。以 $(t_i, y_i)(i = 1, 2, \cdots, n)$ 构造的三次样条函数 $y(t)$ 严格经过 $y_i(i = 1, 2, \cdots, n)$ 点。可以证明:在 $[t_i, t_{i+1}](i = 1, 2, \cdots, n - 1)$ 区间内,以 t 为参数,$(x_i(t), y_i(t))$ 构成的参数三次样条函数虽不具有三次样条函数能量极小性,但仍具有连续的一阶和二阶导数。

根据每一步插补的弦长增量 Δt,由参数三次样条函数计算出相应的坐标轴增量 Δx,Δy,即可完成高次曲线的插补。下面可以证明,通过适当的选取弦长增量 Δt,不需要复杂的实时计算,即可使插补轨迹上轮廓步长保持恒定,同时达到很高的插补精度。

在 $[t_i, t_{i+1}]$ $(i=1,2,\cdots,n-1)$ 区间内,相邻两插补点 (x_k, y_k), (x_{k+1}, y_{k+1}) 及其对应的弦长参数 t_k, t_{k+1},如图 5-60 所示。

由于系统插补采样周期非常短,每个插补采样周期内的进给量非常小。以弦进给 AB 近似代替弧进给 $\overset{\frown}{AB}$,有 $|AB|=vT$。以 O 点为圆心,$|OA|$ 为半径做圆,交 OB 于 C 点,$|BC|$ 为本次插补弦长增量 Δt。根据余弦定理,有

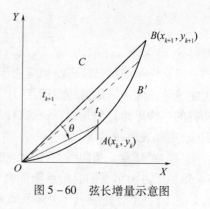

图 5-60　弦长增量示意图

$$|AB|^2 = |OA|^2 + (|OA| + |CB|)^2 - 2|OA|(|OA| + |CB|)\cos\theta$$
$$= 2|OA|^2(1-\cos\theta) + 2|OA||CB|(1-\cos\theta) + |CB|^2 \quad (5-56)$$

显然,$|AB| > |CB|$。但是,由于轮廓步长 $|AB|$ 非常小,θ 也非常小。同时,在实际加工中给出的型值点的区间段也非常小。因此,$|CB|$ 与 $|AB|$ 相差很小。若选择弦长增量 $\Delta t = |AB| = vT$,即 $t_{k+1} = t_k + vT$,则实际插补弦进给为 $|AB'|$。由三次样条函数的连续性可知,B' 仍在插补轮廓曲线上。由于 $|CB|$ 与 $|AB|$ 相差很小,$|AB|$ 与 $|AB'|$ 相差也很小。因此,将弦长增量 Δt 选为恒定值 vT,不会影响插补点落在插补曲线上,只是造成每次的实际进给量略有变化,但这个变化在实际切削过程中是微不足道的,完全可以认为插补曲线上轮廓步长保持恒定,即切削进给速度保持恒定。

5.6.2　参数三次样条插补基本算法

以 (t_i, x_i) $(i=1,2,\cdots,n)$ 构造三次样条函数,在区间 $[t_i, t_{i+1}]$ $(i=1,2,\cdots,n-1)$ 上,三次样条函数可以表示为

$$x_i(t) = A_i + B_i(t - t_i) + C_i(t - t_i)^2 + D_i(t - t_i)^3 \quad (i=1,2,\cdots,n-1)$$

$$(5-57)$$

同理,以 (t_i, y_i) $(i=1,2,\cdots,n)$ 构造三次样条函数,在区间 $[t_i, t_{i+1}]$ $(i=1,2,\cdots,n-1)$ 上,三次样条函数可以表示为

$$y_i(t) = A_i' + B_i'(t - t_i) + C_i'(t - t_i)^2 + D_i'(t - t_i)^3 \quad (i=1,2,\cdots,n-1)$$

$$(5-58)$$

文献[11]给出了参数三次样条函数系数 A_i、B_i、C_i 和 D_i 的求解方法。若定义

$$\Delta t_{i+1} = t_{i+1} - t_i, \Delta x_{i+1} \doteq x_{i+1} - x_i \quad (i=1,2,\cdots,n-1)$$

则由三次样条函数一阶、二阶导数连续的条件推导出下式:

$$\Delta t_{i+1} x_i'' + 2(\Delta t_{i+2} + \Delta t_{i+1}) x_{i+1}'' + \Delta t_{i+2} x_{i+2}'' = 6(\Delta x_{i+2}/\Delta t_{i+2} - \Delta x_{i+1}/\Delta t_{i+1})$$

$$(i=1,2,\cdots,n-1) \quad (5-59)$$

可以看出,由式(5-59)可以得到的 $(n-2)$ 个线性方程,如果再补充两个端点条件,

124

则可由追赶法求解出式(5-57)的三次样条函数的系数 A_i,B_i,C_i,D_i。一般给出的端点条件：

（1）自由端点条件，即 $x_1''=x_n''=0$。

（2）端点导数条件，即已知 x_1' 和 x_n'。

（3）周期条件，即 $x_1=x_n,x_1'=x_n'$。

根据不同的加工要求，可选择不同的端点条件，求得方程系数 A_i,B_i,C_i,D_i 以及 A_i'，B_i',C_i',D_i' 后，可根据弦长参数 t_i 所在区间段，由式(5-57)和式(5-58)求得插补点坐标 x_i,y_i。

5.6.3 参数三次样条插补轮廓误差分析

我们知道数据采样插补法以弦进给代替弧进给，这是影响三次样条插补精度的主要因素。对于给定方程的高次曲线，可以首先求得最小的曲率半径，并根据最大允许轮廓误差 e_{rmax} 的要求，由式(5-23)求得 f，再由 $f=vT$ 求得最大允许切削进给速度 v。

对于列表曲线来说，由于无法进行精确的定量计算，很难得出切削进给速度的最大允许值，此时需要根据操作者的实际经验，折中考虑加工速度和加工精度的要求，选择合适的切削进给速度。在参数三次样条插补算法中，不可避免地存在着三次样条函数拟合高次曲线的误差，这同时是造成轮廓误差的重要因素。文献[11]对三次样条函数的拟合误差作了详细的讨论。在实际应用中，对这一误差需通过加密型值点来解决。由于三次样条函数本身的局限性，在插补最后一个区间时，插补轮廓误差急剧上升。通过加密始端和终端的型值点，在可能的情况下给出终点以外的型值点等方法，可以有效地减少三次样条函数拟合误差，满足系统的精度要求。

下面给出一个 80386CPU 计算机上进行的高次曲线插补的仿真实例。插补高次曲线方程为 $Y=0.1X^4+X+1$，给定型值点的个数为 70 个。插补起始点为 $(4,30.6)$，终点为 $(10,1011)$。在给定型值点时，加密了终端的型值点。插补采样周期为 10ms，切削进给速度为 4800mm/min。

图 5-61 给出了插补仿真曲线，表 5-17 列出了插补计算的部分结果。

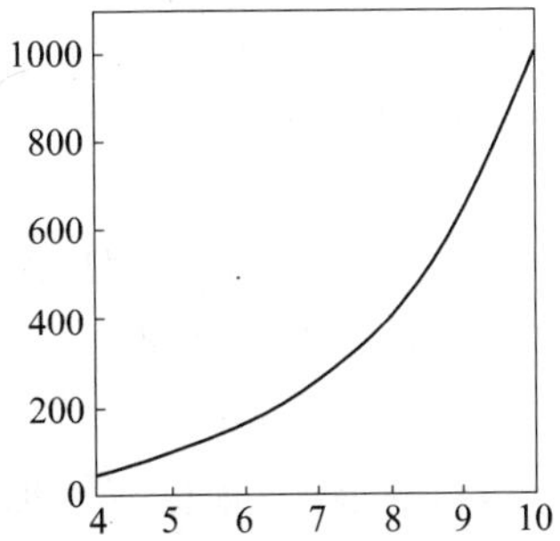

表 5-17　高次曲线插补部分计算结果

单位:mm

图 5-61　高次曲线插补仿真曲线

次数	X_i	Y_i	$\sqrt{\Delta X_i^2+\Delta Y_i^2}$
0	4.000000	30.60000	——
1	4.029370	31.39146	0.800005
2	4.058531	32.19292	0.800004
3	4.087276	32.99841	0.800004
4	4.115405	33.79791	0.800005
5	4.142863	34.59944	0.800001
⋮	⋮	⋮	⋮
	9.996960	1009.781	0.800006
	9.998957	1010.581	0.799999
末次	10.0000	1011.000	0.776766

仿真实验表明,插补每一次占用 CPU 时间小于 0.3ms,大大小于系统 10ms 的插补采样时间,完全满足系统实时性的要求。从表 5 – 17 可以看出,参数三次样条插补方法的插补最大轮廓误差不大于一个脉冲当量(0.001mm),切削进给速度基本保持恒定,完全满足系统要求。

上述高次样条插补方法采用参数三次样条函数,极大地减少了插补的实时计算量。该方法从根本上摆脱了对自动编程机的依赖,简化了数控加工程序的编制。

5.7 曲面插补

5.7.1 曲面直接插补(SDI)

实现高速高精度加工一直是数控技术研究的重点,但目前多数 CNC 系统在轨迹控制上依然只有直线、圆弧等少数功能,在曲面加工中,要形成十分庞大的由微段直线构成的零件程序,即使使用先进的 CAD/CAM 编程功能,其程序制作的时间也往往是实际机床加工时间数倍乃至数十倍,代价十分昂贵。庞大的零件程序是妨碍 CAD/CAM 工作效率的"瓶颈",由于精加工程序的形成代价过高,目前的曲面数控加工,除关键零件外,多数只作为粗成型使用,然后由人工打磨修光,不仅效率低,而且难以保证型面精度。

曲面直接插补(Surface Direct Inerpoliation,SDI)是将曲面加工中的刀具运动轨迹产生功能集中到 CNC,由 CNC 直接根据曲面定义和工艺参数,实时地自动完成连续刀具轨迹插补,并由此来控制机床运动。应用曲面直接插补技术,可大大简化编程工作与加工信息,不仅对 CNC 系统,而且对 CAD/CAM 整体性能的提高也极为关键。日本、美国、德国等国家对此作了大量研究,FANUC15M 等扩充了三次样条曲线插补功能,SIEMENS840D 具有 A,B,C 三种样条曲线插补功能,美国 NGC 计划中也将样条曲线作为重要功能之一。但对曲面实时加工的实用化系统迄今为止还在研究和完善中。华中科技大学完成了曲面直接插补的技术开发,下面对该项技术作简要介绍。

1. SDI 的优点

(1)在 CNC 系统中实现曲面加工的连续刀具轨迹直接插补,正如一般 CNC 系统中有圆弧功能可对圆弧直接加工一样,使得工程曲面也成为 CNC 系统的内部功能而直接调用,大大简化了编程。

(2)在轨迹插补中采用 CNC 系统周期所决定的进给步长直接逼近,其步长只取决于加工速度和采样插补周期,可以获得最高加工精度。而目前 CNC 的曲面加工精度是由 CAM 的编程周期所决定,为了避免编程信息量过于庞大,CAM 的编程步长不能过小,从而限制了加工精度的提高。

(3)由于曲面插补是在 CNC 内部进行,避免了由 CAM 生成的连续微段程序的传输过程,从而可以实现高速加工运动的控制,使 CNC 系统具有高速、高精加工能力,可大大提高加工效率。

(4)在轨迹插补中考虑了刀具与加工余量的补偿,因此可由操作者根据实际加工情况对工艺参数等进行现场修改、调整,以适应具体的加工零件,发挥操作者的丰富经验,可以大大提高加工的灵活性。

2. SDI 的功能与信息输入

由于曲面加工的复杂性,零件的 SDI 程序必须类似于 APT 级的直接面向加工问题的高级语言,不仅要针对轨迹上的进给分量进行脉冲分配,还要包括工艺参数(刀具、加工余量)和加工过程(加工路线、进退刀)的综合表达,以便完成一系列的机床运动轨迹插补、行距判别、辅助进退刀处理等,即完成类似 CAM 的功能。其主要功能如下。

1) 线加工

线加工是曲面加工的基础,用依次排列的行切曲线加工实现曲面加工,是曲面加工中最简洁的方法。在光滑且无干涉的曲面 S_i 上,给定曲面曲线的起点(P_0)、终点(P_e),则 CNC 能根据所有刀具与加工余量,沿行切方向实现相应刀具轨迹插补,实现机床加工运动轨迹控制。若将曲面上的一系列列表分界点作为加工序列 $[P_0, P_e]$,辅以适当的进刀和退刀控制并加以组合,就能实现整个区域加工,如图 5-62(a)所示。其加工语句为

$$\text{Path} = S_i / [P_0, P_e]$$

2) 区域加工

在由对角点(P_0, P_e)给出的矩形域曲面 S_i 上,SDI 除完成当前刀具轨迹插补外,还要根据表面允许残余高度自动进行下一步走刀的行距确定,并按指定的加工路线方式,完成相应的辅助进、退刀运动,从而自动完成整张曲面的加工,如图 5-62(b)所示。其加工语句为

$$\text{Surf} = S_i / [P_0, P_e], \text{Path} - \text{type}$$

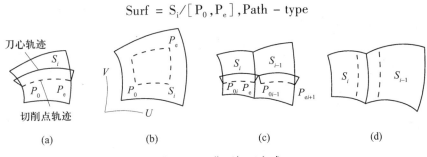

图 5-62 曲面加工方式

其中 Path - type 为加工路线方式,并提供走刀方式。zig - zag(双向来回走刀),zig(单向走刀),close(闭合走刀),默认方式为 zig - zag。在上述定义中,SDI 使用了类似于 APT 系统中的加工语句,其区域加工的表达,除干涉处理外,已与大型 CAM 的实现内容相同;线加工的表达式,在形式上也类似于 APT 系统中的轮廓加工语句,其中 S_i 为零件面(即控制刀具高度的表面),P_0、P_e 类似于导动面(即控制运动方向的表面),以两点形式代替原来的离散直线。

3) 组合曲面加工

对于复杂组合曲面,可由 Surf 功能逐片进行加工,完成大部分加工任务,再在边界上按标准 NC 功能完成干涉区加工,如图 5-62(c)所示,也可按加工方式进行连续加工,如图 5-62(d)所示。

3. SDI 的结构和工作流程

SDI 插补器的结构和工作流程如图 5-63 所示。各功能模块说明如下:

(1) 译码解释。根据零件程序,进行译码解释和组合曲面的预处理。

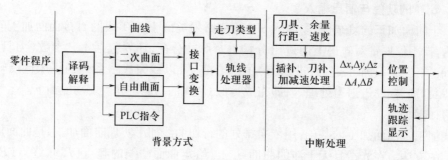

图 5 – 63　SDI 工作流程和基本结构

（2）曲面处理。将各类双三次自由曲面近似于标准双三次函数,以统一的插补方式工作。若为二次曲面,则将其归于标准二次型方程工作。

（3）轨线处理。按照给定的加工方式(单向、双向、闭合)和允许的残余高度,实时处理出走刀路线和辅助进、退刀路线。

（4）插补、刀补和加减速处理。根据走刀路线、刀具形状尺寸、加工余量、非线性修调及 5 轴机床摆动机构,实时计算出运动控制轨迹,并在速度转接处和轨迹起、终点处自动加、减速处理。

（5）跟踪显示。将当前机床运动位置以三维方式进行跟踪显示,实现加工过程的监视。

4. SDI 的算法原理

在 CNC 上实现 SDI 功能,核心问题在于插补器的实现,内容包括刀具轨迹的插补、机床加减速控制、随加工型面变化的速度修调以及切削行宽度的确定等多项功能。

1）刀具轨迹插补

刀具轨迹插补是 SDI 的工作核心,由曲面给出定义,然后根据刀具形状和加工余量,按指定的进给速度,在规定的插补周期内,实时地计算出各坐标轴的运动分量,作为伺服驱动的速度指令。

对于被加工的自由曲面,一般用参数表达式定义,对于各种参数曲面均可表达为

$$\boldsymbol{r}_s = \boldsymbol{r}_s(u,v) = \sum_{i=0}^{m}\sum_{j=0}^{n} x_{ik}(u) x_{jk}(v) Q_{ij}$$

式中：u,v 为形成自由曲面的两个方向上的参数,其取值范围为 $0 \leqslant u,v \leqslant 1$；$Q_{ij}$ 为已知的几何条件,可以理解为曲面进行控制的型值点的矢量(坐标)；$x_{ik}(u)$ 和 $x_{jk}(v)$ 为基函数,改变基函数,可分别表示 b – Spline、Bezier 等不同自由曲面,k 为曲面阶次,工程实用中取 $k = 3$。三坐标以上曲面加工一般使用球头铣刀,也可使用环形、鼓形或平体刀具,这些刀具均可用半径 R_1 和 R_2 来表示,其与零件面的接触关系如图 5 – 64 所示。设曲面单位法矢量为 $\boldsymbol{n}$,加工余量用矢量式表示为 $\boldsymbol{r}_\delta = b\boldsymbol{n}$,刀具长度补偿用矢量式表示为

$$\boldsymbol{r}_L = (0,0,\Delta L)$$

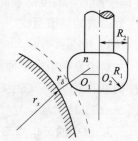

图 5 – 64　刀具与零件面的接触关系

则刀具在工件坐标系下的运动轨迹可表示为

128

$$r_m(t) = r(u(t), v(t)) + r_\delta(t) + R_1 n + O_1 O_2 + r_L(t)$$

轨迹插补的任务即是在时间 $t = kT$（T 为插补周期，k 为插补周期序号）时，按指定进给速度 $F(t)$，实时地计算出机床运动分量，以满足

$$\Delta r_m(kT) = r_m(kT) - r_m((k-1)T)$$

一般情况下，总希望刀具相对加工表面成恒速关系。但三坐标加工时，随着型面变化，刀具在各切削点的切削情况不同，因此保持恒表面切削不易实现，故而按标准 NC 方式使刀具中心作恒速运动，则机床运动规律为

$$\Delta r_m(t) = F(t)$$

2）机床加减速控制

为了在机床启动、停止、轨迹转折、速度变化处保持平滑过渡，必须使机床按给定平滑规律进行加减速处理。SDI 采用了常用的线性和指数加减速规律。在切削加工中，使用平滑性好的指数规律，在辅助退刀时，采用快速性好的直线规律。

设机床进给系统的时间常数为 τ，则正常时 $F(t) = F_0$，按指数规律加减速时为

$$F(t) = \begin{cases} F(1 - e^{-\frac{kT}{\tau}}) & \text{加速时} \\ F_0 e^{\frac{kT}{\tau}} & \text{减速时} \end{cases}$$

在加减速控制中，速度变化采用递推运算，在加速时速度依次递增即可，但在减速时，减速区的判断较为困难，需要重点解决。

在加减速控制方式中，有插补前加减速和插补后加减速两种方式。其中插补前加减速沿轨迹方向上对速度进行控制，不会造成轨迹误差，但需较复杂的沿弧长方向上的路径计算；而插补后加减速方式则根据各轴到终点的坐标方向上的差值，通过改变系统回路增益来控制，其减速区计算简单，但会由于机床各坐标轴伺服特性不一致而形成轨迹误差。

由于刀具轨迹是空间曲线，计算空间曲线弧长较为困难。而采用按各坐标轴与终点距离的坐标进行判别时，则会由于曲线凹凸不定，造成误判别，虽然可将其分段处理，但会给 SDI 解释和 CAM 处理造成困难。因此 SDI 采用了沿轨迹方向上的加减速控制方式，采用快速数值积分来计算至终点的弧长来进行减速区判别，从而实现了高精度的插补前加减速控制方式。

此外，在一般的 CNC 系统中，都是假定当前程序段较长，能有充分的减速时间，但如果当前程序段较短且机床运动速度很高时，则有可能还未达到所要求的速度就已超过减速区。为此，SDI 在插补过程中，处处根据当前速度进行减速区域监视，以保证具有足够的减速区域。

3）随加工型面曲率变化的速度修调

为了提高加工精度，在凹曲面加工中，SDI 根据型面曲率变化进行了速度修调。

凹曲面加工时，刀具中心轨迹的曲率半径为型面曲率半径 ρ 与刀具半径 R 之差，当两者相差很小时，若仍按正常进给速度 F 进行进给，则会造成较大的径向误差。此外由于刀具中心轨迹曲率半径过小，会造成速度方向变化过大和机床惯性导致型面成为多角形，其加工情况如图 5 - 65 所示。设径向误差为 δ，刀具进给的步距角为 θ，则有

$$\delta = (\rho - R)\left(1 - \cos\frac{\theta}{2}\right)$$

$$\theta = \arcsin\frac{FT}{\rho - R}$$

当 $\rho \leqslant R$ 时,步距角 θ 增加,导致径向误差 δ 增大,因此 SDI 必须将进给速度 F 修调为 F_1,即

$$F_1 = \begin{cases} F \cdot \dfrac{(\rho - R)}{\rho}, & \rho > R \\ 0, & \rho \leqslant R \end{cases}$$

当 $\rho \leqslant R$ 时,已经出现加工干涉,此时应该停机,更换小直径刀具。当 $\rho > R$ 时,通过修调进给速度 F,使刀具进给步距角减少为

$$\theta = 2\arcsin\frac{F_1 T}{2(\rho - R)} \approx \frac{FT}{\rho}$$

此时的逼近误差为

$$\delta = (\rho - R)\left(1 - \cos\frac{\theta}{2}\right) \approx (\rho - R)\frac{\theta^2}{8} \approx (\rho - R)\frac{(FT)^2}{8\rho^2}$$

在加工凸曲面时,由于刀具中心轨迹的曲率半径为零件曲率半径和刀具半径之和,较为平坦,为提高实时性,SDI 不对进给速度进行修调。

4)切削行宽度的确定

切削行宽度 d 较大时,会提高加工效率,但会增加切削残留高度 h,如图 5-66 所示,因此必须合理确定切削行宽度,根据两条曲面曲线所要求的最小距离来确定。但严格的计算要涉及曲面形状,计算量很大,因此 SDI 采用许多 CAM 中使用的简化算法,将行间局部区域平面近似代替曲面。则

$$d = 2\sqrt{h(2R - h)}$$

在精加工时,由于行间距不大,一般可获得满意的结果。为能按轨迹全长考虑,SDI 中使用了 32ms 为中断周期的行距监视,以获得行方向全长上的最小增量控制。

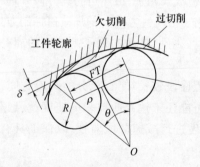

图 5-65　凹曲面曲率较大时的加工情况

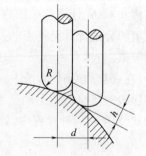

图 5-66　行间残留高度

5. SDI 的关键技术

SDI 的工作内容类似于 CAM,其曲面块加工指令相当于一个完整工步,由于 SDI 工作在 CNC 实时环境下,其控制复杂度远远超过目前 CNC 的直线和圆弧处理,除了要解决前面论述的有关算法外,还要解决下面两个关键技术。

1）插补器的实时处理速度

CNC 是实时性系统。由于曲面加工的轨迹处理要比直线和圆弧计算复杂得多,要在几毫秒内完成整个计算,仅仅依靠提高硬件速度是十分有限的,必须通过有效的算法提高计算速度。

2）插补器稳定性问题

插补算法除能实现高速处理外,还必须充分考虑其稳定性。因为计算机字长有限,复杂轨迹的计算需以浮点进行,且其迭代次数巨大。如插补周期为 8ms 时,一小时加工需要 45 万次运算。要在如此巨大的迭代次数中不产生累积误差,其数值稳定性是算法和软件设计中的又一关键技术。

5.7.2　基于 STEP – NC 数控系统的曲面插补[16]

1997 年欧共体通过 OPTIMAL 计划,开发了一种遵从 STEP 标准、面向对象的数据模型,提出了 STEP – NC 的概念,将 STEP 扩展至 CNC 领域,为解决制造过程底层环节间的数据交换问题开辟了新的途径。目前,STEP – NC 已形成了部分国际标准草案(ISO – DIS – 1469),它通过新制定的 AP – 238 应用协议,重新定义了 CAD/CAM 与 CNC 之间的接口。STEP – NC 要求 CNC 系统直接使用符合 STEP 标准(ISO 10303)的 CAD 三维产品数据模型(包括几何数据、设计和制造特征),加上工艺信息和刀具信息,直接产生 NC 程序控制机床运行。即采用 STEP – NC 以后,数控加工装备将从"G、M 代码驱动"转变为"CAD 模型驱动"。

STEP – NC 的提出,将 CNC 从被动执行者的地位转变为具有自治智能的主动控制器。因此不仅会大幅度提高数控加工本身的效率,而且还可有效提高其上游环节的效率。STEP Tools 公司的研究表明,STEP 与 STEP – NC 的应用可使 CAD 阶段的生产数据准备减少 75%,加工工艺规划(CAM)时间减少 35%,加工时间(CNC 五轴高速铣)减少 50%。

一些文献认为,STEP – NC 的出现可能引发一场数控技术领域的革命,对未来数控技术的发展乃至整个制造业的发展将产生深远的影响。

本节对 STEP – NC 数控系统的核心技术——STEP – NC 环境下的 NURBS 曲面插补控制方法进行研究,以期为发展新一代基于 PC 平台的 STEP – NC 数控系统打下基础。

1. STEP – NC 数控系统对插补的新要求

STEP – NC 数控系统与常规数控系统的重要差别:所接受的加工控制信息不再是以 G、M 等数控代码编写的传统格式的 NC 程序,而是基于 STEP – NC 标准的数据文件。即 STEP – NC 数控系统直接接收 CAD/CAM 系统给出的以工步(Working Steps)描述的加工控制信息。

这样,在 STEP – NC 数控系统中,零件被加工表面往往通过 NURBS 曲面进行统一描述,因此要求这类数控系统不但要具有常规的复杂曲线插补功能,而且还要具有 NURBS 曲面插补能力。

具有曲面直接插补功能的 STEP – NC 数控系统,不仅可以消除传统数控加工系统中因多次进行加工表面逼近和编码/解码所造成的误差,有利于提高复杂零件的加工精度,而且还可方便地实现三维刀具尺寸补偿,大幅度提高三维复杂零件的数控加工效率。

2. NURBS 曲面的数学模型与插补原理

在 CAD/CAM 领域,通常以式(5-60)对 NURBS 曲面进行描述。

$$S(s,t) = \frac{\sum\limits_{i=0}^{m}\sum\limits_{j=0}^{n} N_{i,K}(s)N_{j,L}(t)w_{i,j}G_{i,j}}{\sum\limits_{i=0}^{m}\sum\limits_{j=0}^{n} N_{i,K}(s)N_{j,L}(t)w_{i,j}} \tag{5-60}$$

式中　　$S(s,t)$——NURBS 曲面上任一点的位置矢量;

$N_{i,K}(s)$、$N_{j,L}(t)$——沿 s 向和 t 向的 B 样条基函数;

　　　　s、t——参变量;

　　　　$w_{i,j}$——权因子;

　　　　$G_{i,j}$——控制点,其 X、Y、Z 坐标分量分别为 $g_{xi,j}$,$g_{yi,j}$,$g_{zi,j}$。

对于式(5-60)描述的被加工曲面,不可能一次走刀加工完,通常只能按一定的加工路径逐行地进行。因此,为在 STEP - NC 数控系统中实现 NURBS 曲面插补,需要经过规划与控制两大步骤。首先,在预处理阶段通过加工路径规划方法,将加工表面分解成一条一条的加工路径,即 NURBS 曲面上的曲线;然后,在实时控制阶段再沿着规划好的加工路径实时求解刀具运动轨迹,即按照给定的进给速度、加减速度要求和允许误差,在各插补周期中产生空间微小直线段 ΔL_1,ΔL_2,$\cdots$,ΔL_i,$\cdots$去逼近 NURBS 曲面上的切削路径,逐步求得其上的各插补点(即微小直线段端点)S_1,S_2,$\cdots$,S_i,$\cdots$的坐标值。

由于这一插补过程的直接控制量是参变量 s 和 t,而最终的被控量是插补点的坐标位置 x,y,z 以及插补点沿插补轨迹的移动速度和加(减)速度,因此这一过程必须通过轨迹空间(三维空间)到参变量空间(二维空间)的映射和参变量空间到轨迹空间的逆映射两大步骤才能实现。为此在插补过程的每一插补周期中,首先根据进给速度、加减速度要求和允许误差求出轨迹空间中的插补直线段,然后将此微小直线段映射到参变量空间,得到与其相对应的参变量空间中的微小直线段,即参变量的增量值。进一步,通过对参变量的积分求出参变量空间中的当前点坐标。最后,求取与参变量空间中当前点相对应的轨迹空间中的映射点,得到插补轨迹上当前点的坐标值。

3. 插补预处理

根据 NURBS 曲面插补原理,可将整个插补过程分成插补预处理和实时轨迹计算两个阶段。其中插补预处理阶段主要完成几何信息处理和加工路径规划两项任务。

1)几何信息处理

STEP - NC 数控系统接收的曲面加工信息由几何信息和工艺信息两部分组成。几何信息包括控制点阵列、权因子阵列和节点矢量,主要用于描述 NURBS 曲面的几何形态。

由于 NURBS 曲面为分片曲面,对于其中任一曲面片,只涉及局部描述信息,因此可通过对式(5-60)进行适当变换,得到以矩阵形式描述的便于 STEP - NC 数控系统内部计算的 NURBS 曲面片表达式。例如,对于 3 次 NURBS 曲面,其曲面片表达式的具体形式为

$$S(u,v) = UM_uGM_v^TV^T/UM_uWM_v^TV^T \tag{5-61}$$

式中　$S(u,v)$——曲面片上任一点的位置矢量,其坐标分量为 $X(u,v)$,$Y(u,v)$,$Z(u,v)$;

　　　u,v——变换后的参变量;

$$u = (s - s_i)/(s_{i+1} - s_i), u \in (0,1)$$

$$v = (t - t_i)/(t_{i+1} - t_i), v \in (0,1)$$

$$\boldsymbol{U} = \begin{bmatrix} u^3 & u^2 & u & 1 \end{bmatrix}, \quad \boldsymbol{V} = \begin{bmatrix} v^3 & v^2 & v & 1 \end{bmatrix}$$

$\boldsymbol{M}_u, \boldsymbol{M}_v$——曲面片的节点系数矩阵，分别由 u 向(s 向)和 v 向(t 向)节点矢量确定；

$\boldsymbol{W}$——曲面片的权因子矩阵；

$\boldsymbol{G}$——曲面片的几何系数矩阵，其元素为 $G_{i,j}$。

几何信息处理的任务就是根据 CAD/CAM 提供的 NURBS 曲面控制点阵列、权因子阵列和节点矢量等信息，预先计算以上 $\boldsymbol{M}_u$、$\boldsymbol{M}_v$、$\boldsymbol{W}$、$\boldsymbol{G}$ 各矩阵之值，并将其存储在数控系统内存中，以供加工路径规划和轨迹实时插补使用。矩阵计算的具体公式如下：

$$\boldsymbol{M}_u = \begin{bmatrix} \dfrac{-(\nabla_i^1)^2}{\nabla_{i-1}^2 \nabla_{i-2}^3} & -(m_{11}^u + m_{13}^u + m_{14}^u) & -\left[\dfrac{m_{23}^u}{3} + m_{14}^u + \dfrac{(\nabla_i^1)^2}{\nabla_i^2 \nabla_{i-1}^3}\right] & \dfrac{(\nabla_i^1)^2}{\nabla_i^2 \nabla_i^3} \\ -3m_{11}^u & 3m_{11}^u - m_{23}^u & 3(\nabla_i^1)^2/(\nabla_{i-1}^2 \nabla_{i-1}^3) & 0 \\ 3m_{11}^u & -(3m_{11}^u + m_{33}^u) & 3\nabla_i^1 \nabla_{i-1}^1/(\nabla_{i-1}^2 \nabla_{i-1}^3) & 0 \\ -m_{11}^u & 1 + m_{11}^u - m_{43}^u & (\nabla_{i-1}^1)^2/(\nabla_{i-1}^2 \nabla_{i-1}^3) & 0 \end{bmatrix}$$

式中 $\nabla_i^1 = (s_{i+1} - s_i), \nabla_i^2 = (s_{i+2} - s_i), \nabla_i^3 = (s_{i+3} - s_i), \cdots$

$$\boldsymbol{M}_v = \begin{bmatrix} -(\nabla_i^1)^2/\nabla_{j-1}^2 \nabla_{j-2}^3 & -3m_{11}^v & 3m_{11}^v & -m_{11}^v \\ -(m_{11}^v + m_{31}^v + m_{41}^v) & 3m_{11}^v - m_{32}^v & -(3m_{11}^v + m_{33}^v) & 1 + m_{11}^v - m_{34}^v \\ -\left[\dfrac{m_{32}^v}{3} + m_{41}^v + \dfrac{-(\nabla_i^1)^2}{\nabla_i^2 \nabla_{i-1}^3}\right] & \dfrac{3(\nabla_j^1)^2}{(\nabla_{j-1}^2 \nabla_{j-1}^3)} & \dfrac{3\nabla_j^1 \nabla_{j-1}^1}{(\nabla_{j-1}^2 \nabla_{j-1}^3)} & \dfrac{(\nabla_{j-1}^1)^2}{(\nabla_{j-1}^2 \nabla_{j-1}^3)} \\ (\nabla_j^1)^2/\nabla_j^2 \nabla_j^3 & 0 & 0 & 0 \end{bmatrix}$$

式中 $\nabla_j^1 = (t_{i+1} - t_i), \nabla_j^2 = (t_{i+2} - t_i), \nabla_j^3 = (t_{i+3} - t_i), \cdots$

$$\boldsymbol{W} = \begin{bmatrix} w_{i-1,j-1} & w_{i-1,j} & w_{i-1,j+1} & w_{i-1,j+2} \\ w_{i,j-1} & w_{i,j} & w_{i,j+1} & w_{i,j+2} \\ w_{i+1,j-1} & w_{i+1,j} & w_{i+1,j+1} & w_{i+1,j+2} \\ w_{i+2,j-1} & w_{i+2,j} & w_{i+2,j+1} & w_{i+2,j+2} \end{bmatrix}$$

$$\boldsymbol{G} = \begin{bmatrix} w_{i-1,j-1}G_{i-1,j-1} & w_{i-1,j}G_{i-1,j} & w_{i-1,j+1}G_{i-1,j+1} & w_{i-1,j+2}G_{i-1,j+2} \\ w_{i,j-1}G_{i,j-1} & w_{i,j}G_{i,j} & w_{i,j+1}G_{i,j+1} & w_{i,j+2}G_{i,j+2} \\ w_{i+1,j-1}G_{i+1,j-1} & w_{i+1,j}G_{i+1,j} & w_{i+1,j+1}G_{i+1,j+1} & w_{i+1,j+2}G_{i+1,j+2} \\ w_{i+2,j-1}G_{i+2,j-1} & w_{i+2,j}G_{i+2,j} & w_{i+2,j+1}G_{i+2,j+1} & w_{i+2,j+2}G_{i+2,j+2} \end{bmatrix}$$

2) 加工路径规划

加工路径规划的任务是确定 NURBS 曲面上各条具体的切削路径，并给出其 $u-v$ 域表达式 $f(u,v) = 0$。例如，对于常用的行切法加工，其加工路径求取的步骤如下：

首先，根据所给零件几何信息确定 NURBS 曲面数学模型的具体形式，并根据加工工艺信息，确定走刀起点、进给方向、行移动方向、走刀行距等，并由此求出各次切削平面：

$$A_k x + B_k y + C_k z + D_k = 0 \qquad (5-62)$$

第 k 次切削平面与零件加工表面相交所得曲线为第 k 条切削路径。该路径为 k 次切削平面上的一条曲线,因此可以得到其 $u-v$ 域表达式 $f(u,v)=0$ 的具体形式为

$$A_k X(u,v) + B_k Y(u,v) + C_k Z(u,v) + D_k = 0 \qquad (5-63)$$

4. 实时轨迹插补

实时轨迹插补的任务是根据进给速度、插补精度等要求,沿规划好的切削路径实时生成刀具运动轨迹。其主要过程如下:

1) 根据速度和精度要求确定插补步长 ΔL_i

首先,按给定的瞬时进给速度 $F_i(\text{mm/min})$,计算当前插补周期中的希望弦长 ΔL(无约束时的插补直线段长度)为

$$\Delta L = F_i \cdot \Delta T / 60000 \qquad (5-64)$$

式中 ΔT——插补周期(ms)。

同时,根据允许误差 δ 计算约束弦长 $\Delta L_{\max}$(插补直线段最大允许长度)为

$$\Delta L_{\max} = 2\sqrt{\delta(2\rho-\delta)} \qquad (5-65)$$

式中 ρ——插补点处的曲率半径,可根据插补轨迹上最近三点的坐标值近似求出。

如果希望弦长小于约束弦长,则令当前插补直线段长度 $\Delta L_i = \Delta L$,否则取 $\Delta L_i = \Delta L_{\max}$。

2) 根据 ΔL_i 求取参变量取值 u_i 和 v_i

根据参变量 u、v 变化速度的大小,将变化速度较大者作为基础变量,另一个作为关联变量。并按以下(1)、(2)过程之一求与 ΔL_i 对应的 u_i 和 v_i。

(1) 当以 u 为基础变量时,可按下式求出当前插补周期 u 的增量 Δu_i。

$$\Delta u_i = \mathrm{d}u/\mathrm{d}s \,|_{s=s_i} \cdot \Delta L_i \qquad (5-66)$$

式中 $\mathrm{d}u/\mathrm{d}s$——参变量 u 对曲线弧长的变化率。

将求得的 Δu_i 代入下式可计算出插补点 S_i 处 u 的实际取值 u_i。

$$u_i = u_{i-1} + \Delta u_i \qquad (5-67)$$

再将 u_i 代入切削路径表达式(5-63)即可解出 v 在 S_i 点处的实际取值 v_i。

(2) 当以 v 为基础变量时,可按下式求出当前插补周期 v 的增量 Δv_i。

$$\Delta v_i = \mathrm{d}v/\mathrm{d}s \,|_{s=s_i} \cdot \Delta L_i \qquad (5-68)$$

式中 $\mathrm{d}v/\mathrm{d}s$——参变量 v 对曲线弧长的变化率。

将求得的 Δv_i 代入下式可计算出点 S_i 处 v 的实际取值 v_i。

$$v_i = v_{i-1} + \Delta v_i \qquad (5-69)$$

再将 v_i 代入切削路径表达式(5-63)即可解出 u 在 S_i 处的实际取值 u_i。

3) 根据 u_i 和 v_i 求解插补点坐标 X_i, Y_i, Z_i

最后,将 u_i 和 v_i 代入以下坐标函数表达式,即可得到插补点 S_i 的坐标值 X_i, Y_i, Z_i。

$$\begin{aligned} X(u,v) &= \boldsymbol{UM}_u \boldsymbol{G}_x \boldsymbol{M}_v^{\mathrm{T}} \boldsymbol{V}^{\mathrm{T}} / \boldsymbol{UM}_u \boldsymbol{WM}_v^{\mathrm{T}} \boldsymbol{V}^{\mathrm{T}} \\ Y(u,v) &= \boldsymbol{UM}_u \boldsymbol{G}_y \boldsymbol{M}_v^{\mathrm{T}} \boldsymbol{V}^{\mathrm{T}} / \boldsymbol{UM}_u \boldsymbol{WM}_v^{\mathrm{T}} \boldsymbol{V}^{\mathrm{T}} \qquad (5-70) \\ Z(u,v) &= \boldsymbol{UM}_u \boldsymbol{G}_z \boldsymbol{M}_v^{\mathrm{T}} \boldsymbol{V}^{\mathrm{T}} / \boldsymbol{UM}_u \boldsymbol{WM}_v^{\mathrm{T}} \boldsymbol{V}^{\mathrm{T}} \end{aligned}$$

在上述插补计算过程中,求解参变量对弧长的变化率 k_i(k_i 代表 $\mathrm{d}u/\mathrm{d}s\,|_{s=s_i}$ 或 $\mathrm{d}v/\mathrm{d}s\,|_{s=s_i}$)是一关键问题。解决此问题有多种方法,下面介绍一种预测求解方法。

该方法的基本思想是,将变化率 k 在各采样时刻的取值看做为一时间序列。在已知过去时刻变化率 $k_1,\cdots,k_{i-2},k_{i-1}$ 的基础上,通过预测计算求出下一时刻的变化率 k_i。其步骤如下:

首先,将时间序列 $k_1,\cdots,k_{i-2},k_{i-1}$ 作为原始数据,建立预测模型。

例如,根据 k_{i-3}、k_{i-2}、k_{i-1} 预测 k_i,可建立如下预测模型为

$$k = A_2 s^2 + A_1 s + A_0 \tag{5-71}$$

式中 A_2,A_1,A_0——待定系数;

  s——曲线弧长。

将已知的 k_{i-3},k_{i-2},k_{i-1} 和 s_{i-3},s_{i-2},s_{i-1} 代入式(5-71)得三个方程:

$$
\begin{aligned}
k_{i-3} &= A_2 s_{i-3}^2 + A_1 s_{i-3} + A_0 \\
k_{i-2} &= A_2 s_{i-2}^2 + A_1 s_{i-2} + A_0 \\
k_{i-1} &= A_2 s_{i-1}^2 + A_1 s_{i-1} + A_0
\end{aligned}
\tag{5-72}
$$

解方程组(5-72)即可求出待定系数 A_2、A_1、A_0,从而确定式(5-71)。然后,根据式(5-71)求 k_i 的预测值 $\hat{k}_i$ 为

$$\hat{k}_i = A_2 s_i^2 + A_1 s_i + A_0 \tag{5-73}$$

最后,将 $\hat{k}_i$ 作为 $\mathrm{d}u/\mathrm{d}s\,|_{s=s_i}$ 或 $\mathrm{d}v/\mathrm{d}s\,|_{s=s_i}$ 代入插补过程进行相关计算。

上述插补方法计算简单,易于实时实现,并且可以确保插补点一定位于切削路径上,不会产生轨迹误差。虽然求 k_i 采用近似方法,会造成插补点间的距离有微小误差,但对插补点运动速度的影响是微不足道的。

基于 STEP-NC 的 PC 数控方法是一种新发展起来的数控信息生成、传递、处理和加工控制的方法,可实现设计、制造、管理、控制等环节间的双向无缝连接,有利于实现直接曲面插补、三维刀补、智能轨迹规划、加工过程实时优化等高级数控功能,为数控技术的发展开辟了新的方向。

STEP-NC 数控系统的 NURBS 曲面插补控制方法,可以直接接收 NURBS 曲面的几何信息和加工工艺信息,并据此实现 NURBS 曲面的实时轨迹计算和加工控制。这样不仅能大幅度提高复杂轮廓零件数控加工的效率,而且还可消除中间冗余环节产生的误差,从而有效提高加工质量和加工过程的可靠性,为 STEP-NC 数控系统的实现奠定了基础。

5.7.3 高精度开放式数控系统复杂曲线曲面插补[17]

数控系统、进给驱动、电主轴控制是实现高速高精度数控加工的三大关键核心技术。为了满足高速高精度数控加工的需要,适应当前数控系统的开放性、模块化等先进制造技术发展的要求,具有开放结构、能结合具体应用要求而快速重组的先进运动控制技术应运而生。对于当前广泛应用的通用 PC + 开放式运动控制器的开放式数控体系结构,在实际加工过程中,运动指令都是由运动控制器发出的,这样一来,运动控制器成为轨迹控制时极为关键的环节。如何发运动控制指令,需要用户通过在操作系统平台下调用运动控制

卡支持的库函数。

目前加工复杂曲面类零件时,其数控加工程序一般用 MasterCAM 等软件后置处理生成,并且产生的程序都是由很多的小直线段和小圆弧组成[18,19]。因而对于三轴以上的自由曲面类零件的加工,为保证零件的加工效率和表面质量,采用具有多轴联动(多轴插补指的是相关各轴"同时开始运动,且同时到达各自的目标位置并停止",而且各轴之间的速度在插补过程中保持定比例关系)功能以及连续轨迹运动控制功能的运动控制器是非常必要的。

尽管当前国内外开发销售的运动控制器已经具有强大的功能,但是其封闭的体系结构,不允许使用者将需要的特定运动轨迹控制功能加入其中。所有上述运动控制卡内部核心的一些插补算法,都以用户可调用的函数或者动态链接库的形式出现。出于商业竞争的目的,这些技术对用户是保密的,而且价格偏高,不适合配置中低档数控系统。因而,面对当前国内大量的中低档机床需要实现数控化这一需求,改善中低档数控系统应用水平落后的现状,研发价位适中、拥有自主知识产权、可实现用户特定功能的开放式运动控制卡的核心插补算法成为当前研究的热点。

1. 复杂曲线曲面插补技术的发展

插补是数控系统的关键技术,也是各大数控公司的核心技术机密,一个数控系统的性能如何,很大程度上取决于具有的插补功能以及插补算法的效率。数控系统的插补原理已基本定型,但算法较多。从插补实现的原理来分,有脉冲增量插补和数据采样插补。

从给定的输入信息和插补对象来分,目前的插补算法可分为基于曲线的插补和基于曲面的插补两种。

1)基于曲线的插补

是指在 NC 编程时用曲线(包括直线和二次曲线)的形状参数描述刀具轨迹曲线并以专用接口形式将该曲线数据传送给数控系统,进行数据处理和实时插补。

目前复杂曲面的加工大多数还是采用简单曲线插补。如前所述,离散曲面为三角片或四边形片时,通过截平面法或等残余高度法得到的刀具轨迹由大量的连续微小直线段或圆弧段组成。数控系统插补算法中采用前瞻(Look Ahead)技术[20],对大量的数控代码进行解释,解释的速度要大大超前于当前执行的数控代码。采用一个循环缓冲区,预读若干条路径段,根据刀轨形状特征,在不超过最大允许误差范围下设置合理的加速减速区域。这样一来,避免了以每一程序段为单元进行加减速处理,大大提高了加工的效率,也避免了加工过程中的过切现象。到目前为止,还没有准则判别应该预读多少个程序段为最优:如果预读的程序段少了,会造成加工停顿;如果预读的程序段过多,大大占用内存,反而会使得数控加工的效率降低。

可见,基于简单曲线进行插补,优点在于与现有 NC 编程接口格式一致,对 CNC 系统的硬件配置需求较低。不足之处就是无法进行在线三维刀具补偿、在线程序修改,不能改变工件装夹位置等。

而对于复杂曲线的插补算法,一般是使用样条参数曲线来实现。这是因为样条参数曲线能够用较少的信息表示空间曲线,减少了 CAD/CAM 与 CNC 之间的数据传输量,与直线段逼近空间曲线相比,样条参数曲线引起的轮廓误差要小得多,因此高精度的复杂曲线插补算法成为近年来国内外学者研究的热点和难点。

数控系统具有的曲线插补功能,与刀具轨迹规划结果有着密切的联系。对于参数曲面上等参数线类刀具轨迹,其形状描述为一族样条参数曲线,是一种较为特殊的情况。更一般地,通过截平面法或等残余高度法或等斜度法得到的是一系列满足残余高度约束的点集。鉴于直接采用直线插补实现复杂曲线加工带来很多问题,国内外学者对离散点集进行了各种各样的预处理[21-25]。高档的 CAD/CAM 软件目前支持输出 NURBS 格式的曲线数据形式,但仍处于研究发展阶段。对于离散点集,提出了参数曲线插值、样条曲线插值、NURBS 插值等,实质上就是通过反算,求取各类曲线的型值点。而且 NURBS 曲线的权因子如果设置不好,会造成拟合的曲线发生畸变,因此,反算时,通常将各个型值点的权因子置为 1,这样一来,NURBS 曲线插值已退化为非均匀 B 样条曲线插值[26]。

对于这些用参数控制的复杂曲线的插补,国内外提出的很多插补算法都是基于数据采样原理的[27-43]。算法的核心是采用泰勒展开式计算每个插补周期内的参数值,根据微分几何原理,进给速度为单位时间内曲线弧长的变化率,将计算得到的参数值代入曲线方程,便可以得到各插补周期内机床各轴的位置。为了使计算得到的曲线参数值更加精确,S. S. Yeh 在二阶泰勒展开式基础上,对参数值补偿。

由于一般曲线的参数值与弧长之间不存在比例关系,因此,有时需要采用高阶泰勒展开式来计算曲线参数值,尤其是在曲线曲率半径较小的位置。为了避免计算高阶导数,提出了以曲线弧长为参数的五次样条曲线插补方法[23,38]。由于 B 样条和 NURBS 曲线的参数值与弧长不成正比,所以导致每个插补周期内的步长不均匀,会引起进给速度的波动。为了保证进给平稳,减小速度波动,Farouki 提出一种以曲线的弧长为曲线参数的 Pythagorean hodograph 曲线[25,36]。由于这些曲线的弧长为曲线参数的函数,因此机床进给速度易于控制,不论其反算插值还是插补计算都十分复杂。

国内学者陈明君和赵清亮对离散得到的相邻两点通过几何作图法拟合成双圆弧样条,两段圆弧连续相切[44]。如果保持同样的精度,离散点必须重新迭代计算,然后进行拟合;如果采用原来的离散点列,则插补所需的原始数据成倍增加,而且必须拟合为与工件坐标系平面平行或重合的平面内的圆弧。因此对于任意空间曲线,使用双圆弧样条插补无法实现,因为现有的所有运动控制卡都不支持空间任意平面内圆弧插补,仅可以实现任意两轴的圆弧插补。

隐函数表达的复杂曲线的插补算法近年来也成为研究的热点。华中科技大学学者徐海银针对隐式曲线独特的数学构造,给出了插补算法[33,39],特别研究了双参数曲线的角度插补[33]、Iso - phote 插补[39]。

上述这些插补算法各有优缺点,都有适用的范围,复杂程度不一而同。每一种方法都不能包罗万象,解决所有的复杂曲线刀具轨迹的控制问题。

2) 基于曲面的插补

是指采用标准几何数据接口(如 STEP - NC)将曲面信息全部传送给 CNC 系统,在数控系统内完成曲面刀具轨迹规划与生成,然后进行各种数据处理。这种方法避免了基于曲线进行插补的缺点,可以根据曲面的几何信息,实现三维刀具补偿,但对 CNC 系统的硬件配置提出了很高的需求,使用也比较复杂。

国外一些研究机构于 20 世纪 80 年代初便展开了对曲面插补的研究和探讨,日本、法国、瑞士、加拿大和美国等国家还实现了样机或仿真系统。初期研究的重点放在了改进系统硬件设施和结构上,但未能取得突破性进展[19,45]。尤其是复杂曲线曲面的数控加工,仅靠硬件设施的改进显得无能为力。随着芯片技术及计算机系统的高速发展,利用通用微机系统设计开放式结构的数控系统,把开发工作转到软件及算法上成为解决该问题的新途径。在国内,20世纪90年代初,华中理工大学周云飞研究员首先从插补理论和算法方面研究曲面插补,进而其他学者在其基础上展开了进一步的研究,其主要特点:根据参数曲面数学模型,规划加工路径,没有采用曲面逼近模型;可实时插补复杂的加工路径曲线,加工路径为等参数线;研究了复杂型腔的行切、环切法实时加工,并对实时干涉处理和组合曲面实时插补进行了探讨[46]。尽管曲面加工的实时性有所提高,但未对截平面型刀轨进行插补算法研究;未考虑进给速度约束。该理论针对的是复杂曲面实时插补算法中较为简单的一种对象——双三次参数曲面片上等参数线式刀轨,通过预先计算出曲面片的系数实现实时插补。对于更为复杂的Bézier曲面、非均匀有理样条曲面等复杂曲面,实现实时插补算法,相当有难度。

复杂形状的产品往往由多片曲面组合而成。组合曲面由多张单曲面片通过过渡面光滑连接而成,因此组合曲面的插补加工技术有截面法和区域加工法。截面法的刀位轨迹在一组相互平行的平面上。为了避免过渡面数学描述的困难,加大截交线求取难度,通常会将整张组合曲面离散化。区域加工法是组合曲面插补中常用的方法之一,对各个单张曲面和过渡面分别加工。目前单张曲面加工方法已较为成熟,交线加工算法复杂,一般要预处理[19,47]。

除此之外,国内清华大学、南京航空航天大学、东南大学、北京机床研究所等高等院校、研究所也开展了曲线曲面高精度插补技术的研究,但在控制软件结构、控制理论、实时插补等关键技术方面与国外相比存在很大差距。

目前,高级的数控系统虽然具有复杂曲线插补功能,如NURBS插补、样条插补等,但基于曲面级的实时插补功能还未投放到市场。数控系统轨迹控制能力非常有限,商业化数控系统软件对于曲面的直接插补加工,还完全依赖于CAM。

2. 复杂曲面笔式加工的概念和特点

对具有复杂曲面表面的零件铣削加工时,铣削过程通常包括这么几个步骤:粗加工、半精加工、精加工和清根加工。粗加工的原则就是尽最大可能高效率地去除多余的金属以及使残留的毛坯尽可能接近工件的形状,因而希望选择大尺寸的刀具,但刀具尺寸过大,可能导致未加工体积的增多;半精加工的任务主要是去除粗加工遗留下来的台阶状余料;精加工则主要保证零件的尺寸及表面质量。当对表面质量有更高要求时,会在精加工结束后,使用小半径刀具对零件的尖角或棱边区域处残余材料铣削去除,这类铣削加工目前可分为两种:针对边角区域的单一路径式切削和往复式切削。

在一些最新的商业化CAD/CAM软件系统,包括CATIA,UG,SOLIDWork_NC等软件中,为参数曲面或者三角化曲面的加工提供了这样一种加工功能,即能够生成单独针对边角区域的刀具路径,但其算法极少被公开发表出来。单独针对边角区域的加工方法,极大地减小了冲压模具设计复杂性和加工难度,可以降低冲压负载,获得了很好的表面加工质量。与上述针对边角区域单独加工的方法相类似,对于模具模型上位于复杂曲面表面上精确的纹理图案、沟槽等几何特征,可以先对去除掉这些几何特征的复杂曲面表面实施精加工,然后再对纹理图案或沟槽等单独形成的单一路径或者往复式路径进行切削加工。

类似于人拿着笔在纸上写字作画,在机床数控系统控制下,刀具可以像笔一样在复杂曲面上沿自由形状轨迹移动铣削,去除多余的工件材料,形成复杂曲面上以曲面为底的具有复杂轮廓的等高度型腔。为此,提出这种新的复杂曲面加工方式——笔式加工。

显然,针对复杂曲面上以曲面为底的型腔的加工,使用传统的曲面加工方法实施刀具路径规划,如等平面法、等参数线法等,曲面上不需要进行加工的区域会重复走刀,无法满足提高加工效率的需求。而笔式加工方法是在曲面精加工后进行的,通过控制刀具灵活地沿曲面上非传统方法规划的自由曲线路径走刀来完成曲面上局部几何特征的加工,使加工的刀具不会因为突然受力过大而有所损害,减少了对机床和刀具的冲击,提高了加工效率,缩短了复杂零件曲面加工时间,可以获得更好的曲面表面加工质量,同时,由于刀具路径可以复杂多变,满足了造型复杂的曲面的数控加工要求。

由于是在曲面精加工后进行笔式切削,故至少需要三轴联动加工,才可以保证刀具能连续地沿曲面上复杂形状的曲线运动,并与精加工好的曲面零件面保持密切接触。与三轴联动笔式加工相比,五轴联动笔式切削具有明显的优势。因为五轴加工时拥有额外的两个旋转轴,相对于静止的工件来说,其运动合成可使刀具轴线方向在一定的空间内(受结构限制)任意控制,从而具有保持最佳切削状态及有效避免刀具干涉的能力,特别适宜于三维曲面零件的高效高质量加工以及异型复杂零件的加工,如图 5 – 67 所示。就我们所知,五轴笔式加工的研究情况很少有报道,成为目前学术界和工业领域关注和研究热点之一。

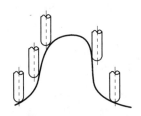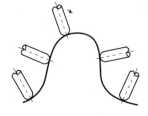

(a) 三轴笔式加工时刀具与曲面的相对方位　　　(b) 五轴笔式加工时刀具与曲面的相对方位

图 5 – 67　五轴笔式加工优越性的说明示意图

然而,在进行三轴或五轴笔式加工的刀具加工轨迹规划时,面临如下这些问题:①生成笔式加工路径的方法;②得到正确的刀具轴线方向;③得到没有缠绕的笔式加工路径。尤其是五轴联动笔式切削,刀具轨迹规划时需要精确给出每一刀位点处刀具轴线的方向,而且对于不同的五轴联动机床结构,其后置处理方式是不同的。目前大型的商业软件尽管给出了五轴联动机床的后置处理功能,但只是针对通用结构的五轴联动机床,因而实际应用时,还需要根据具体使用的多轴联动机床开发相应的笔式加工后置处理模块。

3. 复杂曲面笔式加工的直接插补算法

在自动编程实现复杂型面的加工时,刀具路径规划的最终结果与数控系统所具有的插补功能有着密切的关系。随着曲面造型的日益复杂化,加工曲面时生成的刀具轨迹出现了多元化趋势,不再局限于直线、圆弧等基本的图元,这势必会引起机床数控系统的核心——插补器随之发生变化,对现有插补功能进行扩展,从而适应曲面加工技术发展的需求。

1）问题的提出

数控系统中复杂曲线曲面加工的插补算法,现以高速高精度为主要研究目标。国内外一些研究机构于20世纪80年代初便展开了相关的探讨,如日本、法国、瑞士、加拿大和美国等国家曾实现了样机或仿真系统。

许多学者对复杂曲面实时加工方法进行了有益地探索,它们初期研究的重点放在了改进系统硬件设施和结构上,但限于研究对象的复杂性以及硬件设备功能的约束,未能取得突破性进展。也就是说,单纯依赖庞大的硬件体系结构来实现复杂的曲线曲面插补计算和加工,功能是十分有限的,加工的效果并不理想。然而,软件技术的进步,大大弥补了硬件设备的不足。与硬件资源相比,实现复杂算法时,软件具有相当大的灵活性和便利性,使得一些复杂的算法纯粹用硬件构建根本无法实现的情况下能够得到解决。同时,随着计算机处理器芯片运算速度的大幅度提高,为自由曲线曲面复杂的软插补运算的实现提供了有力的技术支撑。目前,对于自由曲线曲面的插补算法研究的重点已放在软件算法的突破上。

复杂曲面在汽车、航空航天、高精度模具以及武器等很多领域有着广泛的应用。复杂曲面的加工要求数控系统至少能够同时控制三个轴的运动才能实现。在特殊领域中,当复杂曲面的加工精度有很高的要求时,则必须采用五轴联动的数控加工方法来完成。但是可以发现,无论是三轴还是五轴加工,空间曲面的加工路径都是由曲面上的一族自由曲线网组成。而且,不管是曲面整体加工还是局部加工,对于数控系统来讲,加工空间曲面实质上是对处于空间曲面上的任意空间曲线的插补计算问题,即通过刀具和工作台之间的转动(或摆动)或平动的合成线性插补运动来形成加工包络面,由于当前的数控系统一般只有直线和圆弧插补功能,导致了国内外学者将大部分研究精力都集中在外部编程上,即将处于空间曲面上的一系列光滑连续的空间自由曲线轨迹,按允许误差用连续的直线段或圆弧段逼近,最终输出大量的由直线插补或者圆弧插补实现的程序段。这种曲面加工模式在实现高速高精度曲面加工时存在一些难以解决的问题:

(1)加工程序过于庞大,使用困难。高速高精度加工,对零件程序的存储、传输及CNC系统的数据处理能力和数控系统现有的结构提出了非常高的要求。

(2)不便于预加工过程。零件程序是由外部编程生成的,CNC上难以进行三维刀具补偿和轮廓补偿,刀具尺寸变化或加工余量的改变将使原有程序无法使用,只有重新编程。

(3)不能实现刀具轨迹实时跟踪显示。因为零件程序已不包含零件型面的信息,因此不可能实现加工过程的跟踪显示。

(4)冗余环节多,效率低,可靠性差。按现行加工模式进行曲面加工,整个过程冗余环节多,不仅需耗费大量的人工和机时,占用较多的软硬件资源,而且需对大量数据进行多次编码、解码、传递、存储和处理,大大增加了出错的概率,对数控加工的可靠性造成不利影响。

(5)不支持基于样条数据的五轴铣削和高速加工。

可见,与强大的计算机辅助设计所具有的功能相比,目前的计算机数控系统功能显得弱了许多。CAD/CAM(计算机辅助设计/制造)技术的发展已经使得刀具路径规划更加灵活多变,比如等平面法、等参数线法、等弓高误差法、等辐射线法、投影法、导动曲面法等,这些方法最终得到的路径是曲面上的一族空间自由曲线,相应地就要求数控系统具有这类无法用数学模型直接表示的曲线插补功能。为避免前面提及的传统的直线圆弧插补器带来的一系列问题,最近十几年,国内外学者针对曲线曲面插补器开展了大量深入细致的研究,如 NURBS 插补器、B 样条插补器、三次参数样条插补器、Pythagorean Hodographs 曲线插补器、混合曲线插补器以及曲面插补器等。

但是这些插补器的应用与刀具路径规划密不可分。这些类型的插补器在使用时,只有当刀具轨迹与插补器的曲线曲面数学模型相匹配时,上述插补功能才可直接使用,比如沿等参数线加工 NURBS 曲面时,可直接应用 NURBS 插补器。如果刀具路径无法与插补器内的数学模型吻合,则只能将曲面上的自由曲线路径在允许的容差内离散,通过拟合,得到上述插补器要求的曲线曲面标准形式。事实上,在大多数情况下,曲面的加工路径并不能直接表示为这些自由曲线的数学形式,但可以通过分段拟合表示。

根据规划的刀具路径,可对不同应用实现灵活的加工,相应地提出了研究这类曲面上自由曲线插补功能的要求。隶属于曲面局部区域加工范围的复杂曲面笔式加工,其刀具路径由自由曲面相交得到的一系列空间自由曲线所组成,无法用现有的各种自由曲线数学方法直接描述,所以现有的空间自由曲线插补器不能直接应用。若要应用这些插补器,需要将这类曲线型刀轨,借助于 CAM 系统的刀轨生成模块,先离散,再拟合。这种方法具有前面曾提到的一系列的问题。除此之外,曲面加工刀触点轨迹上离散点的选取与拟合精度密切相关,拟合精度要求越高,点越密集,相应地插补器的曲线曲面预处理工作量也加大;若离散点稀疏,最终拟合得到的三次样条、NURBS 曲线等未必在待加工曲面上。如何实现复杂曲面笔式加工时空间自由曲线的高精度插补运算,是本节主要研究的问题。

由于待加工曲面和导动曲面均是采用参数表示的多元高次方程,而且参数之间是耦合的,所以无法直接得到交线的数学表达式。待加工曲面上这族自由曲线加工迹线最初是由曲线族 $p(m)(a \leq m \leq b)$ 经空间变换后再沿一空间矢量投射到曲面上形成的。同时,这族自由曲线也是待加工曲面和另一族参数曲面的交线。为了得到刀触点轨迹线的空间位置,此处采用了一种间接方法,即从目的导引线出发,根据目的导引线和曲面上刀触点迹线之间的空间几何关系,找到两者之间的联系。又由于目的导引线与初始导引线之间存在一一映射的关系,故最终能够在平面导引线和曲面上的自由曲线型刀触点迹线之间建立起一一对应的关系。

2) 点偶运动学关系的分析

如图 5-68 所示,目的导引线 $C(m)$ 和刀触点轨迹线 $L(m)$ 是一对空间曲线偶。当加工的刀具沿 $L(m)$ 运动到某一点 A 时,在目的导引线 $C(m)$ 上必存在唯一一点 B 与之相对应,将点 A 和点 B 称为点偶。假设在目的导引线上有一个运动质点,该点运动到点 B 处的运动速度为 v_1,而刀触点迹线 $L(m)$ 上的点偶 A 就是此刻刀具的对应位置,设其速度为 v_2,两速度矢量之间的夹角为 θ[48]。

当经过一个微小的时间段 Δt 后,刀具和假想质点都在各自的空间曲线轨迹上运动了一个微小的位移,由于进给量是一个微小量,故用曲线的弦线来近似代替弧长。

如图 5-69 所示,给出了点偶在时间段 Δt 内的微小位移以及瞬时速度之间的关系。图中,当前的插补点偶是 A 和 B,经过时间段 Δt 后的下一插补点偶为 D 和 E。由刀触点轨迹线的形成过程可知,对应点偶的连线 BA 和 DE 都平行于投影方向矢量 O。矢量 AH 和 BF 分别是刀触点轨迹线在点 A 和目的导引线在点 B 的切矢量,矢量 AG 过点 A 且平行于 BF。由前可知矢量 AH 和 BF 间夹角为 θ,即 $\triangle AGH$ 中,$\angle GAH = \theta$。由于高精度加工时的每一次进给量都为微小量,故可以用刀触点轨迹线在点 A 的切矢量方向 AH 近似代替刀具实际移动轨迹的弦线 AD 的方向,且 $|AD| = |v_2 \cdot \Delta t|$;同样,经过微小时间段 Δt 后,位于目的导引线上的点偶 B 应位于刀触点迹线上的点 D 沿投影方向矢量 O 在目的导引线上的投影,即点 E。由于进给量微小,对于弦线 BE 所表示的在目的导动线上移动的距离,可以用切线 BF 来近似代替,并有 $|BF| \approx |BE|$。则重新构建 $\triangle AGH$,令 $|AG| = |BF|$,且 $|AH| = |AD|$,并保持 $\angle GAH = \theta$。现用该平面三角形近似表示在 Δt 内目的导引线上移动的距离与刀触点轨迹线上移动的距离的几何关系。

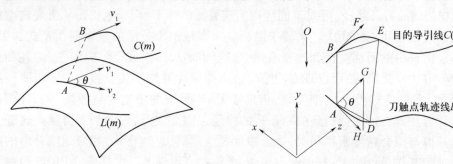

图 5-68　空间曲线偶上点偶间的运动关系图　　图 5-69　点偶的位移及速度矢量的几何关系图

3) 参数的间接预估

曲面 $S(u, v)$ 在刀触点轨迹线 $L(m)$ 上点 A 处沿参数 u 向的切矢量为 S_u,沿参数 v 向的切矢量为 S_v,则该点的法矢量 $N_S|A$ 可以表示为

$$N_S = S_u | A \times S_v | A \tag{5-74}$$

而曲面 $F(m, n)$ 在刀触点轨迹线 $L(m)$ 上点 A 处沿参数 m 向的切矢量为 F_m,沿参数 n 向的切矢量为 F_n,则曲面 $F(m, n)$ 在该点处的法矢量 $N_F|A$ 可以表示为

$$N_F = F_m | A \times F_n | A \tag{5-75}$$

则刀触点轨迹线在点 A 处的单位切矢量 N_L 可以表述为

$$N_L | A = \frac{N_S | A \times N_F | A}{| N_S | A \times N_F | A |} \tag{5-76}$$

由微分几何知,对于参数曲面 $F(m, n)$ 上的任意一条曲线的微分形式可以表示为

$$dL = F_m dm + F_n dn \tag{5-77}$$

事实上,参数曲面 $F(m, n)$ 上必有某一条曲线与交线(即刀触点迹线)相重合,该曲线上每一点的切矢量与刀触点迹线的切矢量处处保持平行,即有

$$ds = N_L \cdot dL \tag{5-78}$$

142

式中 ds——交线微段在切线方向上的长度。

从曲面上刀触点轨迹线的形成过程可以发现,目的导引线与刀触点轨迹线同时位于参数曲面 $F(m, n)$ 上。由微分几何可知,对位于同一参数曲面 $F(m, n)$ 上的两条任意曲线,两者的夹角 φ 可以用下式计算

$$\cos\varphi = \frac{\delta s \cdot \mathrm{d}\eta}{|\delta s||\mathrm{d}\eta|} \tag{5-79}$$

其中 $\delta s = r_m \delta m + r_n \delta n_\eta$ $\mathrm{d}\eta = r_m \mathrm{d}m + r_n \mathrm{d}n$。

初始导引线到目的导引线的变换原理如图 5-70 所示,在一系列的旋转平移变换后,初始导引线 $p(m)$ 转化为目的导引线,即

$$p'(m) = \boldsymbol{T} \cdot \boldsymbol{R} \cdot \boldsymbol{R}_N \cdot p(m) + \boldsymbol{B} \qquad a \leqslant m \leqslant b \tag{5-80}$$

式中 $\boldsymbol{T}, \boldsymbol{B}$——平移矩阵,这些矩阵的具体求解方法见文献[24]。

由式(5-80),位于该曲面上的目的导引线 $p'(m)$ 是单参数曲线,其单位切矢量为

$$\mathrm{d}r = \frac{[T \cdot R \cdot R_N \cdot p(m) + B]'}{T \cdot R \cdot R_N \left|\dfrac{\mathrm{d}}{\mathrm{d}m}p(m)\right|}\mathrm{d}m \tag{5-81}$$

因此,如图 5-71 所示,对于目的导引线和两曲面交线上的 对点偶 A 和 A^*,目的导引线在点 A 处的切线与曲面交线在点 A^* 处的切线的夹角 ψ 为

$$\cos\psi = \frac{N_L \cdot \mathrm{d}r}{|N_L||\mathrm{d}r|}\bigg|_{(m_k, n_k)} \tag{5-82}$$

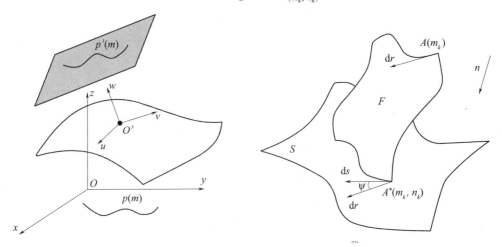

图 5-70 初始导引线到目的导引线的变换原理图 图 5-71 笔式加工直接插补算法原理图

设插补进给速度为 v,时间用 t 表示,由于时间增量 Δt 非常小,故可以将两参数曲面交线的弧长对时间的微分近似为插补进给速度,即

$$v = \frac{\mathrm{d}s}{\mathrm{d}t} \tag{5-83}$$

刀具沿该刀触点迹线加工时,若保持刀触点速度的恒定,就能保证恒定的材料去除率,有利于曲面加工质量的提高,这是本算法的一个出发点。由前一节对点偶间运动学关系的分析可知,刀触点轨迹线在点 A^* 处的速度与目的导引线在点 A 处的速度具有如图 5-72 所示的几何关系。图 5-72(a)中所示为点偶速度的实际几何模型,是一个平面

143

任意三角形;由于仅知道刀触点速度,即矢量 **AH** 的方向和大小、目的导引线的速度矢量 **AG** 的方向以及两速度矢量间的夹角,故在该三角形内求解目的导引线的速度大小具有不确定性。由于三角形各边分量均为微小量,为了简化问题,给出了图 5 – 72(b)中所示的可作为求解目的导引线上点偶速度的近似计算模型。

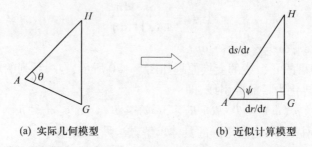

(a) 实际几何模型　　　　　　　(b) 近似计算模型

图 5 – 72　点偶速度间的实际几何模型和近似计算模型

由前述微分几何关系及图 5 – 72(b),可以得到沿交线运动的速度和沿目的导引线运动的速度之间的关系:

$$\frac{\mathrm{d}r}{\mathrm{d}t} = \frac{\mathrm{d}s}{\mathrm{d}t}\cos\psi = v\cos\psi \tag{5 – 84}$$

因此,对于目的导引线 $p'(m)$ 上的微段曲线,有

$$\frac{\mathrm{d}r}{\mathrm{d}t} = \frac{\mathrm{d}}{\mathrm{d}m}(p'(m))\frac{\mathrm{d}m}{\mathrm{d}t} = v\cos\psi \tag{5 – 85}$$

所以有

$$\frac{\mathrm{d}m}{\mathrm{d}t} = \frac{v\cos\psi}{\dfrac{\mathrm{d}}{\mathrm{d}m}(p'(m))} \tag{5 – 86}$$

同理

$$\frac{\mathrm{d}^2r}{\mathrm{d}t^2} = \frac{\mathrm{d}^2}{\mathrm{d}m^2}(p'(m))\frac{\mathrm{d}m}{\mathrm{d}t} + \frac{\mathrm{d}}{\mathrm{d}m}(p'(m))\frac{\mathrm{d}^2m}{\mathrm{d}t^2} \tag{5 – 87}$$

即

$$\frac{\mathrm{d}^2m}{\mathrm{d}t^2} = \frac{\dfrac{\mathrm{d}^2r}{\mathrm{d}t^2} - \dfrac{\mathrm{d}^2}{\mathrm{d}m^2}(p'(m))\dfrac{\mathrm{d}m}{\mathrm{d}t}}{\dfrac{\mathrm{d}}{\mathrm{d}m}(p'(m))} \tag{5 – 88}$$

而根据目的导引线与刀触点轨迹线间速度的关系,对时间 t 求二阶偏导数,有

$$\frac{\mathrm{d}^2r}{\mathrm{d}t^2} = \frac{\mathrm{d}}{\mathrm{d}t}(v\cos\psi) = v \cdot \frac{\mathrm{d}}{\mathrm{d}t}\left[\frac{N_L \cdot \dfrac{\mathrm{d}}{\mathrm{d}m}(p'(m))}{\left|\dfrac{\mathrm{d}}{\mathrm{d}m}(p'(m))\right|}\right]$$

$$= \frac{v}{\left|\dfrac{\mathrm{d}}{\mathrm{d}m}(p'(m))\right| \cdot |N_S \times N_F|} \cdot \frac{\mathrm{d}\left[(N_S \times N_F) \cdot \dfrac{\mathrm{d}}{\mathrm{d}m}(p'(m))\right]}{\mathrm{d}t} \tag{5 – 89}$$

以此类推可以得到目的导引线 $p'(m)$ 关于时间微段 $\mathrm{d}t$ 的高阶微分。

144

从初始导动曲线 $p(m)(a \leqslant m \leqslant b)$ 出发,考虑该曲线关于插补周期 Δt 的泰勒展开式。设曲线上当前点对应的参数值为 m_k,下一点对应的参数值为 m_{k+1},则

$$m_{k+1} = m_k + \frac{\mathrm{d}m}{\mathrm{d}t}\bigg|_{m_k} \Delta t + \frac{1}{2!} \cdot \frac{\mathrm{d}^2 m}{\mathrm{d}t^2}\bigg|_{m_k} (\Delta t)^2 + R_n(\Delta t) \qquad (5-90)$$

其中,$R_n(\Delta t)$ 为泰勒展开式的高次项。当曲线 $p(m)$ 的曲率不是很小时,可以将 m_{k+1} 的值只取至一次项。

至此,以保持曲面加工时刀具与曲面的接触点速率恒定为前提,根据初始导引线和刀触点轨迹线点偶之间的微分几何关系,求出了刀触点轨迹线上相邻刀触点在初始导引线上对应点的参数值,这是一个递推关系。

4. 复杂曲面笔式加工的自由曲线轨迹的直接插补算法特点

复杂曲面笔式加工时,以投影曲线作为刀触点轨迹线进行加工是曲面加工时遇到的一类问题。这类刀触点轨迹线是位于复杂曲面上的空间自由曲线[49]。投影方向的随机性,使得采用大量细分多边形面片表示的复杂曲面模型在求取刀触点时要进行大量的搜索。但是采用参数式曲面模型,子曲面片的数目非常有限,可以大大减少搜索计算量。因此,满足子曲面片间光滑连接的组合曲面造型,都适用于该搜索算法。但是,参数式曲面模型,同细分曲面模型一样,都无法得到显式数学表达的刀触点轨迹线,导致现有插补算法都无法直接应用。

针对该类型刀具轨迹的特点,从其形成过程分析,通过剖析初始导引线和刀触点轨迹线之间内在的联系,给出了基于参数间接预估的复杂曲面笔式加工的直接插补算法。在对参数预估模型简化的基础上,通过假想一对点偶同时在初始导引线和刀触点轨迹线上运动,得到这对点偶运动速度之间的几何关系。这也是求取刀触点迹线上每个插补点在初始导引线上对应点参数的基本原理。设定好插补进给速度和插补周期后,将初始导引线的参数关于时间展开成泰勒级数,从而得到下一插补点对应在初始导引线上的参数。整个算法以刀具沿曲面上自由曲线轨迹移动时接触点速率的恒定为前提,有利于提高曲面加工精度,可保证实际加工时良好的运动学特性。

仅有下一插补点对应在初始导引线上的参数这一个条件,还不足以求出刀触点的坐标,必须依据刀触点轨迹线的隐式表达,运用修正的牛顿迭代法求解高次的多元非线性方程组。复杂曲面采用双参数的代数多项式描述,即曲面上的每一个点均可由一个双参数对决定,位于待加工曲面上的刀触点迹线的每一点也不例外。为正确求解每个插补点对应的参数对,需逐个子曲面片单独建立非线性方程组。鉴于每个投影点位置的不确定性的考虑,算法中针对不同情况,罗列出九种搜索情况。由于相邻插补点之间位置相距很近,也就是说,待求的下一插补点的参数对必然与前一点的值很接近,修正的牛顿迭代法具有很强的局部收敛性,故以前一插补点的参数对作为下一插补点参数对进行迭代的初始值,可以快速求解。据前一点所在子曲面片位于整个参数定义域的位置,可以确定适合的搜索情况。通过选择合适的搜索方案以及迭代初始值的正确选取,为算法的快速实现奠定了基础。所有的插补点参数对求出后,回代到复杂曲面的分片表达式中,即为要求的刀触点坐标值。这些刀触点均位于待加工的复杂曲面上。

最后对保持刀触点速率恒定的算法所获得的刀位点带来的实际误差进行了分析。本

算法在采用非线性误差模型之前,对弧弦弓高误差模型也作了分析。弧弦弓高误差模型只是纯几何意义上对误差的一种近似表示,不能真实地反映实际加工情况,故在插补计算时,为了控制实际的加工误差,采用非线性误差模型才是合理的。前面给出的直接插补算法并未对实际误差进行约束,当精度要求进一步提高时,就需要对误差进行定量分析计算。以五轴联动端铣刀加工复杂曲面为例,分析了其插补时的非线性误差。在此基础上,对不满足精度要求的点,采用初始导引线参数对分的策略,插入新的插补点,这样有效地控制了插补误差,方法简便易实现。

5. 空间自由曲线的参数细分插补算法

1) 研究现状

设参数自由曲线为 $P(u) = (x(u), y(u), z(u))$,进给速度随时间的变化关系为 $v(t)$,变量 t 表示时间,则

$$\frac{du}{dt} = \frac{v(t)}{\frac{ds}{dt}} = \frac{v(t)}{\sqrt{(\dot{x}(u))^2 + (\dot{y}(u))^2 + (\dot{z}(u))^2}} \tag{5-91}$$

式中　　　　　　ds——自由曲线 $P(u)$ 的弧长微分;

　　　　　　　　du——参数微分;

$\dot{x}(u), \dot{y}(u), \dot{z}(u)$——曲线上一点各坐标分量关于参数 u 的微分;

　　　　　　　　dt——时间 t 的微分。

自由曲线大多采用参数形式描述,因此,实时插补算法的核心就是如何实时求得单位时间间隔内自由曲线的参数增量,即对式(5-91)的求解。由参数增量,才能获得各个进给轴的位置增量,驱动伺服控制系统。

不考虑进给速度、进给加速度约束,自由曲线上相邻下一插补点对应的参数值确定方法有三种:①基于泰勒级数展开的插补点参数预估法[50];②基于四阶龙格—库塔(Runge – Kutta)数值积分法的参数确定规则[51];③后向差分近似估计算法[52]。

方法①应用最广泛,一般以一阶至多二阶的泰勒级数展开近似,但涉及计算复杂多项式的一阶及以上导数,需要运算速度快的微处理器才能保证实时性。设插补周期为 T,当前插补时间为 KT,参数 $u(KT+T)$ 计算公式如下:

$$
\begin{aligned}
u((K+1)T) = u(KT) &+ \frac{v(t)T + (T^2/2)(dV(t)/dt)}{\sqrt{(\dot{x}(u))^2 + (\dot{y}(u))^2 + (\dot{z}(u))^2}}\Bigg|_{t=KT} \\
&- \frac{(v(t)T)^2(\dot{x}(u)\ddot{x}(u) + \dot{y}(u)\ddot{y}(u) + \dot{z}(u)\ddot{z}(u))}{2\,(\dot{x}(u))^2 + (\dot{y}(u))^2 + (\dot{z}(u))^2}\Bigg|_{t=KT}
\end{aligned}
\tag{5-92}
$$

方法②为参数值预估提供了一种数值近似方法,常用的四阶 Runge – Kutta 方法计算参数 $u(KT+T)$ 的公式为

$$u((K+1)T) = u(KT) + \frac{1}{6}(K_1 + 2K_2 + 2K_3 + K_4) \tag{5-93}$$

其中

$$K_1 = Tf(u(KT) , KT),$$

$$K_2 = Tf(u(KT) + K_1/2 , KT + T/2),$$

$$K_3 = Tf(u(KT) + K_2/2 , KT + T/2),$$

$$(5-94)$$

$$K_4 = Tf(u(KT) + K_3, KT + T)$$

$$f(u,t) = \frac{v(t)}{\sqrt{(\dot{x}(u))^2 + (\dot{y}(u))^2 + (\dot{z}(u))^2}}$$

方法③基于二阶泰勒展开式,运用后向差分方法,避免了对参数的求导,但是需要知道前三阶的参数值。计算参数 $u(KT+T)$ 的公式为

$$u((K+1)T) = 2.5u(KT) - 2u((K-1)T) + 0.5u((K-2)T) \qquad (5-95)$$

提到的三种不同方法,用于求取相邻插补点的参数所用的时间也是不同的。一阶泰勒展开预估参数所用的时间最短,二阶泰勒展开次之,Runge-Kutta 方法时间最长。这些插补计算方法所用时间的长短最终决定着插补周期的选取。第三种方法可用于插补点参数的自适应调整,用于参数值的预估时不足之处在于初始儿个插补点的参数无法得到。

2)算法的设计与实现

由于参数曲线能够很好地复原实际加工轮廓,故基于初始的刀位点数据(包括刀位点的位置矢量、刀具在刀位点处沿行进方向的单位切矢量以及曲面在刀位点处的法矢量),设计了参数曲线实时插补算法。参数曲线插补算法计算插补点时,本质上通过参数的细分来完成,故将该算法命名为参数细分插补算法[52]。

算法在实现环节上共分如下三步完成:

(1)判断当前插补点位于哪四个连续刀位点决定的参数曲线上。

(2)根据这四个连续刀位点,实时构造出逼近理想刀位点轨迹线的参数曲线,本算法提供了两种参数曲线形式:参数三次多项式曲线和三次 B 样条曲线。

(3)依据参数曲线的形状系数,得到下一插补点。

算法的关键技术之一是需要在大量的刀位点数据中,搜索到当前插补点位于哪一段曲线上,实质上就是找出决定这条参数曲线的四个连续刀位点。不管曲线的形状有多复杂,通过参数描述的曲线可以避免曲线显式表达时的多值性,因而,算法选用了当前插补点对应的参数,判断所在的参数曲线,即对应的四个刀位点。算法分三种情况判断参数所在的曲线:位于起始四个刀位点决定的曲线上;位于最后四个刀位点决定的曲线上;位于其余连续四个刀位点决定的曲线上。这样可以确定三种情况下参数初值的设置。算法实现的流程图略。

根据编程坐标系下的各离散刀位点处曲面的法矢量,可以确定刀轴矢量与三个坐标轴的夹角,现依据这些角度量实现角度插补。刀具转动时的角度插补采用样条方法,同样可以避免线性插补时带来的一系列问题。但采用前述的用于刀心位置量插补的方法,由于缺乏端点边界条件而无法应用,现参考 PMAC 卡中的样条插补算法,解决该问题。

5.8 螺纹加工算法

螺纹加工可以以镗刀或端面车刀在车床和铣床上实现。螺纹的种类有多种:固定螺距螺纹,单螺纹或多螺纹,圆柱螺纹或锥形螺纹,外螺纹或内螺纹,端面螺纹。

螺纹长度是由轨迹运动指令控制的,必须考虑到启动、停止和速度加减速区域。螺纹螺距是以地址 I,K 送入的。K 用于轴面螺纹,I 用于端面螺纹,I 和 K 用于锥形螺纹。I 和 K 必须以无符号的增量位置数据送入。螺距的标准输入分辨率为 $0.001\,\mathrm{mm/r}$。

螺距的编程范围为 $0.001\,\mathrm{mm} \sim 400.000\,\mathrm{mm}$ 或 $200.000\,\mathrm{mm}$。左手或右手螺纹可通过指定主轴的旋转方向来实现。主轴的旋转方向和速度必须在实际螺纹加工之前完成,以使得主轴运行到正常速度。

为了实现螺纹加工,主轴上必须安装有脉冲编码器。脉冲编码器一般有一对正交的脉冲输出和一个零标记输出,一对正交脉冲一周的脉冲数,一般常用的有 1000,2000,2500,3000 等,其数目用于旋转角度测量,其相位用于判别方向,零标记脉冲一般为每转一个脉冲,用于绝对位置定位。

为了允许螺纹加工中同一螺纹的多次切削,即每次有一个固定的吃刀量并保证螺距,通过多次切削达到要求的螺纹深度,每次螺纹切削进给启动要等到脉冲编码器零标记时才开始。这就保证刀具总是在工件圆周上的同一点进入工件。螺纹切削应该在同样的主轴速度下完成,以避免不同的跟踪误差。

螺纹切削过程中,数控系统的进给倍率开关、进给停止按钮、主轴速度倍率开关和单段加工方式对其没有影响,即不起作用。

5.8.1 固定螺距的螺纹加工算法

1. 圆柱螺纹的加工

圆柱螺纹的加工图如图 5 – 73 所示,设固定的螺距为 $h(\mathrm{mm})$,主轴光电编码器的分辨率为 $N(\text{脉冲/r})$,则两个轴的进给增量指令为

$$\begin{cases} \Delta X_i = 0 \\ \Delta Z_i = \dfrac{h}{N}\Delta n_i \end{cases} \quad (i = 0,1,\cdots) \qquad (5-96)$$

式中 Δn_i——插补周期内从主轴光电编码器采集到的脉冲数。

设主轴转速为 $S(\mathrm{r/min})$,则固定螺纹加工时刀具的进给速度为

$$v = hS(\mathrm{mm/min}) \qquad (5-97)$$

图 5 – 73 中,t 为螺纹深度,在进行螺纹加工时,一次切削可能吃刀量达不到此深度,需要重复几次切削,当每次切削时需要在主轴光电编码器的零标记时才开始,这样才能保证总是在工件圆周上的同一点进入工件。

图 5 – 73 中,螺纹螺距 $h = 2\,\mathrm{mm}$,螺纹深度 $t = 1.3\,\mathrm{mm}$,径向进给方向。采用绝对编程的加工程序如下:

148

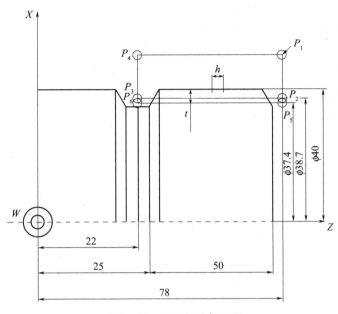

图 5 - 73　圆柱螺纹加工图

N20	G90 S400 M03 LF		主轴转速,顺时针
N21	G00 X46 Z78 LF	(P_1)	快速移动至 P_1
N22	X38. 7 LF	(P_2)	进给至第一个切削深度
N23	G33 Z22 K2 LF	(P_3)	从 P_2 至 P_3 进行第一次螺纹切削
N24	G00 X46 LF	(P_4)	从径向快速退回至 P_4
N25	Z78 LF	(P_1)	快速退回至 P_1
N26	X37. 4 LF	(P_5)	进给至第二个切削深度
N27	G33 Z22 K2 LF	(P_6)	从 P_5 至 P_6 进行第二次螺纹切削
N28	G00 X46 LF	(P_4)	从径向快速退回至 P_4
N29	M02 LF		程序结束

2. 圆锥螺纹加工

圆锥螺纹加工图如图 5 - 74 所示,与圆柱螺纹加工的不同之处在于增加了一个 X 方向的进给量 I,此时两个轴的进给指令为

$$\begin{cases} \Delta X_i = \dfrac{I}{N}\Delta n_i \\ \Delta Z_i = \dfrac{h}{N}\Delta n_i \end{cases} \qquad (i = 0,1,\cdots) \qquad (5-98)$$

式中,h、N、Δn_i 的定义与式(5 - 96)的给定条件和定义相同。

图 5 - 74 中,螺纹螺距 $h = 5\mathrm{mm}$,螺纹深度 $t = 1.73\mathrm{mm}$,径向进给方向。螺纹螺距 h 是在 K 后面写入程序的,A、B、C 等均为直径。编程所需的各种参数计算如下:

第一次螺纹切削 $P_2 \sim P_3$,$t = 1\mathrm{mm}$

第二次螺纹切削 $P_5 \sim P_6$,$t = 0.73\mathrm{mm}$

$A = 70\mathrm{mm}$

$B = A - 2t = 66.54\mathrm{mm}$

$C = B - 2 \times (5\tan\alpha) = 66.86\text{mm}$

$D = C + 2 \times (70\tan\alpha) = 101.366\text{mm}$

$K = h = 5\text{mm}$

$I = h\tan\alpha = 1.34\text{mm}$

$X(P_2) = C + 2\text{mm} = 65.86\text{mm}$

$X(P_3) = D + 2\text{mm} = 103.366\text{mm}$

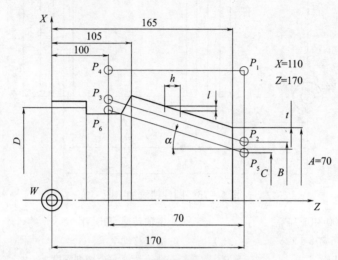

图 5-74　圆锥螺纹加工图

采用绝对编程的加工程序如下:

N31 G90 S200 M03 LF　　　　　　　　主轴转速,顺时针

N32 G00 X110 Z170 LF　　　(P_1)　　快速移动至 P_1

N33 X65.86 LF　　　　　　(P_2)　　进给至第一个切削深度

N34 G33 X103.366 Z100 K5 LF　(P_3)　从 P_2 至 P_3 进行第一次螺纹切削

N35 G00 X110 LF　　　　　　(P_4)　　从径向快速退回至 P_4

N36 Z170 LF　　　　　　　　(P_1)　　快速退回至 P_1

N37 X63.86 LF　　　　　　　(P_5)　　进给至第二个切削深度

N38 G33 X101.366 Z100 K5 LF　(P_6)　从 P_5 至 P_6 进行第二次螺纹切削

N39 G00 X110 LF　　　　　　(P_4)　　从径向快速退回至 P_4

N40 M02 LF　　　　　　　　　　　　程序结束

5.8.2　变动螺距的螺纹加工算法

每转的螺距可通过地址 F 后面跟着的编程值改变,直到获得最大或最小可能的值为止。

G34 指令用于螺距增加,例如

$$\text{N25 G34 Z217 K2 F0.1 LF}$$

K2 为初始螺距 2mm,F0.1 为每转 0.1mm 的螺距,即主轴转 5r 后螺距变为 2.5mm。

G35 指令用于螺距减小,例如

$$\text{N45 G35 G90 Z417 K10 F0.5 LF}$$

K10 为初始螺距 10mm，F0.5mm 为主轴每转螺距增加 0.5mm，即主轴转 10r 后螺距变为 5mm。

变动螺距加工的算法与固定螺距加工的算法相同，只是每到主轴的光电编码器零位脉冲时，螺距应增加或减小 F 指定的长度。

5.8.3 多螺纹加工算法

螺纹切削总是在光电编码器的零位脉冲的同步点开始。借助于加工程序能够使切削螺纹的起始点有一个偏移，这就能切削多螺纹，多螺纹的一道螺纹的编程与单螺纹相同。当第一道螺纹切削好后，起始点偏移 h'，开始切削下一道螺纹，h' 的计算公式如下：

$$h' = \frac{h}{m} \qquad (5-99)$$

式中 h——螺距；

m——螺纹道数。

为了避免不同的跟踪误差，螺纹的不同道加工必须在相同的主轴转速下进行。下面用一个实例来说明多螺纹的加工过程。图 5-75 所示的工件加工要求为螺纹道数 $m=2$，螺距 $h=6$mm，螺纹深度 $t=3.9$mm。

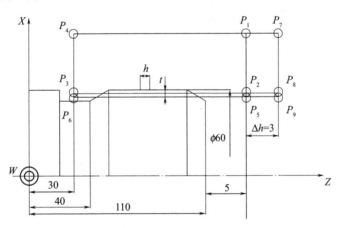

图 5-75 多螺纹加工图

在这个例子中，螺纹的切削分两步完成。当第一道螺纹加工完成后，第二道螺纹的起始点偏移 h' 开始加工。根据式（5-99），h' 为

$$h' = 6/2 = 3\text{mm}$$

加工程序如下：

N35 G90 S200 M03 LF

N36 G00 X66 Z115 LF   （P_1）

N37 X56 LF   （P_2）

N38 G33 Z30 K6 LF   （P_3）

N39 G00 X66 LF   （P_4）

N40 Z115 LF   （P_1）

N41 X52.2 LF   （P_5）

N42 G33 Z30 K6 LF   （P_6）

N43 G00 X66 LF   (P_4)
N44 Z118 LF   (P_7)
N45 X56 LF   (P_8)
N46 G33 Z30 K6 LF   (P_3)
N47 G00 X66 LF   (P_4)
N48 Z118 LF   (P_7)
N49 X52. 2 LF   (P_9)
N50 G33 Z30 K6 LF   (P_6)
N51 G00 X66 LF   (P_4)
N52 M02

第6章　数控系统的刀具补偿原理

6.1　概　　述

数控系统的刀具补偿(以下简称为刀补)即垂直于刀具轨迹的位移,用来修正刀具实际半径或直径与其程序规定的值之差。数控系统对刀具的控制是以刀架参考点为基准的,零件加工程序给出零件轮廓轨迹,如不作处理,则数控系统仅能控制刀架的参考点实现加工轨迹,但实际上是要用刀具的尖点实现加工的,这样需要在刀架的参考点与加工刀具的刀尖之间进行位置偏置。这种位置偏置由两部分组成:刀具长度补偿及刀具半径补偿。不同类型的机床与刀具,需要考虑的刀补参数也不同。对铣刀而言,只有刀具半径补偿;对钻头而言,只有一坐标长度补偿;但对车刀而言,却需要两坐标长度补偿和刀具半径补偿。图6-1说明了铣刀、钻头及车刀的刀补原理。

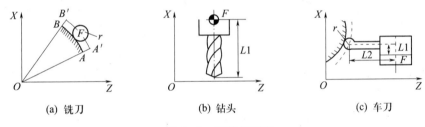

(a) 铣刀　　　　　　(b) 钻头　　　　　　(c) 车刀

图6-1　刀补的原理

图6-1中,对铣刀而言,铣削的工件外径为 AB,但是铣床控制铣刀走的轨迹是 $A'B'$,因此,需要将轨迹 AB 转化为 $A'B'$,才能达到加工目的。对车刀而言,除了刀具半径补偿之外,还有一个刀具长度补偿。车刀刀尖半径为 r,刀心与刀架中心的偏移为 (X,Z),这些偏移值是预先存入刀补表的。不同的刀补号只对应着不同的参数。编程员依靠调用不同的刀补号来满足不同的工艺要求。

6.2　数控系统的刀具补偿原理

6.2.1　刀具数据

SIEMEN880 数控系统中,刀具的几何数据存储于刀具偏置号 D 后面:

长度	± 9999.999mm	
半径	± 999.999mm	输入分辨率 1μm
T 编号	8 位十进制数	

在标准控制系统中,刀补数据块分成 10 列($P0 \sim P9$)。刀补块的格式由刀具类型($P1$)标识。用户可使用 99 个刀补块。

刀补可用 $D1$ 至 $DXXX$ 的十进制数调用,可用 $D0$ 取消。刀补要到对应的轴被编程时才执行。刀具号、刀具类型、几何尺寸存储于控制系统的刀补区($T0$)。刀补可通过数控系统操作面板和数据输入接口送入数控系统。

刀具类型定义如下:

类型 0	刀具未定义
类型 1 ~ 9	车刀,刀尖位置
类型 10	仅有长度补偿的刀具(如钻头)
类型 20	具有半径补偿和一个长度补偿的刀具(如铣刀)
类型 30	具有半径补偿和两个长度补偿的刀具(如角铣刀)
类型 40	五轴长度补偿的铣刀

常用刀具的刀补数据存储结构如表 6-1 所列。$P0$ 为最多可达 8 位十进制数的刀具号,$P1$ 为上述刀具类型,$P2 \sim P5$ 为刀具的几何尺寸,$P6 \sim P7$ 为刀具的磨损数据,$P8,P9$ 保留用于特殊用途。

表 6-1 刀补的存储结构

	偏置存储结构										编程
	刀具号	刀具类型		几何尺寸			磨损		备用		刀具调用举例
	P0	P1	P2	P3	P4	P5	P6	P7	P8	P9	
D_n	1,…,8	1,…,9	长度 1 L1	长度 2 L2	半径 R	长度 1 L1	长度 2 L2	半径 R	长度 1 L1	长度 2 L2	T100 指定刀具
D_m	1,…,8	1,…,9	长度 1 L1	长度 2 L2	半径 R	长度 1 L1	长度 2 L2	半径 R	长度 1 L1	长度 2 L2	D50 或 D51 指定刀具 编置号

常用的几种刀具的几何尺寸如图 6-2 所示。图 6-2(a)为端面车刀,其类型 $P1 = 1 \sim 9$,具体为何值由刀具的安装位置决定,几何尺寸 $P2 = L1, P3 = L2$;图 6-2(b)为槽铣刀,其类型 $P1 = 1 \sim 9$,具体为何值由刀具的安装位置决定,几何尺寸 $P2 = L1, P3 = L2$;图 6-2(c)为钻头,其类型 $P1 = 10$,几何尺寸 $P2 = L1$;图 6-2(d)为端面铣刀,其类型 $P1 = 20$,几何尺寸 $P2 = L1, P4 = R$;图 6-2(e)为角铣刀,其类型 $P1 = 40$,几何尺寸 $P2 = L1$, $P3 = L2, P4 = R$。

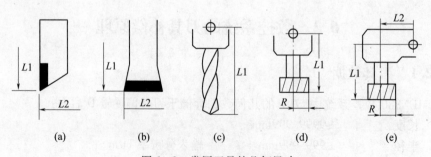

(a)   (b)   (c)   (d)   (e)

图 6-2 常用刀具的几何尺寸

刀具的偏置能够通过操作面板和数据输入接口送入数控系统。标号为 0 的输入区域用于一个最多到 8 位十进制数的刀具号,正常情况下,在使用柔性刀具操作处不需要送入。

刀具结构参数如图 6 - 3 所示,图中,P 为理论刀尖,S 为刀鼻圆弧中心,R_S 为刀鼻半径,F 为刀架参考点。

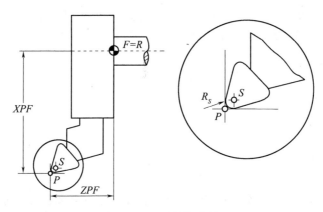

图 6 - 3 刀具结构参数

工件轮廓能够与采用刀鼻半径补偿的刀具偏置一起编程,输入长度补偿指的是理论刀尖"P"的位置。刀鼻半径 R_S 和切削点 P(刀鼻矢量)的位置也必须送入数控系统。

数控系统计算出运动的轨迹,不会产生轮廓误差。在调用 G41 或 G42 的程序段结束时,即下一个程序段正确执行时,刀鼻半径补偿才起作用。为了计算刀鼻半径补偿,数控系统需要切削刀具半径(补偿参数 $P4$)和刀具在刀架上是如何夹紧的信息。标识符 $P1 = 1$ 到 $P1 = 9$ 必须对刀具类型 $P1$ 的刀具偏置送入数控系统。数控系统定义出相对于刀具半径中心 S 的 P 点的位置,刀尖位置有 9 种可能,如图 6 - 4 所示。括号外的数据表示在刀具中心后面加工,括号内的数据表示在刀具中心的前面加工。因为数控系统必须知道理论切削点(P)的位置,才能计算出轮廓的正确形状。

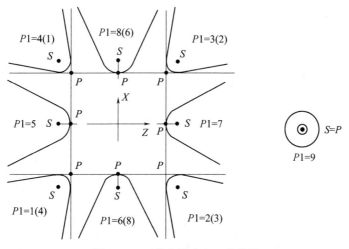

图 6 - 4 刀鼻半径中心 S 的位置

如果采用刀鼻半径中心 S 而不采用点 P 作为确定刀具长度补偿的参考点,必须输入标识符 $P1 = 9$,标识符 $P1 = 0$ 是不允许输入的。

在 CNC 系统中,应开辟一全程变量区,以存储刀具参数,考虑到各类刀具的差异,采

155

用如下所示的结构(用 C 语言描述)作为刀具参数的通用格式。

```
StructT_OFFSET{
    IntT_NUM;
    IntT_TYPE;
    FloatT_G_L1;
    FloatT_G_L2;
    FloatT_G_R;
    FloatT_W_L1;
    FloatT_W_L2;
    FloatT_W_R;
    FloatT_Time_life;
}
```

上述结构中的九个变量分别对应于表 6-1 所列刀补存储结构中的参数 $P0 \sim P9$。

6.2.2 刀具长度补偿

刀具长度补偿是用来实现刀尖圆弧中心轨迹与刀架中心轨迹之间的转换,即图 6-3 中 F 与 S 之间的转换,但是实际上不能直接测得这两个中心点之间的距离矢量,而仅能测得理论刀尖 P 与刀架参考点 F 之间的距离。根据是否要考虑刀尖圆弧半径补偿,长度补偿可以分为两种情况。

首先考虑没有刀具半径补偿时的刀具长度补偿,如图 6-3 所示,此种情况对应于 $R_S = 0$,理论刀尖 P 相对于刀架参考点的坐标 XPF 和 ZPE 可由刀具长度测量装置(如日本 HITEC_TURN25SCNC 数控系统 Q_set)测出,将 XPF 和 ZPE 的值存入刀具参数 T_W_L1 和 T_W_L2 中。

XPF 和 ZPE 的定义如下:

$$XPF = x_P - x \qquad (6-1a)$$

$$ZPF = z_P - z \qquad (6-1b)$$

式中　x_P, z_P——理论刀尖 P 点的坐标;

　　　x, z——刀架参考点 F 的坐标。

则没有刀具长度补偿的公式为

$$x = x_P - XPF \qquad (6-2a)$$

$$z = z_P - ZPF \qquad (6-2b)$$

式中:理论刀尖 P 点的坐标 (x_P, z_P) 实际上即为加工零件轨迹坐标,由零件加工程序中获得。此时加工程序的零件轮廓轨迹经式(6-3)补偿后,即能用刀尖 P(没有圆弧)点实现。

若图 6-3 中 $R_S \neq 0$,则计算刀具半径补偿时,刀具的长度补偿需要考虑到刀具的安装方式(见图 6-4),根据刀具参数 $P1$ 的不同刀具的长度补偿的公式如下:

$$x = \begin{cases} x_P - XPF & P1 = 5,7 \\ x_P - XPF + R_S & P1 = 1,6,2 \\ x_P - XPF - R_S & P1 = 4,8,3 \end{cases} \qquad (6-3a)$$

$$z = \begin{cases} z_P - ZPF & P1 = 5,7 \\ z_P - ZPF + R_S & P1 = 1,6,2 \\ z_P - ZPF - R_S & P1 = 4,8,3 \end{cases} \qquad (6-3b)$$

式中:XPF 和 ZPF 的定义见式($6-1$);x_P,z_P 为加工零件轮廓轨迹点的坐标;x,z 为刀架参考点 F 的坐标。此时加工程序的零件轮廓轨迹经式($6-3$)补偿后,即能由刀鼻圆弧中心 S 点实现,要想正确地实现零件加工,除了式($6-3$)的长度补偿外,还需进行刀具圆弧半径补偿。

6.2.3 刀具半径补偿

1. 刀具半径补偿的概念

在轮廓加工过程中,由于刀具总有一定的半径(如铣刀半径或线切割机的钼丝半径),刀具中心的运动轨迹与工件轮廓是不一致的,如图 $6-5$ 所示。若不考虑刀具半径,直接按照工件轮廓编程是比较方便的,但这时刀具中心运动轨迹是工件轮廓,而加工出来的零件尺寸比图纸要求小了一圈(外轮廓加工)或大了一圈(内轮廓加工)。所以必须使刀具沿工件轮廓的法向偏移一个刀具半径 r。这种偏移习惯上称为刀具半径补偿,也就是要求数控系统具有半径偏移的计算功能。具有这种刀具半径补偿功能的数控系统,能够根据工件轮廓编制的加工程序和输入系统的刀具半径值进行刀具偏移计算,自动地加工出符合图纸要求的工件。

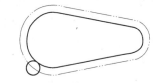

图 $6-5$ 工件轮廓与刀具中心轨迹的关系图

根据 ISO 标准,当刀具中心轨迹在程序轨迹前进方向右边时称为右刀具补偿,用 G42 表示;在左边时用 G41 表示,称为左刀具补偿;当取消刀具半径补偿时用 G40 表示。

需指出,刀具半径补偿通常不是程序编制人员完成的,编程人员只是按零件图纸的轮廓编制加工程序。同时用指令 G41、G42 告诉 CNC 系统刀具是按零件内轮廓运动还是按外轮廓运动。实际的刀具半径补偿是在 CNC 系统内部由计算机自动完成的。CNC 系统根据零件轮廓尺寸(直线或圆弧以及起点和终点)和刀具运动的方向指令(G41、G42、G40),以及实际加工中所用的刀具半径自动地完成刀具半径补偿计算。

在实际轮廓加工过程中,刀具半径补偿的执行过程分为刀补的建立、刀补的进行和撤消三个步骤:

(1) 刀补的建立。刀具由起刀点接近工件,因为建立刀补,所以本段程序执行后,刀具中心轨迹的终点不在下一段程序指定轮廓起点,而是在法线方向上偏移一个刀具半径的距离。偏移的左右方向取决于 G41 还是 G42,如图 $6-6$ 所示。

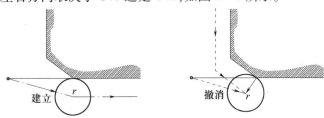

图 $6-6$ 刀补的建立与撤消

（2）刀补的进行。一旦建立刀补,则刀补状态一直维持到刀补撤消。在刀补进行期间,刀具中心轨迹始终偏离程序轨迹一个刀具半径的距离。

（3）刀补的撤消。刀具撤离工件,回到起刀点。这时应按编程的轨迹和上段程序末刀具中位置,计算出运动轨迹,使刀具回到起刀点。刀补撤消命令用 G40 指令。刀补仅在指定的二维坐标平面内进行。平面的指定由代码 G17($X-Y$ 平面）、G18($X-Z$ 平面）、G19($Z-X$ 平面)表示。刀具半径值通过代码 H 来指定。

2. B 功能刀具半径补偿

B 功能刀具半径补偿为基本的刀具半径补偿,它不仅根据本段程序的轮廓尺寸进行刀具半径补偿,计算刀具中心的运动轨迹。一般数控系统的轮廓控制通常仅限于直线和圆弧。对于直线而言,刀补后的刀具中心轨迹为平行于轮廓直线的一条直线。因此,只要计算出刀具中心轨迹的起点和终点坐标,刀具中心轨迹即可确定。对于圆弧而言,刀补后的刀具中心轨迹为与指定轮廓圆弧同心的一段圆弧,因此,圆弧的刀具半径补偿,需要计算出刀具中心轨迹圆弧的起点、终点和半径。B 功能半径补偿要求编程轮廓的过渡为圆角过渡,如图 6-7 所示。圆角过渡是指轮廓线之间以圆弧连接,并且连接处轮廓线必须相切。切削内角时,过渡圆弧的半径应大于刀具半径。编程轮廓圆角过渡,则前一段程序刀具中心轨迹终点即为后一段程序刀具中心的起点,系统不需要计算段与段之间刀具轨迹交点。

直线刀具半径补偿计算如图 6-8 所示。设要加工的直线为 OA,其起点在坐标原点 O,终点为 $A(x,y)$。因为是圆角过渡,上一段程序的刀具中心轨迹终点 $O'(x_0,y_0)$ 为本段程序刀具中心的起点,OO' 为轮廓直线 OA 的垂线,且 O' 点与 OA 的距离为刀具 r。$A'(x',y')$ 为刀具中心轨迹直线的终点,AA' 也必然垂直于 OA,A' 点与 OA 的距离仍为刀具半径 r。A' 点同时也为下一段程序刀具中心轨迹的起点。由于起点为已知,即由上段的终点决定,OA' 与 OA 斜率和长度都相同,所以从 O' 点到 A' 点的坐标增量与从 O 点到 A 点的坐标增量相等,即

$$x = x' - x_0$$
$$y = y' - y_0$$

因为 x_0、y_0 为已知,本段的增量 x、y 由本段轮廓直线确定,为已知,所以

$$x' = x + x_0$$
$$y' = y + y_0$$

即刀具中心轨迹的终点也可求得。

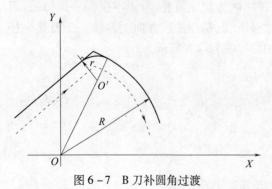

图 6-7 B 刀补圆角过渡

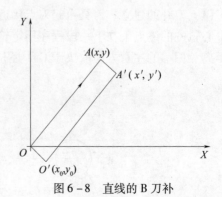

图 6-8 直线的 B 刀补

158

圆弧的刀具半径补偿计算如图 6 – 9 所示。设被加工圆弧的圆心在坐标原点,圆弧半径为 R,圆弧起点为 $A(x_0,y_0)$,终点为 $B(x_e,y_e)$,刀具半径为 r。

设 $A'(x_0',y_0')$ 为前一段程序刀具中心轨迹的终点,且坐标为已知。因为是圆角过渡,A' 点一定在半径 OA 或其延长线上,与 A 点的距离为 r。A' 点即为本段程序刀具中心轨迹的起点。圆弧刀具半径补偿计算的目的,是要计算刀具中心轨迹的终点 $B'(x_e',y_e')$ 和半径 R'。因为 B' 在半径 OB 或其延长线上,三角形 $\triangle OBP$ 与 $\triangle OB'P'$ 相似。根据相似三角形原理,有

$$\frac{x_e'}{x_e} = \frac{y_e'}{y_e} = \frac{R+r}{R}$$

即

$$x_e' = \frac{x_e(R+r)}{R}$$

$$y_e' = \frac{y_e(R+r)}{R}$$

$$R' = R + r$$

式中,R,r,x_e,y_e 都为已知,从而可求得 x_e',y_e'。以上为刀具偏向圆外侧的情况。如刀具偏向圆的内侧,则有

$$R' = R - r$$

$$x_e' = \frac{x_e R'}{R}$$

$$y_e' = \frac{y_e R'}{R}$$

刀具的偏移方向由圆弧的顺、逆以及刀补方向(G41 或 G42)所确定。

如图 6 – 10 所示,B 功能刀具半径补偿建立时,刀具必须以轮廓的法线方向接近工件,在接近工件的过程中,缩短一个刀具半径值的距离即建立起刀补。撤消刀补时刀具也沿工件轮廓的法线方向离开工件,在离开工件的过程中缩短一个刀具半径的距离,回到起刀点。

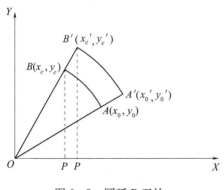

图 6 – 9　圆弧 B 刀补

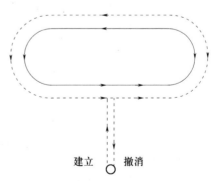

图 6 – 10　B 功能刀补的建立与撤消

3. C 功能刀具半径补偿

从以上介绍可知 B 功能刀补对编程限制的主要原因是在确定刀具中心轨迹时,都采

用了读一段,算一段,再走一段的控制方法。这样,就无法预计到由于刀具半径所造成的下一段加工轨迹对本段加工轨迹的影响。于是,对于给定的加工轮廓轨迹来说,当加工内轮廓时,为了避免刀具干涉,合理地选择刀具的半径以及在相邻加工轨迹转接处选用恰当的过渡圆弧等问题,就不得不靠程序员来处理。

为了解决下一段加工轨迹对本段加工轨迹的影响,在计算完本段轨迹后,应提前将下一段程序读入,然后根据它们之间转接的具体情况,再对本段的轨迹作适当的修正,得到正确的本段加工轨迹。

图6-11(a)是普通 NC 系统的工作方法,程序轨迹作为输入数据送到工作寄存区 AS后,由运算器进行刀补运算,运算结果送给寄存区 OS,直接作为伺服系统的控制信号。图6-11(b)是改进后的 NC 系统的工作方法。与图6-11(a)相比,增加了一组数据输入的缓冲寄存区 BS,节省了数据读入时间。往往是 AS 中存放着正在加工的信息,而 BS 已经存放了下一段所要加工的信息。图6-11(c)是在 CNC 系统中采用 C 功能刀补方法的原理框图。与从前方法不同的是,CNC 系统内部又设置了一个刀补缓冲区 CS。零件程序的输入参数在 BS,CS 和 AS 内的存放格式是完全一样的。当某一程序在 BS,CS 和 AS 中被传送时,它的具体参数是不变的。这主要是为了输入显示的需要,实际上,BS,CS 和 AS各自包括一个计算区域,编程轨迹的计算及刀补修正计算都是在这些计算区域中进行的。当固定不变的程序输入参数在 BS,CS 和 AS 间传输时,对应的计算区域的内容也就跟随一起传输。因此,也可以认为这些计算区域对应的是 BS,CS 和 AS 区域的一部分。

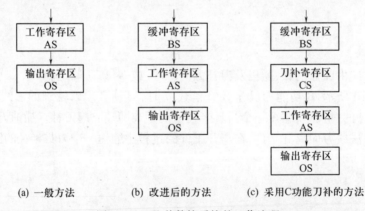

(a) 一般方法　　　(b) 改进后的方法　　　(c) 采用C功能刀补的方法

图6-11　几种数控系统的工作流程

这样当系统启动后,第一段程序先被读入 BS,BS 中算得的第一段编程轨迹被送到 CS暂存后,又将第二段的编程轨迹读入 BS,算出第二段编程轨迹。接着,对第一、第二两段编程轨迹的连接方式进行判别,根据判别结果,再对 CS 中的第一段编程轨迹作相应的修正。修正结束后,顺序地将修正后的第一段编程轨迹由 CS 送到 AS 中,第二段编程轨迹由 BS 送到 CS。随后,由 CPU 将 AS 中的内容送到 OS 进行插补运算,运算结果送伺服装置予以执行。当修正了的第一段编程轨迹开始执行后,利用插补间隙,CPU 又命令第三段程序读入 BS,随后,又根据 BS,CS 中的第三、第二段编程轨迹的连接方式,对 CS 中的第二段编程轨迹进行修正,依次进行。可见在刀补工作状态时,CNC 系统内部总是同时存有三个程序段的信息。

在具体实现时,为了便于交点的计算以及对各种编程情况进行综合分析,从中找出规律,必须将 C 功能刀补方法所有的编程输入轨迹都当作矢量看待。

显然,直线本身就是一个矢量。而圆弧在这里意味着要将起点、终点的边界及起点到终点的弦长都看做矢量,零件刀具半径也作为矢量看待。刀具半径矢量,是指在加工过程中,始终垂直于编程轨迹,大小等于刀具半径值,方向指向刀具中心的一个矢量。在直线加工时,刀具半径矢量始终垂直于刀具移动方向。在圆弧加工时,刀具半径矢量始终垂直于编程圆弧的瞬时切点的切线,它的方向是一直在改变的。

6.3　C 刀具补偿类型及判别方法

6.3.1　C 刀具补偿类型的定义

一般说来,CNC 系统中能控制加工的轨迹仅限于直线和圆弧,前后两段编程轨迹间共有四种连接形式,即直线与直线相接、直线与圆弧相接、圆弧与直线相接、圆弧与圆弧相接。根据两段程序轨迹交点处在工件侧的角度 α 的不同,直线过渡的刀具半径补偿分为以下三类转接过渡方式:

（1）$180° \leqslant \alpha < 360°$,缩短型。

（2）$90° \leqslant \alpha < 180°$,伸长型。

（3）$0° \leqslant \alpha < 90°$,插入型。

角度 α 称为转接角,其变化范围为 $0° \leqslant \alpha < 360°$,α 角的约定如图 6 – 12 所示,α 为工件侧转接处两个运动方向的夹角。

图 6 – 12 所示为两段全是直线段的情况,如为圆弧可用交点处的切线作为角度定义的直线。

6.2.3 节中已介绍过刀具半径补偿有三种情况:刀补建立、刀补进行和刀补撤销。而每种情况下的转接类型又有上述三类。下面以图形方式分别介绍。

(a) G41时　　　　　　　　　　　　(b) G42时

图 6 – 12　转接角示意图

（1）刀补建立。如图 6 – 13 所示,分别为缩短型(图 6 – 13(a))、伸长型(图 6 – 13(b))和插入型(图 6 – 13(c))三种情况。第一个运动段为圆弧时不允许进行刀补建立操作。

（2）刀补进行。如图 6 – 14 所示,分别为缩短型(图 6 – 14(a))、伸长型(图 6 – 14(b))和插入型(图 6 – 14(c))三种情况。

（3）刀补撤销。如图 6 – 15 所示,分别为缩短型(图 6 – 15(a))、伸长型(图 6 – 15(b))和插入型(图 6 – 15(c))三种情况。第二个运动段为圆弧时不允许进行刀补撤销操作。

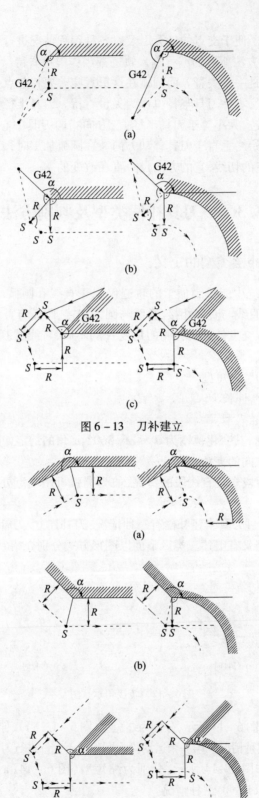

图 6 – 13　刀补建立

图 6 – 14　刀补进行

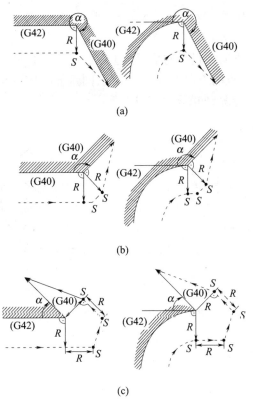

图 6 – 15 刀补撤消

这里需要特殊说明的是,当 $\alpha = 0°$ 时,转接类型根据两连接程序段的不同,具有一定的特殊性,不能简单地归为某一类型,如图 6 – 16 所示。

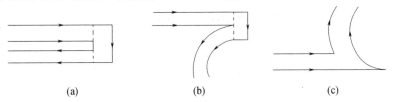

图 6 – 16 $\alpha = 0°$ 时转接类型判别示意图

当加工段均为直线时,转接类型为插入型,如图 6 – 16(a)所示,当两加工段之一为直线时,而另一段为圆弧时,其转接类型为缩短型或插入型。以左刀补为例,当圆弧为逆时针时,转接类型为插入型,如图 6 – 16(b)所示。当圆弧段为顺时针时,转接类型为缩短型,如图 6 – 16(c)所示。右刀补的结论与上述结论相反。

6.3.2 C 刀具半径补偿算法的几个基本概念

1. 方向矢量

方向矢量是指与运动方向一致的单位矢量,用 l 来表示。方向矢量的求法分为以下两种情况。

(1)直线。如图 6 – 17(a)所示,设起点为 $A(x_1, z_1)$,终点为 $B(x_2, z_2)$,则方向矢量为

$$x_l = (x_2 - x_1)/\sqrt{(x_2 - x_1)^2 + (z_2 - z_1)^2} \qquad (6-4a)$$

$$z_l = (z_2 - z_1)/\sqrt{(x_2 - x_1)^2 + (z_2 - z_1)^2} \qquad (6-4b)$$

（2）圆弧。圆弧的方向矢量指的是圆弧上某一点(X,Z)的切线方向,圆弧的方向矢量是在不断变化的,每一点的方向矢量均不相同,圆弧上的某一点(X,Z)的方向矢量的求法分为顺圆和逆圆两种情况,如图6-17(b)所示。

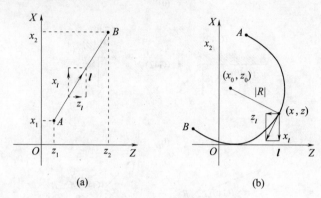

(a) (b)

图6-17　直线和圆弧的方向矢量

对于顺圆

$$x_l = -(z - z_0)/|R| \qquad (6-5a)$$

$$z_l = (x - x_0)/|R| \qquad (6-5b)$$

对于逆圆

$$x_l = (z - z_0)/|R| \qquad (6-6a)$$

$$z_l = -(x - x_0)/|R| \qquad (6-6b)$$

其中,(x_0,z_0)为圆心坐标;(x,z)为圆弧上一点;R为圆弧半径。

可以看出,若规定顺圆时,$R>0$,逆圆时,$R<0$,即

$$R = \begin{cases} |R| & \text{顺圆时} \\ -|R| & \text{逆圆时} \end{cases} \qquad (6-7)$$

则圆弧上任意一点(x,z)的方向矢量可写为

$$x_l = (z - z_0)/|R| \qquad (6-8a)$$
$$z_l = -(x - x_0)/|R| \qquad (6-8b)$$

2. 刀具半径矢量 r_d

刀具半径矢量是指加工过程中,始终垂直于编程轨迹,且大小等于刀具半径值,方向指向刀具中心的矢量,刀具半径矢量用 r_d 来表示。

设刀具半径为d,直线AB的方向矢量为$l = x_l i + z_l k$,刀具半径矢量为$r_d = x_d i + z_d k$,根据刀具半径矢量和方向矢量的定义,可以推导它们之间的关系。如图6-18所示,运动轨迹相对于Z轴的倾角为α,则有

$$\sin\alpha = x_l \qquad (6-9a)$$

$$\cos\alpha = z_l \qquad (6-9b)$$

不难推导出:

左刀补时　　$x_d = [d]z_l, z_d = -|d|x_l$

164

右刀补时 $\quad\quad\quad\quad x_d = -[d]z_l, z_d = |d|x_l$

为了方便起见，规定左刀补时，$d > 0$；右刀补时，$d < 0$，即

$$d = \begin{cases} |d| & \text{左刀补时} \\ -|d| & \text{右刀补时} \end{cases} \tag{6-10}$$

则可得到刀具半径矢量与方向矢量之间的关系为

$$x_d = dz_l \tag{6-11a}$$

$$z_d = -dx_l \tag{6-11b}$$

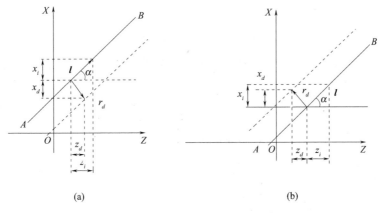

(a)　　　　　　　　　　　　(b)

图 6-18　刀具半径矢量与方向矢量

6.3.3　C 刀具补偿转接类型的判别方法

刀补算法中的转接类型与转接角 α 有着直接的关系。如果能由两个相接程序段的方向矢量判断出 $\sin\alpha$ 和 $\cos\alpha$ 符号的正负，则可确定出 α 角的范围，进而判断出两个相接程序段的转接类型。

采用旋转坐标变换方法解决上述问题。以直线和直线转接为例，以第一线段编程轨迹为基准进行坐标旋转变换，如图 6-19 所示。

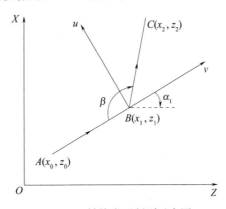

图 6-19　转接类型判别示意图

令 $\Delta x_1 = x_1 - x_0, \Delta z_1 = z_1 - z_0, \Delta x_2 = x_2 - x_1, \Delta z_2 = z_2 - z_1$，根据旋转坐标系的几何关系，不难得出

$$\Delta x_2 = v\sin\alpha_1 + u\cos\alpha_1 \tag{6-12a}$$

$$\Delta z_2 = v\cos\alpha_1 - u\sin\alpha_1 \tag{6-12b}$$

由式(6-12)可以得出

$$u = \Delta x_2\cos\alpha_1 - \Delta z_2\sin\alpha_1 \tag{6-13a}$$

$$v = \Delta x_2\sin\alpha_1 + \Delta z_2\cos\alpha_1 \tag{6-13b}$$

根据对转接角 α 的约定,由图6-18可以看出,左刀补时($d>0$),转接角 $\alpha=360°-\beta$,有

$$\sin\alpha = -\sin\beta = -u/d_2 \tag{6-14a}$$

$$\cos\alpha = \cos\beta = v/d_2 \tag{6-14b}$$

右刀补时($d<0$),转接角 $\alpha=\beta$,有

$$\sin\alpha = -\sin\beta = -u/d_2 \tag{6-15a}$$

$$\cos\alpha = \cos\beta = v/d_2 \tag{6-15b}$$

式中,$d_2 = \sqrt{\Delta x_2^2 + \Delta z_2^2}$。由于

$$\sin\alpha = \Delta x_1/d_1$$

$$\cos\alpha = \Delta z_1/d_1$$

式中,$d_1 = \sqrt{\Delta x_1^2 + \Delta z_1^2}$。

根据对左刀补、右刀补的约定,不难得出

$$\sin\alpha = -\operatorname{sgn}(d)(\Delta x_2\Delta z_1 - \Delta z_2\Delta x_1)/(d_1 d_2) \tag{6-16a}$$

$$\cos\alpha = -(\Delta x_2\Delta x_1 + \Delta z_2\Delta z_1)/(d_1 d_2) \tag{6-16b}$$

根据方向矢量的概念,可得

$$\sin\alpha = -\operatorname{sgn}(d)(x_{t2}z_{t1} - x_{t1}z_{t2}) \tag{6-17a}$$

$$\cos\alpha = -(x_{t1}x_{t2} + z_{t1}z_{t2}) \tag{6-17b}$$

由此可以得到转接类型的判别条件:

(1)缩短型条件。$180°\leqslant\alpha<360°$,即

$$\operatorname{sgn}(d)(x_{t2}z_{t1} - x_{t1}z_{t2}) > 0 \tag{6-18}$$

(2)伸长型条件。$90°\leqslant\alpha<180°$,即

$$\operatorname{sgn}(d)(x_{t2}z_{t1} - x_{t1}z_{t2}) < 0 \tag{6-19a}$$

且

$$(x_{t1}x_{t2} + z_{t1}z_{t2}) \geqslant 0 \tag{6-19b}$$

(3)插入型条件。$0°\leqslant\alpha<90°$,即

$$\operatorname{sgn}(d)(x_{t2}z_{t1} - x_{t1}z_{t2}) < 0 \tag{6-20a}$$

且

$$(x_{t1}x_{t2} + z_{t1}z_{t2}) < 0 \tag{6-20b}$$

根据上述各式,可以方便地完成转接类型的判别。与其他刀补转接类型的判别方法相比,该方法极大地减少了刀补算法的实时计算量。

6.4 C刀具补偿的算法

刀补算法即计算各种转接类型的转接点坐标值,下述刀补算法中,假设刀具半径 d 的定义为式(6-10),圆弧半径 R 的定义见式(6-7)。

6.4.1 直线接直线的情况

假设第一段直线 L_1 的起点为 (x_0, z_0),终点为 (x_1, z_1),第二段直线 L_2 的起点为 (x_1, z_1),终点为 (x_2, z_2)。

第一段直线 L_1 的方向矢量为

$$x_{l1} = (x_1 - x_0)/d_1 \tag{6-21a}$$

$$z_{l1} = (z_1 - z_0)/d_1 \tag{6-21b}$$

式中 d_1——第一段直线 L_1 的长度。

$$d_1 = \sqrt{(x_1 - x_0)^2 + (z_1 - z_0)^2} \tag{6-22}$$

第二段直线 L_2 的方向矢量为

$$x_{l2} = (x_2 - x_1)/d_2 \tag{6-23a}$$

$$z_{l2} = (z_2 - z_1)/d_2 \tag{6-23b}$$

式中 d_2——第一段直线 L_2 的长度。

$$d_2 = \sqrt{(x_2 - x_1)^2 + (z_2 - z_1)^2} \tag{6-24}$$

1. 缩短型

(1)刀补建立。直线接直线的缩短型刀补建立转接点求法如图6-20(a)所示,转接点坐标值 (x_{S1}, z_{S1}) 的计算公式为

$$x_{S1} = x_1 + dz_{l2} \tag{6-25a}$$

$$z_{S1} = z_1 - dz_{l2} \tag{6-25b}$$

(2)刀补撤消。直线接直线的缩短型刀补撤消转接点求法如图6-20(b)所示,转接点坐标值 (x_{S1}, z_{S1}) 的计算公式为

$$x_{S1} = x_1 + dz_{l1} \tag{6-26a}$$

$$z_{S1} = z_1 - dz_{l1} \tag{6-26b}$$

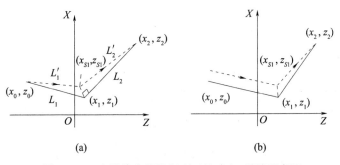

图6-20 直线接直线缩短型刀补建立、撤消示意图

（3）刀补进行。直线接直线的缩短型刀补转接点求法如图 6-21 所示，编程直线轨迹 L_1 和 L_2 的单位运动矢量为

$$\begin{cases} l_1 = x_{l1}i + z_{l1}k & (6-27a) \\ l_2 = x_{l2}i + z_{l2}k & (6-27b) \end{cases}$$

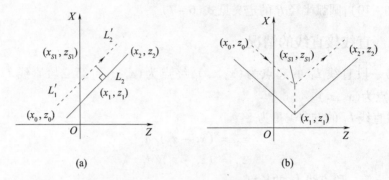

图 6-21　直线接直线缩短型刀补运行示意图

L_1' 和 L_2' 分别为 L_1 和 L_2 等距线。将图 6-21 的坐标系的原点平移到 (x_1, z_1) 后，它们的方程分别为

$$\begin{cases} -x_{l1}z + z_{l1}x = d & (6-28a) \\ -x_{l2}z + z_{l2}x = d & (6-28b) \end{cases}$$

解这个方程，得交点坐标为

$$x = (x_{l2} - x_{l1})d/(z_{l1}x_{l2} - z_{l2}x_{l1}) \qquad (6-29a)$$
$$z = (z_{l2} - z_{l1})d/(z_{l1}x_{l2} - z_{l2}x_{l1}) \qquad (6-29b)$$

因此，相对于图 6-21 所示的坐标系的转接点坐标值 (x_{S1}, z_{S1}) 的计算分为两种情况：

① $(z_{l1}x_{l2} - z_{l2}x_{l1}) = 0$，如图 6-21（a）所示，即转接角 $\alpha = 0°$，此时转接点坐标值 (x_{S1}, z_{S1}) 的计算公式为

$$x_{S1} = x_1 + dz_{l1} \qquad (6-30a)$$
$$z_{S1} = z_1 - dx_{l1} \qquad (6-30b)$$

② $(z_{l1}x_{l2} - z_{l2}x_{l1}) \neq 0$，如图 6-21（b）所示，即转接角 $\alpha \neq 0°$，此时转接点坐标值 (x_{S1}, z_{S1}) 的计算公式为

$$x_{S1} = (x_{l2} - x_{l1})d/(z_{l1}x_{l2} - z_{l2}x_{l1}) + x_1 \qquad (6-31a)$$
$$z_{S1} = (z_{l2} - z_{l1})d/(z_{l1}x_{l2} - z_{l2}x_{l1}) + z_1 \qquad (6-31b)$$

2. 伸长型

（1）刀补建立。直线接直线的伸长型刀补建立转接点求法如图 6-22（a）所示，有两个转接点 (x_{S1}, z_{S1})，(x_{S2}, z_{S2})，其坐标值的计算公式如下：

$$x_{S1} = x_1 + dz_{l1} \qquad (6-32a)$$
$$z_{S1} = z_1 - dx_{l1} \qquad (6-32b)$$
$$x_{S2} = (x_{l2} - x_{l1})d/(z_{l1}x_{l2} - z_{l2}x_{l1}) + x_1 \qquad (6-33a)$$
$$z_{S2} = (z_{l2} - z_{l1})d/(z_{l1}x_{l2} - z_{l2}x_{l1}) + z_1 \qquad (6-33b)$$

168

（2）刀补撤消。直线接直线的伸长型刀补撤消转接点求法如图 6 - 22(b)所示,有两个转接点(x_{S1}, z_{S1}),(x_{S2}, z_{S2}),其坐标值的计算公式如下:

$$x_{S1} = (x_{l2} - x_{l1})d/(z_{l1}x_{l2} - z_{l2}x_{l1}) + x_1 \qquad (6-34a)$$

$$z_{S1} = (z_{l2} - z_{l1})d/(z_{l1}x_{l2} - z_{l2}x_{l1}) + z_1 \qquad (6-34b)$$

$$x_{S2} = x_1 + dz_{l2} \qquad (6-35a)$$

$$z_{S2} = z_1 - dx_{l2} \qquad (6-35b)$$

（3）刀补进行。直线接直线的伸长型刀补进行转接点求法如图 6 - 22(c)所示,只有一个转接点(x_{S1}, z_{S1}),其坐标值的计算公式如下:

$$x_{S1} = (x_{l2} - x_{l1})d/(z_{l1}x_{l2} - z_{l2}x_{l1}) + x_1 \qquad (6-36a)$$

$$z_{S1} = (z_{l2} - z_{l1})d/(z_{l1}x_{l2} - z_{l2}x_{l1}) + z_1 \qquad (6-36b)$$

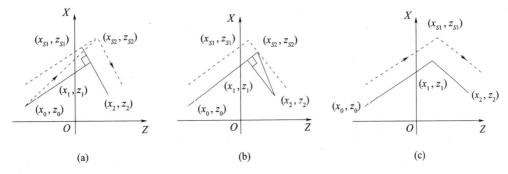

图 6 - 22　直线接直线伸长型刀补运行示意图

3. 插入型

（1）刀补建立。直线接直线的插入型刀补进行转接点求法如图 6 - 23(a)所示,有三个转接点(x_{S1}, z_{S1}),(x_{S2}, z_{S2}),(x_{S3}, z_{S3}),其坐标值的计算公式如下:

$$x_{S2} = x_1 + dz_{l1} \qquad (6-37a)$$

$$z_{S2} = z_1 - dx_{l1} \qquad (6-37b)$$

$$x_{S2} = dx_{l1} + |d|x_{l1} + x_1 \qquad (6-38a)$$

$$z_{S2} = -dx_{l1} + |d|z_{l1} + z_1 \qquad (6-38b)$$

$$x_{S3} = dz_{l2} - |d|x_{l2} + x_1 \qquad (6-39a)$$

$$z_{S3} = dx_{l2} - |d|z_{l2} + z_1 \qquad (6-39b)$$

（2）刀补撤消。直线接直线的插入型刀补撤消转接点求法如图 6 - 23(b)所示,有三个转接点(x_{S1}, z_{S1}),(x_{S2}, z_{S2})和(x_{S3}, z_{S3}),其坐标值的计算公式如下:

$$x_{S1} = dz_{l1} + |d|x_{l1} + x_1 \qquad (6-40a)$$

$$z_{S1} = -dx_{l1} + |d|z_{l1} + z_1 \qquad (6-40b)$$

$$x_{S2} = dz_{l2} - |d|x_{l2} + x_1 \qquad (6-41a)$$

$$z_{S2} = -dx_{l2} - |d|z_{l2} + z_1 \qquad (6-41b)$$

$$x_{S3} = x_1 + dz_{l2} \qquad (6-42a)$$

$$z_{S3} = z_1 - dx_{l2} \qquad (6-42b)$$

（3）刀补进行。直线接直线的伸长型刀补进行转接点求法如图6-23（c）所示，有两个转接点(x_{S1}, z_{S1})，(x_{S2}, z_{S2})，其坐标值的计算公式如下：

$$x_{S1} = dx_{l1} + |d| x_{l1} + x_1 \qquad (6-43a)$$

$$z_{S1} = -dx_{l1} + |d| z_{l1} + z_1 \qquad (6-43b)$$

$$x_{S2} = dz_{l2} - |d| x_{l2} + x_1 \qquad (6-44a)$$

$$z_{S1} = -dx_{l2} - |d| z_{l2} + z_1 \qquad (6-44b)$$

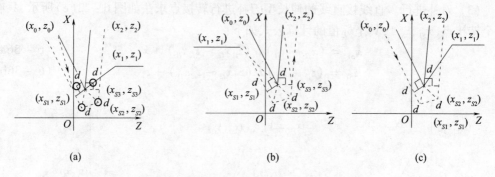

（a）　　　　　　　　（b）　　　　　　　　（c）

图6-23　直线接直线插入型刀补示意图

6.4.2　直线接圆弧的情况

假设直线 L 的起点为 (x_0, z_0)，终点为 (x_1, z_1)，圆弧 C 的起点为 (x_1, z_1)，终点为 (x_2, z_2)，圆心相对于圆弧起点的坐标为 (I, K)。

第一段直线 L 的方向矢量见式(6-21)，长度见式(6-22)。

第二段圆弧 C 在起点 (x_1, z_1) 处的方向矢量为

$$x_{l2} = K/R \qquad (6-45a)$$

$$z_{l2} = -I/R \qquad (6-45b)$$

式中，R 的定义如下：

$$R = \begin{cases} \sqrt{I^2 + K^2} & \text{逆圆时} \\ -\sqrt{I^2 + K^2} & \text{顺圆时} \end{cases} \qquad (6-46)$$

直线接圆弧的情况只有刀补建立和运行两种可能，不允许进行刀补撤消。

1. 缩短型

（1）刀补建立。直线接圆弧的缩短型刀补建立转接点求法如图6-24（a）所示，转接点坐标值 (x_{S1}, z_{S1}) 的计算公式为

$$x_{S1} = x_1 + dz_{l2} \qquad (6-47a)$$

$$z_{S1} = z_1 - dx_{l2} \qquad (6-47b)$$

（2）刀补进行。直线接圆弧的缩短型刀补进行转接点求法如图6-24（b）所示，编程直线轨迹 L、等距线 L' 的方程如式(6-28a)所示定义；同理，将图6-24 的坐标系的原点平移到 (x_1, z_1) 后，编程圆弧轨迹 C、等距线 C' 的方程为

$$(x - x_0)^2 + (z - z_0)^2 = (R + d)^2 \qquad (6-48)$$

(x_0, z_0) 为圆弧的圆心坐标，R 的定义见式(6-46)，d 的定义见式(6-10)。

170

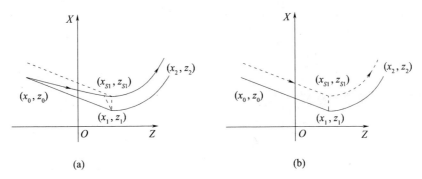

图 6 - 24　直线接圆弧缩短型刀补示意图

联立方程式(6 -28a)和式(6 -48),解得交点的坐标为

$$x_{S1} = x_{l1}(x_{l1}I + z_{l1}K) + dz_{l1} - \text{sgn}(z_{l1}K + x_{l1}I)x_{l1}f \qquad (6 - 49a)$$

$$z_{S1} = z_{l1}(x_{l1}I + z_{l1}K) - dx_{l1} - \text{sgn}(z_{l1}K + x_{l1}I)z_{l1}f \qquad (6 - 49b)$$

式中

$$f = \sqrt{(R + d)^2 - (z_{l1}I - x_{l1}K - d)^2}$$

因此,相对于图 6 - 24(b)所示的坐标系的转接点坐标值(x_{l1}, z_{l1})的计算分为两种情况。

① $(z_{l1}x_{l2} - z_{l2}x_{l1}) = 0$,即转接角 $\alpha = 0°$,此时转接点坐标值(x_{S1}, z_{S1})的计算公式为

$$x_{S1} = x_1 + dz_{l2} \qquad (6 - 50a)$$

$$z_{S1} = z_1 - dx_{l2} \qquad (6 - 50b)$$

② $(z_{l1}x_{l2} - z_{l2}x_{l1}) \neq 0$,即转接角 $\alpha \neq 0°$,此时转接点坐标值(x_{S1}, z_{S1})的计算公式为

$$x_{S1} = x_{l1}(x_{l1}I + z_{l1}K) + dz_{l1} - \text{sgn}(z_{l1}K + x_{l1}I)x_{l1}f + x_1 \qquad (6 - 51a)$$

$$z_{S1} = z_{l1}(x_{l1}I + z_{l1}K) - dx_{l1} - \text{sgn}(z_{l1}K + x_{l1}I)z_{l1}f + z_1 \qquad (6 - 51b)$$

2. 伸长型

(1) 刀补建立。直线接圆弧的伸长型刀补建立转接点求法如图 6 - 25(a)所示,有三个转接点,(x_{S1}, z_{S1}),(x_{S2}, z_{S2}),(x_{S3}, z_{S3}),其坐标值的计算公式如下:

$$x_{S1} = x_1 + dz_{l1} \qquad (6 - 52a)$$

$$z_{S1} = z_1 - dx_{l1} \qquad (6 - 52b)$$

$$x_{S2} = (x_{l2} - x_{l1})d/(z_{l1}x_{l2} - z_{l2}x_{l1}) + x_1 \qquad (6 - 53a)$$

$$z_{S2} = (z_{l2} - z_{l1})d/(z_{l1}x_{l2} - z_{l2}x_{l1}) + z_1 \qquad (6 - 53b)$$

$$x_{S3} = x_1 + dz_{l2} \qquad (6 - 54a)$$

$$z_{S3} = z_1 - dx_{l2} \qquad (6 - 54b)$$

(2) 刀补进行。直线接圆弧的伸长型刀补进行转接点求法如图 6 -25(b)所示,有两个转接点(x_{S1}, z_{S1}),(x_{S2}, z_{S2}),其坐标值的计算公式为

$$x_{S1} = (x_{l2} - x_{l1})d/(z_{l1}x_{l2} - z_{l2}x_{l1}) + x_1 \qquad (6 - 55a)$$

$$z_{S1} = (z_{l2} - z_{l1})d/(z_{l1}x_{l2} - z_{l2}x_{l1}) + z_1 \qquad (6 - 55b)$$

$$x_{S1} = x_1 + dz_{l2} \qquad (6 - 56a)$$

$$z_{S1} = z_1 - dx_{l2} \qquad (6 - 56b)$$

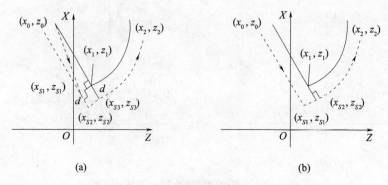

(a)   (b)

图 6 – 25　直线接圆弧伸长型刀补示意图

3. 插入型

（1）刀补建立。直线接圆弧的插入型刀补建立转接点求法如图 6 – 26（a）所示，有四个转接点 (x_{S1}, z_{S1})，(x_{S2}, z_{S2})，(x_{S3}, z_{S3})，(x_{S4}, z_{S4})，其坐标值的计算公式为

$$x_{S1} = x_1 + dz_{l1}$$
$$z_{S!} = z_1 - dx_{l1}$$
$$\tag{6 – 57}$$

$$x_{S2} = dz_{l1} + \mid d \mid x_{l1} + x_a \tag{6 – 58a}$$

$$z_{S2} = - dx_{l1} + \mid d \mid z_{l1} + z_1 \tag{6 – 58b}$$

$$x_{S3} = dz_{l2} - \mid d \mid x_{l2} + x_1 \tag{6 – 59a}$$

$$z_{S3} = - dx_{l2} - \mid d \mid z_{l2} + z_1 \tag{6 – 59b}$$

$$x_{S4} = x_1 + dz_{l2} \tag{6 – 60a}$$

$$z_{S4} = z_1 - dx_{l2} \tag{6 – 60b}$$

（2）刀补进行。直线接圆弧的伸长型刀补进行转接点求法如图 6 – 26（b）所示，有三个转接点 (x_{S1}, z_{S1})，(x_{S2}, z_{S2}) 和 (z_{S3}, z_{S3})，其坐标值的计算公式为

$$x_{S1} = z_{l1} + \mid d \mid x_{l1} + x_1 \tag{6 – 61a}$$

$$z_{S1} = - dx_{l1} + \mid d \mid x_{l1} + z_1 \tag{6 – 61b}$$

$$x_{S2} = dz_{l2} - \mid d \mid x_{l2} + x_1 \tag{6 – 62a}$$

$$z_{S2} = - dx_{l2} - \mid d \mid z_{l2} + z_1 \tag{6 – 62b}$$

$$x_{S3} = x_1 + dz_{l2} \tag{6 – 63a}$$

$$z_{S3} = z_1 - dx_{l2} \tag{6 – 63b}$$

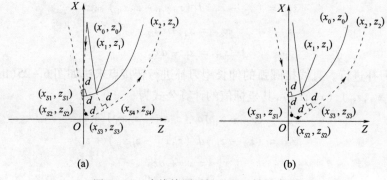

(a)   (b)

图 6 – 26　直线接圆弧插入型刀补示意图

172

6.4.3 圆弧接直线的情况

圆弧接直线情况的各种假设与直线接圆弧的完全相同。直线段的方向矢量为

$$x_{l2} = (x_2 - x_1)/d_1 \qquad\qquad (6-64a)$$

$$z_{l2} = (z_2 - z_1)/d_1 \qquad\qquad (6-64b)$$

圆弧段在终点处的方向矢量为

$$x_{l1} = -z_{01}/R \qquad\qquad (6-65a)$$

$$z_{l1} = x_{01}/R \qquad\qquad (6-65b)$$

式中,R 的定义式见式(6-46),x_{01},z_{01} 的定义如下:

$$x_{01} = x_0 + I - x_1 \qquad\qquad (6-66a)$$

$$z_{01} = z_0 + K - z_1 \qquad\qquad (6-66b)$$

1. 缩短型

(1)刀补撤消。圆弧接直线的缩短型刀补撤消转接点求法如图6-27(a)所示,转接点坐标值(x_{S1},z_{S1})的计算公式为

$$x_{S1} = x_1 + dz_{l1} \qquad\qquad (6-67a)$$

$$z_{S1} = z_1 - dx_{l1} \qquad\qquad (6-67b)$$

(2)刀补进行。圆弧接直线的缩短型刀补进行转接点求法如图6-27(b)所示,转接点坐标值(x_{S1},z_{S1})的计算分为两种情况。

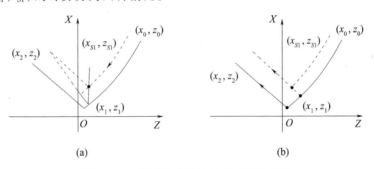

(a)　　　　　　　　　　(b)

图6-27　圆弧接直线缩短型刀补示意图

① $(z_{l1}x_{l2} - z_{l2}x_{l1}) = 0$,即转接角 $\alpha = 0°$,此时转接点坐标值(x_{S1},z_{S1})的计算公式为

$$x_{S1} = x_1 + dz_{l2}$$
$$z_{S1} = z_1 - dx_{l2} \qquad\qquad (6-68)$$

② $(z_{l1}x_{l2} - z_{l2}x_{l1}) \neq 0$,即转接角 $\alpha \neq 0°$,此时转接点坐标值(x_{S1},z_{S1})的计算公式为

$$x_{S1} = x_{l2}(z_{l2}z_{01} + x_{l2}x_{01}) + dz_{l2} - \operatorname{sgn}(z_{l2}z_{01} + x_{l2}x_{01})x_{l2}f + x_1 \qquad (6-69a)$$

$$z_{S1} = z_{l2}(z_{l2}z_{01} + x_{l2}x_{01}) - dz_{l2} - \operatorname{sgn}(z_{l2}z_{01} + x_{l2}x_{01})z_{l2}f + z_1 \qquad (6-69b)$$

式中 R 的定义式见式(6-46),f 的定义如下:

$$f = \sqrt{(R+d)^2 - (z_{l2}x_{01} - x_{l2}z_{01} - d)^2} \qquad\qquad (6-70)$$

2. 伸长型

（1）刀补建立。圆弧接直线的伸长型刀补建立转接点求法如图 6-28(a)所示，有三个转接点 (x_{S1},z_{S1})，(x_{S2},z_{S2}) 和 (x_{S3},z_{S3})，其坐标值的计算公式为

$$x_{S1} = x_1 + dz_{l1}$$
$$z_{S1} = z_1 - dx_{l1}$$
(6-71)

$$x_{S2} = (x_{l2} - x_{l1})d/(z_{l1}x_{l2} - z_{l2}x_{l1}) + x_1$$
$$z_{S2} = (z_{l2} - z_{l1})d/(z_{l1}x_{l2} - z_{l2}x_{l1}) + z_1$$
(6-72)

$$x_{S3} = x_1 + dz_{l2}$$
$$z_{S3} = z_1 - dx_{l2}$$
(6-73)

（2）刀补进行。圆弧接直线的伸长型刀补进行转接点求法如图 6-28(b)所示，有两个转接点 (x_{S1},z_{S1})，(x_{S2},z_{S2})，其坐标值的计算公式为

$$x_{S1} = x_1 + dz_{l2}$$
$$z_{S1} = z_1 - dx_{l2}$$
(6-74)

$$x_{S1} = (x_{l2} - x_{l1})d/(z_{l1}x_{l2} - z_{l2}x_{l1}) + x_1$$
$$z_{S1} = (z_{l2} - z_{l1})d/(z_{l1}x_{l2} - z_{l2}x_{l1}) + z_1$$
(6-75)

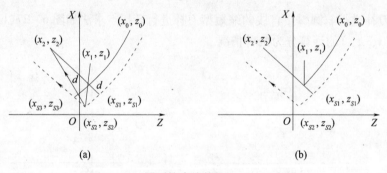

(a)   (b)

图 6-28　圆弧接直线伸长型刀补示意图

3. 插入型

（1）刀补撤消。圆弧接直线的插入型刀补撤消转接点求法如图 6-29(a)所示，有四个转接点 (x_{S1},z_{S1})，(x_{S2},z_{S2})，(x_{S3},z_{S3})，(x_{S4},z_{S4})，其坐标值的计算公式为

$$x_{S1} = x_1 + dz_{l1}$$
$$z_{S1} = z_1 - dx_{l1}$$
(6-76)

$$x_{S2} = dz_{l1} +|\ d\ |\ x_{l1} + x_1$$
(6-77a)

$$z_{S2} = -dx_{l1} +|\ d\ |\ z_{l1} + z_1$$
(6-77b)

$$x_{S3} = dz_{l2} -|\ d\ |\ x_{l2} + x_1$$
(6-78a)

$$z_{S3} = -dx_{l2} -|\ d\ |\ z_{l2} + z_1$$
(6-78b)

$$x_{S4} = x_1 + dz_{l2}$$
(6-79a)

$$z_{S4} = z_1 - dx_{l2} \tag{6-79b}$$

（2）刀补进行。圆弧接直线的伸长型刀补进行转接点求法如图 6-29（b）所示，有三个转接点 (x_{S1},z_{S1})，(x_{S2},z_{S2}) 和 (x_{S3},z_{S3})，其坐标值的计算公式为

$$x_{S1} = x_1 + dz_{l1} \tag{6-80a}$$

$$z_{S1} = z_1 - dx_{l1} \tag{6-80b}$$

$$x_{S2} = z_{l1} +\mid d \mid x_{l1} + x_1 \tag{6-81a}$$

$$z_{S2} = - dx_{l1} +\mid d \mid x_{l1} + z_1 \tag{6-81b}$$

$$x_{S3} = dz_{l2} -\mid d \mid x_{l2} + x_1 \tag{6-82a}$$

$$z_{S3} = - dx_{l2} -\mid d \mid z_{l2} + z_1 \tag{6-82b}$$

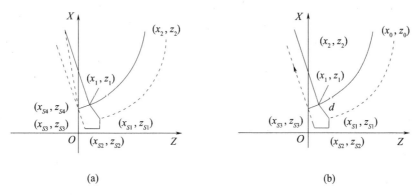

(a)　　　　　　　　　　　　(b)

图 6-29　圆弧接直线插入型刀补示意图

6.4.4　圆弧接圆弧的情况

圆弧接圆弧的情况只有刀补运行一种情况，不能进行刀补建立和撤消。

1. 缩短型

圆弧接圆弧的缩短型刀补进行转接点求法如图 6-30（a）所示。第一段圆弧的参数为起点 (x_0,z_0)，终点 (x_1,z_1) 和 (I_1,K_1)；第二段圆弧参数为起点 (x_1,z_1)，终点 (I_2,K_2)。第一和第二段圆弧在交点 (x_1,z_1) 的方向矢量分别为

$$x_{l1} = - z_{01}/R \tag{6-83a}$$

$$z_{l1} = x_{01}/R \tag{6-83b}$$

$$x_{l2} = z_{02}/R \tag{6-84a}$$

$$z_{l2} = - x_{02}/R \tag{6-84b}$$

式中，x_{01},z_{01} 和 x_{02},z_{02} 的定义如下：

$$x_{01} = (x_0 + I_1) - x_1 \tag{6-85a}$$

$$z_{01} = (z_0 + K_1) - z_1 \tag{6-85b}$$

$$x_{02} = (x_1 + I_2) - x_1 = I_2 \tag{6-86a}$$

$$z_{02} = (z_1 + K_2) - x_1 = K_2 \tag{6-86b}$$

式中，R 的定义见式（6-46）。

转接点坐标值(x_{S1}, z_{S1})的计算公式为

$$x_{S1} = x_l(z_l z_{01} + x_l x_{01}) + d_2 z_l - \text{sgn}(z_l z_{01} + x_l x_{01}) x_l f + x_1 \qquad (6-87a)$$

$$z_{S1} = z_l(z_l z_{01} + x_l x_{01}) - d_2 z_l - \text{sgn}(z_l z_{01} + x_l x_{01}) z_l f + z_1 \qquad (6-87b)$$

式中, f 的定义如下:

$$f = \sqrt{(R+d)^2 - (z_l x_{01} - x_l z_{01} - d_2)^2} \qquad (6-88)$$

x_l, z_l 的定义如下:

$$x_l = -(z_{02} - z_{01})/d_1 \qquad (6-89a)$$

$$z_l = (x_{02} - x_{01})/d_1 \qquad (6-89b)$$

d_1, d_2 的定义为

$$d_1 = \sqrt{(x_{02} - x_{01})^2 + (z_{02} - z_{01})^2} \qquad (6-90a)$$

$$d_2 = d(R_1 - R_2)/d_1 \qquad (6-90b)$$

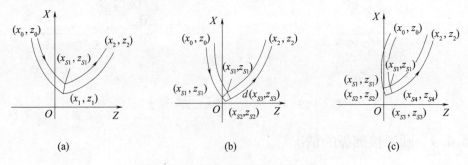

图 6-30　圆弧接圆弧刀补示意图

2. 伸长型

圆弧接圆弧的伸长型刀补进行转接点求法如图 6-30(b) 所示, 有三个转接点 (x_{S1}, z_{S1}), (x_{S2}, z_{S2}) 和 (x_{S3}, z_{S3}), 其坐标值的计算公式为

$$\begin{aligned} X_{S1} &= X_1 + dZ_{l1} \\ Z_{S1} &= Z_1 - dX_{l1} \end{aligned} \qquad (6-91)$$

$$\begin{aligned} x_{S2} &= (x_{l2} - x_{l1})d/(z_{l1}x_{l2} - z_{l2}x_{l1}) + x_1 \\ z_{S2} &= (z_{l2} - z_{l1})d/(z_{l1}x_{l2} - z_{l2}x_{l1}) + z_1 \end{aligned} \qquad (6-92)$$

$$\begin{aligned} x_{S3} &= x_1 + dz_{l2} \\ z_{S3} &= z_1 - dx_{l2} \end{aligned} \qquad (6-93)$$

3. 插入型

圆弧接圆弧的插入型刀补进行转接点求法如图 6-30(c) 所示, 有四个转接点 (x_{S1}, z_{S1}), (x_{S2}, z_{S2}), (x_{S3}, z_{S3}), (x_{S4}, z_{S4}), 其坐标值的计算公式为

176

$$x_{S1} = x_1 + dz_{l1}$$

(6 – 94)

$$z_{S1} = z_1 - dx_{l1}$$

$$x_{S2} = dz_{l1} + | \ d \ | \ x_{l1} + x_1 \qquad (6 - 95a)$$

$$z_{S2} = - dx_{l1} + | \ d \ | \ z_{l1} + z_1 \qquad (6 - 95b)$$

$$x_{S3} = dz_{l2} - | \ d \ | \ x_{l2} + x_1 \qquad (6 - 96a)$$

$$z_{S3} = - dx_{l2} - | \ d \ | \ z_{l2} + z_1 \qquad (6 - 96b)$$

$$x_{S4} = x_1 + dz_{l2} \qquad (6 - 97)$$

第7章 数控机床加减速控制原理

7.1 进给速度的控制方法

对数控机床来说,进给速度不仅直接影响到加工零件的粗糙度和精度,而且与刀具、机床的寿命和生产效率密切相关。按照加工工艺的需要,进给速度的给定一般是用 F 代码编入程序,把 F 代码称为"指令进给速度"。对不同材料零件的加工,需根据切削量、粗糙度和精度的要求,选择合适的进给速度,数控系统应能提供足够的速度范围和灵活的指定方法。在加工过程中,因为可能发生事先不能确定或意外的情况,还应当考虑能手动调节进给速度功能。此外,当速度高于一定值时,在起动和停止阶段,为了防止产生冲击、失步、超程或振荡,保证运动平稳和准确定位,还要有加减速控制功能。

7.1.1 进给速度的给定

将以 mm/min 为单位的指令进给速度,直接编入 F 代码中,是目前数控系统中普遍采用的方式,这种进给速度编程常用 F4 位或 F5 位的格式表示,例如 F4 位格式,指 F 后跟的数字可以是 0 ~ 9999mm/min 范围内给定的。

F4 位的给定,可采用图 7 – 1 数字积分器构成的速度控制线路。

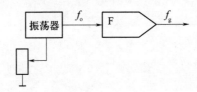

图 7 – 1 使用积分器的 F 指令控制线路

积分器用二至十进制(四位)运算,F 作积分器内容,则进给脉冲频率 f_g 与积分器输入脉冲频率 f_o 的关系为

$$f_g = \frac{F}{10^4} \cdot f_o \tag{7 – 1}$$

f_g 应产生由 F 指定的合成进给速度,所以 $F = 60\delta f_g$。

故有

$$f_o = \frac{10^4}{60 \cdot \delta} \tag{7 – 2}$$

式中 δ——脉冲当量。

设 $\delta = 0.001\text{mm}$,则有 $f_o = 167\text{kHz}$,若设定 F 的值为 0 ~ 9999mm/min 中的某一值时,可对应得到 0 ~ 9999mm/min 的某一进给速度。

7.1.2　进给速度的控制方法

进给速度的控制方法和所采用的插补法有关,前面提到的插补法可归为一次插补法和二次插补法,它们有所不同。

1. 一次插补算法进给速度的控制

它是通过控制插补运算的频率来实现的,对于 CNC 系统,通常采用如下方法:

1) 程序延时方法

先根据要求的进给频率,计算出两次插补运算间的时间间隔,用 CPU 执行延时子程序的方法控制两次插补之间的时间。改变延时子程序的循环次数,即可改变进给速度。

2) 中断方法

用中断的方法,每隔规定的时间向 CPU 发出中断请求,在中断服务程序中进行一次插补运算,并发出一个进给脉冲。因此改变中断请求信号的频率,就等于改变了进给速度。

中断请求信号可通过 F 指令控制的脉冲信号源产生,也可通过可编程计数器/定时器产生。如采用 Z80CTC 做定时器,由程序设置时间常数,每定时到,就向 CPU 发中断请求信号。改变时间常数 T_c,就可以改变中断请求脉冲信号的频率。那么时间常数是怎样确定的呢?

设进给速度用 F 代码指定,脉冲当量为 δ(mm/脉冲),则与进给速度对应的脉冲频率 f 为

$$f = F/60\delta(\text{Hz})$$

f 所对应的时间间隔 T 为

$$T = 1/f = 60\delta/F(\text{s})$$

因此,CTC 的时间常数应为

$$T_c = T/Pt_c = 60\delta/FPt_c$$

式中　δ——脉冲当量;

　　　P——定标系数;

　　　t_c——时钟周期。

δ,P,t_c 均为定值,可用一常数 K 表示,所以

$$T_c = K/F \tag{7-3}$$

式中　$K = 60\delta/Pt_c$。

对 T_c 的处理程序可有两种方法:第一种方法用查表法对进给速度进行控制。对每一种 F,预先计算出相应的 T_c 值,按表格存放,工作时根据输入的 F 值,通过查表方式找出对应的 T_c 值,实现有级变速。第二种方法,先计算出常数 K 值,再根据输入的 F 值,做除法运算求得 T_c 值,这种方法可输入任意的 F 值,调速级数不限。

2. 二次插补算法的进给速度控制

二次插补算法的进给速度控制可在粗插补部分完成,也可在粗插补与精插补之间通过程序运算完成。如时间分割法,粗插补周期定为 8ms,可根据进给速度计算该插补周期内合速度方向上的进给量:

$$\Delta L = F \cdot \Delta t \tag{7-4}$$

这里 F 为合速度方向上的进给速度，Δt 为粗插补周期。若 ΔL 是三轴联动的合成进给量，则根据 ΔL 可计算出各个轴的进给量 Δx，Δy 和 Δz 供精插补。如果精插补是通过积分器来实现，则时间分割法精插补进给控制输出原理如图 7-2 所示。

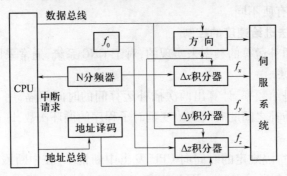

图 7-2　时间分割法精插补控制输出原理

各轴的积分器输出频率为

$$\begin{cases} f_x = \dfrac{\Delta x}{2^n} f_0 = \dfrac{\Delta x}{\Delta t} \\[2mm] f_y = \dfrac{\Delta y}{2^n} f_0 = \dfrac{\Delta y}{\Delta t} \\[2mm] f_z = \dfrac{\Delta z}{2^n} f_0 = \dfrac{\Delta z}{\Delta t} \end{cases} \qquad (7-5)$$

式中，令 $\qquad\qquad\qquad\qquad f_0 = 2^n / \Delta t$

f_0 经 N 分频器产生插补中断申请时钟频率为 $\dfrac{1}{\Delta t} = \dfrac{f_0}{N}$，故有 $N = f_0 \Delta t = \dfrac{2^n}{\Delta t} \Delta t = 2^n$。

以上说明当各积分器和 N 分频器同为 n 时，能恰好在一个粗插补间隔中使用相应的轴产生的各轴进给量 Δx，Δy 和 Δz。在积分器和 N 分频器为 8 位的情况下，如果要 8ms 插补中断申请一次，则 f_0 的频率应为 $\dfrac{1000}{8} \times 256 = 32(\text{kHz})$。

7.2　CNC 装置的常见加减速控制方法

在 CNC 装置中，为了保证机床在启动或停止时不产生冲击、失步、超程或振荡，必须对送到进给电机的进给脉冲频率或电压进行加减速控制。即在机床加速启动时，保证加在伺服电机上的进给脉冲频率或电压逐渐增大；而当机床减速停止时，保证加在伺服电机上的进给脉冲频率或电压逐渐减小。

在 CNC 装置中，加减速控制多数都采用软件来实现，这样给系统带来了较大的灵活性。这种用软件实现的加减速控制可以放在插补前进行，也可以放在插补后进行。放在插补前的加减速控制称为前加减速控制，放在插补后的加减速控制称为后加减速控制，如图 7-3 所示。

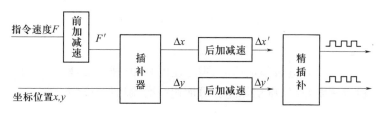

图 7 – 3　前加减速和后加减速

前加减速控制的优点是仅对合成速度——编程指令速度 F 进行控制,所以它不会影响实际插补输出的位置精度。前加减速控制的缺点是需要预测减速点,而这个减速点要根据实际刀具位置与程序段终点之间的距离来确定,而这种预测工作需要完成的计算量较大。

后加减速控制与前加减速控制相反,它是对各运动轴分别进行加减速控制,这种加减速控制不需专门预测减速点,而是在插补输出为零时开始减速,并通过一定的时间延迟逐渐靠近程序段终点。后加减速的缺点是,由于它对各运动坐标轴分别进行控制,所以在加减速控制以后,实际的各坐标轴的合成位置就可能不准确。但是这种影响仅在加速或减速过程中才会有,当系统进入匀速状态时,这种影响就不存在了。

7.2.1　前加减速控制

1. 稳定速度和瞬时速度

稳定速度,就是系统处于稳定状态时,每插补一次(一个插补周期)的进给量。在 CNC 装置中,零件程序段的速度命令或快速进给(手动或自动)时所设定的快速进给速度 $F(\text{mm/min})$,需要转换成每个插补周期的进给量。另外,为了调速方便,设置了快速进给倍率开关、切削进给倍率开关等。这样,在计算稳定速度时,还需要将这些因素考虑在内。稳定速度的计算公式如下:

$$f_s = \frac{TKF}{60 \times 1000} \tag{7 – 6}$$

式中　f_s——稳定速度(mm/min);

　　　T——插补周期(ms);

　　　F——命令速度(mm/min);

　　　K——速度系数,包括快速进给倍率、切削进给倍率等。

除此之外,稳定速度计算完以后,进行速度限制检查,如果稳定速度超过了由参数设定的最大速度,则取限制的最大速度为稳定速度。

瞬时速度,即系统在每个插补周期的进给量。当系统处于稳定状态时,瞬时速度 f_i 等于稳定速度 f_s,当系统处于加速(或减速)状态时,$f_i < f_s$(或 $f_i > f_s$)。

2. 线性加减速处理

当机床启动、停止或在切削加工过程中改变进给速度时,系统自动进行线性加/减速处理。加/减速速率分别为进给和切削进给两种,它们必须作为机床的参数预先设置好。设进给速度为 $F(\text{mm/min})$,加速到 F 所需要的时间为 $t(\text{ms})$,则加/减速度 a 可按下式计算

181

$$a = 1.67 \times 10^{-2} \frac{F}{t} [\,\mu m/(ms)^2] \qquad\qquad (7-7)$$

1) 加速处理

系统每插补一次都要进行稳定速度、瞬时速度和加/减速处理。当计算出的稳定速度 f'_s 大于原来的稳定速度 f_s 时，则要加速。每加速一次，瞬时速度为

$$f_{i+1} = f_i + at \qquad\qquad (7-8)$$

新的瞬时速度 f_{i+1} 参加插补计算，对各坐标轴进行分配。这样，一直到新的稳定速度为止。图 7-4 是加速处理的原理框图。

2) 减速处理

系统每进行一次插补运算，都要进行终点判别，计算出离开终点的瞬时距离 S_i，并根据本程序段的减速标志，检查是否已到达减速区域，若已到达，则开始减速。当稳定速度 f_s 和设定的加、减速度 a 确定后，减速区域 S 可由下式求得

$$S = \frac{1}{2}at^2, t = \frac{f_s}{a} \qquad\qquad (7-9)$$

若本程序段要减速，且 $S_i \leqslant S$，则设置减速状态标志，开始减速处理。每减速一次，瞬时速度为

$$f_{i+1} = f_i - at \qquad\qquad (7-10)$$

新的瞬时速度 f_{i+1} 参加插补运算，对各坐标轴进行分配，一直减速到新的稳定速度或减到零。若要提前一段距离开始减速，则可根据需要，将提前量 ΔS 作为参数预先设置好，由下式计算

$$S = \frac{f_s^2}{2a} + \Delta S$$

图 7-5 是减速处理的原理框图。

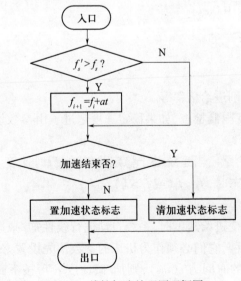

图 7-4 线性加速处理原理框图

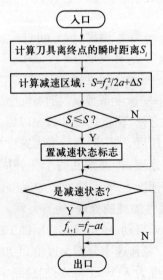

图 7-5 线性减速处理原理框图

182

3. 终点判别处理

在每次插补运算结束后,系统都要根据求出的各轴的插补进给量,来计算刀具中心离开本程序段终点的距离,然后进行终点判别。在即将到达终点时,设置相应标志。若本程序要减速,则还需检查是否已达到减速区域并开始减速。

终点判别处理可分为直线和圆弧两个方面。

1) 直线插补时 S_i 的计算

在图 7 - 6 中,设刀具沿着 OP 作直线运动,P 为程序段终点,A 为某一瞬时点。在插补计算中,已求得 x 和 y 轴的插补进给量 Δx 和 Δy。因此,A 点的瞬时坐标值可求得

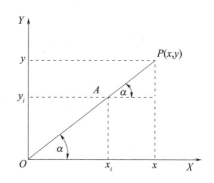

图 7 - 6　直线插补终点判别

$$\begin{cases} x_i = x_{i-1} + \Delta x \\ y_i = y_{i-1} + \Delta y \end{cases} \qquad (7 - 11)$$

设 X 为长轴,其增量值为已知,则刀具在 X 方向上离终点的距离为 $|x - x_i|$。因为长轴与刀具移动方向的夹角是定值,且 $\cos\alpha$ 的值已计算好。因此,瞬时点 A 离终点 P 的距离为

$$S_i = |x - x_i| \cdot \frac{1}{\cos\alpha} \qquad (7 - 12)$$

2) 圆弧插补时 S_i 的计算

(1) 当程序圆弧所对应的圆心角小于 π 时,瞬时点离圆弧终点的直线距离越来越小,如图 7 - 7(a)所示。$A(x_i, y_i)$ 为顺圆插补时圆弧上的某一瞬时点,$P(x, y)$ 为圆弧的终点;AM 为 A 点在 X 方向离终点的距离,$|AM| = |x - x_i|$;MP 为 P 点在 Y 方向离终点的距离,$|MP| = |y - y_i|$;$AP = S_i$。以 MP 为基准,则 A 点离终点的距离为

$$S_i = |MP| \frac{1}{\cos\alpha} = |y - y_i| \cdot \frac{1}{\cos\alpha} \qquad (7 - 13)$$

(2) 编程圆弧弧长的对应圆心角大于 π 时,设 A 点为圆弧 $\overset{\frown}{AP}$ 的起点,B 点为离终点的弧长所对应的圆心角等于 π 时的分界点,C 点为插补到终点的弧长所对应的圆心角小于 π 的某一瞬时点,如图 7 - 7(b)所示。显然,此时瞬时点离圆弧终点的距离 S_i 的变化规律是,当从圆弧起点 A 开始插补到 B 点时,S_i 越来越大,直到 S_i 等于直径;当插补越过分界点 B 后,S_i 越来越小,与图 7 - 7(a)相同。对于该种情况,计算 S_i 时首先要判断 S_i 的

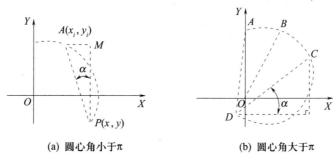

(a) 圆心角小于 π 　　　　　　(b) 圆心角大于 π

图 7 - 7　圆弧插补终点判别

变化趋势。S_i 若是变大,则不进行终点判别处理,直等到越过分界点;若 S_i 变小,再进行终点判别处理,如图 7-8 所示。

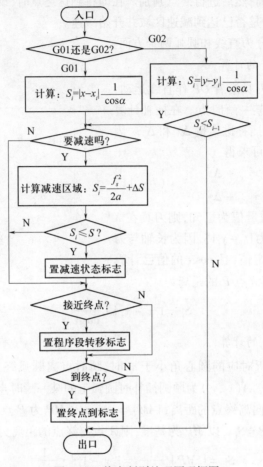

图 7-8 终点判别处理原理框图

7.2.2 后加减速控制

这里介绍两种后加减速控制算法,一种是指数加减速控制算法,另一种是直线加减速控制算法。

1. 指数加减速控制算法

进行指数加减速控制的目的是将启动或停止时的速度随着时间按指数规律上升或下降,如图 7-9 所示。

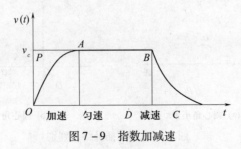

图 7-9 指数加减速

184

指数加减速控制速度与时间的关系是

加速时 $$v(t) = v_c(1 - e^{-\frac{t}{T}})\tag{7-14}$$

匀速时 $$v(t) = v_c\tag{7-15}$$

减速时 $$v(t) = v_c e^{-\frac{t}{T}}\tag{7-16}$$

式中　T——时间常数；

　　　v_c——稳定速度。

图 7 - 10 是指数加减速控制算法的原理图，在图中 Δt 表示采样周期，它在算法中的作用是对加减速运算进行控制，即每个采样周期进行一次加减速运算。误差寄存器 E 的作用是对每个采样周期的输入速度 v_c 与输出速度 v 之差进行累加，累加结果一方面保存在误差寄存器中，另一方面与 $\dfrac{1}{T}$ 相乘，乘积作为当前采样周期加减速控制的输出 v。同时 v 又反馈到输入端，准备下一个采样周期，重复以上过程。

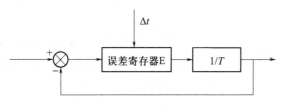

图 7 - 10　指数加减速控制原理图

上述过程可以用迭代公式来实现

$$E_i = \sum_{k=0}^{i-1}(v_c - v_k)\cdot\Delta t$$

$$v_i = E_i \cdot \frac{1}{T}$$

式中，E_i，v_i 分别为第 i 个采样周期误差寄存器 E 中的值和输出速度值，且迭代初值 v_0，E_0 为零。

只要 Δt 取得足够小，则上述公式可近似为

$$E(t) = \int_0^t (v_c - v(t))\mathrm{d}t$$

$$v(t) = \frac{1}{T}E(t)$$

对上式 $E(t)$ 两端求导得 $$\frac{\mathrm{d}E(t)}{\mathrm{d}t} = v_c - v(t)$$

对上式 $v(t)$ 两端求导得 $$\frac{\mathrm{d}v(t)}{\mathrm{d}t} = \frac{1}{T}\frac{\mathrm{d}E(t)}{\mathrm{d}t}$$

再将两式合并得 $$T\frac{\mathrm{d}/V(t)}{\mathrm{d}t} = v_c - v(t)$$

$$\frac{\mathrm{d}v(t)}{v_c - v(t)} = \frac{\mathrm{d}t}{T}$$

两端积分后得 $$\frac{v_c - v(t)}{v_c - v(0)} = e^{-\frac{t}{T}}$$

加速时 $\qquad\qquad v(0)=0$

故 $\qquad\qquad v(t)=v_c(1-e^{-\frac{t}{T}})$

匀速时 $\qquad\qquad t\rightarrow\infty$

得 $\qquad\qquad v(t)=v_c$

减速时输入为零, $\qquad\qquad v(0)=v_c$

则得 $\qquad\qquad \dfrac{\mathrm{d}E(t)}{\mathrm{d}t}=-v(t)$

代入上面微分式中可得 $\qquad \dfrac{\mathrm{d}v(t)}{v(t)}=-\dfrac{\mathrm{d}t}{T}$

两端积分后可得 $\qquad\qquad v(t)=v_0e^{-\frac{t}{T}}=v_ce^{-\frac{t}{T}}$ $\qquad\qquad$ (7-17)

证毕。

令 $\qquad\qquad\begin{cases}\Delta S_i=v_i\Delta t\\ \Delta S_c=v_c\Delta t\end{cases}$

则 ΔS_c 实际上为每个采样周期加减速的输入位置增量值,即每个周期粗插补运算输出的坐标值数字增值。而 ΔS_i 则为第 i 个插补周期加减速输出的位置增量值。

将 ΔS_c 和 ΔS_i 带入前面 E_i 和 v_i 公式可得(取 $\Delta t=1$)

$$\begin{cases}E_i=\sum_{k=0}^{i-1}(\Delta S_c-\Delta S_k)=E_{i-1}+(\Delta S_c-\Delta S_{i-1})\\[2mm] \Delta S_i=E_i\dfrac{1}{T}\end{cases} \qquad (7-18)$$

此两式就是实用的数字增量值指数加减速迭代公式。

2. 直线加减速控制算法

直线加减速控制使机床在启动时,速度沿一定斜率的直线上升。而在停止时,速度沿一定斜率的直线下降,如图 7-11 所示,速度变化曲线是 $OABC$。

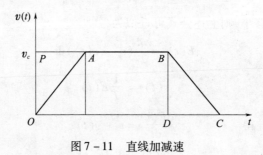

图 7-11　直线加减速

直线加减速控制分 5 个过程:

1)加速过程

如果输入速度 v_i 与输出速度 v_{i-1} 之差大于一个常值 KL,即 $v_i-v_{i-1}>KL$,则使输出速度增加 KL 值,即

$$v_i=v_{i-1}+KL \qquad\qquad (7-19)$$

式中,KL 为加减速的速度阶跃因子。显然在加速过程中,输出速度沿斜率为 $K'=\dfrac{KL}{\Delta t}$ 的直

线上升。这里 Δt 为采样周期。

2）加速过渡过程

如果输入速度 v_c 大于输出速度 v_i，但其差值小于 KL 时，即

$$0 < v_c - v_{i-1} < KL$$

改变输出速度，使其与输入相等，即

$$v_i = v_c$$

经过这个过程后，系统进入稳定状态。

3）匀速过程

在这个过程中，保持输出速度不变，即

$$v_i = v_{i-1}$$

但此时的输出速度 v_i 不一定等于输入速度 v_c。

4）减速过渡过程

如果输入速度 v_c 小于输出速度 v_{i-1}，但其差值不足 KL 时，即

$$0 < v_{i-1} - v_c < KL$$

改变输出速度，使其减小到与输入速度相等，即 $v_i = v_c$。

5）减速过程

如果输入速度 v_c 小于输出速度 v_{i-1}，且其差值大于 KL 时，即

$$v_{i-1} - v_c > KL$$

改变输出速度，使其减小 KL 值，即

$$v_i = v_{i-1} - KL$$

显然在减速过程中，输出速度沿斜率 $K' = -\dfrac{KL}{\Delta t}$ 的直线下降。

无论是直线加减速控制算法还是指数加减速控制算法，都必须保证系统不产生失步和超程，即在系统的整个加速和减速过程中，输入到加减速控制器的总位移之和必须等于该加减速控制器实际输出的位移之和，这是设计后加减速控制算法的关键。要做到这一点，对于指数加减速来说，必须使图 7-11 中区域 OPA 的面积等于区域 DBC 的面积；对直线加减速而言，同样需使图中区域 OPA 的面积也等于 DBC 的面积。

为了保证这两部分面积相等，以上所介绍的两种加减速度算法都采用位置误差累加器来解决。在加速过程中，用位置误差累加器记住由于加速延迟失去的位置增量之和；在减速过程中，又将位置误差累加器的位置值按一定的规律（指数或直线）逐渐放出，以保证在加减速过程全部结束时，机床到达指定的位置。

7.2.3　S 型加减速控制[54]

传统的数控中常用的加减速有直线加减速和指数加减速两种。这两种加减速方式在启动和加减速结束时存在加速度突变，产生冲击，因而不适合用于高速数控系统。一些先进的 CNC 系统采用 S 型加减速，通过对启动阶段即高速阶段的加速度衰减，来保证电机性能的充分发挥和减小启动冲击[16]。

1. S 曲线加减速原理

S 曲线加减速的称法由系统在加减速阶段的速度曲线形状呈 S 形而得来。正常情况下的 S 曲线加减速如图 7 - 12 所示,运行过程可分为 7 段:加加速段、匀加速段、减加速段、匀速段、加减速段、匀减速段、减减速段。图中起点速度为 v_s,终点速度为 v_e。图中符号说明如下:

① t:时间坐标;

② $t_k(k = 0, 1, \cdots, 7)$:表示各个阶段的过渡点时刻;

③ $\tau_k(k = 0, 1, \cdots, 7)$:局部时间坐标,表示以各个阶段的起始点作为时间零点的时间表示,$\tau_k = -t_k - 1(k = 1, \cdots, 7)$;

④ $T_k(k = 1, \cdots, 7)$:各个阶段的持续运行时间。

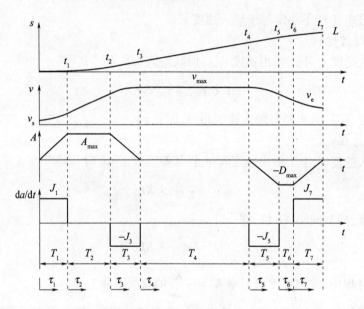

图 7 - 12　S 曲线加减速

一般情况下,电机正反向的负载驱动能力是一致的,因此可假设电机的正向和反向最大加速度相等,即

$$A_{max} = D_{max} \tag{7 - 20}$$

假设电机加速度从 0 达到最大值和从最大值减至 0 的时间相等,将这个时间设定为系统的一个特性时间常数,以 t_m 表示。t_m 大,柔性大,加减速时间长;t_m 小,冲击大,加减速时间短。$t_m = 0$ 时,S 曲线退化为直线,$t_m = v_{max}/A_{max}$,则 S 曲线只有两段,中间匀加(减)速段消失。根据假设有

$$T_1 = T_3 = T_5 = T_7 = t_m \tag{7 - 21}$$

从而得出 $\qquad J = J_1 = J_3 = J_5 = J_7 = A_{max}/t_m \tag{7 - 22}$

需要说明的是,式(7 - 21)成立的隐含条件是在运行过程中加速度能达到最大值,若这个条件不满足,则前面的假设只能部分成立,式(7 - 21)将由下式代替

188

$$T_1 = T_3, \quad T_5 = T_7 \qquad\qquad (7-23)$$

这样,只需要确定三个最基本的系统参数:系统最大速度 v_{max}、最大加速度 A_{max}、加加速度 J 便可确定整个运行过程。其中最大速度反映了系统的最大运行能力,最大加速度反映了系统的最大加减速能力,加加速度反映了系统的柔性。该参数与 t_m 成反比,若取大,则冲击大,极限情况下取无穷大,S 曲线加减速即退化为直线加减速;若取小,则系统的加减速过程时间长,可以根据系统的需要及性能进行选取。根据习惯,一般通过选取时间常数 t_m 间接确定 J。通过上述假设,可以得到加加速度 J、加速度 a、速度 v、位移 S 等计算公式通用形式如下:

$$J(t) = \begin{cases} J & 0 \leqslant t \leqslant t_1 \\ 0 & t_1 \leqslant t \leqslant t_2 \\ -J & t_2 \leqslant t \leqslant t_3 \\ 0 & t_3 \leqslant t \leqslant t_4 \\ -J & t_4 \leqslant t \leqslant t_5 \\ 0 & t_5 \leqslant t \leqslant t_6 \\ J & t_6 \leqslant t \leqslant t_7 \end{cases} \qquad (7-24)$$

$$a(t) = \begin{cases} J\tau_1 & 0 \leqslant t \leqslant t_1 \\ JT_1 & t_1 \leqslant t \leqslant t_2 \\ JT_1 - J\tau_3 & t_2 \leqslant t \leqslant t_3 \\ 0 & t_3 \leqslant t \leqslant t_4 \\ -J\tau_5 & t_4 \leqslant t \leqslant t_5 \\ -JT_5 & t_5 \leqslant t \leqslant t_6 \\ -JT_5 + J\tau_7 & t_6 \leqslant t \leqslant t_7 \end{cases} \qquad (7-25)$$

$$v(t) = \begin{cases} v_s + \dfrac{1}{2}J\tau_1^2 & 0 \leqslant t \leqslant t_1, \quad \text{当} \ t = t_1 \ \text{时} \quad v_{01} = v_s + \dfrac{1}{2}J\tau_1^2 \\ v_{01} + JT_1\tau_2 & t_1 \leqslant t \leqslant t_2, \quad \text{当} \ t = t_2 \ \text{时} \quad v_{02} = v_{01} + JT_1T_2 \\ v_{02} + JT_1\tau_3 - \dfrac{1}{2}J\tau_3^2 & t_2 \leqslant t \leqslant t_3, \quad \text{当} \ t = t_3 \ \text{时} \quad v_{03} = v_{02} + \dfrac{1}{2}JT_1^2 \\ v_{03} & t_3 \leqslant t \leqslant t_4, \quad \text{当} \ t = t_4 \ \text{时} \quad v_{04} = v_{03} \\ v_{04} - \dfrac{1}{2}J\tau_5^2 & t_4 \leqslant t \leqslant t_5, \quad \text{当} \ t = t_5 \ \text{时} \quad v_{05} = v_{04} - \dfrac{1}{2}JT_5^2 \\ v_{05} - JT_5\tau_6 & t_5 \leqslant t \leqslant t_6, \quad \text{当} \ t = t_6 \ \text{时} \quad v_{06} = v_{05} - JT_5T_6 \\ v_{06} - JT_5\tau_7 + \dfrac{1}{2}J\tau_7^2 & t_6 \leqslant t \leqslant t_7, \quad \text{当} \ t = t_7 \ \text{时} \quad v_{07} = v_{06} - \dfrac{1}{2}JT_5^2 \end{cases}$$

$$(7-26)$$

$$S(t) = \begin{cases} v_s\tau_1 + \dfrac{1}{6}J\tau_1^2 & 0 \leqslant t \leqslant t_1, & \text{当 } t = t_1 \text{ 时 } S_{01} = v_s T_1 + \dfrac{1}{6}J\tau_1^2 \\[2mm] S_{01} + v_{01}\tau_2 + \dfrac{1}{2}JT_1\tau_2^2 & t_1 \leqslant t \leqslant t_2, & \text{当 } t = t_2 \text{ 时 } S_{02} = S_{01} + v_{01}T_2 + \dfrac{1}{2}JT_1T_2^2 \\[2mm] S_{02} + v_{02}\tau_3 + \dfrac{1}{2}JT_1\tau_3 - \dfrac{1}{6}J\tau_3^2 & t_2 \leqslant t \leqslant t_3, & \text{当 } t = t_3 \text{ 时 } S_{03} = S_{02} + v_{02}T_1 + \dfrac{1}{3}JT_1^2 \\[2mm] S_{03} + v_{03}\tau_4 & t_3 \leqslant t \leqslant t_4, & \text{当 } t = t_4 \text{ 时 } S_{04} = S_{03} + v_{03}T_4 \\[2mm] S_{04} + v_{04}\tau_5 - \dfrac{1}{6}J\tau_5^2 & t_4 \leqslant t \leqslant t_5, & \text{当 } t = t_5 \text{ 时 } S_{05} = S_{04} + v_{04}T_5 - \dfrac{1}{6}JT_5^2 \\[2mm] S_{05} + v_{05}\tau_6 - \dfrac{1}{2}JT_5\tau_6^2 & t_5 \leqslant t \leqslant t_6, & \text{当 } t = t_6 \text{ 时 } S_{06} = S_{05} + v_{05}T_6 - \dfrac{1}{2}JT_5T_6^2 \\[2mm] S_{06} + v_{06}\tau_7 - \dfrac{1}{2}JT_5\tau_7^2 + \dfrac{1}{2}J\tau_7^2 & t_6 \leqslant t \leqslant t_7 + \dfrac{1}{6}J\tau_7^2, & \text{当 } t = t_7 \text{ 时 } S_{07} = S_{06} + v_{06}T_5 - \dfrac{1}{3}JT_5^2 \end{cases}$$

$$(7-27)$$

上述方程满足如下边界条件：

$$v_{07} = v_e \tag{7-28}$$

$$S_{07} = L \tag{7-29}$$

在一般情况下运行过程为 7 个阶段时，除了上述两个边界条件外，还有下面条件成立：

$$JT_1 = JT_5 = A_{\max} \tag{7-30}$$

$$v_{03} = v_{04} = v_{\max} \tag{7-31}$$

将各项代入式(7-28)、式(7-29)可化为

$$v_{07} = v_s + JT_1(T_1 + T_2) - JT_5(T_5 + T_6) = v_e \tag{7-32}$$

$$S_{07} = v_s(2T_1 + T_2) + \dfrac{1}{2}JT_1(2T_1^2 + 3T_1T_2 + T_2^2) +$$

$$v_{\max}T_4 + v_{03}(2T_5 + T_6) - \dfrac{1}{2}JT_5(2T_5^2 + 3T_5T_6 + T_6^2) = L \tag{7-33}$$

式中

$$v_{03} = v_s JT_1(T_1 + T_2) \tag{7-34}$$

由此可得匀速运行段时间为

$$T_4 = \dfrac{1}{v_{\max}}\left\{ L = v_s(2T_1 + T_2) - \dfrac{1}{2}JT_1(2T_1^2 + 3T_1T_2 + T_2^2) - \right.$$

$$\left. v_{03}\left[(2T_5 + T_6) + \dfrac{1}{2}JT_5(2T_5^2 + 3T_5T_6 + T_6^2) \right] \right\} \tag{7-35}$$

由式(7-31)、式(7-34)可得

$$T_2 = \dfrac{v_{\max} - v}{A_{\max}} - T_1 \tag{7-36}$$

由式(7-32)、式(7-34)可得

$$T_6 = \frac{v_{\max} - v_e}{A_{\max}} - T_5 \qquad (7-37)$$

加速区长度为

$$S_a = S_{03} = v_s(2T_1 + T_2) + \frac{1}{2}JT_1(2T_1^2 + 3T_1T_2 + T_2^2) \qquad (7-38)$$

减速区长度为

$$S_d = S_{07} - S_{04} = v_{03}(2T_5 + T_6) - \frac{1}{2}JT_5(2T_5^2 + 3T_5T_6 + T_6^2) \qquad (7-39)$$

上述各个计算公式还可以根据具体情况进行简化。这样只要根据具体条件计算得到了各个阶段的运行时间,即可根据式(7-24)~式(7-27)进行插补计算了。

2. 计算实例

根据前面的加减速算法,计算一个具体的实例,以检验本研究方法的实用性。如图7-13所示是一段机床连续运行轨迹,其中几个程序段的长度和转折点速度已经通过规划得到。规划中采用的参数为

$$v_{\max} = 300\text{mm/s}, \quad A_{\max} = 1500\text{mm/s}^2, \quad J = 5 \times 10^4\text{mm/s}^3$$

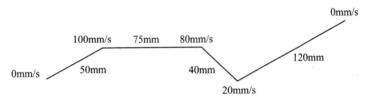

图7-13 S形加减速控制实例

对于短线段的规划,采用了两种方式,方式1是混合方式(直接从 v_s 运行至 v_e,然后匀速运行至终点)。方式2完全采用加速再减速(或减速再加速)的方法。

图7-14(a)是采用方式1的运行结果,运行时间为2.217s,图7-14(b)是采用方式2的运行结果,总运行时间为1.570s,两种方式在运行时间上有一定的差别。采用方式1得到的速度十分平稳,但时间较长,方式2的时间短,但速度变化频繁。在使用中可根据需要进行选取。从两种计算结果来看,所得到的速度曲线都是十分平滑的,速度变化平稳,没有冲击产生。

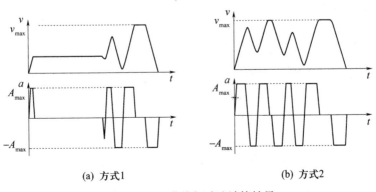

(a) 方式1   (b) 方式2

图7-14 S曲线加减速计算结果

高速加工系统要求进给过程中速度变化尽可能平稳，即要求系统加减速具有高度的柔性。传统的直线加减速和指数加减速算法在进给过程中存在柔性冲击，不适于高速进给系统。本节对适用于高速进给的 S 曲线加减速算法进行了深入的研究，并通过计算实例表明，S 曲线加减速算法克服了传统加减速算法中的缺点，速度在变化过程中十分平滑，是一种适合于高速切削的柔性加减速算法。

7.2.4 自适应加减速控制[54]

CNC 系统中参数曲线插补广泛地应用于复杂轨迹的生成。为了弥补参数曲线插补时加减速能力的不足，提出自适应的加减速控制方法。在插补预处理中，对轮廓误差引起的速度变化曲线进行分析，在加加速度满足要求的同时，对加速度的变化进行控制。应用该方法，在保证系统加工精度的基础上，可以根据曲线的形状，自适应地调整进给速度，使进给速度变化趋于平滑，有效地避免了加速度和加加速度的变化对伺服系统造成的机械冲击。

参数曲线（曲面）广泛地应用于航空、模具等制造领域中传统 CNC 系统中，在规划复杂曲线加工轨迹时，必须将曲线加工刀具路径处理成大量离散的直线段编制数控加工程序，这种处理方法导致编程复杂，效率低，代码量庞大，会造成数控代码传输过程中误码率上升，加工状态不稳定；同时在直线段接合点处，加工速度和加速度不连续。因此，加工精度降低，进给速度受限，很难满足机械加工要求。基于此，国内外很多学者对参数曲线的插补算法进行了大量的研究。Jun – Bin Wang 等[55]提出了一种通用的 NURBS 轨迹生成算法，并通过案例研究验证了该算法的可行性和精度。YuWen Sun 等[56]进行了多轴数控机床的零件加工形状、加工过程和驱动约束的改变而进行的参数差值和进给速度关系的研究。Jingchun Feng 等[57]提出了一种随着轴加减速度的改变能够适时自适应 NURBS 插补算法。

在综合以上研究的基础上，本节提出一种参数曲线插补的自适应加减速控制方法。在插补预处理中，对轮廓误差引起的速度变化曲线进行分析，在保证加加速度满足要求的同时，对加速度的变化进行控制。这样，不仅可以保证插补的轮廓误差可以满足要求，而且可以使进给速度变化平滑，有效地避免了加速度和加加速度的变化对伺服系统造成的机械冲击。本节给出了 B 样条曲线插补的实例，对控制方法进行了说明和验证，仿真结果表明，该方法切实可行而且有效。

1. 插补基本原理

设空间参数曲线为

$$P(u) = x(u)\mathbf{i} + y(u)\mathbf{j} + z(u)\mathbf{k} \tag{7-40}$$

其中，$P(u)$ 为参数曲线上任一点的位置矢量；u 为无量纲参数。参数曲线 $P(u)$ 的具体形式可以为参数样条曲线、Bezier 曲线、B 样条曲线或 NURBS 曲线。采用二阶泰勒级数展开式计算参数增量 Δu_i，即第 $(i+1)$ 个插补周期的参数 u_{i+1} 由下式计算

$$u_{i+1} = u_i + \frac{f_i}{\sqrt{x'^2_i + y'^2_i + z'^2_i}} - \frac{f_i^2 (x'_i x''_i + y'_i y''_i + z'_i z''_i)}{2 (x'^2_i + y'^2_i + z'^2_i)^2} \tag{7-41}$$

其中，(x'_i, y'_i, z'_i) 和 (x''_i, y''_i, z''_i) 分别为各个坐标轴对参数 u 的一阶和二阶导数。设插补周期

为 T,第 i 个插补周期的瞬时速度为 $F(u_i)$,则 $f_i = F(u_i) \cdot T$。显然每一个插补点都在 NURBS 曲线上,所以该插补算法没有径向误差。但是由于每个插补周期以一段段弦长逼近实际曲线,所以仍然存在弓高误差。以圆弧段近似参数曲线段,近似得到弓高误差 δ_i 为

$$\delta_i = \rho_i - \sqrt{\rho_i - \left(\frac{f_i}{2}\right)^2} \tag{7-42}$$

其中,ρ_i 为参数曲线当前点 $P(u_i)$ 的曲率半径,可由下式得到

$$\bar{\rho_i} = \frac{\left|\dfrac{\mathrm{d}p(u)}{\mathrm{d}u}\right|_{u=u_i}}{\left|\dfrac{\mathrm{d}p(u)}{\mathrm{d}u} + \dfrac{\mathrm{d}^2 p(u)}{\mathrm{d}^2 u}\right|_{u=u_i}}$$

为保证加工精度,第 i 个插补周期最大允许进给速度可以表示为

$$F\delta(u_i) = \frac{2}{T} \sqrt{2\rho_i \delta - \delta^2} \tag{7-43}$$

其中,δ 为系统允许的轮廓误差。

设 CNC 系统指令速度为 $F_c(u_i)$,为了满足系统加工精度要求,式(7-41)中参数曲线的瞬时进给速度为

$$F(u_i) = \min\{F_\delta(u_i), F_c(u_i)\} \tag{7-44}$$

2. 速度控制曲线

根据前面介绍的插补算法,在曲线曲率大的地方,会形成如图 7-15 所示的进给速度敏感区域曲线段。设相邻插补周期分别为 t_{i-1} 和 t_i,其对应的进给速度、加速度、加加速度分别为 $(F_{i-1}, a_{i-1}, J_{i-1})$ 和 (F_i, a_i, J_i),插补周期 $T = T_i - t_{i-1}$,则

$$\begin{cases} a_i = \dfrac{F_i - F_{i-1}}{T} \\ J_i = \dfrac{a_i - a_{i-1}}{T} \end{cases} \tag{7-45}$$

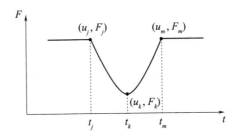

图 7-15　进给速度敏感区域

系统要求:

$$\begin{cases} |a_i| \leqslant D \\ |J_i| \leqslant J \end{cases} \tag{7-46}$$

其中,D 和 J 分别表示系统允许的加速度和加加速度。如果式(7-46)不成立,则进

193

给速度变化不能满足要求。为了限制进给速度的变化造成加速度或加加速度的突变,采用如图 7 - 16 所示的方法控制进给速度的加减速。

图 7 - 16 中,下标 s 和 d 分别表示起点和终点的参数,经过时间 T_{si}($T_{si} = T_d - T_s$,$i = 1 \sim 4$,分别对应图 7 - 16 中的(a)、(b)),完成进给速度的加减速。通常情况下系统从匀速段向减速段过渡,如图 7 - 16 所示,这时减速起始点的进给速度 F_s 即为系统的指令速度,起始点的加速度 a_s 为 0。同样加速段向匀速段过渡时,加速终点的进给速度 F_d 即为系统的指令速度,加速终点的加速度 a_d 为 0。如果相邻进给速度敏感区域相互之间距离很近,则起点或终点的进给速度和加速度需要另外指定。

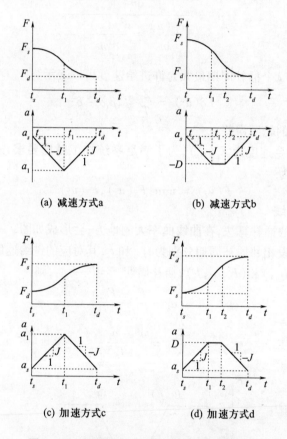

(a) 减速方式a   (b) 减速方式b

(c) 加速方式c   (d) 加速方式d

图 7 - 16 控制进给速度生成的运动学图形

下面计算按照图 7 - 16 的控制方式进行进给速度过渡时需要的时间。以减速方式 a 为例,经减速时间 T_{s1},速度变化如下:

$$F_s + \int_0^{\frac{T}{2}} (a_s - J_t) \mathrm{d}t + \int_0^{\frac{T}{2}} \left(a_s - \frac{JT}{2} + J_t \right) \mathrm{d}t = F_d \tag{7-47}$$

求解得到

$$T_{s1} = \frac{2 \left[a_s + \sqrt{a_s + J(F_s + F_d)} \right]}{J} \tag{7-48}$$

最大加速度为

194

$$| a_1 | \quad a_1 = a_s - \frac{JT_{s1}}{2} \tag{7-49}$$

同样对图 7-16(b) 中的速度积分求解,得到

$$T_{s2} = \frac{J(F_s - F_d) + (a_s + D)^2}{DJ} \tag{7-50}$$

对于进给速度的加速过程,图 7-16(c) 中

$$T_{s3} = \frac{2\left[-a_s + \sqrt{a_s^2 - J(F_s - F_d)}\right]}{J} \tag{7-51}$$

最大加速度为

$$a_1 = a_s + \frac{JT_{s3}}{2} \tag{7-52}$$

图 7-16(d) 中

$$T_{s4} = \frac{-J(F_s - F_d) + (a_s - D)^2}{DJ} \tag{7-53}$$

加减速控制方式的选取,按照如下的原则:

(1) 对于减速过程,如果 $|a_1| \leqslant D$,则采用图 7-16 中减速方式 a 进行进给速度的控制,否则采用减速方式 b。

(2) 对于加速过程,如果 $|a_1| \leqslant D$,则采用图 7-16 中加速方式 c 完成加速过程,否则采用加速方式 d。

3. 自适应加减速控制方法

为了参数曲线插补时,进给速度变化满足系统的加减速能力,在插补预处理中,对进给速度进行处理,保证在曲率变化大的地方,加速度和加加速度的变化在系统允许范围内。如果加减速的加速度或加加速度大于系统允许值,则需要对加减速段进行修正。必要时需要将开始减速点前移,或者将开始加速点后移,实现加减速的自适应控制。

首先,根据前面的插补算法,可以得到在保证系统加工精度的前提下,系统的插补数据点和进给速度曲线图,其中包含一系列如图 7-15 所示的进给速度敏感区域。

对于图 7-15 中的减速时间段 $t_h \sim t_k$,其中迭代开始减速点处 $t_h = t_j$,控制方法如下:

(1) 在插补周期 t_i ($h < i \leqslant k$),根据式 (7-45) 计算加速度 a_i 和加加速度 J_i,根据式 (7-46) 对 a_i 和 J_i 的有效性进行判断。

(2) 如果式 (7-46) 不能成立,则需要对减速过程进行修正。根据前面介绍的减速控制原则,得到指令速度 F_c 过渡到当前速度 F_i 的减速时间 T_s (等于 T_{s1} 或 T_{s2},根据 $|a_1| \leqslant D$ 进行判断)。如果 T_s 大于时间段 ($t_i - t_h$),则将开始减速点前移,即设定 $t_h = t_i - T_s$。

(3) 如果 $i = k$,表明减速段已经处理结束,记录下减速开始点和相应的速度变化曲线;否则跳转到步骤 (1) 处理下一个减速点。对于加速时间段 $t_1 \sim t_m$,其中迭代开始加速点处 $t_1 = t_k$,最小进给速度为 F_k,进给速度控制如下:

① 在插补周期 t_i ($1 < i \leqslant m$),根据式 (7-45) 计算 a_i 和 J_i,验算式 (7-46)。

② 如果式 (7-46) 不成立,对加速过程进行修正。据前面介绍的加速控制原则得到

F_k 可过渡到 F_i 的加速时间 T_s（等于 T_{s3} 或 T_{s4}，根据 $|a_1| < D$ 进行判断）。T_s 如果小于时间段 $(t_i - t_l)$，则将开始加速点后移，即设定 $t_l = t_i - T_s$。

③ 如果 $i \neq m$，则表明加速段没有处理结束，跳转到步骤①处理下一个减速点；否则，记录下加速开始点和相应的速度变化曲线，当前加速段处理结束。如果还存在其他的速度敏感区域，则按照上面的步骤继续处理。实际控制过程中，速度敏感区域可能距离很近，对一段区域的处理会影响后面的区域，这时，可以在前一段的进给速度减完后，加入一段匀速段，然后在后面的时间中再加速，将相邻的敏感区域同时进行处理。

4. 仿真结果及分析

为了验算本控制方法的有效性，以三次非均匀 B 样条曲线的插补为例，进行进给速度加减速控制。图 7-17 中，B 样条曲线的控制顶点为 $A(-18, -20, -4)$，$B(-8, -8, -4)$，$C(0, 0, 0)$，$D(0, 8, 5)$，$E(5, 10, 10)$，$F(10, 18, 20)$，$G(20, 0, 16)$，$H(29, 25, 12)$，$I(35, 23, 24)$，$J(50, 18, 10)$，$K(60, 15, 21)$，$L(70, 0, 10)$（单位：mm）；节点矢量为（0, 0, 0, 0, 0.1828, 0.2452, 0.2938, 0.3848, 0.4573, 0.5304, 0.6201, 0.7599, 1, 1, 1, 1）。在 CPU 为 PetiumIII1GHz 的计算机上用 C 语言插补编写算法，进行插补仿真计算。插补要求如下：插补周期 $T = 0.001\mathrm{s}$，最大允许轮廓误差 $D = 0.001\mathrm{mm}$，进给速度 $F = 210\mathrm{mm/s}$，最大加速度和加加速度分别为 $D = 2000\mathrm{mm/s^2}$ 和 $J = 40000\mathrm{mm/s^3}$。

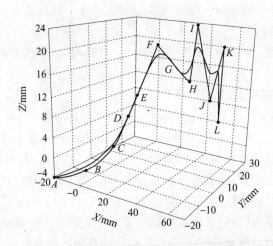

图 7-17　三次非均匀 B 样条曲线插补

根据前面的插补算法，在没有加减速控制时得到了 B 样条曲线的弓高误差和进给速度如图 7-18(a) 所示，最大弓高误差限制在 0.001mm 以内，保证了系统的加工精度。图 7-18(b) 为相应的加速度和加加速度。分析图 7-18(a) 可知，BCD 段、GHI 段和 IJK 段为进给速度敏感区域。虽然 BCD 段的进给速度只降到 205.32mm/s，但是却造成了加速度和加加速度的巨大变化，其最大值分别为 4677mm/s² 和 7.58 × 106mm/s³。而在速度敏感区域段 GHI 和 IJK，因为进给速度的波动，加速度和加加速度更是达到了 -10811mm/s² 和 -8.7825 × 106mm/s³，远远超过了系统允许的范围。

采用本节介绍的方法进行自适应加减速控制。对于进给速度敏感区域 BCD 段，进给速度降幅很小，根据迭代计算，采用减速方式 a 和加速方式 c 控制，减速时间和加速时间

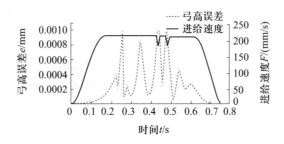

(a) 弓高误差和进给速度

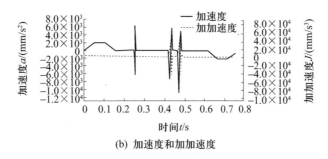

(b) 加速度和加加速度

图 7－18　没有加减速控制时的性能分析

都是 0.021s，由此造成的最大加速度的绝对值为 432.66mm/s²。而对于速度敏感区域 *GHI* 段和 *IJK* 段，由于敏感区域距离很近，*GHI* 段的加速段会影响 *IJK* 段，为此在 *GHI* 段完成减速控制后，保持一段匀速，然后再加速到指令速度，最后的控制结果如图 7－19 所示。其中最大加速度仅为 1160mm/s²，而最大加加速度是系统允许值 40000mm/s³。

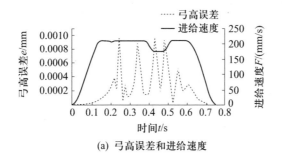

(a) 弓高误差和进给速度

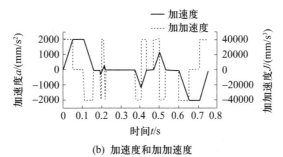

(b) 加速度和加加速度

图 7－19　自适应加减速控制时的性能分析

通过插补仿真实例表明，这里介绍的自适应加减速控制方法，不仅满足了加工精度的要求，而且保证了进给速度及其一阶、二阶导数的变化在系统允许范围内。

本节提出了参数曲线插补的自适应加减速控制方法，使进给速度变化敏感区域中的进给速度曲线得到了改善，速度的变化趋于平缓。应用该方法，在保证系统加工精度的基础上，根据曲线的形状，自适应地调整进给速度，限制加速度和加加速度的变化在系统允许范围内，可以满足 CNC 系统高速高精度的插补要求。

第8章　数控系统的软硬件

8.1　计算机数控系统概述

8.1.1　计算机数控系统概念及原理

计算机数控（CNC）系统就是利用计算机（通常称为工业控制计算机，简称工业控制机 IPC）来实现生产过程自动控制的系统。

由控制器或控制装置来调节或控制被控对象输出行为的模拟系统（自动控制原理中所讲的连续系统），称为模拟控制系统。图 8 - 1 所示即为单回路模拟控制系统，该系统由两部分组成：被控对象和测控装置。其中被控对象可能是电动机，也可能是水箱或电热炉等，测控装置则主要由测量变送器、比较器、控制器以及执行机构等组成。图 8 - 2 所示系统的工作原理如下：当给定值或外界干扰变化时，系统将测量变送环节反馈回来的被控参数与给定值比较后出现偏差信号 $e(t)$，控制器便根据偏差信号的大小按照预先设定的控制规律进行运算，并将运算结果作为输出控制量 $u(t)$ 送到执行机构，自动调整系统的输出 $y(t)$，使偏差信号 $e(t)$ 趋向于 0。

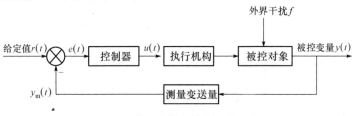

图 8 - 1　单回路模拟控制系统示意图

在常规的控制系统中，上述的控制器采用气动或电动的模拟调节器实现。随着计算机的普及，特别是微处理器的性能价格比的不断提高，工程技术人员用计算机来代替模拟调节器实现系统的自调节，逐渐形成计算机数控系统。在计算机数控系统中，计算机输入输出信号都是数字量，被控对象的输入输出信号往往是连续变化的模拟量，要想实现计算机与具有模拟量输入/输出的被控对象信号的传递，就必须有信号转换装置，也就是翻译，才能实现被控对象与计算机之间的语言沟通。这个翻译也就是人们常说的 A/D 转换和 D/A 转换，在执行器的输出端就用 D/A 转换器，也就是数/模转换器；在计算机的输入端用 A/D 转换器，就是模/数转换器。用计算机原理教科书上的术语来讲即计算机接口。接口又分为数字量接口和模拟量接口，一般来说，接口有具体的电平要求。为了保证计算机数控系统能适应不同的信号，需要有信号调理电路、采样器和保持器等，它们与 A/D 转换器、D/A 转换器一起构成了计算机与生产设备之间的接口，是计算机数控系统中必不可少的组成部分，且与计算机一起统称为计算机系统，如图 8 - 2 中的点划线框所示。

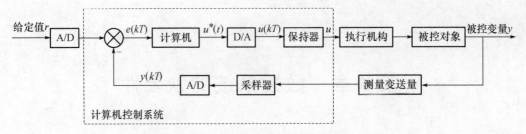

图 8 - 2　计算机数控系统原理图

在控制系统中引入计算机,就可以充分利用计算机强大的计算、逻辑判断和记忆等信息处理能力,运用微处理器或微控制器的丰富指令,就能编写出满足某种控制规律的程序,执行该程序,就可以实现对被控参数的控制。计算机数控系统中的计算机是广义的,可以是工业控制计算机、嵌入式计算机、可编程序控制器(Programmable Logical Controller,PLC)、单片机系统、数字信号处理器(Digital Signal Processor,DSP)等[58]。

8.1.2　计算机数控系统的组成及特点

计算机数控系统由于用途或目的的不同,它们的规模、结构、功能与完善程度等可以有很大的差别,但是它们都有共同的两个基本组成部分,即硬件和软件。硬件是计算机数控系统的基础,软件是计算机数控系统的灵魂。计算机数控系统本身通过各种接口与生产过程发生关系,并对生产过程进行数据处理及控制。

1. 计算机数控系统的硬件组成

计算机数控系统的硬件是指计算机本身及其外部设备(外设),主要由主机、系统总线、外部设备(包括操作台)、过程通道、通信接口、检测与执行机构等组成,如图 8 - 3所示。

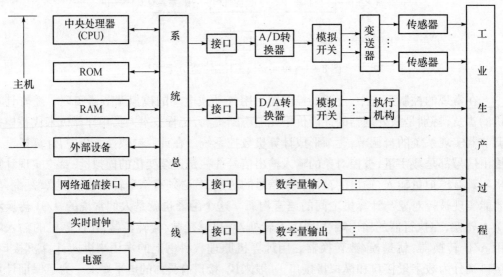

图 8 - 3　计算机数控系统硬件组成系统框图

1)主机(计算机)

主机是整个控制系统的核心,由中央处理器(CPU)和内存储器(ROM、RAM)组成。

200

它主要是执行人们预先编写好并存放在存储器中的程序,收集从工业生产过程送来的过程参数,并进行处理、分析判断和运算,根据运算结果做出控制决策,以信息的形式通过输出通道,及时地向生产过程发出各种控制命令,同时对生产过程中各个参数进行巡回检测、数据处理以及控制计算、报警处理、逻辑判断等,使过程参数趋于预定数值。

在内存储器中预先存入了实现信号输入、运算控制和命令输出的程序,这些程序反映了对生产过程控制的控制规律。系统被启动后,CPU从内存储器中逐条取出指令并执行,于是便能对生产过程按一定的规律连续地进行控制。因此要求主机具有可靠性高、实时控制、环境适应性强的特点,并具有完善的过程通道设备和软件系统。

2）系统总线

系统总线分为内部总线和外部总线两大类,其中内部总线的作用是在计算机各内部模块之间传送各种控制、地址与数据信号,并为各模块提供统一的电源;外部总线的作用是在计算机系统之间或计算机系统与外部设备之间提供数字通信。

3）外部设备

外部设备的作用是实现计算机和外界的信息交换,它包括操作台、显示器、打印机、键盘以及外存储器等。其中操作台是计算机数控系统中重要的人机接口设备,在操作台上随时显示或记录系统当前的运行状态和被控对象的参数,当系统某个局部出现意外或故障时,也在操作台上产生报警信息。操作人员可根据自己的权限在操作台上修改程序或某些参数,也可按需要改变系统的运行状态。

4）过程通道

过程通道是主机与工业生产过程之间信号的传递和转换的连接通道。按照信号传送的方向可分为输入通道和输出通道。按照传送信号的形式可分为模拟量通道和数字量通道。

工业生产对象的过程参数一般是连续变化的非电量,在模拟量输入通道中必须通过传感器将过程参数转换为连续变化的模拟电信号,然后通过 A/D 转换器转换成计算机可以接受的数字量。计算机输出的数字信号往往要通过 D/A 转换器转换为连续变化的模拟量,去控制可连续动作的执行机构。此外,还有数字信号,它可直接通过数字量输入和输出通道来传送。

5）接口

接口是连接通道与计算机的中间设备,经接口联系,通道便于接受计算机的控制,使用它可达到由计算机从多个通道中选择特定通道的目的。

系统中所用的接口通常是数字接口,分为并行接口、串行接口和脉冲列接口,目前各信号的 CPU 均有其配套的通用可编程接口芯片。当多个计算机之间需要相互传递信息或与更高层的计算机通信时,每一个计算机数控系统就必须设置网络通信接口,如一般的 RS232C、RS485 通信接口、以太网接口、现场总线接口等。

6）检测与执行机构

在控制系统中,为了收集和测量各种参数,采用了各种检测元件及变送器,其主要功能是将被检测参数的非电量转换成电信号,这些信号经过变送器转换成统一的标准电信号（$1 \sim 5\text{V}$ 或 $4 \sim 20\text{mA}$）,再通过过程通道送入计算机。执行机构的功能是根据微机输出的控制信号,改变输出的角位移或直线位移,并通过调节机构改变被调介质的流量或能量,使生产过程符合规定的要求。

7）实时时钟

计算机运行需要一个时钟,用于确定采样周期、控制周期及事件发生的时间等,常用的时钟电路如美国 Dallas 公司的 DSl2C887 等。

2. 计算机数控系统的软件组成

计算机数控系统的硬件是完成控制任务的设备基础,还必须有相应的软件才能构成完整的控制系统。软件是指计算机数控系统中具有各种功能的计算机程序的总和,如完成操作、监控、管理、控制、计算和自诊断等功能的程序。软件的质量关系到计算机运行和控制效果的好坏、硬件功能的充分发挥和推广应用。从功能区分,计算机数控系统的软件可分为系统软件和应用软件。

1）系统软件

系统软件是用来管理计算机的内存、外设等硬件设备,方便用户使用计算机的软件。系统软件通常包括操作系统、语言加工系统、数据库系统、通信网络软件和诊断系统。它具有一定的通用性,一般随硬件一起由计算机生产厂家提供或购买,一般不需要用户自行设计编程,只需掌握使用方法或根据实际需要加以适当改造即可。系统软件提供计算机运行和管理的基本环境,如 Windows NT、UNIX 等。

2）应用软件

应用软件是用户根据要解决的控制问题而编写的各种控制和管理程序,其优劣直接影响到系统的控制品质和管理水平。它是控制计算机在特定环境中完成某种控制功能所必需的软件,如过程控制程序、人机接口程序、打印显示程序、数据采集及处理程序、巡回检测和报警程序及各种公共子程序等。应用软件的编写涉及生产工艺、控制理论、控制设备等各方面的知识,通常由用户自行编写或根据具体情况在商品化软件的基础上自行组态以及做少量特殊应用的开发,如 Siemens 公司的 STEP 7。

在计算机数控系统中,软件和硬件不是独立存在的,在设计时必须注意两者间的有机配合和协调,只有这样才能研制出满足生产要求的高质量的控制系统。随着计算机硬件技术的日臻完善,软件的重要性日益突出。同样的硬件,配置高性能的软件,可以取得良好的控制效果;反之,可能达不到预定的控制目的。

3. 计算机数控系统的特点[59]

计算机数控系统相对于连续控制系统,其主要特点如下。

1）系统结构的特点

计算机数控系统执行控制功能的核心部件是计算机,而连续系统中的被控对象、执行部件及测量部件均为模拟部件。这样系统中还必须加入信号转换装置,以完成系统信号的转换。因此,计算机数控系统是模拟部件和数字部件的混合系统。若系统中各部件都是数字部件,则称为全数字控制系统。

2）信号形式上的特点

连续系统中各点信号均为连续模拟信号,而计算机数控系统中有多种信号形式。由于计算机是串行工作的,因此必须按照一定的采样间隔（采样周期）对连续信号进行采样,将其变为时间上离散的信号才能进入计算机。所以计算机数控系统除了有连续模拟信号外,还有离散模拟、离散数字、连续数字等信号形式,是一种混合信号形式系统。

3）信号传递时间上的差异

连续系统中（除纯延迟环节外）模拟信号的计算速度和传递速度都极快，可以认为是瞬时完成的，即该时刻的系统输出反映了同一时刻的输入响应，系统各点信号都是同一时刻的相应值，而在计算机数控系统中就不同了，由于存在"计算机延迟"，因此系统的输出与输入不是在同一时刻的相应值。

4）系统工作方式上的特点

在连续控制系统中，一般是一个控制器控制一个回路，而计算机具有高速的运算处理能力，一个控制器（控制计算机）经常可采用分时控制的方式同时控制多个回路。通常，它利用一次巡回的方式实现多路分时控制。

5）计算机数控系统具有很大的灵活性和适应性

对于连续控制系统，控制规律越复杂，所需的硬件也往往越多，越复杂。模拟硬件的成本几乎和控制规律的复杂程度、控制回路的多少成正比。并且，若要修改控制规律，一般必须改变硬件结构。由于计算机数控系统的控制规律是由软件实现的，并且计算机具有强大的记忆和判断功能，修改一个控制规律，无论是复杂的还是简单的，只需修改软件，一般无须改变硬件结构，因此便于实现复杂的控制规律和对控制方案进行在线修改，使系统具有灵活性高、适应性强的特点。

6）计算机数控系统具有较高的控制质量

由于计算机的运算速度快、精度高、具有极丰富的逻辑判断功能和大容量的存储能力，因此，能实现复杂的控制规律，如最优控制、自适应控制、智能控制等，从而可达到较高的控制质量。

8.2 机床 CNC 装置的组成、工作原理及特点

8.2.1 机床 CNC 装置的组成

计算机数控系统（CNC 系统）是 20 世纪 70 年代初发展起来的新的机床数控系统，它用一台计算机代替硬件（逻辑电路）数控所完成的功能，所以，它是一种以计算机为硬件，在计算机中存储控制程序（根据不同机床的工作需要编制的），通过计算机运行控制程序，来执行对机床运动的数字控制功能。

如图 8-4 所示，CNC 系统是由除机床本体以外的程序输入/输出装置、计算机数字控制装置、可编程控制器（PLC）、主轴驱动装置和进给驱动及位置检测器等组成。而且，数控系统能自动阅读输入载体上事先给定的数字值，并将其译码，从而使机床动作和加工出零件。

数控系统的核心是完成数字信息运算处理和控制的计算机，一般称它为数字控制装置。现代数控装置不仅能通过读取信息载体方式，还可以通过其他方式获得数控加工程序。如通过键盘方式输入和编辑数控加工程序；通过通信方式输入其他计算机程序编辑器、自动编程器、CAD/CAM 系统或上位机所提供的数控加工程序。高档数控装置本身已包含一套自动编程系统或 CAD/CAM 系统，只需采用键盘输入相应的信息，数控装置本身就能生成数控加工程序。CNC 数控装置除硬件外还有软件，软件包括管理软件和控制软

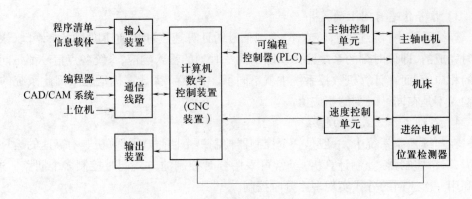

图 8-4　机床 CNC 系统的基本组成

件两大类。管理软件由零件程序的输入、输出程序、显示程序和诊断程序等组成。控制软件由译码程序、刀具补偿计算程序、速度控制程序、插补运算程序和位置控制程序等组成（见图 8-5）。数控软件是一种用于机床加工的、实时控制的、特殊的（或称专用的）计算机操作系统。在 CNC 数控装置中硬件是基础，软件必须在硬件的支持下才能运行；离开软件，硬件便无法工作。硬件的集成度、位数、主频、运算速度、指令系统、内存容量等在很大程度上决定了数控装置的性能，然而高水平的软件又可以弥补硬件的某些不足。

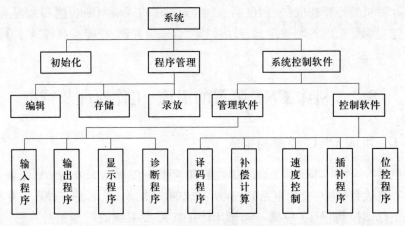

图 8-5　机床 CNC 软件的构成

8.2.2　机床 CNC 装置的工作原理

CNC 数控装置的工作原理是它通过各种输入方式，接收机床加工零件的各种数据信息，经过 CNC 装置译码，再进行计算机的处理、运算，然后将各个坐标轴的分量送到各控制轴的驱动电路，经过转换、放大去驱动伺服电机，带动各轴运动，并进行实时位置反馈控制，使各个坐标轴能精确地走到所要求的位置。CNC 装置的简要工作过程如下。

1）输入

输入 CNC 装置的有零件程序、控制参数和补偿量等数据。输入的形式有光电阅读机输入、键盘输入、磁盘输入、连接上级计算机的 DNC 接口输入、网络输入。从 CNC 装置工作方式看，有存储工作方式输入和 MDI（Manual Direct Input，手工直接输入）工作方式。

204

CNC 装置在输入过程中通常还要完成无效码删除、代码校验和代码转换等工作。

2）译码

不论系统工作在 MDI 方式还是存储器方式，都是将零件程序以一个程序段为单位进行处理，把其中的各种零件轮廓信息（如起点、终点、直线或圆弧等）、加工速度信息（F 代码）和其他辅助信息（M、S、T 代码等）按照一定的语法规则解释成计算机能够识别的数据形式，并以一定的数据格式存放在指定的内存专用单元。在译码过程中，还要完成对程序段的语法检查，若发现语法错误便立即报警。

3）刀具补偿

刀具补偿包括刀具长度补偿和刀具半径补偿。通常 CNC 装置的零件程序以零件轮廓轨迹编程，刀具补偿作用是把零件轮廓轨迹转换成刀具中心轨迹。目前在比较好的 CNC 装置中，刀具补偿的工件还包括程序段之间的自动转接和过切削判别，这就是 C 刀具补偿。

4）进给速度处理

编程所给的刀具移动速度，是在各坐标的合成方向上的速度。速度处理首先要做的工作是根据合成速度来计算各运动坐标的分速度。在有些 CNC 装置中，对于机床允许的最低速度和最高速度的限制、软件的自动加减速等也在这里处理。

5）插补

插补的任务是在一条给定起点和终点的曲线上进行"数据点的密化"。插补程序在每个插补周期运行一次，在每个插补周期内，根据指令进给速度计算出一个微小的直线数据段。通常，经过若干次插补周期后，插补加工完一个程序段轨迹，即完成从程序段起点到终点的"数据点密化"工作。

6）位置控制

位置控制处在伺服回路的位置环上，这部分工作可以由软件实现，也可以由硬件完成。它的主要任务是在每个采样周期内，将理论位置与实际反馈位置相比较，用其差值去控制伺服电动机。在位置控制中通常还要完成位置回路的增益调整、各坐标方向的螺距误差补偿和反向间隙补偿，以提高机床的定位精度。

7）I/O 处理

I/O 处理主要处理 CNC 装置面板开关信号、机床电气信号的输入、输出和控制（如换刀、换挡、冷却等）。

8）显示

CNC 装置的显示主要为操作者提供方便，通常用于零件程序的显示、参数显示、刀具位置显示、机床状态显示、报警显示等。有些 CNC 装置中还有刀具加工轨迹的静态和动态图形显示。

9）诊断

现代 CNC 装置都具有联机和脱机诊断的能力。联机诊断是指 CNC 装置中的自诊断程序，随时检查不正确的事件。脱机诊断是指系统运转条件下的诊断，一般 CNC 装置配备有各种脱机诊断程序以检查存储器、外围设备（CRT）、I/O 接口等。脱机诊断还可以采用远程通信方式进行，即所谓的远程诊断，把用户的 CNC 通过网络与远程通信诊断中心的计算机相连，对 CNC 装置进行诊断、故障定位和修复。

8.2.3　机床 CNC 装置的主要功能和特点

CNC 装置采用微处理器以后，实际上就是一台专用微型计算机，通过软件可以实现很多功能。数控装置有多种系列，性能各异，选用时要仔细考虑其功能。数控装置的功能通常包括基本功能和选择功能。基本功能是数控系统必备的功能，选择功能是供用户根据机床的特点和用途进行选择的功能。CNC 装置的功能主要反映在准备功能 G 指令代码和辅助功能 M 指令代码上。根据数控机床的类型、用途、档次的高低，CNC 装置的功能有很大的不同。

1. 机床 CNC 装置的主要功能

1）控制轴数和联动轴数

CNC 装置能控制的轴数以及能同时控制（即联动）轴数是主要性能之一。控制轴包括移动轴和回转轴，基本轴和附加轴，联动轴可以完成轮廓轨迹加工。一般数控车床只需2 轴控制 2 轴联动；一般铣床需要 3 轴控制，2 轴半坐标控制和 3 轴联动；一般加工中心为3 轴联动、多轴控制。控制轴数越多，特别是同时控制轴数越多，CNC 装置的功能越强，CNC 装置就越复杂，编制程序也越困难。

2）准备功能

准备功能也称 G 功能，ISO 标准中规定准备功能有 G00 至 G99 共 100 种，数控系统可从中选用，目前许多数控系统已用到超过 G99 以外的代码。准备功能用来指令机床动作方式，包括基本移动、程序暂停、平面选择、坐标设定、刀具补偿、基准点返回、固定循环、公英制转换等。它用字母 G 与数字组合来表示，G 代码有模态指令（指令 G 代码直到出现同一组的其他 G 代码时，保持有效，即续效）和非模态指令（仅在指令的程序段内有效）两种模式。

3）插补功能

CNC 装置通过软件插补，特别是数据采样插补是当前的主要方法。插补计算实时性很强，现在有采用高速微处理器的一级插补，以及粗插补和精插补分开的二级插补。一般数控装置都有直线和圆弧插补，高档数控装置还具有抛物线插补、螺旋线插补、极坐标插补、正弦插补、样条插补等功能。

4）主轴速度功能

（1）主轴转速的编程方式。一般用 S 和数字表示，单位为 r/min，如 S350。

（2）恒定线速度。该功能对保证车床或磨床加工工件端面及锥面质量很有意义。

（3）主轴定向准停。该功能使主轴在径向的某一位置准确停止，有自动换刀功能的机床必须选取有这一功能的 CNC 装置。

5）进给功能

进给功能用 F 代码直接指令各轴的进给速度。

（1）切削进给速度。一般进给量为 1~24m/min。在选用系统时，该指标应和坐标轴移动的分辨率结合起来考虑，如 24m/min 的速度是在分辨力为 1 μm 时达到的。

（2）同步进给速度。进给轴每转进给量，单位为 mm/r。只有主轴上装有位置编码器（一般为脉冲编码器）的机床才能指令同步进给速度。

（3）快速进给速度。一般为进给速度的最高速度，它通过参数设定，用 G00 指令执行快速。

（4）进给倍率。操作面板上设置了进给倍率开关，倍率可在 0 ~ 200% 之间变化，每挡间隔 10%。使用倍率开关不用修改程序就可以改变进给速度。

6）补偿功能

（1）刀具长度、刀具半径补偿和刀尖圆弧补偿。可以补偿刀具磨损以及换刀时刀位点的变化。

（2）工艺量的补偿。包括坐标轴的反向间隙补偿；进给传动件的传动误差补偿，如丝杠螺距补偿，进给齿条齿距误差补偿；机件的温度变形补偿等。

7）固定循环加工功能

用数控机床加工零件，一些典型的加工工序，如钻孔、攻螺纹、镗孔、深孔钻削、切螺纹等，所需完成的动作循环十分典型，将这些典型动作预先编好程序并存储在内存中，用 G 代码进行指令，即为固定循环指令。使用固定循环指令可以简化编程。固定循环加工指令有钻孔、镗孔、攻螺纹循环、复合加工循环等。此外，子程序、宏程序也可简化编程，并扩大编程功能。

8）辅助功能（M 代码）

辅助功能是数控加工中不可缺少的辅助操作，一般从 M00 ~ M99 共 100 种。各种型号的数控装置具有辅助功能的多少差别很大，而且有许多是自定义的。常用的辅助功能有程序停、主轴正/反转、冷却液接通和断开、换刀等。

9）字符图形显示功能

CNC 装置可配置不同尺寸的单色或彩色 CRT 显示器，通过软件和接口实现字符、图形显示。可以显示程序、机床参数、各种补偿量、坐标位置、故障信息、人机对话编程菜单、零件图形、动态刀具模拟轨迹等。

10）程序编制功能

（1）手工编程。用键盘按零件图纸，遵循系统的指令规则人工编写零件程序，通过面板输入程序，只适用于简单零件。

（2）背景（后台）编程。后台编程也称为在线编程，程序编制方法同上，但可在机床加工过程中进行，因此不占机时。这种 CNC 装置中有内部专用于编程的 CPU。

（3）自动编程。CNC 装置内有自动编程语言系统，由专门的 CPU 来管理编程。如 FANUC 的符号自动编程语言系统 FAPT，Olivetti 的 GTL 语言用于 A – B 公司的 8600CNC 装置。目前较为流行的自动编程为交互式自动编程。

11）输入、输出和通信功能

一般的 CNC 装置可以接多种输入、输出外部设备，实现程序和参数的输入、输出和存储。CNC 装置与外部设备通信采用 RS – 232C 接口连接。

由于 DNC 和 FMS 等的要求，CNC 装置必须能够和主机（加工单元计算机或加工系统的控制计算机）通信，以便能和物料运输系统或工业机器人等控制系统通信。如 FANUC 公司、SIEMENS 公司、美国的 A – B 公司、辛辛那提公司等的高档数控系统，都具有功能更强的通信功能，可以与 MAP（制造自动化协议）相连，进行网络通信，以适应 FMS、CIMS 的要求。

12) 自诊断功能

CNC 装置中设置了各种诊断程序,可以防止故障的发生或扩大。在故障出现后可迅速查明故障类型及部位,减少故障停机时间。

不同的 CNC 装置设置的诊断程序不同,可以包含在系统程序中,在系统运行过程中进行检查和诊断。也可作为服务性程序,在系统运行前或故障停机后进行诊断,查找故障部位。有的 CNC 装置可以进行远程通信诊断。

总之,CNC 数控装置的功能多种多样,而且随着技术的发展,功能越来越丰富。其中的控制功能、插补功能、准备功能、主轴功能、进给功能、刀具功能、辅助功能、字符显示功能、自诊断功能等属于基本功能,而补偿功能、固定循环功能、图形显示功能、通信功能、网络功能和人机对话编程功能则属于选择功能。

2. 机床 CNC 装置的特点

1) 具有灵活性

NC 装置以固定接线的硬件结构来实现特定的逻辑电路功能,一旦制成就难以改变。而 CNC 装置只要改变相应控制软件,就可改变和扩展其功能,满足用户的不同需要。

2) 具有通用性

CNC 装置硬件结构有多种形式,模块化硬件结构使系统易于扩展,模块化软件能满足各类数控机床(如车床、铣床、加工中心等)的不同控制要求,标准化的用户接口,统一的用户界面,既方便系统维护,又方便用户培训。

3) 丰富的数控功能

利用计算机的高速数据处理能力,使 CNC 装置能方便地实现许多复杂的数控功能,如二次曲线插补功能、曲面的直接插补功能、各类固定循环、函数和子程序调用、坐标系偏移和旋转、动态图形显示、刀具半径和长度补偿功能等。

4) 系统的可靠性高

零件 NC 程序在加工前输入 CNC 装置,经系统检查后调用执行,避免了零件程序错误。许多功能由软件实现,使硬件的元器件数目大为减少,整个系统的可靠性得到改善,特别是采用大规模和超大规模集成电路,硬件高度集成、体积小,进一步提高了系统可靠性。

5) 使用维修方便

CNC 装置有诊断程序,当数控系统出现故障时,能显示出故障信息,使操作和维修人员能了解故障部位,减少了维修停机时间。CNC 装置有零件程序编辑功能,程序编制很方便。有的 CNC 装置还有对话编程和蓝图编程功能,使程序编制简便。零件程序编好后,可显示程序,甚至通过空运行,将刀具轨迹显示出来,检验程序的正确性。

6) 基于 PC 平台的 CNC 特点

以往数控系统的很多新性能是从通用计算机移植而来,一般有 5 年的滞后期。基于 PC 平台的机床数控系统大大缩短了滞后期,像触摸屏幕输入、声控输入、联网通信、超大容量存储等新性能,只要用户需要,基于 PC 平台的机床数控系统都能提供。

208

8.3 机床数控系统的硬件

8.3.1 机床数控系统硬件综述

数控系统由 I/O 装置、CNC 装置、驱动控制装置和机床电器逻辑控制装置四部分组成,从总体看它是几个部分通过 I/O 接口的互连,以单微处理器结构为例如图 8-6 所示。

CNC 装置是数控系统的控制核心,其硬件和软件控制着各种数控功能的实现,它与数控系统的其他部分通过接口相连。CNC 装置与通用计算机一样,是由中央处理器及存储数据与程序的存储器等组成。存储器分为系统控制软件程序存储器(ROM),加工程序存储器(RAM)及工作区存储器(RAM)。ROM 中的系统控制软件程序是由数控系统生产厂家写入,用来完成 CNC 系统的各项功能,数控机床操作者将各自的加工程序存储在 RAM 中,供数控系统用于控制机床加工零件。工作区存储器是系统程序执行过程中的活动场所,用于堆栈、参数保存、中间运算结果保存等。中央处理器执行系统程序、读取加工程序,经过加工程序段译码、预处理计算,然后根据加工程序段指令,进行实时插补与机床位置伺服控制,同时将辅助动作指令通过可编程序控制器(PLC)发往机床,并接收通过可编程序控制器返回的机床各部分信息,以决定下一步操作。

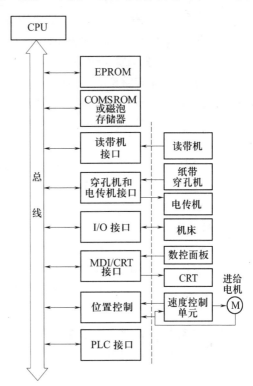

图 8-6 机床数控系统结构框图

CNC 系统对机床进行自动控制所需的各种外部控制信息及加工数据都是通过输入设备送到 CNC 装置的存储器中,作为控制的依据。一般输入 CNC 系统的有关零件加工程序、控制参数和补偿数据因输入设备而异,有多种输入方式:纸带输入、键盘输入及计算机通信输入等。而 CNC 系统的工作过程状态和数据一般通过显示器和各种指示灯来向用户显示。

驱动控制装置用以控制各个轴的运动,其中进给轴的位置控制部分常在数控装置中以硬件位置控制模块或软件位置调节器实现,即数控装置接收实际位置反馈信号,将其与插补计算出的命令位置相比较,通过位置调节作为轴位置控制给定量,再输出给伺服驱动系统。

机床电器逻辑控制装置接收数控装置发出的数控辅助功能控制的指令,进行机床操作面板及各种机床机电控制/监测机构的逻辑处理和监控,并为数控提供机床状态和有关应答信号。在现代数控系统中,机床电器逻辑控制装置已经普遍采用可编程序控制器,有内装式和外置式两种类型。

8.3.2 机床数控装置硬件结构类型

数控装置是整个数控系统的核心,其硬件结构按总体安装方式可以分为整体式结构和分体式结构;按 CNC 装置中各印制电路板的插接方式可以分为大板式结构和功能模板式结构;按 CNC 装置中微处理器的个数可以分为单微处理器和多微处理器结构;按 CNC 装置硬件的制造方式,可以分为专用型结构和个人计算机式结构;按 CNC 装置的开放程度又可分为封闭式结构、PC 嵌入 NC 式结构、NC 嵌入 PC 式结构和软件型开放式结构。

1. 整体式和分体式结构

按 CNC 装置的总体安装结构看,数控系统的硬件结构可以分为整体式和分体式结构。

1) 整体式结构

整体式结构就是把 CRT 和 MDI 面板、操作面板以及功能模块板组成的电路板等安装在同一机箱内。这种方式的优点是结构紧凑,便于安装,但有时可能造成某些信号连线过长。

2) 分体式结构

分体式结构就是把 CRT 和 MDI 面板、操作面板等做成一个部件,而把功能模块板组成的电路板安装在一个机箱内,两者之间用导线或光纤连接。许多机床把操作面板也单独作为一个部件,这是由于所控制机床的要求不同,操作面板相应地也要改变,做成分体式的有利于更换和安装。

2. 大板式结构和功能模块式结构

按 CNC 装置中各印制电路板的插接方式,数控系统的硬件结构可以分为大板式和功能模块式。

1) 大板式结构

大板式结构 CNC 系统的 CNC 装置可由主电路板、位置控制板、PLC 板、图形控制板和电源单元等组成。主电路板是大印制电路板,其他电路是小印制电路板,它们插在大印制电路板上的插槽内而共同构成 CNC 装置。图 8-7 为大板式结构示意图。

FANUC CNC 6MB 就采用这种大板式结构,其框图如图 8-8 所示。图中主电路板图(大印制电路板)上有控制核心电路、位置控制电路、纸带阅读机接口、三个轴的位置反馈量输入接口和速度控制量输出接口、手摇脉冲发生器接口、I/O 控制板接口和六个小印制电路板的插槽。控制核心电路为计算机基本系统,由 CPU、存储器、定时和中断控制电路组成,存储器包括 ROM 和 RAM,ROM(常用 EPROM)用于固化数控系统软件,RAM 存放可变数据,如堆栈数据和

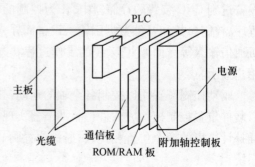

图 8-7 大板式结构示意图

210

控制软件暂存数据,对数控加工程序和系统参数等可变数据存储区域应具有掉电保护功能,如磁泡存储器和带电池的 RAM,从而当主电源不供电时,能保持其信息不丢失。六个插槽内分别可插入用于保存数控加工程序的磁泡存储器板,附加轴控制板,CRT 显示控制和 I/O 接口,扩展存储器(ROM)板,可编程序控制器 PLC 板,位置反馈传感元件采用旋转变压器或感应同步器的控制板。

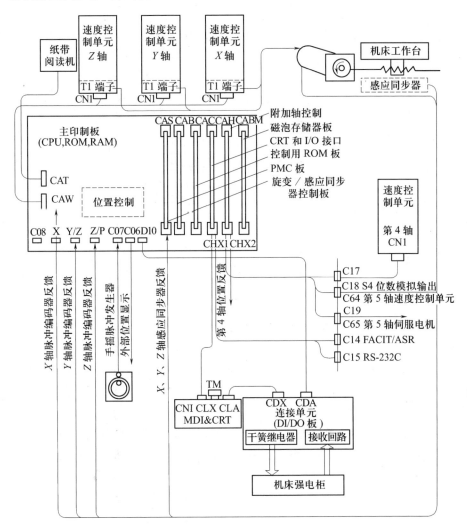

图 8 - 8　FANUC CNC 6MB 框图

2)功能模块式结构

在采用功能模式结构的 CNC 装置中,将整个 CNC 装置按功能划分为模块,硬件和软件的设计都采用模块化设计方法,即每一个功能模块被做成尺寸相同的印制电路板(称功能模板),相应功能模块的控制软件也模块化。这样形成了一个交钥匙 CNC 系统产品系列,用户只要按需要选用各种控制单元母板及所需功能模板,将各功能模板插入控制单元母板的槽内,就搭成了自己需要 CNC 系统的控制装置。常见的功能模板有 CNC 控制板、位置控制板、PLC 板、图形板和通信板等。例如,一种功能模块式结构的全功能型车床数控系统框图如图 8-9 所示,系统由 CPU 板、扩展存储器板、显示控制板、手轮接口板、键盘和录音机板、强电输出板、伺服接口板和三块轴反馈板共 11 块板组成,连接各模块的总线可按需选用各种工业标准总线,如工业 PC 总线、STD 总线等。FANUC 系统 15 系列就采用了功能模块化式结构。

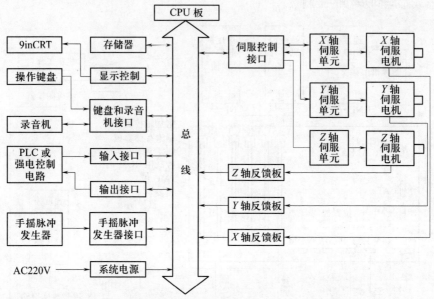

图 8-9　一种功能模块式全功能型车床数控系统框图

3. 单微处理器结构和多微处理器结构

1) 单微处理器 CNC 的典型结构

单处理器结构 CNC 装置一般是专用型的,其硬件由系统制造厂家专门设计、制造,不具备通用性。这种结构中,只有一个微处理器,以集中控制,分时处理系统的各个任务。某些 CNC 装置虽然有两个以上的微处理器,但其中只有一个微处理器能够控制系统总线,占有总线资源,而其他微处理器只作为专用控制部件,不能控制系统总路线,不能访问主存储器,它们组成主从结构。如图 8-10 所示为单微处理器结构框图。

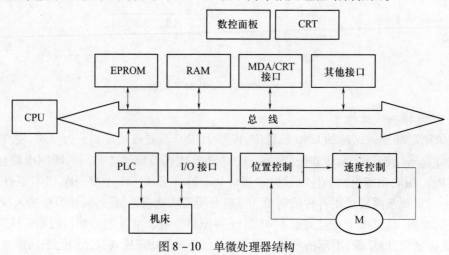

图 8-10　单微处理器结构

212

（1）微处理器和总线。CPU 是 CNC 装置的核心，完成控制和运算两方面的任务。目前，CNC 装置中常用的有 8 位、16 位、32 位和 64 位的 CPU。

总线是由赋予一定信号意义的物理导线构成，按信号的物理意义，可分为数据总线、地址总线、控制总线三组。数据总路线为各部分之间传送数据。数据总线的位数和传送的数据相等，采用双向线。地址总路线传送的是地址信号，与数据总路线结合使用，以确定数据总线上传输的数据来源或目的地，采用单向线。控制总路线传输的是管理总路线的某些信号，如数据传输的读写控制中断复位及各种确认信号，采用单向线。

（2）存储器。存储器用以存放数据、参数和程序等，包括只读存储器（ROM、EPROM、EEPROM）、随机存储器（RAM）。系统控制程序放在只读存储器中，即使系统断电控制程序也不会丢失，程序只能被 CPU 读出，不能随机写入，必要时可用紫外线擦除，再重写监控程序。运算的中间结果，需显示的数据、运行状态、标志信息等存放在 RAM 中，可随机写入或读取，断电后消失。加工的零件程序、机床参数等存放在有后备电池的 CMOSRAM 或磁泡存储器中，这些信息可以根据操作需要写入和修改，断电后信息仍保留。

（3）I/O（输入/输出）接口。CNC 装置和机床之间的信号，一般不直接连接，而是通过 I/O 接口电路连接。I/O 接口电路的主要任务一是：进行必要的电气隔离，防止干扰信号引起误动作。主要用光电耦合器或断电器将 CNC 装置与机床之间的信号在电气上加以隔离。二是：进行电平转换和功率放大。一般 CNC 装置的信号是 TTL 电平，而机床控制信号通常不是 TTL 电平，并且负载较大，需要进行必要的电平转换和平功率放大。

（4）MDI/CRT 接口。MDI 手动数据输入通过数控面板上的键盘操作。CRT 接口提供计算机与 CRT 或 LCD 显示器的通信。

（5）位置控制模块。位置控制模块数控机床的进给运动的坐标轴位置进行控制。

（6）可编程控制器。PLC 用来替代传机床强电继电器逻辑控制，利用逻辑运算实现各种开关量的控制。PLC 一般有独立的 CPU，ROM，RAM 和位操作控制器等组成，它和 CNC 之间通过双端口 RAM 实现相互的通信。数控机床中使用的 PLC 可以分为两类：一类是"内装型"PLC，它是为实现机床的顺序控制而专门制造的；另一类是"独立型"PLC，它是在技术规范、功能和参数上均可满足数控机床要求的独立部件。数控机床上的 PLC 多采用内装式。

2）多微处理器 CNC 装置的典型结构

多微处理器结构的 CNC 是把机床数字控制这个总任务划分为子任务（也称为子功能模块）。在硬件方面，以多个微处理机配以相应的接口形成多个子系统，把划分的子任务分配给不同的子任务承担，由各子系统之间的协调动作完成数控。在多微处理机的结构中，有两个或两个以上的微处理机构成的子系统，子系统之间采用紧耦合，有集中的操作系统，共享资源；或者有两个或两个以上的微处理机构成的功能模块，功能模块之间采用松耦合，由多重操作系统有效地实现并行处理。根据具体情况合理划分的功能模块，一般来说，基本由 CNC 管理模块、CNC 插补模块、位置控制模块、PC 模块、操作和控制数据输入输出和显示模块、存储器模块这 6 种功能模块组成，若需要扩充功能，再增加相应的模块。这些模块之间互连与通信是在机柜内耦合，典型的有共享总线和共享存储器两类结构。

（1）共享总线结构。以系统总线为中心的多微处理机 CNC 装置，称为多微处理器共享总线结构。CNC 装置中的各功能模块分为带有 CPU 的主模块和不带 CPU 的各种 (RAM/ROM,I/O)从模块两大类。所有主、从模块都插在配有总线插座的机柜内,共享严格设计定义的标准系统总线。系统总线的作用是把各个模块有效地连接在一起,按照要求交换各种数据和控制信息,构成一个完整的系统,实现各种预定的功能[60],如图 8 - 11 所示。

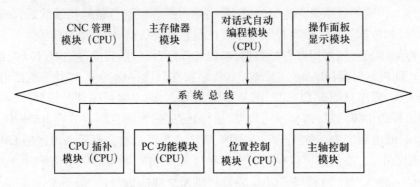

图 8 - 11　多微处理机共享总线结构

这种结构中的多微处理器共享总线有时会引起"竞争",使信息传输率降低,总线一旦出现故障,会影响全局。但因结构简单,系统配置灵活,总线造价低等优点而常被采用。

由于在系统中只有主模块有权控制使用系统总线,因此某一时刻只能由一个主模块占有总线。当多个主模块同时请求使用系统总线时,必须要由仲裁电路来裁决竞争,每个主模块按其担负任务的重要程度已预先安排好优先级别的顺序。总线仲裁的目的,也就是在它们争用总线时,判别出各模块优先权的高低顺序。支持多微处理器系统的总线都设计有总线仲裁机构,通常有串行方式和并行方式两种裁决方式。在串行总线裁决方式中,优先权的排列是按链接位置决定的。某个主模块只有在前面优先权更高的主模块不占用总线时,才可使用总线,同时通知其后优先权较低的主模块不得使用总线,图 8 - 12 为串行总线仲裁连线方式。在并行总线裁决的方式中,要配置专用逻辑电路来解决主模块的判优问题,通常采用优先权编码方案,图 8 - 13 为并行总线仲裁连线方式。

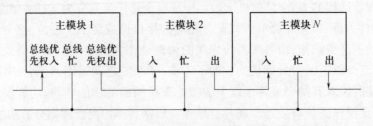

图 8 - 12　串行总线仲裁连线方式

各结构模块之间的通信主要依靠存储器来实现,大部分系统采用公共存储器方式。公共存储器直接插在系统总线上,供任意两个主模块交换信息,有总线使用权的主模块都能访问,使用公共存储器的通信双方都要占用系统总线。

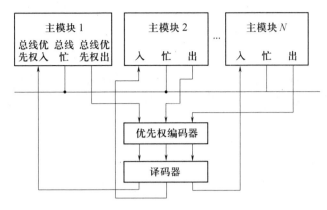

图 8 - 13　为并行总线仲裁连线方式

支持这种系统结构的总线有:STD BUS(支持 8 位和 16 位字长),Multi BUS(Ⅰ型可支持 16 位字长,Ⅱ型可支持 32 位字长),S - 100 BUS(可支持 16 位字长),VERSA BUS(可支持 32 位字长)以及 VME BUS(可支持 32 位字长)等。制造厂为这类总线提供各种型号规格的 OEM(Original Equipment Manufacture)产品,包括主模块和从模块,由用户选用。

① 分布式总线结构。如图 8 - 14 所示,各微处理器之间均通过一条外部的通信链路连接在一起,它们相互之间的联系及对共享资源的使用都要通过网络技术来实现。

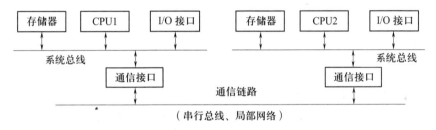

图 8 - 14　分布式多微处理器结构

② 主从式总线结构。如图 8 - 15 所示,有一个微处理器称为主控微处理器,其他则称为从微处理器,各微处理器也都是完整独立的系统。只有主控微处理器能控制总线,并访问总线上的资源,主微处理器通过该总线对从微处理器进行控制、监视,并协调多个微处理器系统的操作;从微处理器只能被动地执行主微处理器发来的命令,或完成一些特定的功能,不可能与主微处理器一起进行系统的决策和规划等工作,一般不能访问系统总线上的资源。主、从微处理器的通信可以通过 I/O 接口进行应答,也可以采用双端 RAM 技术进行,即通信的双方都通过自己的总线读/写同一个存储器。

③ 总线式多主 CPU 结构。如图 8 - 16 所示,有一条并行主总线连接着多个微处理器系统,每个 CPU 可以直接访问所有系统资源,包括并行总线、总线上的系统存储器及 I/O 接口,同时还允许自由而独立地使用所有资源,诸如局部存储器、局部 I/O 接口等。各微处理器从逻辑上分不出主从关系,为解决多个主 CPU 争用并行总线的问题,在这样的系统中有一个总线仲裁器,为各 CPU 分配了总线优先级别,每一时刻只有总线优先级较高的 CPU 可以使用并行总线。

215

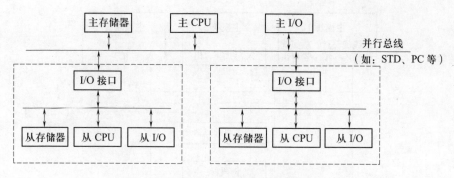

图 8-15 主从式总线多微处理器结构

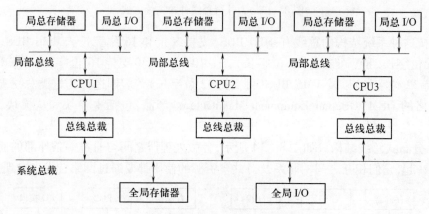

图 8-16 总线式多主微处理器结构

（2）共享存储器结构。这种多微处理器结构，采用多端口存储器来实现各微处理器之间的互联和通信，由多端口控制逻辑电路来解决访问冲突。由于同一时刻只能有一个微处理机对多端口存储器读或写，所以当功能复杂而要求微处理器数量增多时，会因增用共享而造成信息传输的阻塞，降低系统效率，因此扩展功能很困难。图 8-17 为采用多微处理器共享存储器的 CNC 系统框图。

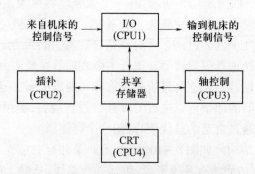

图 8-17 多微处理器共享存储器结构

图 8-18 为一采用共享存储器多 CPU 数控系统，功能模块之间通过公用存储器连接耦合在一起。共 3 个 CPU，CPU1 为中央处理器，其任务是进行程序的编制、译码、刀具和

216

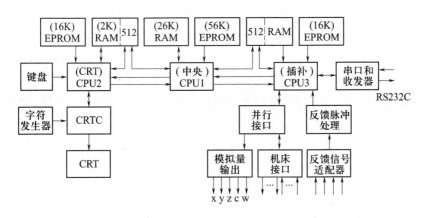

图 8 – 18　共享存储器多 CPU 典型系统框图

机床参数的输入。此外,作为主处理器,它还控制 CPU2 和 CPU3,并与之交换信息。CPU2 为 CRT 显示处理机,它的任务是根据 CPU1 的指令和显示数据,在显示缓冲区中组成画面数据,通过 CRT 控制器、字符发生器和移位寄存器,将显示数据串行送到视频电路进行显示。此外,它还定时扫描键盘和倍率开关状态,并送 CPU1 进行处理。CPU3 为插补处理机,它完成的工作是插补运算、位置控制、机床输入/输出接口和串行口控制。CPU3 根据 CPU1 的命令及预处理结果,进行直线和圆弧插补。它定时接收各轴的实际位置信号,并根据插补运算结果,计算各轴的跟随误差,以得到速度指令值,经 D/A 转换数控模拟电压到各伺服单元。CPU1 对 CPU2 和 CPU3 的控制是通过中断方式实现的。

　　图 8 – 19 是一个双端口存储器结构框图,它配有两套数据、地址和控制线,可供两个端口访问,访问优先权预先安排好。两个端口同时访问时,由内部硬件裁决其中一个端口优先访问[61]。

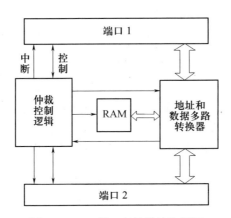

图 8 – 19　双端口存储器结构框图

4. 专用型结构和个人计算机式结构

1）专用型结构

　　这类 CNC 装置的硬件由各制造厂专门设计和制造,布局合理,结构紧凑,专用性强,但硬件之间彼此不能交换和替代,没有通用性。如 FANUC 数控系统、SIEMENS 数控系统、美国 A – B 系统等,都属于专用型。

2) 个人计算机式结构

这类 CNC 系统是以工业 PC 机作为 CNC 装置的支撑平台,再由各数控机床制造厂根据数控的需要,插入自己的控制卡和数控软件构成相应的 CNC 装置。由于工业标准计算机的生产数以百万计,工业标准计算机的生产数以百万计,其生产成本很低,继而也就降低了 CNC 系统的成本。若工业 PC 机出故障,修理及更换均很容易。美国 ANILAM 公司和 AI 公司生产 CNC 装置均属这种类型,图 8 - 20 是一种以工业 PC 机为技术平台的数控系统结构框图。

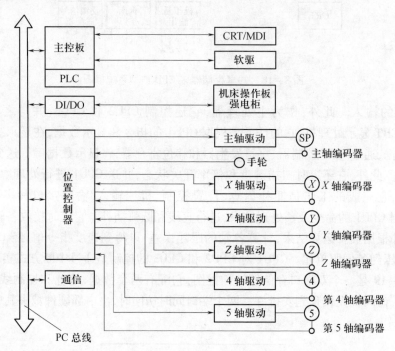

图 8 - 20 以工业 PC 机为技术平台的数控系统结构框图和软件型开放式结构

5. 封闭式结构、嵌入式结构和全软件型

1) 封闭式结构

如 FANUC0 系统、MITSUBISHIM50 系统、SIEMENS810 系统等,都是专用的封闭体系结构的数控系统。尽管也可以由用户做人机界面,但必须使用专门的开发工具(如 SIE-MENS 的 WS800A)耗费较多的人力,而对它的功能扩展、改变和维修,都必须求助于系统供应商。目前,这类系统还是占领了制造业的大部分市场,但由于开放体系结构数控系统的发展,传统数控系统的市场正在受到挑战,已逐渐减小。

2) 嵌入式结构[63]

嵌入式数控系统必须包含一个可编程计算部件,也可以包含多个,构成多 CPU 系统。嵌入式处理器或控制器种类很多,比较常用的有 ARM、嵌入式 X86、MCU 等,处理器是整个系统运算和控制中心,它的架构越来越趋向于采用 RISC 指令集 Harvard 构架。可编程计算部件,若干年前还是单指处理器或微控制器,而现在却增加了如 FPGA 等其他可编程计算资源。如图 8 - 21 所示,一般嵌入式处理器中集成 CLD 控制器,它提供薄膜晶体管液晶屏(TFT)显示器的接口,通过这个接口可以直接驱动液晶显示屏。随着 USB 移动存

218

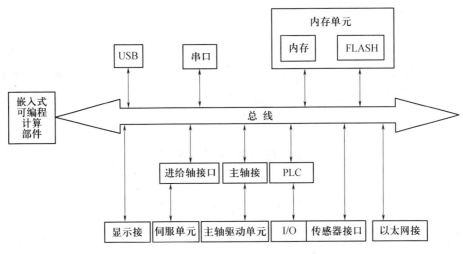

图 8 - 21　嵌入式系统硬件结构图

储设备的广泛应用,平台通过 USB 主控制器实现对 USB 设备的支持和控制。处理器中也可能集成了 USB 客户端控制器,方便实现 USB 客户端接口,一般通过这个接口进行上位机与平台间的应用软件调试。串口用来实现上、下位机通信,在有些伺服驱动装置中也提供串口连接,因此也可通过串口与驱动连接。进给轴接口是数控系统和进给伺服系统的桥梁,现阶段常用的伺服控制系统,进给控制接口一般有串行式接口、脉冲式接口、模拟式接口等。主轴控制接口连接数控系统与主轴驱动单元,它包含两个部分:主轴速度控制输出和主轴编码器输入。数控系统内集成的 PLC 主要完成主轴转速的 S 代码,刀具功能的 T 代码和控制主轴正反转与起停、主轴换挡、冷却液开关、卡盘松紧等的 M 代码。传感器接口用来检测机床的位置信息,实现各种控制算法的计算输入。

(1)“PC 嵌入 NC”式结构系统。如 FANUC18i、16i 系统、SIEMENS840D 系统、Num1060 系统、AB9/360 等数控系统。这是由于一些数控系统制造商不愿放弃多年来积累的数控软件技术,又想利用计算机丰富的软件资源开发的产品。然而,尽管它也具有一定的开放性,但由于它的 NC 部分仍然是传统的数控系统,其体系结构还是不开放的。因此,用户无法介入数控系统的核心。这类系统结构复杂、功能强大,但价格昂贵。

(2)“NC 嵌入 PC”式结构。它由开放体系结构运动控制卡 + PC 机构成。这种运动控制卡通常选用高速 DSP 作为 CPU,具有很强的运动控制和 PLC 控制能力。它本身就是一个数控系统,可以单独使用。它开放的函数库供用户在 Windows 平台下自行开发构造所需的控制系统。因而这种开放结构运动控制卡被广泛应用于制造业自动化控制各个领域,如美国 Delta Tau 公司用 PMAC 多轴运动控制卡构造的 PMAC - NC 数控系统、日本 MAZAK 公司用三菱电机的 MELDASMAGIC64 构造的 MAZATROL640CNC 等。

3）软件型开放式结构[64]

这是一种最新开放体系结构的数控系统。它提供给用户最大的选择和灵活性,它的 CNC 软件全部装在计算机中,而硬件部分仅是计算机与伺服驱动和外部 I/O 之间的标准化通用接口,就像计算机中可以安装各种品牌的声卡、CD – ROM 和相应的驱动程序一样,用户可以在 Windows NT 平台上,利用开放的 CNC 内核,开发所需的各种功能,构成各种类型的高性能数控系统。与前几种数控系统相比,软件型开放式数控系统具有最高的性能价格比,因而最有生命力。其典型产品有美国 MDSI 公司的 Open CNC,德国 Power Automation 公司的 PA8000NT 等。

嵌入式结构和全软件型的具体内容参见第 9 章。

8.4 机床数控系统软件结构

8.4.1 机床 CNC 系统的软件体系结构与软硬件界面

现代数控系统是由硬件和软件共同组成的专用计算机系统。CNC 系统的硬件也被称为"裸机",它为软件的运行提供了支持环境,而数控系统的许多重要功能都是通过软件系统来实现的。CNC 系统属于专用的实时多任务计算机系统。与其他计算机系统相同,CNC 系统的软件也分系统软件和应用软件两类,采用如图 8 – 22 所示的分层体系结构。

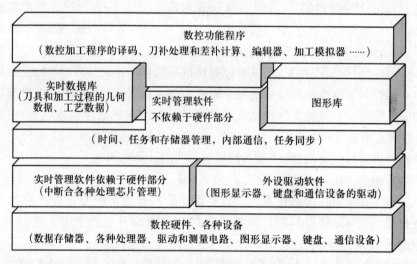

图 8 – 22 分层体系结构

处在软件体系结构最高层的是数控功能程序,属于 CNC 系统中面向用户或面向应用的软件。数控系统的基本功能、可选功能和先进功能都将由这些程序模块来体现或调用。处在软件体系结构最底层的是外部设备驱动软件,它是硬件系统与软件系统的接口,一般由管理层软件或系统软件(实时操作系统)调用,实时管理软件是 CNC 系统硬件与各数控功能程序之间联系的桥梁和纽带;实时管理软件分为不依赖硬件的部分(如时间管理、任务管理、存储器管理、内部通信和任务同步等)和依赖硬件的部分(如外部设备驱动管理和中断管理等)。采用开放体系结构的 CNC 系统,其实时管理软件一般基于某种实时多任务操作系统(RTOS)。

现代数控系统多采用软件集成环境,并作为数控功能程序运行的平台。集成环境中的图形库为用户构造图形操作界面、实时显示图形搭建了良好的设计平台;实时数据库为用户提供了一些开放的数据(如各种刀具和加工过程的几何数据、工艺数据等)存取接口(如 ISO 标准和 SQL),从而方便用户对一些关键数据(如校正值)进行管理和安全访问。

由于软件和硬件在逻辑上存在等价性(能够由硬件完成的工作,原则上也可以由软件来完成),现代数控系统软件和硬件的界面关系是不固定的。要了解硬件和软件各自的特点,就要根据 CNC 系统所执行的数控任务的要求,合理确定硬件和软件的界面。一般而言,由硬件执行任务速度较快,专用性强,造价较高;而由软件执行相同的任务,设计灵活,适应性强,但速度较慢。CNC 系统属于实时控制系统,其中实时性要求最高的任务是插补和位置控制,既可由硬件实现,也可由软件实现。设计者应根据计算机运算速度、数控加工任务所要求的控制精度、插补算法的运算时间及性能价格比等综合因素,合理确定 CNC 系统设计方案。图 8 – 23 所示是四种典型的软硬件界面关系。

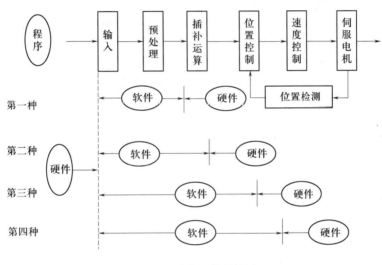

图 8 – 23 四种典型软硬件界面

8.4.2 机床 CNC 系统控制软件设计思想

机床 CNC 系统是一个专用的实时多任务计算机系统,它的控制软件设计采用了当今计算机软件设计的许多先进思想和技术,其中最突出的是多任务并行处理和多重实时中断。下面分别加以介绍。

1. 多任务并行处理

CNC 系统通常作为一个独立的过程控制单元用于控制各种对象,它的系统软件必须完成管理和控制两大任务。系统的管理部分包括输入、I/O 处理、显示和诊断。系统的控制部分包括译码、刀具补偿、速度处理、插补和位置控制。在许多情况下管理和控制的某些任务必须同时进行。例如,管理软件的显示模块必须与控制软件同时运行。而当控制软件运行时,其本身的一些处理模块也必须同时进行。如为保证加工的连续性,即刀具在各程序段间不停刀,译码、刀具补偿和速度处理模块必须同时进行,而插补又必须与位置控制同时进行。下面给出 CNC 系统的任务分解图和任务并行处理关系图(见图 8 – 24),双箭头表示两个模块之间有并行处理关系。

并行处理是指计算机在同一时刻或同一时间间隔内完成两种或两种以上性质相同或

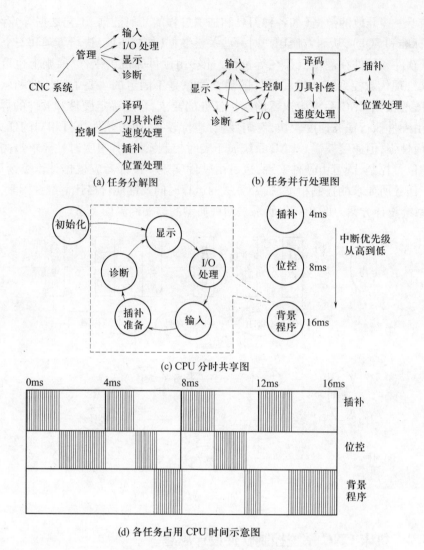

(a) 任务分解图　　　　(b) 任务并行处理图

(c) CPU 分时共享图

(d) 各任务占用 CPU 时间示意图

图 8-24　CNC 装置的多任务并行处理图

不相同的工作。并行处理最显著的优点是提高了运算速度。拿 n 位串行运算和 n 位并行运算来比较,在元件处理速度相同的情况下,后者运算速度几乎提高为前者的 n 倍。但是并行处理不止于设备的简单重复,它还有更多的含义,如时间重叠和资源共享技术也是并行处理技术。时间重叠是根据流水线处理技术,使多个处理过程在时间上相互错开,轮流使用设备的几个部分。而资源共享则是根据"分时共享"的原则,使多个用户按时间顺序使用同一套设备。目前在 CNC 系统的硬件设计中,已广泛使用资源重复的并行处理方法,如采用多 CPU 的系统体系结构来提高系统的速度。而在 CNC 系统的软件设计中则主要采用资源分时共享和资源重叠的流水线处理技术。

下面着重介绍资源分时共享和资源重叠的流水线处理这两种并行处理技术。

1) 资源分时共享

对单 CPU 装置,采用分时来实现多任务的并行处理,其方法是:在一定的时间片内,根据系统各任务的实时性要求程度,规定它们占用 CPU 的时间,使它们按规定顺序和规

222

则分时共享系统的资源。因此,在采用资源分时共享并行处理技术的 CNC 装置中,首先要解决各任务占用 CPU 时间(资源)的分配原则。该原则解决如下两个问题:一是各任务何时占用 CPU,即任务的优先级分配问题;二是各任务占用 CPU 的时间长度,即时间片的分配问题。一般地,在单 CPU 的 CNC 装置中,通常采用循环调度和优先抢占调度相结合的方法来解决上述问题,图 8-24(c)所示为 CNC 装置多任务分时共享 CPU 时间分配图。

为了简单起见,假定某 CNC 装置软件功能仅分为三个任务:插补运算、位置控制和背景程序。这三个任务的优先级从上到下逐步下降,即插补运算的最高,位置控制的其次,背景程序(主要包括实时性要求相对不高的一些子任务)的最低。系统规定:插补运算任务每 4ms 执行一次,位置控制每 8ms 执行一次,两个任务都由定时中断激活,当插补运算和位置控制都不执行时便执行背景程序。系统的运行顺序是:在完成初始化后,自动进入背景程序,在背景程序中采用循环调度的方式,轮流反复地执行各个子任务,优先级高的任务(如插补运算或位置控制任务)可以随时中断背景程序的运行,插补运算也可中断位置控制的运行。各个任务在运行中占用 CPU 时间如图 8-24(d)所示。在图中,粗实线表示任务对 CPU 的中断请求,两粗实线之间的长度表示该任务的执行时间,阴影部分表示各个任务占用 CPU 的时间长度。由图可以看出:

(1) 在任何一个时刻只有一个任务占用 CPU。

(2) 从一个时间片(如 8ms 或 16ms)来看,CPU 并行地执行了三个任务。

因此,资源分时共享的并行处理只具有宏观上的意义,即从微观上来看,各个任务还是顺序执行的。图 8-24(c),(d)清楚地说明了资源分时共享的意义和内涵[62]。

在多 CPU 结构的 CNC 装置中,根据各个任务之间的关联程度,可采用以下两种策略来提高系统处理速度:

(1) 如果任务之间的关联程度不高,则可将这些任务分别各安排一个 CPU,让其同时执行,即"并发处理"。

(2) 如果各个任务之间的关联程度较高,即一个任务的输出是另一个任务的输入,则可采取流水处理的方法来实现并行处理。

2) 流水处理技术

利用重复的资源(CPU),将一个大的任务分成若干个子任务,这些子任务是彼此关联的,然后按一定的顺序安排每个资源执行一个任务,就像在一条生产线上分不同工序加工零件的流水作业一样。例如,当 CNC 系统处在 NC 工作方式时,其数据的转换过程将由零件程序输入、插补准备(包括译码、刀具补偿和速度处理)、插补、位置控制 4 个子过程组成。如果每个子过程的处理时间分别为 $\Delta t_1, \Delta t_2, \Delta t_3, \Delta t_4$,那么一个零件程序段的数据转换时间将是

$$t = \Delta t_1 + \Delta t_2 + \Delta t_3 + \Delta t_4$$

其时间—空间关系如图 8-25 所示,从图上可以看出,如果等到对第一个程序段处理完之后才开始对第二个程序段进行处理,那么在两个程序段的输出之间将有一个时间长度为 t 的间隔。同样在第二个程序段和第三个程序段的输出之间也会有时间间隔,依次类推。这种时间间隔反映在电机上就是电机时转时停,反映在刀具上就是刀具时走时停。这个时间间隔越长,CNC 的控制性能就越差。不管这种时间间隔多么小,这种时走时停在加工工艺上是不允许的。采用流水处理方式是解决上述问题的有效方法,流水处理方式的时间—空间关系如图 8-25(b)所示,采用流水处理方式时,两个程序段输出之间的

时间间隔仅为 Δt_4，大大缩短了输出时的时间间隔。另外，从图中还可看出，在任何一个时刻(除开始和结束外)均有两个或两个以上的任务在并发执行。

综上所述，流水处理的关键是时间重叠，是以资源重复的代价换得时间上的重叠，或者说以空间复杂性的代价换得时间上的快速性。

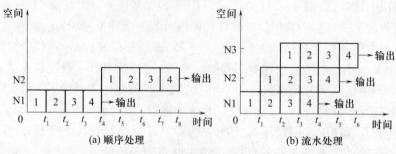

(a) 顺序处理　　　　　　　　　　(b) 流水处理

图 8－25　资源重叠流水处理

2. 实时中断处理

CNC 系统控制软件的另一个重要特征是实时中断处理。CNC 系统的多任务性和实时性决定了系统中断成为整个系统必不可少的重要组成部分。CNC 系统的中断管理主要靠硬件完成，而系统的中断结构决定了系统软件的结构。其中断类型有外部中断、内部定时中断、硬件故障中断以及程序性中断等。外部中断主要有纸带光电阅读机读孔中断、外部监控中断和键盘操作面板输入中断。内部定时中断主要有插补周期定时中断和位置采样中断。硬件故障中断是指各种硬件故障检测装置发出的中断，如存储器出错、定时器出错、插补运算超时等。程序性中断是程序中出现的各种异常情况的报警中断，如各种溢出、清零等。

8.4.3　机床 CNC 系统典型的软件结构模式

软件结构模式是指系统软件的组织管理方式，即系统任务的划分方式、任务调度机制、任务间的信息交换机制以及系统集成方法等。软件结构模式主要解决的问题是如何组织和协调各个任务的执行，使之满足一定的时序配合要求和逻辑关系，以满足 CNC 装置的各种控制要求。目前 CNC 系统的软件结构模式主要有以下几种。

1. 前后台型软件结构

前后台型软件结构将 CNC 系统整个控制软件分为前台程序和后台程序。前台程序是一个实时中断服务程序，实现插补、位置控制及机床开关逻辑控制等实时功能；后台程序又称背景程序，是一个循环运行程序，实现数控加工程序的输入和预处理(即译码、刀补计算和速度计算等数据处理)以及管理的各项任务。前台程序和后台程序相互配合完成整个控制任务。工作过程大致是，系统启动后，经过系统初始化，进入背景程序循环中。在背景程序的循环过程中，实时中断程序不断插入完成各项实时控制任务，整个系统的运行情况可

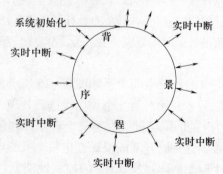

图 8－26　背景程序和实时中断程序的
关系示意图

224

用图 8 – 26 描述。

美国 ALLEN – BRADLEY 公司的 7360 数控系统就采用了前后台型软件结构,其简化后的系统软件框图如图 8 – 27 所示。下面以 A – B7360 数控系统软件为例来具体介绍前后台型软件的工作过程。

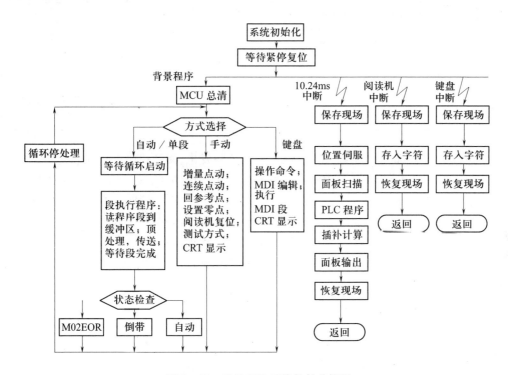

图 8 – 27　7360CNC 系统软件总框图

1）背景程序

背景程序(后台程序)是 CNC 的主程序,主要功能是根据控制面板上的开关命令所确定的系统工作方式,进行任务的调度。它由三个主要的程序环组成,以便为键盘、单段、自动和手动四种工作方式服务。

当系统程序纸带的内容被装入内存或断电后电源恢复并启动时立即执行系统初始化程序,包括设置中断入口、设置机床参数、清除位置检测组件的缓冲器等功能。完成初始化以后,系统进入紧停状态,坐标轴的位置控制系统被断开,并允许 10.24ms 的实时时钟中断,定时地扫描控制面板。当操作人员按"紧急复位"按钮后,系统实行 MCU(机床控制装置)总清除。接着启动背景程序,按照操作人员所确定的工作方式,进入相应的服务程序。无论系统处于何种工作方式,10.24ms 的实时时钟中断总是定时地发生。

2）中断程序

A – B7360 系统的实时过程控制是通过中断方式实现的。由图 8 – 27 所示 7360 系统的软件结构可见,系统中可屏蔽的中断有三个,此外,系统还有两个不可屏蔽的中断,五级中断的优先级和主要中断处理功能如表 8 – 1 所列。若前一次中断还没完成,又发生了新的同类中断,则说明发生了任务重叠,系统进入紧停状态。

表 8 - 1　A - B7360 系统中断功能表

优先级	中断名称	中断性质	主要中断处理功能
1	掉电及电源恢复	非屏蔽	掉电时显示掉电信息,停止处理机,电源恢复时显示接通信息进入初始化程序
2	存储器奇偶错	非屏蔽	显示出错地址,停止处理机
3	阅读机	可屏蔽	每读一个字符发生一次中断,对读入的字符进行处理并存入阅读机输入缓冲器
4	10.24ms 实时时针	可屏蔽	实现位置控制、扫描 PLC 实时监控和插补
5	键盘	可屏蔽	每按一个键发生一次中断,对输入的字符进行处理并存入 MDI 输入缓冲器

在各种中断中,非屏蔽中断只在上电和系统故障发生,阅读机中断仅在启动阅读机输入数控加工程序时才发生,键盘中断占用系统时间非常短,因此 10.24ms 实时时钟中断是系统的核心。10.24ms 实时时钟中断服务程序的实时控制任务包括位置伺服、面板扫描、机床逻辑处理、实时诊断和轮廓插补,其中断服务程序流程如图 8 - 28 所示。

A - B7360 系统中 10.24ms 实时时钟中断服务过程如下:

(1) 检查上一次 10.24ms 中断服务程序是否完成,若发生实时时钟中断重叠,系统自动进入紧停状态。

(2) 对用于实时监控的系统标志进行清零。

(3) 进行位伺服控制,即对上一个 10.24ms 周期各坐标轴的实际位移增量进行采样,将其与上一个 10.24ms 周期结束前所插补的本周期的位置增量命令(已经过齿隙补偿)进行比较,算出当前的跟随误差,换算为相应的进给速度指令,驱动各坐标轴运动。

(4) 若有新的数控加工程序段经预处理传送完毕(如前所述,此时"数控加工程序段传送结束"标志被建立)时,系统判断本段有否 M,S,T 功能的执行,它们和"数控加工程序段传送结束"标志都只在一个 10.24ms 周期内有效,即在本次中断服务结束前清除(见步骤(12))。若本段编入了要求段后处理的 M 功能,如 M00,M01,M02,M03 等,也设立相应标志,以备随后处理。

(5) 主轴反馈服务及表面恒速(又称恒线速度功能,即控制主轴相对工件表面运动速度保持恒定)处理。

(6) 扫描机床操作面板开关状态,建立面板状态系统标志。

(7) 调用 PLC 程序。若有 M,S,T 编入标志,PLC 程序实现相应的 M,S,T 功能;若没有 M,S,T 辅助功能被编入时,PLC 的主要工作是对机床状态进行监视。

(8) 处理机床操作面板输入信息。对于操作员的要求(如循环启动、循环停、改变工作方式、手动操作、速率调整等)作出及时响应。

(9) 实时监控①当发生超程、超温、熔丝熔断、回参考点出错、点动处理过程出错和阅读机出错等故障时,作出及时响应;②检查 M,S,T 功能的执行情况,当段前辅助功能未完成时,禁止插补;当段后辅助功能未完成时,禁止新的数控加工程序段传送;③若发生了软件设置的紧停请求或操作员按下了紧停按钮,系统都进入紧停状态。

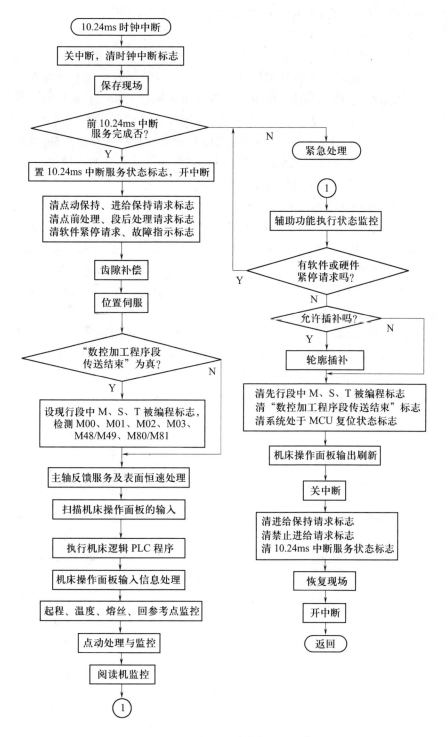

图 8－28　10.24ms 实时时钟中断服务程序流程图

（10）当允许插补的条件成立时，执行插补程序，算出的位置增量作为下一个 10.24ms 周期的位置增量命令。

（11）刷新机床操作面板上的指示灯,为操作员指明系统的现时状态。

（12）清除一些仅在一个 10.24ms 周期内有效的系统标志和一些实时监控标志。

A - B7360 系统使用了数字采样插补方法,这种方法采用了时间分割的思想,即根据数控加工程序中要求的进给速度,按粗插补周期 10.24ms 将数控加工程序段对应曲线段分隔为一个个粗插补段,粗插补结果由位置伺服控制系统进一步实行精插补。位置伺服控制系统由软硬件共同组成,采用软件位置控制方法,对粗插补的采样周期也是 10.24ms。每个 10.24ms 时钟中断服务结束前,由轮廓插补程序进行粗插补,算出跟踪误差,经换算后输出给位置伺服控制系统硬件部分,经 D/A 转换后作为进给速度指令电压,驱动各坐标轴电动机,从而实现按偏差的位置控制,即精插补。

PLC 辅助功能处理程序需要两个方面的原始信息,其一为经数据预处理的 MST 信息,它已存放在系统标志单元,其二是机床现行状态信息。这些数据在 PLC 输入扫描时存放在 PLC 的 I/O 映像区中的输入映像单元中。当"数控加工程序段传送结束"标志被建立时,PLC 程序读取这些原始数据,进行算术和逻辑运算,并将结果存入 PLC 的 I/O 映像区的输出映像单元,在 PLC 输出刷新时,输出给具体对象。

2. 多重中断型软件结构

多重中断型软件结构没有前后台之分,除了初始化程序外,把控制程序安排成不同级别的中断服务程序,整个软件是一个大的多重中断系统。系统的管理功能主要通过各级中断服务程序之间的通信来实现。下面以一个具体系统的软件为例介绍多重中断软件的结构。该系统软件除初始化程序,控制程序分为 8 级中断程序,各级中断功能如表 8 - 2 所列。

表 8 - 2　中断功能一览表

级别	主　要　功　能	中断源
0	控制 CRT 显示	硬件
1	数控指令译码处理,刀具中心轨迹计算,显示器控制	软件,16ms 定时
2	NC 键盘监控,I/O 信号处理,穿孔机控制	软件,16ms 定时
3	外部操作面板和电传机处理	硬件,8ms 软件定时
4	插补运算,终点判别及转段处理	软件,8ms 定时
5	纸袋阅读机阅读纸带处理	硬件或软件(需要时)
6	伺服系统位置控制的处理	4ms 时钟
7	通过 7M 测试板进行存储器数据读、写,程序调试处理	硬件

1）初始化程序

电源接通后,首先进入此程序。初始化程序主要完成如下各项工作:①对 RAM 中作为工作寄存器的单元设置初始状态;②进行 ROM 奇偶校验;③为数控加工正常进行而设置一些所需的初始状态。

2）1 级中断

1 级中断主要为插补的正常进行做准备工作。1 级中断按工作内容又细分为 13 个口子,每一个口子对应于口状态字的一位,每一位(每一个口子)对应处理一个任务,即 1 级中断包括 13 个子任务,如表 8-3 所列。在执行 1 级中断各口子的处理时,可以设置口状态字的其他位的请求,见图 8-29。如在 8 号口的处理程序中,可将 3 号口置 1,这样,8 号口程序一旦执行完,即刻转入 3 号处理。

表 8-3　各口的主要功能与口状态字的关系表

口状态字中的位	对应口的功能
0	显示处理
1	米制、英制转换计算
2	部分单元重新初始化
3	从 MP 区域、PC 区域或 SP 区域读一段零件程序到 BS 区
4	将编程轨迹转换成刀具中心轨迹
5	"再启动"开关处于无效状态时,刀具回到断刀点的"启动"处理
6	"再启动"处理
7	按"启动"按钮时,要读一段程序到 BS 的处理
8	连续加工时,要求读一段程序到 BS 的预处理
9	带卷盘的纸带阅读机反绕或纸带存储器返回首地址处理
A	启动纸带阅读机使纸带进给一步
B	M、S、T 指令置标志及 G96 速度换算
C	纸带反绕置标志

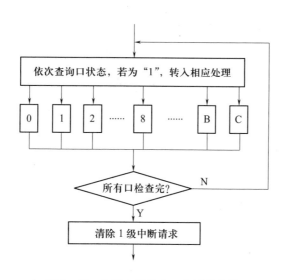

图 8-29　1 级中断里各口之间的连接

3) 2 级中断

第 2 级中断的最主要功能是对机床控制台的输入信号(控制台送给 NC 装置的控制开关信号和按钮信号)及 NC 键盘进行监控处理。其次是穿孔机操作处理,还有 M、S、T、

H 强电信号处理和输出信号处理等。第 2 级中断的简化框图如图 8 - 30 所示,程序段的增量以 8ms 时间为单位。

4) 4 级中断

第 4 级中断最重要的功能是完成插补计算。7M 系统采用"时间分割法"插补,即将程序段的增量以 8ms 时间为单位,划分为许多小段,每次插补进给一小段。一次插补处理可以分 4 个阶段,即速度计算、插补计算、终点判别、进给量变换。第 4 级中断简化框图如图 8 - 31 所示。下面对第 4 级中断的几个具体问题作以下说明:

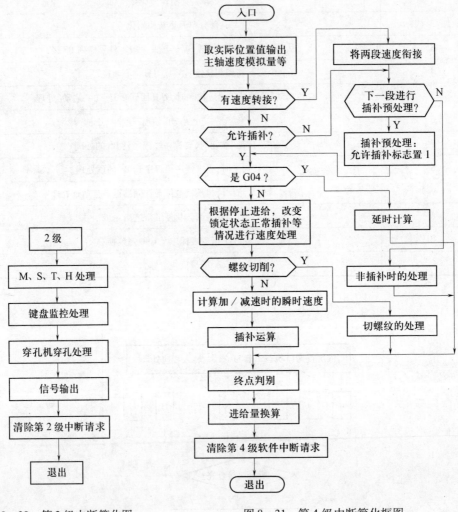

图 8 - 30 第 2 级中断简化图   图 8 - 31 第 4 级中断简化框图

（1）加减速控制的稳定速度与瞬时速度问题。在加减速控制过程中,称刀具匀速运动时的速度为稳定速度;称某一瞬间的速度为瞬时速度。在加减速过程中,瞬时速度不等于稳定速度;在匀速运动时,瞬时速度等于稳定速度。

（2）加工中段与段之间的衔接。第一,零件程序正在加工的那一段内容是存于工作寄存区(AS)内的。每插补一次,程序总要进行一次终点判别,当一个程序段将近加工完时,程序就设置一个允许下一程序段读入 AS 区域的标志,于是,在下一次第 4 级中断时

230

就可以去请求将下一程序段读入 AS,从而保证段与段间操作的连续。第二,速度衔接问题。根据指令功能的要求,加工终点时,有些程序段速度一定要减为 0。如 G00 为点定位,要求到终点时速度必降为 0,而在正常切削加工中,绝大多数是 G01 和 G02 等加工段,在这些情况下,希望速度连续。即使段与段之间 F 值不同,为了不影响加工零件的表面粗糙度,也希望转段时速度有一个平稳的过渡。在 7M 系统的速度处理中,对这种情况,执行"不减速到 0 的程序段的最后一次插补",就称为"速度转接"的特殊处理,即在上段的最后一次插补后发现离终点的剩余距离小于一次插补的进给量,于是设置标志。在下一次第 4 级中段时先根据标志进行下一程序段的第 4 级预处理(将轨迹参数搬到插补的参数区等),然后接着进行速度处理,最后,根据所设的标志,将本次的插补进给量减去上段的离终点剩余距离作为本次的插补进给量。而上次剩余的轴向距离加上本次插补的轴向进给量,作为本次总的轴向进给量。第三,插补预处理。是将由第 1 级中断计算出的并已存于"输入寄存器"的本程序段刀具运动的中心轨迹等参数及一些轨迹线型(G01,G02)标志,搬入插补参数区。一般,对于有插补要求的程序段,都要先进行插补预处理。

(3) 进给量换算处理。进给量换算包括进给量米制、英制换算和进给量的指数加减处理。

5) 5 级中断

主要对纸带阅读机读入的一排孔信号进行处理。这种处理,可以分为三个阶段:输入代码的有效性判别、代码的具体处理、结束处理。

(1) 输入代码的有效性判别。凡满足读入的代码在时间上没有"延迟";读入的代码是纸带的"程序起始"标志以后的代码;读入的代码奇偶校验正确的代码就是有效代码。

(2) 代码的具体处理。首先,将已被认为有效的读入代码统一转为 ISO 码制,然后,判断该代码本身是否为注解段标志或其他特殊代码,并根据判别结果,设置相应标志。接着,进行输入操作方式的判别,并根据不同类别进行具体处理。

(3) 结束处理。对于一排孔信号的结束有两种情况:一若是一排一般的孔信号处理完或是程序段结束符,但不是整个程序结束,则再启动一次阅读机;二若出错或整个程序结束,则停阅读机。第 5 级中断如图 8-32 所示。

6) 6 级中断

本级中断主要完成位置控制、4ms 定时计时和存储器奇偶校验工作。

在 7M 系统中,位置控制是在软件和硬件配合下完成的。软件部分的任务是在第 6 级中断中,定时地从"实际位置计数器"中回收实际位置值,然后将位置指令值与实际位置值之间的差值换算成速度指令值,送给硬件的"速度指令寄存器",去控制电机的运转。4ms 定时计时,具体办法是:对 4ms 进行计数,每隔 8ms 定时地产生一次第 3 级和第 4 级软件中断请求。每隔 16ms 定时地产生一次第 1 级和第 2 级软件中断请求。以 4ms 为时间基准,对 4ms 进行累加计算,和数就是数控装置使用的时间,这就是计时功能。存储器奇偶校验,其方法依 ROM 和 RAM 而有所不同,通过读、写奇偶校验的方法,来判断 RAM 是否出错,如果出错,先使伺服系统停止工作,并报警;然后,对出错的区域进行写和读全 0、全 1 试验,找出出错的地址和出错的状态,并将出错范围、出错地址和出错状态在通用显示器上显示。ROM 的奇偶校验以一块 ROM 为单位,通过求该块 ROM 的累加和的方法实现。若出错,则使伺服系统停止工作,点亮报警灯,找出出错的片子,并在显示器上显示出该 ROM 在印制板上的安装位置。第 6 级中断简化框图如图 8-33 所示。

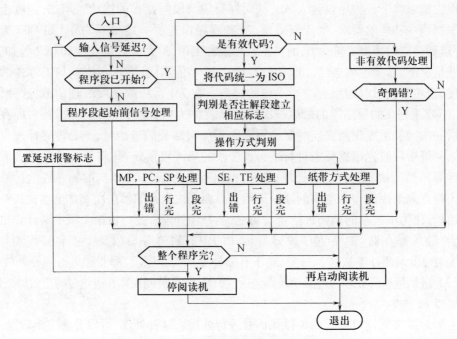

图 8 – 32　第 5 级中断简化框图

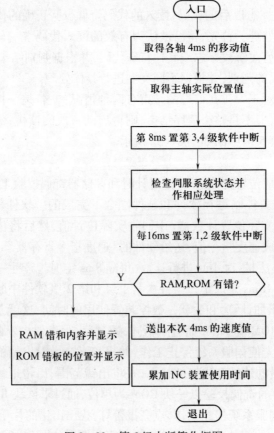

图 8 – 33　第 6 级中断简化框图

7) 第 7 级中断

本级中断对 7M 测试板进行监控。测试板操作主要有:ROM、RAM 和中断保护区内容的"读出"操作,以及"地址加 1 读出"操作;RAM 和中断保护区内容的"改写"操作以及"地址加 1 改写"操作;设断点进行运行控制;执行单指令。将上述读、写操作和运行控制操作结合起来就可以进行程序调试。第 7 级中断服务程序较短,结构也简单,不再细述。

3. 实时多任务操作系统的结构模式

实时多任务操作系统(Real Time multi-tasking Operation System,RTOS)是嵌入式应用软件的基础和开发平台。目前,在我国大多数嵌入式软件开发还是基于处理器直接编写,没有采用商品化的 RTOS,不能将系统软件和应用软件分开处理。

1) 嵌入式数控系统软件体系结构[63]

嵌入式数控系统软件体系结构分为系统平台和应用软件两大部分,如图 8 - 34 为嵌入式数控系统软件体系结构。上层应用软件分数控应用程序接口(NCAPI)和操作界面组件两个层次,已分别实现对机床厂和用户两个层次的开放。底层模块除了 PLC 之外的部分是不对外开放的,非系统开发者可以通过 NCAPI 使用底层功能。底层模块完成插补任务(粗插补、微直线段精插补、单段、跳段、并行程序段处理);PLC 任务(报警处理、MST 处理、急停和复位处理、虚拟轴驱动程序、刀具寿命管理、突发事件处理);位置控制任务(齿隙补偿、螺距补偿、极限位置控制、位置输出);伺服任务(控制伺服输出、输入)以及公用数据管理(系统中所有资源的控制信息管理)。因此必须具有多任务实时处理能力,即任务建立、撤销、调度、唤醒、阻塞、挂起、激活、延时的处理能力、创建信号量、释放信号量、取信号量值的能力。

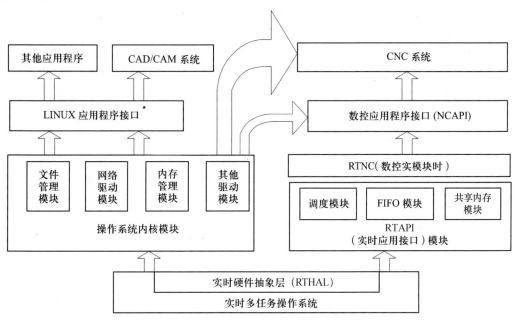

图 8 - 34 嵌入式数控系统软件体系结构

上层软件负责零件程序的编辑、解释参数的设置,PLC 的状态显示、加工轨迹、加工程序行的显示等,通过共享内存、FIFO 和中断与底层模块进行数据交换。上层软件模块包括解释器模块、MID 运行模块、程序编辑模块、自动加工模块、参数编辑模块、PLC 显示模块、故障诊断模块等。

2）RTOS 是嵌入式系统的软件开发平台

RTOS 是一段嵌入在目标代码中的软件，用户的其他应用程序都建立在 RTOS 之上。不但如此，RTOS 还是一个可靠性和可信性很高的实时内核，将 CPU 时间、中断、I/O、定时器等资源都包装起来，留给用户一个标准的 API，并根据各个任务的优先级，合理地在不同任务之间分配 CPU 时间。

RTOS 最关键的部分是实时多任务内核，它的基本功能包括任务管理、定时器管理、存储器管理、资源管理、事件管理、系统管理、消息管理、队列管理、旗语管理等，这些管理功能是通过内核服务函数形式交给用户调用的，也就是 RTOS 的 API。

RTOS 的引入，解决了嵌入式软件开发标准化的难题。随着嵌入式系统中软件比重不断上升，应用程序越来越大，对开发人员、应用程序接口、程序档案的组织管理成为一个大的课题。引入 RTOS 相当于引入了一种新的管理模式，对于开发单位和开发人员都是一个提高。

基于 RTOS 开发出的程序，具有较高的可移植性，实现 90% 以上设备独立，一些成熟的通用程序可以作为专家库函数产品推向社会。嵌入式软件的函数化、产品化能够促进行业交流以及社会分工专业化，减少重复劳动，提高知识创新的效率。

嵌入式工业的基础是以应用为中心的芯片设计和面向应用的软件开发。实时多任务操作系统（RTOS）进入嵌入式工业的意义不亚于历史上机械工业采用三视图的贡献，对嵌入式软件的标准化和加速知识创新是一个里程碑。

目前，商品化的 RTOS 可支持从 8BIT 的 8051 到 32BIT 的 PowerPC 及 DSP 等几十个系列的嵌入式处理器。提供高质量源代码 RTOS 的著名公司主要集中在美国。

3）实时多任务操作系统的分类

目前的实时多任务操作系统按工作方式可以分两类：一类是抢占式的；一类是时分式的。现在许多操作系统都是两者的综合品，还有一些就是协作式多任务操作系统。

（1）抢占式。多用于实时性较高的应用，如许多小实时多任务操作系统都是抢占式的，要求每个任务的优先级不同，当某个高于现任务优先级的任务就绪时，就一定会产生新的任务调度，这种操作系统最大的提升了系统的实时性，但是也存在一些不足，比如有些时候有些任务本身就是平等的，这时如果使各个任务各执行一段时间再切换，这种方式就会有所困难，每个任务除非自己放弃或者有更高优先级的任务就绪，否则不会产生任务调度，当软件任务较多时，低优先级任务的协调有一定难度。

（2）时分式。用于实时性不高可用性较高的大型操作系统，采用系统时钟分出一个个的时间片，每个任务声明时分配给任务若干个时间片，一个任务的时间片结束后产生任务调度。这样能使任务的独立性较好，但是实时性就会相应下降。

8.5 机床数控系统实例

结合前面各章节的有关基础知识，本节介绍几种典型的数控系统软硬件实例，以进一步加深对 CNC 系统的软硬件结构的理解，更全面深刻地领悟数控系统的工作全过程。

8.5.1 传统机床数控系统

1. 经济型机床数控系统实例

在经济型数控系统中,尽可能用软件来实现大部分数控功能,一方面可以降低系统的制造成本,另一方面可以提高系统的可靠性。经济型数控系统软件主要包括监控与操作、插补和步进电机控制、误差补偿程序等,使系统能够完成零件的输入、编辑、数据处理、插补计算及步进电机控制等控制管理工作。

1) 经济型数控车床 CK0630 的硬件结构[60]

CK0630 数控装置是以 Intel 8031 单片机为微处理器,因其内部已经集成了定时计数器、中断处理器、输入输出接口等,故系统的外部扩展器件大为减少,提高了整个系统的可靠性。另外,整个系统采用高可靠、模块化的 STD 总线结构,分成主控制模板、输入输出模板和显示控制模板三个部分,相互之间通过 STD 总线进行联系。这种结构易于扩充和维护,并且还具有良好的抗冲击和抗振动能力。其结构如图 8-35 所示。

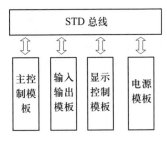

图 8-35　数控装置硬件结构

(1) 主控制模板。图 8-36 所示主控制模板是以 8031 单片机为主芯片的扩展线路:其中包括内存为 8KB 的随机存储器(供用户输入加工程序),内存为 64KB 的程序存储器(固化控制程序),以及其他缓冲器与逻辑电路。

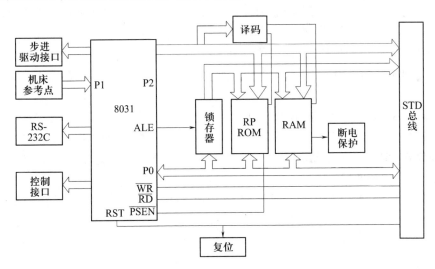

图 8-36　主控制模板硬件结构

系统中的 RAM、EPROM 的数据和低 8 位地址,在 8031 地址锁存信号输出端 ALE 及地址锁存器控制下共同使用一组 8031 的 8 位总线。而高 8 位地址及选片信号,则由 8031 另一组 8 位总线结合译码器和与门电路提供。因为 8031 的外部 ROM 由 PSEN 信号选通,外部 RAM 和扩展的 I/O 由 W/R 信号选通,故它们的地址可以相重。

8031 的 P1 口被用作 X,Z 二轴步进电机的控制,它是通过光电隔离后传送到步进驱动器。P1 口还用于检测机床参考点的定位信号。P3 口与控制接口相连检测主轴脉冲发生器信号及超程信号等。此外，还有一个 RS-232C 通信接口。

（2）输入输出模板。图 8-37 所示的输入输出模板在系统中承担着 M、S、T 功能的实现，以及键盘管理和对磁带机的读写等工作。

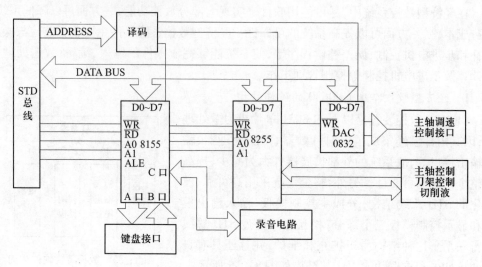

图 8-37　输入输出模板硬件结构

在输入输出模板上扩展了两片可编程接口芯片：8155 和 8255。8155 上有三组 22 路输入输出接口及 256KB RAM 和一个计数器。其上的 A 口和 B 口被用作键盘的输出输入接口，处理键扫描。C 口用于磁带机的读写。它的计数器产生录音电路所需的定时信号。8255 芯片有三组 24 路输入输出接口，每组可通过控制寄存器设置为输入或输出方式，且其 C 组作为输出时可用位控方式单独控制其中一路的输出状态。8255 的 B 口作为自动回转刀架当前位置的检测口，其 C 口作为主轴电机起停、正反转和刀架电机正反转的控制口。

为实现对主轴转速的控制，模板上还需二路模拟电压信号输出。为此扩展了一片 8 位的数模转换芯片 DAC0832，它可提供最多为 256 级的模拟信号输出。板上的电压输出信号范围为 0~5V。为对磁带机进行读写，模板上还设计了录音电路，它的输出信号使用调频方式，符合坎萨斯城标准。

该模板的地址、数据与控制信号由 8031 通过 STD 总线进行控制。从总线来的高位地址线经译码后分别选通 8155,8255 和 DAC0832，低位地址线的 A0,A1 作为 8155,8255 内部寄存器及端口的选择线。ALE 信号将低 8 位地址锁存到 8155 片内作为其内部 256 字节 AM 的地址线。

（3）显示控制模板。图 8-38 所示的显示控制模板是以视频控制器 MC6847 为主芯片的扩展线路；模板上还设计了 8KB 的静态 RAM 用于存放被显示的字符和图形，16KB 的 EPROM 用于存放被显示的字符点阵，它同计数器组成字符发生器。此外，还有 8 位锁存器作为显示方式字寄存器。执行显示控制程序时，数据总线经锁存器送入视频控制器以确定显示方式，并对 EPROM 选址。视频控制器在时钟脉冲作用下按顺序访问 RAM 内各存储单元并读取其中的数据。而 RAM 的输出则根据显示方式的不同经 EPROM 字符发生器或经三态门直接送入视频控制器。视频控制器将其转换为显示信号并放大后送 CRT 显示。当系统 CPU 访问显示存储器 RAM 以改变其显示内容时,视频控制器将呈高阻状态,放弃对 RAM 地址总线的控制。显示存储器可通过三态门和双向驱动器与 CPU 通信。

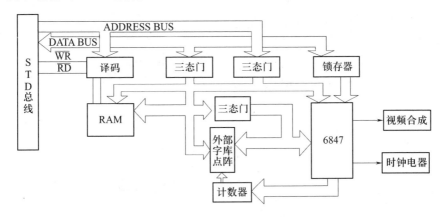

图 8 – 38　显示控制模板

（4）电源系统。在 STD 总线插槽中,配置了一个开关电源模板。它提供 ±5V, ±12V 直流电源给系统使用,其中的 ±12V 用于数模输出电路及 RS–232C 通信电路。

2）经济型数控车床 CK0630 的软件结构

CK0630 用数控装置软件系统采用结构化程序设计方法,从实时处理层次上可分成三级,最高一级的是超程应急中断处理,第二级是插补中断处理,最低级是显示、按键扫描、数值运算等处理。按功能则可划分成多个功能模块。主流程如图 8–39 所示。

（1）系统初始化。上电后系统控制程序首先对 8031 内部寄存器进行读写检查,然后再检查程序存储器和加工程序存储器。检查无误后开始执行系统初始化工作,使各有关寄存器、存储器单元进入初始状态,清零、置位或设置有关常数,对相关接口设置工作状态,保证系统处于正确的工作状态。完成初始化后,系统开始对操作键盘进行扫描,一旦发现按下了某一功能键则转入相应的功能操作模块。

（2）加工程序编辑。这一模块包括输入和修改两个子功能块。在输入和修改时,系统首先建立一个程序输入缓冲器,然后自动生成一个段号,再根据按键在此缓冲器中输入和修改数据。当确认一行操作结束时,对此缓冲器中程序段的代码、格式和数据范围进行检查。最后,对此程序段进行压缩并送入加工程序存储区域。

（3）通信功能。此模块的软件结构较为简单,设计时主要考虑了数据传送的可靠性。对于磁带机,在读写程序时可利用检验来检查程序的正确性。对于 RS–232C 通信,采用每字节奇偶检验的方法来检查。

（4）图形模拟。图形模拟功能与自动过程有些类似,只是后者是将执行的结果送到机床接口上使外部电机或继电器动作;而前者是将执行过程及结果在屏幕上显示出来,机床上的其他部件并不发生动作。

（5）回零模块。是为了在上电后,机床通过这一操作使刀架有一个精确的定位,它包括 X、Z 两个方向的操作。当刀架回到机床参考点后,刀架上的对刀参考点与机床参考点重合。软件执行过程如图 8–39 所示。

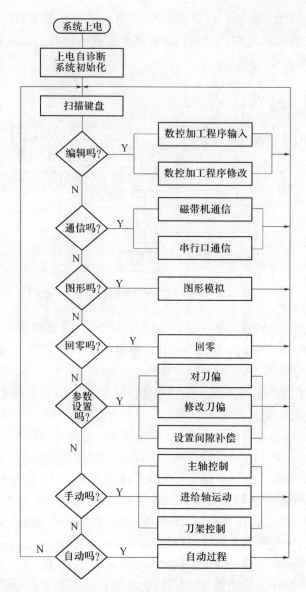

图 8 – 39　CK0630 数控装置软件流程图

2. 典型机床数控系统实例

目前国内应用的数控系统有很多种,而从国外引进的居多,国外控制系统市场占有率较大的有日本 FANUC 系统、德国 SIMENS 系统,其次为法国施耐德公司的 NUM 系统、西班牙 FAGOR 系统、日本三菱系统、美国桥堡系统等。

1) FANUC 数控系统的 6 个特点

FANUC 数控系统 6(简称 F6)是具备一般功能和部分高级功能的中级型 CNC 系统,分成 6M 与 6T 两个品种,它们的硬件部分是通用的,只变更其部分软件来获得不同功能,6T 适用于车床,6M 适用于铣床和加工中心。其特点如下:

(1) 可靠性高。由于使用了大容量磁泡存储器、大规模专用集成电路和高速微处理器,而且在制造过程中采用严格筛选,使用自动检测器进行自动检测以及环境试验等措

238

施,大大提高了电路的可靠性。为了提高动作的可靠性,备有数据奇偶校验、程序对比校验和时序校验等校验功能。

(2) 适用于高精度、高效率加工。最小脉冲当量为 $1\mu m$ 或 0.0001 英寸(1 英寸 = $25.4mm$),具有间隙补偿和丝杠螺距误差补偿功能;有自动监视和自动补偿伺服系统漂移的功能;有自动监视误差寄存器的静态误差与动态误差的功能;备有高效率的随机选择自动换刀机构和纯电气式的主轴快速定向控制系统;有控制主轴电机转速、确保切削速度不变的恒速切削控制;有为缩短加工时间的许多固定循环。

(3) 容易编程。备有由用户自己制作特有变量型子程序的用户宏功能;具有不必预先计算就能够直接指定刀尖设定点的刀尖半径补偿功能;能用图纸标记半径值直接指令的圆弧补偿;还有便于某些交换工作台机械编程的返回第 2 参考点功能,只需指定精加工尺寸就可以自动进行粗切削、精切削的复合型固定循环。

(4) 容易维护保养,现场调试方便。能够使用微处理器进行 CNC 内部监视系统,能判断 160 种(6M)或 130 种(6T)停车故障;确认 CNC 所有输入、输出开关信号的显示值或输出值,能发现数控柜和机床强电柜的故障;间隙补偿量、螺距误差补偿量、伺服系统时间常数等参数可简单地用 MDI 输入设定。

(5) 操作性好,使用安全。大容量磁泡存储器,具有最大 320m 控制带的存储、编辑功能,用程序号检索可以调出所需程序进行加工,具有相当 DNC 的功能;使用 CRT 显示器能确认程序内容偏置量的设定与变更和各种动作的状态;加上手动操作,大大提高了操作性能;使用带小数点的数字表示尺寸或位置可以防止眼误;具备便于工程管理、刀具寿命管理的累计使用时间显示功能等;为了保护所存入的程序,使用带"锁"的键输入;为防止刀具与工件冲撞,使用了存储式限位开关,设置刀具禁入区域。

(6) 具有很强的抵抗恶劣环境影响的能力。其工作环境温度为 $0 \sim 45°C$,相对湿度为 75%。

2) FANUC 数控系统 6 硬件结构

F6 系统采用大板结构,在主板(包括 CPU、RAM、位置控制器等)上还有 6 块附加板,即 ROM 板、磁泡存储器板、PLC 板、CRT/MDI 板、附加轴控制和旋转变压器/感应同步器控制板。另外,还有连接单元,分别安装在主板下面的位置上。图 8 - 40 为 F6 系统逻辑框图,是一个多微处理器控制系统,主板 CPU 是 8086,采用最大工作方式。PLC 板和 CRT 板彩显 CPU 也是 8086(单显 CPU 则为 8031)。系统 RAM 配置在主板上,共 28KB。系统 ROM 在附加板上,其存储容量达 256KB,用来存放系统软件。零件加工程序等存放在磁泡存储器中,F6 系统采用专用芯片 MB8739 作为位置控制器,每个坐标用一片。MB8739 功能很强,能配用脉冲编码器、旋转变压器和感应同步器,并能完成精插补、位置控制等。

3) 软件结构

(1) 总体结构。该系统是一个多 CPU 系统,主 CPU8086 承担了大部分的工作,其主控程序达 128KB,图形子 CPU(32KB)完成图形和字符显示,PLC 子 CPU 实现 PLC 控制。这里只介绍系统主控程序。它是一个中断型结构的软件系统,机床的插补、位置控制、数据的输入和显示、纸带的输入、控制台开关的改变等任何一种动作主功能都是由相应的中断服务程序实施的。此外,开始时为了作一些必要的处理,还要有一段初始化的程序。

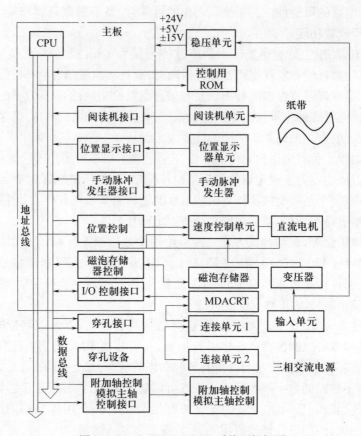

图 8 – 40   FANUC – BEST6 系统逻辑框图

中断共有 11 级,在多级中断的功能如表 8 – 4 级中断中,0 级为最低级中断,10 级为最高级中断。

表 8 – 4   中断优先级别划分

优先级	主 要 功 能	中 断 源
0	初始化	开机后进入
1	CRT 显示,ROM 校验	硬件,主程序
2	工作方式选择,插补准备	16ms 软件定时
3	PLC 控制	16ms 软件定时
4	参数、变量、数据存储器控制	硬件
5	插补运算	8ms 软件定时
6	监控和急停信号	2ms 软件定时
7	RS – 232C 输入中断	硬件随机
8	纸带阅读机	硬件随机
9	报警	串行传送报警
10	非屏蔽中断	非屏蔽中断产生

(2) 各级中断的功能。

① 0级中断:0级中断程序是初始化程序,是为整个系统正常工作做准备的。电源接通后首先进入初始化程序,主要完成以下各项工作:初始化有关芯片,如可编程计数器/定时器8253,可编程中断控制器8259A,位控电路MB8739等;清除RAM,对RAM中作为工作寄存器的单元设置初始状态;对某些参数进行预处理,为数据加工正常进行作准备,如速度参数预处理、传送数据、初始化G代码等;初始化程序运行时,尚无其他优先级中断,它完成后先离开中断再转入1级中断。图8-41为0级中断程序框图。

② 1级中断:1级中断程序是主控程序,在表8-4中,1级中断请求始终存在,所以只要机器没有其他中断级别请求,就总是"第1级中断",即总是处于显示状态(图8-42)。

③ 2级中断:2级中断程序框图如图8-43所示,它的主要任务是对各种工作方式进行处理,根据操作面板上的开关状态,确定进入相应入口,处理后应退出中断。若选择了自动方式,则需进行译码等插补准备

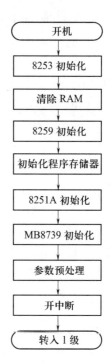

图8-41 0级中断程序框图

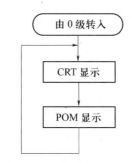

图8-42 1级中断程序框图

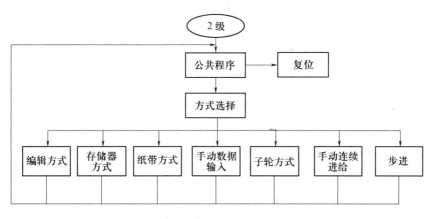

图8-43 2级中断程序框图

241

工作,为 5 级中断的插补程序提供参数。

④ 3 级中断:3 级中断程序主要完成以下工作(图 8-44)。

a. DI/DO 映像处理:即进行串行输入输出数据传送。CNC 装置的 RAM 中有某些单元被用作映像区,映像区中各单元与输入输出口地址一一对应。DI/DO 处理就是将串行口传送至输入口地址中的数据送到映像区的 DI 单元,或将输出信号 DO 从映像区送到输出口地址中去。

b. 操作面板扫描及处理:即对面板进行监控并作相应处理。例如,若按 N 键,则检索程序段号;若按 P 键,则需输入数据;若工作方式改变,则置相应标志,并将新的方式存入 RAM 单元中。

c. M,S,T 辅助功能处理:M,S,T 信号的输出和控制,如主轴正/反转、主轴转速控制、换刀、切削液启/停等。

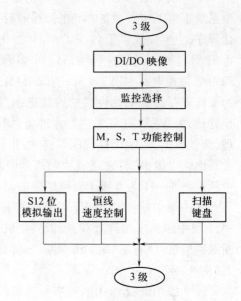

图 8-44　3 级中断程序框图

d. 表面恒线速度控制:使主轴速度随刀具位置改变,从而使刀具与工件之间的相对速度恒定。

e. S12 位模拟输出:它是一种选择功能,可直接输出 12 位的主轴模拟电子信号。

⑤ 4 级中断:对存放参数、宏变量和程序等的磁泡存储器进行读/写奇偶校验。若读时有奇偶错则报警,无错就对读出的页指针置读完标志,每读一页中断一次。若写时有错则报警,无错则结束。

⑥ 5 级中断:5 级中断程序是实时性控制程序,每 8ms 中断一次,主要完成插补运算(直线和圆弧插补、手动连续进给和步进、自动定位和暂停)、定位控制、螺距与间隙补偿、伺服漂移补偿和加/减速控制。

⑦ 6 级中断:6 级中断检查急停信号、跳步切削、堆栈溢出等,并进行相应处理。6 级中断程序为 2ms 定时程序,由可编程计数器/定时器初始化时确定。它为 2 级和 3 级中断进行 16ms 软件中断定时,通过中断计数,计到 16ms 就置 2 级和 3 级的中断请求,并使两者相隔 8ms。

⑧ 7 级中断:由串行接收和发送信号随机产生中断请求,从 RS-232C 接口读入数据并存入缓冲存储区。

⑨ 8 级中断:读入纸带阅读机数据并置入输入缓冲区。只读入数据,而存放数据在低级中断时进行,故占时不长。

⑩ 9 级中断:串行传送报警中断。如果此中断连续产生两次,便置 PLC 报警并停止工作(图 8-45)。

⑪ 10 级中断:这是非屏蔽中断,当电源断开时,ROM 校验时发生。

图 8-45　9 级中断程序框图

8.5.2　并联数控系统

1. 并联机床概述[65,66]

并联机床是采用多自由度空间并联机构作为机床本体构型的一类新型数控加工设备,如图 8-46 所示,实际上是机器人技术与机床结构技术结合的产物,其原型是并联机器人操作机。并联机床能克服传统数控机床刀具或工件只能沿固定导轨进给、刀具运动自由度偏低、加工灵活性和机动性不够等固有缺陷,可实现多轴联动数控加工、装配和测量多种功能,更能满足复杂特种零件的加工。又由于具有机械本体体积精度高、刚度重量比大、环境适应性强、响应速度快、技术附加值高等特点,故一经问世就引起了广泛的关注。从机床运动学的观点看,并联机床与传统机床的本质区别在于动平台在笛卡儿空间中的运动是关节伺服运动的非线性映射(又称虚实映射)。因此,在进行运动控制中,必须通过位置逆解模型,将事先给定的刀具位姿及速度信息变换为伺服系统的控制指令,并驱动并联机构实现刀具的期望运动。由于构型和尺寸参数不尽相同,因此数控系统一般都采用开放式体系结构。

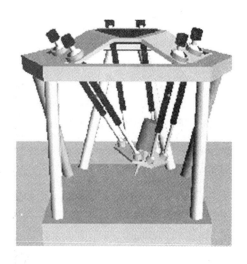

图 8-46　并联数控机床

为了实现对刀具的高速高精度轨迹控制,并联机床数控系统需要高性能的控制硬件和软件。系统软件通常包括用户界面、数据预处理、插补计算、虚实变换、PLC 控制等模块,并需要简单、可靠、可作底层访问且可完成多任务实时调度的操作系统。

并联机床的控制系统最主要的功能是对并联运动机床进行运动控制,使机床更精准、更快地完成零件的加工生产,主要目的是将加工零件所需要的笛卡儿三维坐标数据,转换成驱动并联运动机床中的执行机构动平台的控制参数,这也要求控制系统有优良的控制算法和实时性。同时由于转换过程都基于理论模型,忽略了杆件和铰链的制造和装配误差,加上运动参数的非线性特征,实际轨迹往往偏离了理想的目标曲线。所以空间位置标定和补偿也成为并联运动机床控制系统的特殊问题。具体而言,并联运动机床的运动和轨迹控制是由多个支链驱动来实现空间多自由度运动的,其动平台位姿的描述是通过运动轴 $X,Y,Z,A,B,C(A,B,C$ 为绕 X,Y,Z 轴的转动)来表示的,因此这些操作空间并不真实存在的轴(称为虚轴)并不能作为数控系统直接控制的控制对象,应该通过可控的各支链的驱动关节(实轴,包括可做伸缩运动的直线关节和旋转运动的旋转关节)来实现。假设某系统通过动平台上主轴部件的刀头运动来实现加工动作,其关键的问题就是解决如何通过对实轴的运动控制来实现对虚轴的联动控制,即通过实轴和虚轴之间的坐标转换来实现刀具相对工件所需要的运动轨迹,如图 8 - 47 所示。数控系统的使用者不考虑并联运动机构的坐标系统,直接按传统的笛卡儿坐标系统对加工零件进行编程,个人计算机与数控系统协作将笛卡儿坐标系下的坐标值转换成为并联运动机床相应的驱动关节的相应运动(位移或转动角度)。在进行运动控制时,必须通过机构位置逆解模型,将事先给定的刀具位姿及速度信息变换为伺服系统的控制指令,并驱动并联机构实现刀具的期望运动。

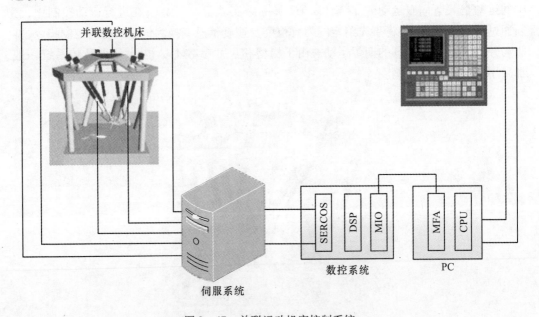

图 8 - 47　并联运动机床控制系统

并联运动机床的机械本体结构简单,但其数控系统相对复杂,对软件的计算能力的要求远高于传统的数控系统。另外,并联运动机床由于其配置形式的多样化,很难有标准的控制系统能够适合所有的并联运动机床,一般是根据现有的某个控制平台,由开发者自行配置硬件和软件。

2. 并联运动机床数控系统的硬件和软件[67,68]

并联运动机床数控系统的硬件和软件有三种不同的方案,如表 8 - 5 所列。

表 8 - 5　并联运动机床数控系统的不同硬件和软件结构形式

	CPU1(用户域)	CPU2(控制域)	CPU3(控制域)	CPU4(控制域)	CPU5(控制域)
方案一	人体界面/编程接口	TP, TG, LR	PLC	PR	DR / 电流放大器 / 功率放大器
方案二	人体界面/编程接口				TP,TG,PLC,PR / 电流放大器 / 功率放大器
方案三	人体界面/编程接口/TP,TG,PLC,PR				LR / DR / 电流放大器 / 功率放大器

TP: 轨迹规划;　　TG: 轨迹生成;　　PR: 过程控制;　　LR: 位置控制器;　　DR: 速度控制器

方案一为传统的数控系统结构,系统的各个主要功能分别由专用的处理器来完成,作为控制系统的核心的位置控制器采用模拟驱动接口。

方案二把控制模块综合后,大大减少了处理器的数目,采用集成化控制功能的数字驱动方案。

方案三以 PC 为基础平台,采用实时操作系统和单处理器,所有的控制功能作为软件任务在实时环境下运行,从而使用户有更大的灵活性和主动性。

如图 8 - 48 所示为并联机床数控系统的一种硬件结构图,采用了多 CPU 的开放式结构体系。图中 PC 工控机作为主计算机进行系统的核心管理,基于 DSP 的 PMAC 运动控制卡完成伺服电机的实时控制,开关量的逻辑控制由嵌入式 PLC 实现,多 CPU 之间通过双口 RAM 和串行通信进行数据交换。

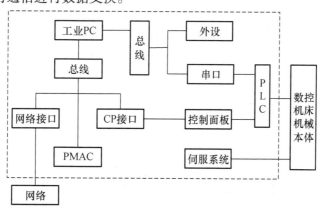

图 8 - 48　并联机床用 CNC 装置硬件体系结构

该并联机床数控装置软件结构如图 8-49 所示。由人机界面模块、预处理模块、指令解释执行模块以及其他功能模块构成。其中,人机界面模块包括人机对话、刀具轨迹仿真和加工状态显示等功能;预处理模块包括 NC 代码编译、刀位轨迹及速度和加速度规划;指令解释执行模块完成内部指令的分析和执行,完成轴控制模块、辅助控制模块和控制面板管理模块的协调;轴控制模块包括坐标变换、生成多轴控制的 PMAC 运动指令、实现与 PMAC 的通信;辅助控制模块包括 PLC 程序、控制数据生成、PLC 通信管理等模块;控制面板(Control Panel)管理模块包括 CP 指令解释和 CP 通信管理等子模块;其他功能模块包括状态检测、诊断等子模块。

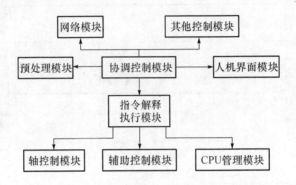

图 8-49 并联机床用 CNC 装置软件体系结构

该并联机床 CNC 系统采用粗、精结合的两级插补算法,实现了直线和圆弧轮廓的加工。首先由主计算机按给定的插补周期,完成速度规划和粗插补计算,得到下一个插补点的坐标位置,经过虚实映射的坐标更换,得出各个可控伸缩轴的位置增量和速度,送给 PMAC 进行连续轨迹控制,从而驱动刀具加工出合格的零件。

EMC 控制器是 Enhanced Machine Controller(增强的机器控制器)的简称,是美国国家标准与技术研究所(NIST)在能源部的 TEAM 计划下的一个项目,目的在于开发和验证开放式控制器的接口技术规范。EMC 控制器采用开放式结构,具有模块化、可移植、可扩展和可协同工作等特点。

当 EMC 控制器用于数控系统时,一般采用实时 Linux 操作系统,以达到较高的计算速度和实时性。EMC 软件的结构如图 8-50 所示。整个 EMC 软件由 4 部分组成。

(1) GUI(图形用户界面)。EMC 软件可以通过多种几何图形用户界面以及通信接口与制造系统和工厂网络相连。通常采用 TCL/TK 为基础的用户界面,称为 TKEMC。

(2) EMCTASK(任务执行器)模块。采用 NML - MODULE 和 RTS 程序段为基础,但与具体系统关系不密切,使用 G 代码和 M 代码程序。

(3) EMCIO(I/O 控制器)。采用 NIST 的实时控制系统(RTS)的程序段,其以 NML - MODULE 为基础,借助 NML 进行通信。与具体的系统密切相关,不能使用 INI 文件技术配置成为通用的运动控制器,但是可通过 API 与外部设备实现集成,从而无须改变核心控制代码。

(4) EMCMOT(运动控制器)模块。EMCTASK 模块是 EMC 控制系统的核心模块,其采用 C 语言编写完成,在实时操作系统下运行并完成并联运动机床的运动轨迹规划功

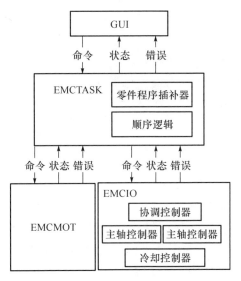

图 8 – 50　FMC 软件结构模型

能,输出控制伺服电机或步进电机的信号。该模块主要完成运动控制的 4 个部分内容:①被控制坐标位置的取样;②计算运动轨迹上的下一点坐标值;③在轨迹点之间进行插补;④计算控制系统对伺服电机或步进电机的输出量。EMCMOT 功能单元的结构如图 8 – 51所示。

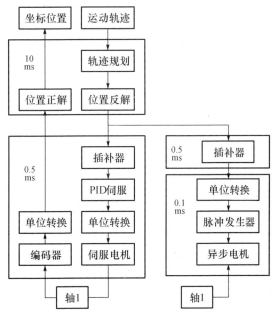

图 8 – 51　EMCMOT 功能单元的结构

从图 8 – 51 中可以看出,EMCMOT 功能单元可适用于伺服电机和步进电机的控制。对伺服驱动系统来说,输出量是以 PID 补偿算法为基础的,通过位置反馈和速度反馈编码器构成闭环系统。而对于步进电机驱动系统而言,运动轨迹控制是开环控制。当执行器坐标位置与设定值相关一个以上的脉冲时,控制系统就发出驱动脉冲。EMCMOT 软件模块由以下几个部分组成。

（1）可编程软件的限定。

（2）硬件限定和有效开关的接口。

（3）带零点的 PID 伺服补偿。

（4）一阶和二阶速度前馈。

（5）最多连续错误。

（6）可选择的速度和加速度值。

（7）每个坐标的数值，可以通过连续、增量和绝对值方式描述。

（8）线性和圆周运动的队列混合。

（9）可编程的位置正解和反解。

对于并联运动机床而言，空间坐标和笛卡儿坐标的转换接口可用 C 语言编写，插入运动控制模块，代替原有的缺少笛卡儿坐标系。EMC 控制软件对并联运动机床和并联机器人的试验研究起到了推动作用。由于源程序代码公开，可以掌握控制器设计和控制软件开发的主动权。此外，EMC 控制软件还提供一个 C 语言的应用程序接口，使不同的专用硬件能够与运动控制器连接，而无须修改任何核心控制代码。

运动控制器的工作性能与系统的调节参数和驱动参数以及干扰力有关，典型预备队控制器的驱动和调节（y 坐标）模型如图 8－52 所示。

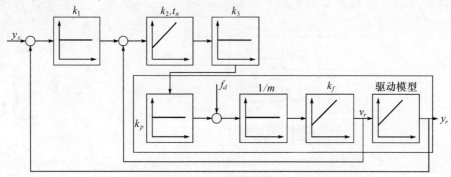

图 8－52　运动控制的驱动和调节模型

图中 k_1，k_2，k_3 为各模块为控制系统的调节模型，其余是数控系统的驱动模型。由图可知，当输入位置控制设定值 y_s 后，第一、二个调节函数 k_1，k_2 分别是位置比例增益调节和速度比例增益调节系数，系统的动态性能与这两者值的大小成正比。t_n 为反映系统实时性的速度调节延时，t_n 值越小表明系统的实时性越好。f_d 是切削力或干扰力，k_e 和 k_p 分别为加速度比例增益系数和电动机常数，m 是电动机的质量，k_f 和 m 系统反映电动机惯性的影响。

第9章 开放式数控系统

9.1 开放式数控系统概述

9.1.1 开放式数控系统产生的历史背景

从1952年世界上第一台数控机床诞生以来,数控技术经过几十年的发展已日趋完善,已由最初的硬件数控(NC),经过计算机数控(CNC),发展到今天以微型计算机为基础的数控(MNC)、直接数控(DNC)和柔性制造系统(FMS)等,现在正朝着更高的水平发展。但随着市场全球化的发展,市场竞争空前激烈,对制造商所生产的产品不但要求价格低、质量好,而且要求交货时间短,售后服务好,还要满足用户特殊的需要,即要求产品具有个性化。而传统的数控系统是一种专用封闭式系统,它越来越不能满足市场发展的需要。传统数控系统的缺点如下:

(1)系统硬件和软件结构都是专用的,各厂家的主板、伺服电路板专门设计,厂家之间产品无互换性,软件既无可移植性又无可伸缩性;

(2)各种数控系统都具有专用复杂的内部结构,一旦数控系统发生故障,往往要找生产厂家来维修,很不方便,而且大大提高了维修费用;

(3)升级和进一步开发困难,市场上难以找到可替换的配件,致使部件损坏不能及时修复而导致整个设备不能正常运行;

(4)与通用计算机不兼容,致使专用封闭式数控系统的发展一般滞后5年左右,在计算机技术迅猛发展的今天,这是一个相当长的时间。

传统数控系统的上述缺点严重制约着数控技术的发展,不能满足市场对数控技术新的要求。针对这种情况,人们提出了开放式控制系统的概念。早在1987年,美国开始了名为"下一代控制系统"的NGC计划,并成立了"美国国家制造科学中心",其主要目的是拟订并推进关于新一代开放式控制系统的详细分析与规范。其后有许多相关的研究计划在世界各国相继启动。如美国的OMAC计划、欧共体的OSACA计划、日本的OSEC计划、加拿大的HOAM–CNC计划和中国的ONC计划等。

9.1.2 开放式数控系统的概念和特征

人们研究开放式数控系统的目的是建立一个统一的可重构的系统平台,增强数控系统的柔性。通俗地讲,开放的目的就是使NC控制器与当今的PC机类似,其系统构筑于一个开放的平台之上,具有模块化组织结构,允许用户根据需要进行选配和集成,更改或扩展系统的功能迅速适应不同的应用需求,而且,组成系统的各功能模块可以来源于不同的部件供应商并相互兼容。

什么是开放式数控系统?目前尚未形成统一的定义,美国电气电子工程师协会

（IEEE）给出的开放式数控系统的定义是：能够在多种平台上运行，可以和其他系统相互操作，并能给用户提供一种统一风格的交互方式。

我国国标（GB/T 18759.1—2002）对开放式数控系统的定义是：指应用软件构筑于遵循公开性、可扩展性、兼容性原则的系统平台之上的数控系统，使应用软件具备可移植性、互操作性和人机界面的一致性[69]。

一般认为开放式数控系统应具有下列特征[69,70]：

（1）可互换性构成系统的各硬件、功能软件的选用不受单一供应商的控制，可根据功能、可靠性、性能要求相互替换，不影响系统整体的协调运行。

（2）可伸缩性 CNC 系统的功能、规模可以灵活设置，方便修改。控制系统的大小（硬件或元件模块）可根据具体应用增减。

（3）可移植性系统的功能软件与设备无关，各种功能模块运行在不同的控制系统内，即能运行于不同供应商提供的不同硬件平台上。

（4）可扩展性 CNC 用户或二次开发者能有效地将自己的软件集成到 NC 系统中，形成自己的专用系统，功能的增减只需功能模块的装卸。

（5）可互换性通过标准化接口、通信和交互机制，使不同功能模块能以标准的应用程序接口运行于系统平台上，并获得平等的相互操作功能，协调工作。

总之，所谓开放式数控系统应是一个开放性、模块化、可重构和可扩展的软硬件控制系统。

9.1.3 开放式数控系统的分类[71,72]

开放体系结构是从软件到硬件，从人机操作界面到底层控制内核的全方位开放。利用 PC 的高速数据处理能力，可将原由硬件完成的 NC 功能由软件来实现，而且借助于 PC 技术可方便地实现图形界面、网络通信，紧跟计算机技术发展而升级换代，并具有良好的开放性。因此，采用 PC 机作为主控制器是目前现实的 NC 开放化的主要途径。PC 化的数控系统可以分为 3 类，即 NC 板插入 PC 中、PC 板嵌入 CNC 中及软件 CNC。

1. NC 板插入 PC

NC 板插入 PC 中，这种数控系统是将数控的核心功能插卡化，并将其插入 PC 中。PC 将实现用户接口、文件管理以及通信功能等，NC 卡将负责机床的运动控制和开关量控制。这种数控系统通常由厂家选用通用 PC 的功能部件，将其集成到 CNC 中，PC 与 CNC 之间采用专用的总线进行快速数据传输。这种数控系统的优点既继承了制造商多年来积累的数控软件技术，又利用了计算机丰富的软件资源。这种数控系统尽管具有一定的开放性，但由于它的 NC 部分仍然是传统的数控系统，其体系结构还是不开放的。因此，用户无法介入数控系统的核心。

这种 CNC 是一种折中方案，是在数控技术上已取得一定优势的公司出于利益的考虑，不愿放弃其成熟技术的表现。但随着计算机技术的发展，硬件的标准化和成本的降低，这种方式很可能只是一种过渡形式。

2. PC 板嵌入 CNC 中（PC + 运动控制器）

这是目前采用较多的一种结构形式，这种结构形式采用"PC + 运动控制器"形式建造数控系统的硬件平台，其中以工业 PC 为主控计算机，组件采用商用标准化模块，总线采用 PC 总线形式，同时以多轴运动控制器作为系统从机，进而构成主从分布式的结构体系。运动控制器通常以 PC 硬件插件的形式构成系统,完成机床运动控制、逻辑控制等功能。PC 作为系统的主处理器,主要完成系统管理、运动学计算等任务。

3. 全软件型 CNC

全软件型 CNC 是指 NC 系统的各项功能,如编译、解释、插补和 PLC 等,均由软件模块来实现。这类系统借助现有的操作系统平台(如 DOS,Windows,Linux 等),在应用软件(如 Visual C + +,Visual Basic 等)的支持下,通过对 NC 软件的适当组织、划分、规范和开发,可望实现上述各个层次的开放。

全软件型 CNC 数控系统把运动控制器以应用软件的形式实现,除了支持数控上层软件的用户定制外,其更深入的开放性还体现在支持运动控制策略的用户定制。同时,软件数控系统更加向计算机技术靠拢,并力图使数控技术成为先进制造上层应用的标准的设备驱动代理。

数控系统必须快速响应硬件中断,以达到对运动的高精度控制,对于数控系统的开发,要实现对硬件的控制、类似操作系统的任务管理功能的开发以及 NC 代码编辑、执行、仿真加工软件的开发等,如从零开始开发数控系统,将耗费大量人力和物力。不管是 NC 插入 PC 还是 PC 嵌入 CNC 以及全软件型 CNC 都是基于某一操作系统开发完成的。目前已有较成熟的基于 DOS,Windows,Linux 的数控系统。其最大的优点是避免了重复制造"轮子"和对应用程序执行的管理以及不同硬件的移植等,PC 操作系统大部分属于分时操作系统,即以一定的时间片快速的切换各个任务,但其实时性较差,因此基于 PC 操作系统的数控系统必须解决实时性问题。最常用和成熟的解决方法是在操作系统底层嵌入"实时模块"以实现对外部硬件中断的快速响应[70,73]。典型系统如下:华中数控系统通过基于 DOS 开发的 RTM 实时多任务管理模块负责 NC 的任务调度和管理。WinCNC 是基于 Windows 下的数控系统,其通过操作系统底层加载"实时模块"驱动,实现对硬件中断的快速响应。LinuxCNC 是基于 Linux 的数控系统,由于 Linux 为开源操作系统,因此对系统的修改及控制较为容易,该数控系统都是通过修改 Linux 源码,改善系统实时性以达到使用要求。

9.2　开放式数控技术的发展

由于计算机技术、信息技术、网络技术的迅速发展,开放式数控系统的优越性已被越来越多的系统制造商、设备制造商和用户所认识和欢迎。开放式结构迅速使数控系统在通用化、柔性化、智能化和网络化方面大大发展,推动数控技术得到更广泛的应用,提高了数控技术的市场竞争力。因此,近年来,许多国家纷纷采取措施,投入大量人力物力进行开放式数控系统的研究开发。本节将介绍美国、欧共体和日本,以及我国在开放式数控系统研究方面所做的工作。

9.2.1　美国的开放式数控系统研究计划

美国是最早提出开放式数控系统这一概念的国家,美国于 1987 年提出了 NGC(Next Generation Workstation/Machine Controller)计划,企图通过实现基于相互操作和分级式软件模块的"开放式系统体系结构标准规范"(Spcification for an Open system Architecture

Standard,SOSAS)找到解决传统数控系统存在的"专用、封闭"的问题。在 NGC 计划中提出了开放式系统体系结构的新一代数控的概念,一个开放式系统体系结构能够使供应商为实现专门应用选择最佳方案去定制控制系统。

NGC 计划的目的是为了推动美国工业界形成一个广泛的工作伙伴,以利于同别国进行竞争。NGC 计划由美国国家机械制造科学中心(National Center for Manufacturing Science,NCMS)参与,并经美国空军机械制造技术委员会(Air Force Manufacturing Technology Directorate,AFMTD)授权给 MARTIN MARIETTS 公司的"先进自动化技术开发部",于1989 年秋天开始实施。

NGC 计划是基于通过革新的控制技术,机械制造者有机会重新恢复分享国际竞争市场的思想提出来的。NGC 计划是为了加强美国工业基础,并重新恢复美国在控制市场中的竞争地位而进行的联合行动。

NGC 计划正在为基于开放式系统体系结构的下一代机械制造控制器提供一个标准,这种体系结构允许不同的设计人员开发可相互交换和相互操作的控制器部件(硬件和软件)。一个完全合格的 NGC 包括开发的可能性,例如多个装置间的协调,装置的全独立编程,基于模型的处理,自适应路径策略和大范围的工作站及实时特性等。

SOSAS 是 NGC 计划可首先交付使用的"开放式系统体系结构标准规范"。SOSAS 定义了 NGC 系统、子系统和模块的功能及相互间的关系。为控制机床、机器人所需要的功能和服务,以及对现有工厂硬件基础的支撑装置也是 SOSAS 可交付使用的一部分。NGC 标准将为供货商定做控制系统,建立支持软件和开发集成工具提供市场机会。

为了监督和保证 SOSAS 开发活动的正确方向,NGC 计划还建立了工业检查委员会(Industrial Review Board,IRB),IRB 由美国政府、学术界和工业界的有关人员组成,他们将希望寄托在 NGC 出口中。IRB 由投票人员和观察人员两大类人员组成,投票人员是由美国空军选定的,他们代表着对 NGC 的关键问题有投票权的大大小小的制造业公司和控制系统的制造者,而观察人员则是被邀请来列席会议的。另外,美国的汽车工业为解决自身发展过程中碰到的一系列问题,由克莱斯勒、福特和通用三大汽车公司于 1994 年开始了一项名为"开放式、模块化体系结构控制器(OMAC)"的计划,该计划的目标是降低控制系统的投资成本和维护费用,缩短产品开发周期,提高机床利用率,提供软硬件模块的"即插即用"和高效的控制器重构机制,简化新技术到原有系统的集成,从而使系统易于更新换代,尽快跟上新技术的发展,并适应需求的变化。其主要动机是向供应商和技术开发团体公布控制器用户,尤其是汽车制造业的需求,以期他们明白并更好地理解用户的需求,从而能在市场上购买到满足其要求的产品。由于 OMAC 的成员是控制器的用户而不是开发商,这就决定了其性质和目的,从而也就决定了它产品化、实用化步伐不可能很快。事实上美国工业界认为 OMAC 是一种概念,而不是一种控制器或标准。OMAC 自身也意识到这一问题,它目前正逐步与 OSACA 等进行联合。下面主要介绍美国的 NGC 计划。

1. NGC 技术

NGC 被看作是一个计划、一种规范、一种产品和一种基本原理。这个计划的目标是产生、制造并批准一个能够成为工业标准的开放式系统控制器的规范。SOSAS 将最终实现这个目标。

252

9个功能设计概念代表了控制要求,这对于实现SOSAS是极为重要的,9个概念如下:

- 分级式的控制结构,指出了功能性的分解;
- 分布式的控制适应在单个工作站的多机控制;
- 按系统、子系统和模块进行分类;
- 虚拟机械方便了模块间的相互交换和相互操作的能力;
- 控制程序由三级设计表示;
- 信息通过中性制造机械语言(Neutral Manufacturing Language,NML)传递;
- 公共的Look和Feel是人机接口的一部分;
- 信息库管理所要求的信息,并包括实时数据;
- 传感器/操作部件的操作按照标准协议进行。

以上9个功能设计概念对理解SOSAS很重要,但绝不是SOSAS的全部内容。NGC的系统体系结构是在虚拟机械的基础上建立起来的,通过虚拟机械把子系统的模块连接到计算机平台上,如图9-1所示。代表NGC技术的重要功能概念是策略,其构成如图9-2所示。

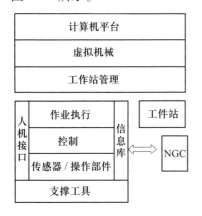

图 9-1　NGC 系统体系结构

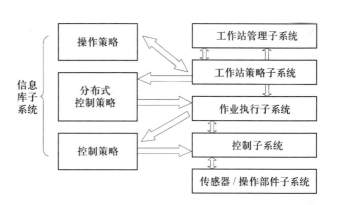

图 9-2　NGC 技术中的策略

2. NGC 的标准

美国的控制器供应商意识到需要采用一个公共的标准集,以利于用于工业控制的开放式系统的合作开发,进而从外来的竞争中重新赢得市场。每一位供应商都有他们自己的、为解决他们的特殊控制器的实现问题的方法。显然,为了实现世界范围的控制器的市场能力,也需要一个国际标准。

NGC计划不仅仅是为国家提供一个机械制造控制方面公共标准,而且还定义了一个体现"下一代技术"的规范,进入21世纪后"下一代技术"还将继续很多年。

在当今的环境中,各公司提供的产品是不能使用相同软件的产品,缺乏向上和向下两个方面输入/输出的通信协议和连接标准是另外的控制问题。对基于NG-CSOSAS的产品来说,共同的标准接口将消除集成制造的障碍,并提供当前所无法实现的高效率。通过减少开发者可以选择可变化的接口数量,SOSAS创建了一种使用开放式系统体系结构的下一代的性能机构。

以下列出了当今控制器和下一代控制器的比较：

当今的控制器	下一代控制器
● 很多不同的编程语言；	● 一种标准的语言接口；
● 无标准人机接口；	● 一种标准的工作站人机接口；
● 多种实时操作系统；	● 一种标准的操作系统；
● 无共同性；	● 一种标准的传感器/操作器接口；
● 无标准接口；	● 一种标准的网络接口；
● 封闭式系统。	● 具有信息处理方法和标准的系统接口的开放式系统体系结构。

3. NGC 计划的实现

NGC 的成功实现取决于几个重要因系：需求定义、SOSAS 开发、初始技术开发（Initial Technology Development，ITD）、技术论证及技术推广。

需求定义是在需求分析和技术评价预测的基础上，编制一个需求定义文件（Requirements Definition Document，RDD）。在 NGC 需求经过全面彻底的分析并理解之后，ITD 和 SOSAS 的开发活动即行开始。

SOSAS 开发活动将在三个不同的体系结构层次，即系统、子系统和模块上解决需求问题。可以预料，NGC 系列产品将在这三个主要层次上是一致的。SOSAS 的真正实现将在实验室中通过论证进行的技术认证开始。

为支撑 ITD 任务所做的努力，将集中在商业研究、概念设计和样机上。成功的样机将导致多方位技术论证的实现。在下列的领域中，如机床、机器人、实时控制和工作站中，需要进行方案论证工作。

NGC 技术，通过支持地区性的和国家性的用户组织，以及有关如何开发符合 NGC 规范产品的启蒙教育和培训计划，被推广到应用中去。致力于促进技术推广的有效领域包括标准（基于现存的或新出现的标准）、《设计者指南》的编制和 NGC 工业协会的建立。为了保证成功地实现 NGC 计划，NGC 技术被推广到实际的工业应用中去是不可缺少的。

NGC 实现过程概括如下：

SOSAS 开发：如图 9 - 3 所示。

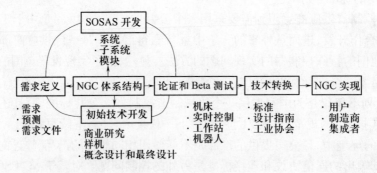

图 9 - 3　SOSAS 的开发

技术推广：标准《设计者指南》、工业协会。

NGC 实现：用户、制造者、集成者。

在 NGC 计划期间的论证将示出如何实现符合 SOSAS 规范的产品和新的技术如何集成到已被证实是成功的技术中去。

NGC 最有效的优点之一是外部接口的公共性。用于人机界面的显示器和传感器、操作部件的公共外部接口使得开发和集成容易完成,为适应别的应用而进行的扩展也很容易。这些公共的接口在 NGC 实现的所有范围内部都是可应用的。

从公共的 NGC 用户接口带给用户的优点在降低操作费用、缩短编程时间、容易使用的操作接口、公共语言和公共通信接口中。

NGC 允许控制器制造者以闻所未闻的短时间、低成本和更好的工具为更广泛用户开发和销售产品。用 NGC 进行工作站的集成将不再需要纸张,并减少在车间中因通信带来的时间延长。

新的 NGC 系统的集成者将能够在维持他们的独立性的同时,以国家标准(SOSAS)为他们的本地区的用户提供支撑。使用 NGC 标准将使我们能更快地找到解决应用问题的新办法,在更广泛的工业范围中,允许更快的调试和调整,并具有低的集成、培训和实现费用的特性。

控制器制造者和系统集成者可以委托并投资在 NGC 技术中,其结果将是控制器的集成和性能的改善。

SOSAS 为广泛的应用提供了柔性和不同等级。复杂的工作站的集成通过 NGC 的标准接口和开放式系统体系结构是容易调整的。所有的 NGC 产品的范围将使用人机接口、外部通信和 I/O 装置的公共标准接口。这将降低费用,提供 NGC 技术的扩展能力,并简化集成。NGC 集成的过程如图 9 - 4 所示。

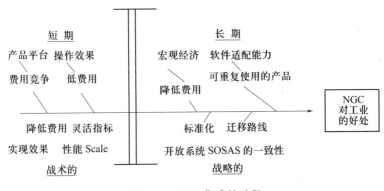

图 9 - 4　NGC 集成的过程

不同的组织和不同的人极大地影响着 NGC 的发展方向。对于不同的要求,需求是不同的;然而,对于很多不同需要的解决办法可以变成为普通的解决方法,并把它们写到 NGC SOSAS 中。

美国有关方面认为,美国人的参与对 NGC 计划、SOSAS 的发展方向、美国的财政和经济状况都是很重要的。没有 NGC,美国的控制器制造商和系统集成者将继续丢失同外国供应商共享的市场,用户将继续跟随外国的制造技术。

不积极支持 NGC 计划的公司将很难在 NGC 工业环境中保持竞争地位。解决的办法就是现在就参与,停下来同 IRB 的投票成员一起讨论,与别人共享自己的观点和意见。

NGC 计划的成功将对所有计划参加者带来实际的好处。

NGC 名录是 NGC 计划的重要成果。这个名录罗列了 NGC 项目的成员以及对 NGC 感兴趣的六类工业小集团。他们是制造者、研究与开发人员、用户、IRB、第三者和服务人员。名录还提供了 IRB 投票成员和技术顾问级的每个成员的名单。

任何人想加入到 NGC 名录中去,并得到 NGC 的季度通信,需要填写好调查表。以季度为单位把新的成员附加到名录的列表之中,名录将被适时修正并定期地重新排版。

9.2.2 欧盟的 OSACA 计划和日本的 OSEC 计划

1. OSACA 计划

OSACA(Open System Architecture for Control within Automation System)是1990年由欧共体国家的22家控制器开发商、机床生产商、控制系统集成商和科研机构联合发起的,并于1992年5月正式得到欧盟的认可,纳入欧盟 ESPRIT – Ⅲ 项目计划。这实际上是第一阶段 OSACA – Ⅰ,它于1994年结束,完成了 OSACA 规范和应用指南的制定。其第二期工程 OSACA – Ⅱ(ESPRIT1995)于1996年4月结束,主要完成依照 OSACA 规范为其系统平台开发工作标准、通用的软件模块和通用的 OSACA 系统平台,建立了一个五轴制造系统环境,用以调试、验证、扩展前一阶段的各种规范。OSACA 第三阶段为 IDASOSACA(Information Dissemination and Awareness Action)于1997年1月开始,历时18个月,推广 OSACA 思想及前期工作的技术成果。同时为了建立一个国际性的标准,而与日、美的相关机构进行接触。OSACA 目标之一,是使自己成为自动化领域的通用标准,故开始它就将研究范围涵盖了整个自动化领域,并投入了巨大的人力、物力。

1) OSACA 的系统平台

OSACA 计划在第二期工程提出的"分层的系统平台 + 结构化的功能单元"的体系结构如图 9 – 5 所示。该体系结构保证了各种应用系统与操作平台的无关性及相互间的互操作性;保证了开放性,并明确规定了不同的开放层次:应用层开放、核心层开放(与 OSACA 部分兼容)和全部开放(与 OSACA 全部兼容)。

2) OSACA 的软件结构

OSACA 的软件结构中有 3 个主要组成部分:通信系统、参考体系结构模型和配置系统。是基于信息通信平台建立的,如图 9 – 6 所示。

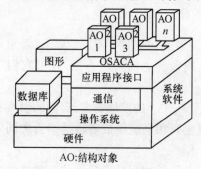

图 9 – 5　OSACA 系统平台结构

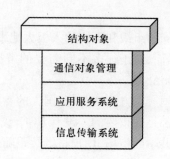

图 9 – 6　OSACA 通信系统结构

2. OSEC 计划

日本的 OSEC(Open System Environment for Controller)计划,由东芝机器公司、丰田机器厂和 Mazak 公司三家机床制造商和日本 IBM、三菱电子及 SML 信息系统公司共同组建。其目的是建立一个国际性的工厂自动化(FA)控制设备标准。OSEC 以日本国际机器人和工厂自动化研究中心(IROFA)所提出的 CNC 系统参考模型为基础,提出了一个开发系统结构如图 9 – 7 所示。另一方面,OSEC 认为 MBCP(Message Based Communication Platform)和 FL(Functional layers)两种开放式平台中,前者定义虽理想,但后者已在过去的工作中经过了长期的完善,所以 OSEC 选择了以 FL 为基础的开放式平台,如图 9 – 8 所示。

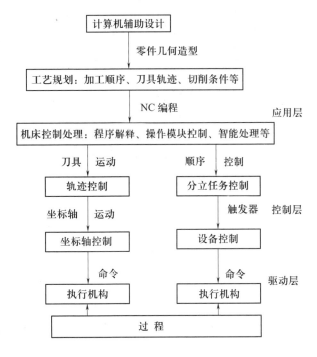

图 9 – 7 IRFA 开放式体系结构控制图

9.2.3 我国开放式数控技术的发展

我国经过"八五"的自主开发和"九五"的产业化、工程化,开发具有我国自主产权的数控系统,特别是提出开发中华Ⅰ型和航天Ⅰ型两个基本系统(就是平台)及系列产品,并利用基本系统发挥我国的软件优势,实施平台战略,发展我国的数控软件的指导思想。在此思想指导下,珠峰公司和华中理工大学,利用 IPC + 数控卡构成硬件平台,开发了中华Ⅰ型和华中Ⅰ型数控系统;与此同时,航天数控集团公司(简称"航天数控")利用通用 PC 机的体系结构设计了与通用 PC 机兼容的微机加上数控通用/专用模板构成了单机数控系统,作为普及型推向市场,并以此为基础与通用 PC 机相互联构成了典型前/后台结构的多机系统;蓝天是在原 7500 系列的基础上,通过二次集成缩小化设计后与通用 PC 互联构成 8500 系列多机系统。我国自行开发具有自主版权的四种数控系统都具有一定的开放性:华中Ⅰ型和中华Ⅰ型是将数控专用模板嵌入通用 PC 机构成的单机数控系统,

图 9 - 8　OSEC 开放系统体系结构

而航天Ⅰ型和蓝天Ⅰ型是将 PC 嵌入到数控之中构成的多机数控系统,形成 PC + NC 的前后台型结构。21 世纪初,我国新出现了一批开放式数控系统,代表产品有凯恩帝 K100Ti - D、广数 GSK980、华兴 WA310T、大森 DASEN - 9ia 等,它们都是基于 PC 的开放式数控系统[74,75]。

2000 年,国家经贸委和机械工业局组织进行"新一代开放式数控系统平台"的研究开发。2001 年 6 月完成了在 OSACA 的基础上编制"开放式数控系统技术规范"和建立了开放式数控系统软、硬件平台,并通过了国家级验收。2003 年,我国以国际上现有的开放式数控系统体系结构等先进标准规范为参考,同时兼顾中国数控系统产业现状和特点,开始制定《开放式数控系统(ONC)体系结构》,即我国的开放式数控体系结构标准 ONC。

我国 ONC 计划旨在指导开发新一代具有我国自主版权的开放式数控系统平台,推动数控产品向规范化方向发展,为今后数控产品的更新换代奠定基础,促进我国的数控技术的发展。ONC 提出了我国开放式数控系统体系结构的层次模型,如图 9 - 9 所示。ONC 系统由四层组成:硬件平台、系统软件、开放式数控应用编程接口(ONC API)和数控应用软件。硬件平台、系统软件和 API 构成了 ONC 系统的运行平台,由集成环境开发的开放式数控应用软件,经编译、链接、配置后在其上运行,从而构成不同品种、不同档次、不同性能的适应不同被控对象的数控系统。ONC 系统中各层次之间,由相应的接口规范和标准进行信息交换,从而实现各层之间的无关性[69,76]。

在"十五"和"十一五"期间,在国家的支持下,通过联合攻关和行业的努力,企业加大了开发力度,一些关键技术取得了突破性进展,其典型代表是具有自主知识产权的华中"世纪星"系列数控系统,其功能达到某些国外高档数控系统的水平,打破了国外的技术

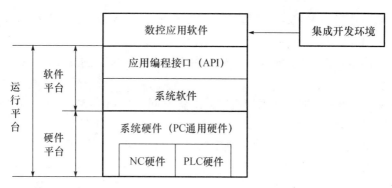

图9-9 开放式数控系统体系结构

封锁,填补了国内的空白,并形成了初步的自主配套能力。

华中"世纪星"数控系统是一种基于工业 PC 的开放式体系结构统一硬件平台[77],在 Linux、DOS、Windows 三种不同的操作系统平台上,分别开发了网络化、开放式数控系统软件平台,实现了跨平台的数控软件操作,其技术路线既符合国际数控技术发展趋势,又符合 ONC(中国开放式数控系统)技术规范的要求。其技术性能指标达到当代国际先进水平,具体如下:

(1)控制轴数:6 轴;

(2)联动轴数:5 轴;

(3)最大快移速度:在丝杠螺距为 10mm,分辨力为 1μm 的参数设置条件下,大于 10m/min;在分辨率为 0.1μm 时,大于 20m/min;

(4)最小分辨力:0.1μm(可设置);

(5)直线、圆弧、螺旋线插补、非均匀有理 B 样条(NURBS)插补、空间任意曲面插补功能(5 轴联动时)和 A、B、C 轴线性插补功能等;

(6)自动加减速控制(S 曲线)。

华中"世纪星"系列数控系统包括世纪星 HNC - 18、HNC - 19、HNC - 21 和 HNC - 22 四个系列产品,目前已派生出了十多种系列、三十多个特种数控系统产品,广泛用于车、铣、加工中心、车铣复合、磨锻、齿轮、仿形、激光加工、纺织机械、玻璃机械医疗机械等设备。满足用户对低价格、高性能、简单、可靠的数控系统的要求。

9.3 开放式数控系统案例

9.3.1 NC 嵌入 PC 式数控系统[78-80]

华中 HNC 系列 CNC 装置是一种基于工业 PC 机的开放式数控系统,是我国中高档数控系统的代表,在此以 HNC - Ⅰ CNC 装置作为案例介绍该类数控系统的主要特点。

1)华中 HNC - Ⅰ CNC 装置的硬件体系结构

HNC - Ⅰ 除充分利用了 PC 提供的基本配置外,还通过自行开发符合 PC 总线(ISA 总线)规范的驱动接口卡、标准 I/O 接口卡和多功能接口卡,并插入 PC(IPC)扩展插槽,构成开放式 CNC 装置。

（1）标准I/O接口卡：包括48路开关量光电隔离输入板HC4103和48路开关量光电隔离输出板HC4203，用于系统的开关量控制。

（2）多功能接口卡：多功能板HC4301，用于主轴的速度控制和位置反馈，以及手摇脉冲发生器的脉冲计数。

（3）驱动接口卡：根据所采用伺服单元配备不同的接口形式，可连接国内、外各类模拟式、数字式、脉冲式伺服驱动单元和步进电动机驱动单元，具有良好的开放性。

采用不同的伺服单元，HNC－Ⅰ的配置状态有所不同。具体如下：

（1）当伺服单元采用HSV－11D数字式交流伺服单元（内含位置环、速度环和电流环）时，驱动接口采用MOXA C104四串口板（内含4个标准RS－232C串口），每块板可连接4根坐标轴。HNC－ⅠCNC的配置如图9－10所示。在该配下每个采样周期插补计算产生的理论位移量通过串口板MOXA C104送给数字式交流伺服单元，用于伺服单元完成位置控制和速度控制，位置反馈信息亦通过串口板送回计算机，用于显示坐标轴当前位置、跟随误差等。

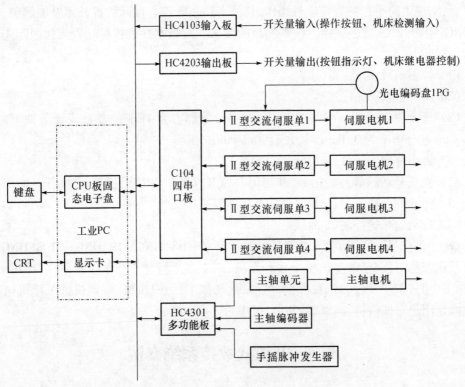

图9－10　HNC－Ⅰ配置状态a

（2）当伺服单元为直流伺服单元或模拟式交流伺服单元时，驱动接口采用HC4403位置接口板，每块板可连接3根坐标轴。HNC－ⅠCNC装置的配置如图9－11所示。在该配置下位置反馈信息通过位置接口板HC4403送回计算机，用于显示坐标轴当前位置、跟随误差等，并与每个采样周期插补计算产生的理论位移量比较后参与位置调节（位置控制），位置调节输出的速度指令同样通过位置接口板HC4403送给模拟式交流/直流伺服单元，用于完成速度控制。

260

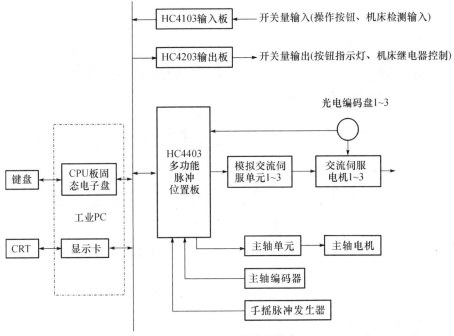

图 9 - 11　HNC - I 配置状态 b

（3）当伺服单元为脉冲式交流伺服单元时,驱动接口采用 HC4406 位置接口板,每块板可连接 4 根坐标轴。HNC - I CNC 装置的配置如图 9 - 12 所示。在该配置下每个采样周期插补计算产生的理论位移量通过脉冲位置接口板 HC4406 转换成位置脉冲指令,送给脉冲式交流伺服单元,用于伺服单元完成位置控制和速度控制,位置反馈信息亦通过HC4406 送回计算机,用于显示坐标轴当前位置、跟随误差等。

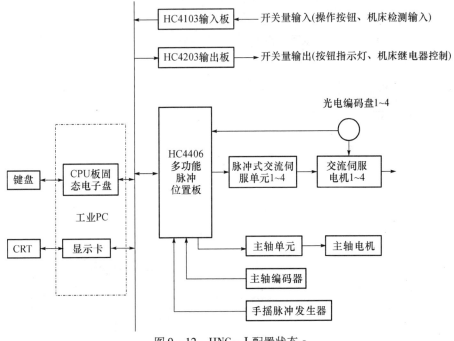

图 9 - 12　HNC - I 配置状态 c

（4）当用步进电机作为驱动元件时,驱动接口可采用 HC4304 脉冲多功能板,每块板可连接 4 根坐标轴,也可采用 HC5902（HC5905）多功能 NC 接口板,每块板可连接 8(6)根坐标轴。HNC－Ⅰ CNC 装置的配置如图 9－13 所示。在该配置下每个采样周期插补计算产生的理论位移量通过多功能 NC 接口板进行脉冲分配后,送到相应的驱动单元即可完成步进电机的开环位置控制。

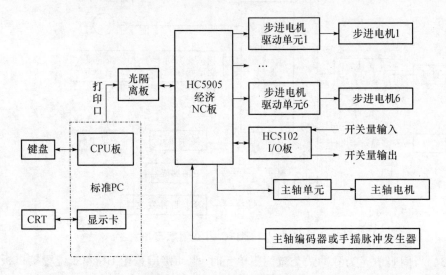

图 9－13　HNC－Ⅰ 配置状态 d

2）基于 DOS＋实时扩展的软件结构

HNC－Ⅰ CNC 装置以 DOS 操作系统＋实时扩展为软件支持环境,实现了一个开放式的 CNC 装置软件平台,提供了一个方便的二次开发环境,能够供不同的 CNC 装置灵活配置、使用,并提供了一种标准风格的软件界面。

（1）软件结构。HNC－Ⅰ CNC 装置的软件结构如图 9－14 所示。

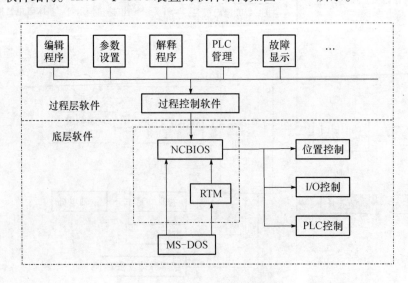

图 9－14　HNC－Ⅰ 软件结构

图中虚线以下的部分称为底层软件,它是 HNC－Ⅰ CNC 装置的软件平台,其中 RTM 模块为自行开发的实时多任务管理模块,负责 CNC 装置的任务管理和调度;NCBIOS 模块为 CNC 装置的基本输入/输出系统,管理 CNC 装置所有的外部控制对象,包括设备驱动程序的管理、位置控制、PLC 控制、插补计算和内部监控等。

虚线以上的部分称为过程层软件(应用层软件),它包括编程、参数设置、译码程序、PLC 管理、MDI、故障显示等与用户操作有关的功能模块。对于不同的数控装置。其功能的区别都在这一层,或者说功能的增、减都在这一层进行,各功能模块都可通过 NCBIOS 与底层进行信息交换,从而使该层的功能模块与系统的硬件无关。

(2) 实时多任务调度。根据 CNC 装置的特点,HNC－Ⅰ将 CNC 装置的任务划分为 8 个,按优先级从高到低排列如下(其中括号内有数字的为定时任务,该数字即为定时时间):

① 位置控制任务(4ms);

② 插补计算任务(8ms);

③ 数据采集任务(12ms);

④ PLC 任务(16ms);

⑤ 刀补运算任务(条件启动任务,有空闲刀补缓冲区时启动);

⑥ 译码解释任务(条件启动任务,有空闲译码缓冲区时启动);

⑦ 动态显示任务(96ms);

⑧ 人—机界面(菜单管理,一次性死循环任务)。

HNC－CNC 装置的实时多任务调度由实时多任务管理器(RTM)模块实现,RTM 是通过修改 DOS 的 INT08 中断功能来实现实时多任务调度的。HNC－Ⅰ CNC 装置采用优先抢占加时间片轮转调度机制,调度核心由时钟中断服务程序和任务调度程序组成,如图 9－15所示。根据任务的状态,调度核心对任务实行管理,决定当前哪个任务获得 CPU 的执行权。系统中各任务只有通过调度核心才能运行或终止。图 9－15 描述了各任务与调度核心的关系。图中的实线表示从调度核心进入任务或任务在一个时间片内未运行完返回调度核心;虚线表示任务在时间片内运行完毕返回调度核心。

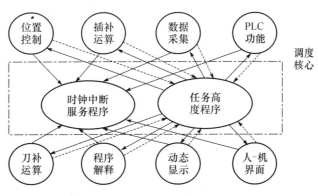

图 9－15　实时多任务调度

系统启动进行任务调度时,首先进入位置控制任务。由于 CNC 装置轮廓控制的要求,必须保证 4ms 内完成向伺服系统传递位置控制信息,所以在时间片未到之前,返回到

263

调度核心的任务调度程序运行插补任务;此时若时间片到则挂起正在执行的插补任务进入时钟中断处理程序,完成任务的定时后,再返回到任务调度程序重新调度,当再次转向位置控制任务并执行完毕后,返回到调度核心的任务调度程序,恢复插补任务的断点,继续进行插补运算,如果时间片未到之前完成了插补运算,则返回到调度程序,此时若键盘输入任务有效,又转向键盘扫描任务,依次类推,逐个执行。调度核心管理多个任务的原则;在时间片内无论任务是否运行完毕,都应返回调度核心重新调度,任务之间不能相互转入而完成调度。

（3）设备驱动程序的管理。对于不同的控制对象,如加工中心、铣床、车床和磨床等,或对于同一控制对象而采用不同的伺服驱动时,CNC 装置的硬件配置可能不同,而采用不同的硬件模块,必须选用相应的驱动程序模块,即更换模块必须更换驱动程序。在配置系统时,所有用到的板卡都要在 NCBIOS 的 NCBIOS.CFG(类似于 DOS 的 Config 文件)中说明,说明格式为 DEVICE＝板卡驱动程序名(扩展名一般为 DRV,如 HC4103 的驱动程序为 HC4103.DRV)。NCBIOS 根据 NCBIOS.cfG 的预先设置,调入对应板卡的驱动程序,建立相应的接口。

9.3.2 "PC＋运动控制器"数控系统

"PC＋运动控制器"是目前采用较多的一种开放式数控系统结构形式,通常 PC 机采用工业控制计算机简称工控机(IPC),运动控制器采用开放式可编程运动控制器,因此这种结构形式又可写为"IPC＋可编程运动控制器"。可编程运动控制卡嵌入 IPC 实现运动控制的优点是:①成本低(采用标准计算机)。②可运行用户自定义的软件。③界面比传统的 CNC 友好。

这种基于开放式可编程运动控制器的系统结构以通用工业控制机为平台,以 IPC 标准插件形式的开放式可编程运动控制器为核心。IPC 机负责如数控程序编辑、人机界面管理等功能,运动控制器负责机床的运动控制和逻辑控制。这种运动控制器以运动子程序的方式解释执行数控程序,以 PLC 子程序方式实现机床逻辑控制,支持用户的开发和扩展,具有上、下两级的开放性。

1. 可编程运动控制器简介

可编程运动控制器(也称多轴卡),就是利用高性能微处理器(如 DSP)及大规模可编程器件实现多个伺服电机的多轴协调控制,具体就是将实现运动控制的底层软件和硬件集成在一起,使其具有伺服电机控制所需的各种速度、位置控制功能。并且这些功能可以被计算机方便地调用。目前,市场上出售的可编程运动控制器有多个品种,如美国 Parker 公司生产的多轴卡,美国 Delta Tau 公司的生产的 PMAC(Programmable Multi-Axis Controller)卡等。

运动控制器的构成,各厂家生产的运动控制器不尽相同,而且,根据不同的应用场合,会有不同的运动控制器。但无论哪种运动控制器,都包含如图 9-16 所示的几部分:

（1）处理器。处理器是运动控制器的核心部分,可以是单片微机、DSP 或者是以 DSP 为核心的运动控制芯片。主要进行伺服驱动的位置、速度、插补等实时控制。

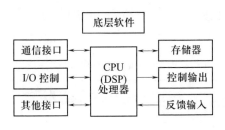

图 9 – 16 运动控制器体系结构

（2）存储器。运动控制器中的存储器有 RAM 和 ROM。RAM 一般会有 SRAM、DPRAM、FLASHRAM。

SRAM（零等待 RAM），主要用于编译程序和用户数据的存储。

DPRAM（双通道 RAM），它为主机和控制器提供了可以共享的高速内存区，利用 DPRAM 可以实现主机和控制器之间的高速不需"握手"的数据交换，DPRAM 为以下数据提供了存储空间：

① 主机到控制器的数据：电机的指令位置、电机指令速度、机床在线命令、运动程序中的控制变量值。

② 从控制器到主机的数据：电机状态变量、电机的实际位置、电机的实际速度、电机的实际加速度、电机的跟随误差、机床及控制面板的开关量、手摇脉冲发生器的脉冲数值。

FLASHRAM（闪存），主要用于用户备份。

ROM 主要存储（固化）运动控制器完成实时、多任务控制的底层软件。

（3）控制输出。控制输出是向执行元件（电机）发送控制信号的通道，执行元件不同，所需要的信号形式不同，通道也不同，主要有以下几种：

① 模拟量正弦波输出，以速度或者力矩方式控制交流伺服电机；

② 直接数字 PWM 输出，以速度或者力矩方式控制直流伺服电机；

③ 脉冲与方向输出，输出脉冲和方向信号，控制步进电机。

上述的几种控制输出形式不一定每种运动控制器都有，有的可能有部分，有的可能全部具有。根据上述控制输出形式，运动控制器可以连接交流伺服电机、直流伺服电机、步进电机、直线电机等。

（4）反馈输入。不是所有的运动控制器都带有位置反馈接口的，开环控制系统就不具备反馈输入功能。带有位置反馈接口的运动控制器一般可以接收增量/绝对编码器、正弦编码器、光栅尺、磁栅、旋转变压器、感应同步器、激光干涉仪等数字式或模拟式位置检测元件。

（5）I/O 控制。运动控制器的 I/O 控制功能主要完成机器 I/O、面板端口等逻辑的控制。

（6）通信接口。通信功能是运动控制器必不可少的功能，一般应具备串行通信、总线（PCI、PC104、VME 等）、以太网接口，有的还带有无线接口和 USB 接口，通过这些接口与上位机通信。

例 9 – 1 美国 Parker 公司的多轴运动控制卡，其性价比较高，卡内有单片机和 DSP 系统，并可提供动态链接库，方便用户编程，上位机可以通过接口程序与控制卡进行通信，完成运动参数设置、运动轨迹控制和状态检测,如完成直线、圆弧和任意曲线的插补运动等。表9-1为Parker公司生产的AT6400卡的主要性能指标[81]。

表 9 - 1　　AT6400 性能指标

输出轴数	4
输出信号(脉冲输出方式)	脉冲/方向;脉冲;(1~1.6)MHz
通信方式	ISA 总线
反馈方式	增量式编码器,脉冲;AB 相正交输入
回零/限位接口	每轴一组(正、负向限位,回零)
可编程输入	28
可编程输出	28
内存容量	1.5MB
直线、圆弧插补	支持 *XY* 平面/*XYC*/*XYZ* 直线圆弧插补

例 9 - 2　　PMAC 运动控制卡借助于 Motorola 的 DSP56 系列数字信号处理器,CPU 主频从 20MHz 到 160MHz 可选,具有很大的灵活性,可以同时操纵(1~8)根轴,允许每一个轴都是完全独立的,最多可以有 16 片 PMAC 板完全同步的联系到一起使用,控制总共 128 根轴的联动和独立运动,其具有四种硬件形式:PMAC-PC、PAMC-LITE、PMAC-VME、PMAC-STD。

当 DSP 主频为 20MHz 时伺服更新率为 55μs/轴;总线形式有 ISA、PCI、PC104、VME;具有 RS232/422 串口、USB 或网口通信;36 位位置计数范围;16/18 位 DAC 模拟量输出分辨率;20/40MHz 编码器采集频率;可控制交/直流伺服电机、有刷/无刷力矩电机和步进电机;程序执行率大于 500 程序块/s;具有点位、直线、圆弧、样条和 PVT 插补功能;直线/*S* 曲线加减速;内置 PID 加 Notch 滤波和前馈滤波;内置固定程序缓冲区和旋转缓冲区,适宜超大程序的加工;内置 PLC;可选 A/D 采集功能;位置计算精度达 ±1Count(脉冲当量);速度精度为 0.005% 或 0.001%(选高精度晶振);具有电子齿轮、随动功能、位置捕捉功能;可选 Look ahead 前瞻计算功能。例如 PMAC2A PC104 运动控制卡的硬件结构如图 9 - 17 所示,它采用 PC104 总线架构,其硬件通道主要由门阵列电路构成,门阵列电路是外部用户(电机)信号与 DSP 处理器的接口电路,每一个门阵列芯片有 4 个硬件通道。

2. 基于 PMAC 运动控制片的开放式数控系统[82]

1)总体结构

这里介绍一种基于 PMAC 运动控制片的开放式数控系统,实现 X、Y、Z、B、C 五轴控制,其总体结构如图 9 - 18 所示。

这种基于 PMAC 运动控制卡构建的数控系统,其中工控机为上位机,负责完成系统管理等非实时性任务,实现系统资源的有效合理分配,信息传递快。运动控制片实现运动轴的实时控制和各轴测量信息的采集,I/O 卡完成各种开关量信号的输入/输出等实时任务。软件基于 Windows 系统,设计成通用性较高的可编程控制方式,使整套控制系统软、硬件具有较强开放性。

266

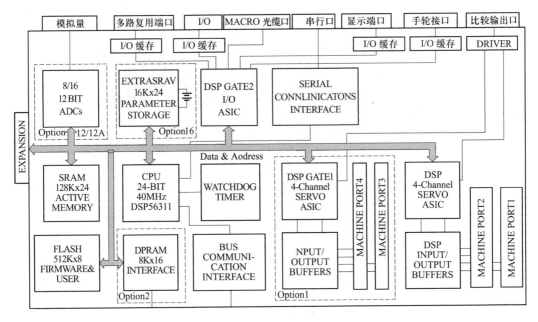

图 9 – 17　PMAC2A PC104 运动控制卡结构框图

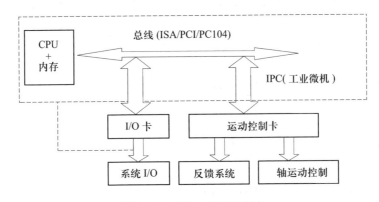

图 9 – 18　IPC + 运动控制卡

2）硬件结构

如上所述,数控系统硬件采用"NC 嵌入 IPC"的形式,在 IPC 的 ISA 总线插槽上接入 ISA 转 PC104 转接卡来适配 PMAC2 – PC104 运动控制卡,这样 IPC 的 CPU 与 PMAC 运动控制卡的 CPU 就形成主从式结构。当然,工控机与 PMAC 运动控制卡也可以通过 RS – 232C 串口来实现实时通信。为实现 PMAC 的多轴控制(数控)功能,PMAC 板卡上扩展了上述相应的附件,构成的数控系统的硬件结构如图 9 – 19 所示。工控机上的 CPU 与 PMAC 的 CPU(DSP56311)构成主从式双微处理器结构,PMAC 主要完成对 5 轴运动(输出控制量以及检测实际运动量并反馈)和开关量(原点限位等)的控制,工控机则主要实现系统的管理功能。

3）软件结构

本数控系统软件分为 PMAC 实时控制软件和系统管理软件两部分。实时控制软件的设计充分考虑了软件的开放性,用户可以根据自己的需要增加软件的功能模块。系统

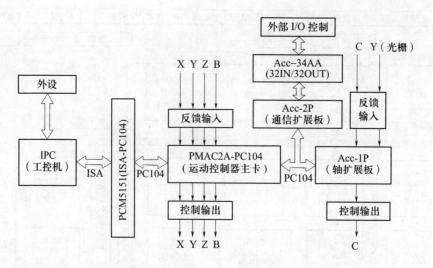

图 9 – 19　基于 PMAC 数控系统的硬件结构

管理软件主要实现系统初始化、故障诊断、参数输入及加工程序编辑、系统进程管理和双 CPU 通信等功能。根据系统设计要求首先进行系统的功能需求分析(如控制功能、操作功能、界面显示等)以及软硬件的功能划分,然后充分利用 PMAC 资源和开放的 Windows 2000 操作系统平台进行软件的开发。图 9 – 20 给出了本系统的开放式体系结构,系统划分为设计层、上层应用层、NC 功能层、驱动层、设备层五个层次。

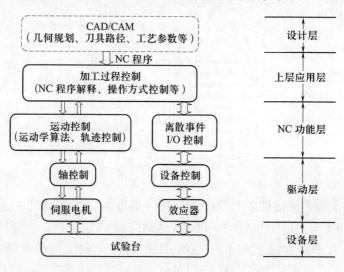

图 9 – 20　系统体系结构

9.3.3　全软件型 CNC 数控系统[83,84]

　　全软件型 CNC 是指 NC 系统的各项功能,如编译、解释、插补和 PLC 等,均由软件模块来实现。这类系统借助现有的操作系统平台(如 DOS、Windows 等),在应用软件开发工具(如 Visual Studio、Delphi 等)的支持下,通过对 NC 软件的适当组织、划分、规范和开发,可望实现上述各个层次的开放。本节介绍由美国 Soft Servo System 公司开发研制的纯软件开放式数控系统 ServoWorks CNC 及其应用。

1）ServoWorks CNC 体系结构

ServoWorks CNC 运行在普通 PC 机的通用操作系统中，通过通用或专用的伺服 I/O 通信平台与各种品牌各个系列伺服系统及 I/O 设备进行连接。图 9 - 21 为系统结构总图。

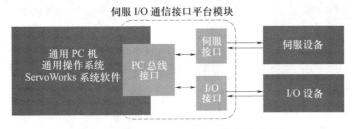

图 9 - 21　ServoWorks CNC 系统结构总图

ServoWorks CNC 由各个软件功能模块组成：人机界面模块、CNC 任务模块、PLC 模块、伺服 I/O 通信模块、数据共享平台等等。用户通过使用 ServoWorks Develop Kid（SDK）和 ServoWorks API 可以开发出符合自己生产实际需要的人机对话操控界面和基于生产实际需要的特殊应用软件，实现系统的个性化设计与扩展。

系统的内核引擎运行在 Ardence RTX 扩展的实时系统中，保证其在实时处理、进程优先、多任务等方面的性能符合用于 CNC 控制的严格要求。系统的软件总架构如图 9 - 22 所示。

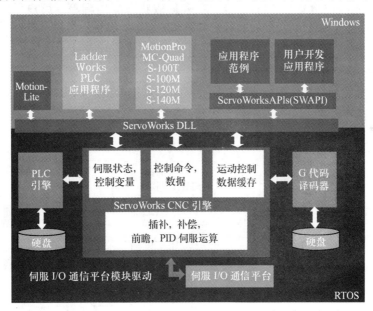

图 9 - 22　ServoWorks 系统软件架构

2）ServoWork CNC 的柔性和开放性

柔性是指系统通过改变自身结构以适应外部环境的能力。柔性可以分为"功能柔性"与"结构柔性"两种。开放性是指一个系统与外部系统通过定义良好的接口相互操作的能力。

柔性和开放性是开放式数控系统的显著特点。以 ServoWorks 系统为例：在软件结构上可利用 SDK 开发包和 ServoWorks API 进行系统功能模块、人机界面程序和特定功能辅助应用程序的增加扩展或减少缩减,体现了很好的功能柔性和结构柔性;各个功能模块之间通过数据共享平台交换数据。应用辅助应用程序监视 PLC 中任何一个地址位的波形。

系统可采集实时的控制数据及各轴伺服反馈数据。在硬件结构上系统通过通信平台的选择,可兼容不同类型的伺服系统。开放式数控系统运行于 PC 上,其性能可随着 PC 的硬件升级而得到提高。

3)应用案例[84]

全软件 CNC 系统由于存在操作系统实时性、标准统一性以及系统稳定性等问题,目前还未得到广泛的应用,实际生产应用案例较少。下面以上海开通数控有限公司 KT600 开放式数控系统为例介绍其产品结构。KT600 是在 ServoWorks CNC 基础上开发的,其采用光纤伺服总线,保持系统扩展性和实时性要求。系统特点如下:

(1)开放的体系结构,全软件控制系统;

(2)具有友好的图形人机界面;

(3)采用光纤实现计算机与通用伺服接口模块、I/O 模块通信,连接简单方便,可靠性高,最多可控制 16 个轴;

(4)实时动态显示加工状况,小线段高速、高精度加工;

(5)实时的软件 PLC 模块,拥有 416 个光隔离输入输出点;

(6)提高软件开发接口,具有对所有实时进程和资源的访问能力,包括设备管理、参数的设置、NC 系统控制命令、PLC 命令、NC 和伺服状态的检测等。用户可以用来开发自己的应用软件。

该系统主要的应用领域:数控机床、机器人、印刷包装机械、纺织机械、轻工机械、电子产品加工设备、自动生产线等自动化装备。

KT600 开放式数控系统通过光纤伺服总线可与多个 DC150 伺服接口模块、IM300 I/O 接口模块进行通信和控制,保证系统的可配置和可扩展型,系统的硬件配置如图 9 - 23 所示。

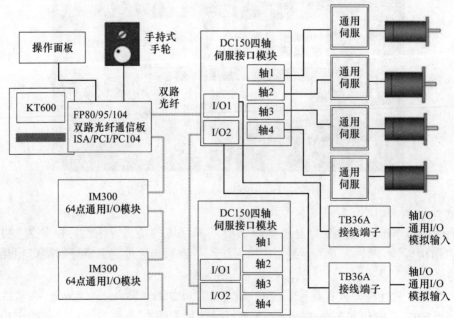

图 9 - 23　KT600 数控系统的硬件配置结构

270

KT600 数控系统的软件 ServoWorks 可以分为两个层次,一层是满足不同工业应用需求的应用软件,它运行在通用操作系统 Windows 的用户空间中;另一层是实现实时运动控制(包括解释器、插补、位置控制)和 PLC 的实时控制的软件,它运行在操作系统的实时扩展空间 RTX 中。应用软件和实时控制软件通过 ServoWorks API 进行通信。总体软件结构如图 9-24 所示。

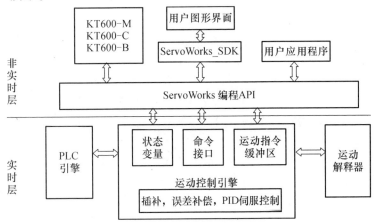

图 9-24　KT600 数控系统的总体软件结构

ServoWorks 提供丰富的用户开发工具——ServoWorks API,其核心部分是 SWAPI。它提供设计数控系统所需要的各种函数,如系统初始化、速度和位置控制、系统和伺服控制参数设置、手动和自动加工方式操作、数据和状态的采集、系统自诊断、轴同步控制、PLC 命令等。这些 API 提供对所有实时进程和资源的完全访问能力,用户可以使用它来开发自己的应用软件。

数控折弯机在工作时需进行折弯角度计算和模型修正,以及抗干涉优化算法等,这些算法采用硬件实现较为复杂且不便于修改,采用全软件型数控系统可将这些算法编译为软件模块,如需变更,只需重写软件模块并替换即可,而硬件无需做任何改变,将是十分优越的选择。

上海冲剪机床厂开发的机械电子伺服数控折弯机,采用了开通数控有限公司的KT600 折弯机数控系统和 KT270/KT290 全数字交流伺服驱动系统,替代了原进口数控系统和液压伺服。

根据机械电子伺服数控折弯机的控制需求和 KT600 开放式数控系统所提供的软硬件平台,建立了折弯角度计算和修正模型、抗干涉优化算法模型和折弯压力计算模型,根据折弯机加工工艺和操作的特点,设计友好的图形人机界面应用软件。并利用 ServoWorks CNC 提供的软件开发接口,开发了数控折弯机的实时控制软件,实现了对滑块的同步控制和折弯加工所需的各种功能,其性能和功能达到了国外同类产品的先进水平。

目前,全软件型 CNC 虽然运用较少,随着工业 4.0 的到来,企业对市场的快速响应,实现对产品的快速大规模定制,全软件型 CNC 配置灵活,开发方便,其将拥有广阔的应用前景。

第 10 章　工业机器人控制

10.1　工业机器人概述

飞速发展的工业自动化对高性能的工业机器人的需求正变得日益强烈,工业机器人已成为自动化的核心装备,与一般的工业数控设备有明显的区别,主要体现在与工作环境的交互方面。工业机器人在机械制造、汽车制造、电子器件、集成电路、塑料加工等行业已经得到了广泛应用。

工业机器人是机器人在应用环境中的一个重要分支,其操作机具有自动控制、可重复编程、多用途、可对 3 个以上轴进行编程等显著特点,它可以是固定式或移动式。不同的工业机器人的定义有所不同,但是其可编程、拟人化、通用化和机电一体化的特点得到了业界的公认。

10.1.1　工业机器人机构形式

工业机器人具有多种多样的机械配置形式,利用坐标特性来描述是其最常见的结构形式。直角坐标结构、柱面坐标结构、球面坐标结构和关节式球面坐标结构等是最主要的几种坐标结构[85]。

1. 直角坐标形式机器人

直角坐标机器人在外形上与数控镗铣床和三坐标测量机相似,如图 10 - 1 所示,其 3个关节均为移动关节,通过沿着三个相互垂直的轴线移动来实现机器人手部在空间上的位置变化,这类形式的机器人手臂可以上下垂直移动(Z 轴方向),并可以沿着滑架和横梁上的导轨进行水平移动(X、Y 轴方向)。明显可知,直角坐标形式及其结构包含 3 个自由度。

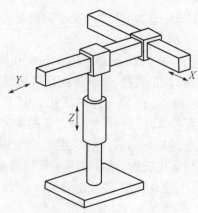

图 10 - 1　直角坐标形式机器人

直角坐标形式机器人具有以下独特的优点：

（1）结构简单。

（2）编程容易实现，X,Y,Z 三个方向的运动不存在耦合，便于控制系统的设计。

（3）具有较快的直线运动速度和良好的避障性能，容易实现高定位精度。

由于该类型机器人必须采用导轨实现运动，存在以下的缺陷：

（1）动作范围有限且灵活性较差。

（2）较复杂的导轨结构，增加了维护的难度，而且其导轨暴露面积大，密封性不如转动关节好。

（3）较大的结构尺寸导致占地面积较大。

（4）移动部分的惯量较大，对驱动性能的要求比较高。

2. 圆柱坐标形式机器人

圆柱坐标机器人具有一个转动关节和两个移动关节，其工作范围为圆柱形状，如图 10-2 所示，手部空间位置的改变通过两个移动和一个转动来实现，其主体具有腰部转动、升降运动和手臂伸缩运动这 3 个自由度。

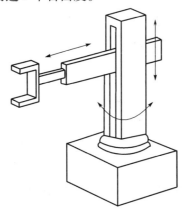

图 10-2　圆柱坐标形式机器人

圆柱坐标形式机器人具有以下突出优点：

（1）可以达到较高的控制精度，容易实现控制，结构上比较紧凑。

（2）与直角坐标形式相比，由于其采用伸缩套筒式结构来实现垂直和径向的两个往复运动，可以避免腰部转动时手臂伸出来的缺点，达到了减小转动惯量和改善力学负载特性的效果。

圆柱坐标形式机器人主要有如下缺点：其机身结构导致手臂不能到达底部，工作范围有限，较庞大的结构也是其缺点之一。

3. 球面坐标形式机器人

机械手能够做里外伸缩移动，在垂直平面内摆动以及绕底座在水平面内移动，这种机器人的工作空间形成球面的一部分，称为球面坐标形式机器人，如图 10-3 所示。其设计和控制系统比较复杂，球面坐标形式的突出代表就是美国 Unimation 公司的 Unimation 系列机器人，它借助液压驱动的移动关节实现其手臂伸缩，绕垂直和水平轴线的转动也是通过液压伺服系统来实现。球面坐标形式机器人的特点是：占地面积较小，结构紧凑，位置精度尚可,但不能实现较好的避障,平衡性能有待提高。

4. 关节坐标形式机器人

这种类型的机器人主要由底座、大臂和小臂组成。如图 10-4 所示,大臂和小臂间的转动关节称为肘关节,大臂和底座间的转动关节称为肩关节。底座可以绕垂直轴线转动,称为腰关节。

关节坐标形式机器人主要有以下优点:

(1) 结构紧凑,占地面积小。

(2) 灵活性和手臂到达位置好,避障性能较好。

(3) 无移动关节且其密封性能好,摩擦和惯量小。

(4) 关节驱动力小,具有能耗较低的优点。

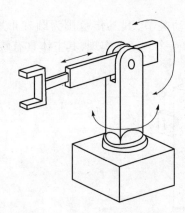
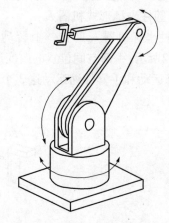

图 10-3　球面坐标形式机器人　　　　图 10-4　关节坐标形式机器人

10.1.2　工业机器人的位姿描述和齐次变换

1. 位姿描述[86]

了解机器人手部在空间瞬时的位置与姿态是实现对工业机器人在空间运动轨迹的控制并完成预定的作业任务的必需条件。机器人是开环的空间连杆机构,其末端操作器凭借各连杆的相对位置、速度和加速度的变化来达到不同的空间位姿,得到不同的速度和加速度,从而实现既定的工作要求。

要想定量地确定和分析机器人手部在空间的运动规律,需要借助一种合适的运动描述的数学方法来实现。描述机器人的运动学问题的常规方法是矩阵法,即把坐标系固定于每一个连杆的关节上,如果知道了这些坐标系之间的相互关系,手部在空间的位姿也就能够确定了。

固定于物体任一点上的坐标系可以用来表示物体在空间中的位姿。假设 $\{O:x,y,z;i,j,k\}$ 为固定于地面上的固定坐标系,$\{O':x_b,y_b,z_b;i_b,j_b,k_b\}$ 为固定于物体任一点上动坐标系,且坐标系 $\{O':x_b,y_b,z_b\}$ 是由坐标系 $\{O:x,y,z\}$ 经过平移、旋转变化得到的。i,j,k 是坐标系 $\{O:x,y,z\}$ 对应坐标轴上的单位矢量,i_b,j_b,k_b 是坐标系 $\{O':x_b,y_b,z_b\}$ 对应坐标轴上的单位矢量。物体在空间的位置用动坐标系的原点 O' 相对于固定坐标系的位置的表现形式为

$$X_0 = \begin{bmatrix} x_0 \\ y_0 \\ z_0 \end{bmatrix} \qquad (10-1)$$

这里 X_0 为 3×1 的列矢量。

动坐标系三个坐标轴上单位矢量 i_b, j_b, k_b 的方向可以用来描述物体在空间的姿态，也就是用 i_b, j_b, k_b 相对于固定坐标系的方向余弦，即 $(i \cdot i_b, j \cdot i_b, k \cdot i_b)$，$(i \cdot j_b, j \cdot j_b, k \cdot j_b)$，$(i \cdot k_b, j \cdot k_b, k \cdot k_b)$ 来表示，它们也分别是 i_b, j_b, k_b 相对于固定坐标系的坐标值，即单位矢量的方向余弦与坐标值或投影是相等的。用矩阵的形式表示有

$$i_b = \begin{bmatrix} i & j & k \end{bmatrix} \begin{bmatrix} i \cdot i_b \\ j \cdot i_b \\ k \cdot i_b \end{bmatrix}, j_b = \begin{bmatrix} i & j & k \end{bmatrix} \begin{bmatrix} i \cdot j_b \\ j \cdot j_b \\ k \cdot j_b \end{bmatrix}, k_b = \begin{bmatrix} i & j & k \end{bmatrix} \begin{bmatrix} i \cdot k_b \\ j \cdot k_b \\ k \cdot k_b \end{bmatrix}$$

整理后得

$$\begin{bmatrix} i_b & j_b & k_b \end{bmatrix} = \begin{bmatrix} i \cdot i_b & i \cdot j_b & i \cdot k_b \\ j \cdot i_b & j \cdot j_b & j \cdot k_b \\ k \cdot i_b & k \cdot j_b & k \cdot k_b \end{bmatrix} \qquad (10-2)$$

式中：$i \cdot i_b$ 表示 x_b 轴与 x 轴两个单位矢量之间的内积，也即方向余弦，因为 $i \cdot j_b = |i| |j_b| \cos\alpha = \cos\alpha$，其它类推，令

$$R = \begin{bmatrix} i \cdot i_b & i \cdot j_b & i \cdot k_b \\ j \cdot i_b & j \cdot j_b & j \cdot k_b \\ k \cdot i_b & k \cdot j_b & k \cdot k_b \end{bmatrix} \qquad (10-3)$$

R 为方向余弦构成的 3×3 阶矩阵，表示动坐标系相对固定坐标系的姿态，所以称为姿态矩阵。

方向余弦矩阵是正交矩阵，即矩阵中每行和每列中元素的平方和为 1，两个不同列或不同行中对应元素的乘积之和为 0。

2. 齐次坐标变换

假设机器人利用钻头在工件上钻孔，已知钻头中心 P 点相对于基座的位置。分别将基座和手部设置为固定坐标系和动坐标系，如图 10-5 所示。P 点相对于固定坐标系 $\{O: x, y, z\}$ 的坐标为 (x, y, z)，相对于与动坐标系 $\{O': x_b, y_b, z_b\}$ 的坐标为 (x_b, y_b, z_b)。

三矢量之间的关系为

$$OP = OO' + O'P \qquad (10-4)$$

式中：$OP = xi + yj + zk$；$OO' = x_0 i + y_0 j + z_0 k$；$O'P = x_b i_b + y_b j_b + z_b k_b$。

将以上三式代入式（10-4）中并写成矩阵形式，得

$$\begin{bmatrix} i & j & k \end{bmatrix} \begin{bmatrix} x \\ y \\ z \end{bmatrix} = \begin{bmatrix} i & j & k \end{bmatrix} \begin{bmatrix} x_0 \\ y_0 \\ z_0 \end{bmatrix} + \begin{bmatrix} i_b & j_b & k_b \end{bmatrix} \begin{bmatrix} x_b \\ y_b \\ z_b \end{bmatrix} \qquad (10-5)$$

将式（10-2）代入式（10-5）中，整理后得

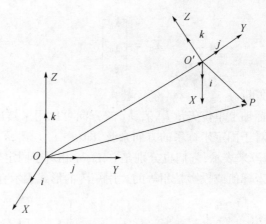

图 10 – 5 坐标变换

$$\begin{bmatrix} x \\ y \\ z \end{bmatrix} = \begin{bmatrix} i \cdot i_b & i \cdot j_b & i \cdot k_b \\ j \cdot i_b & j \cdot j_b & j \cdot k_b \\ k \cdot i_b & k \cdot j_b & k \cdot k_b \end{bmatrix} \begin{bmatrix} x_b \\ y_b \\ z_b \end{bmatrix} + \begin{bmatrix} x_0 \\ y_0 \\ z_0 \end{bmatrix} \qquad (10-6)$$

进一步整理后写成

$$X = RX_b + X_0 \qquad (10-7)$$

式中:$X = \begin{bmatrix} x & y & z \end{bmatrix}^{\mathrm{T}}$, $X_b = \begin{bmatrix} x_b & y_b & z_b \end{bmatrix}^{\mathrm{T}}$, $X_0 = \begin{bmatrix} x_0 & y_0 & z_0 \end{bmatrix}^{\mathrm{T}}$, 称为位置矩阵, 表示动坐标系原点到固定坐标系原点之间的距离。式(10-7)称为坐标变换方程。

式(10-7)可以进一步表示为

$$X = TX_b \qquad (10-8)$$

式中:X 和 X_b 称为齐次坐标, 分别为 $X = \begin{bmatrix} x & y & z & 1 \end{bmatrix}^{\mathrm{T}}$, $X_b = \begin{bmatrix} x_b & y_b & z_b & 1 \end{bmatrix}^{\mathrm{T}}$, $T = \begin{bmatrix} R & X_0 \\ 0 & 1 \end{bmatrix}$, 称为齐次坐标变换矩阵, 包含了两级坐标变换之间的位置平移和角度旋转两方面信息。式(10-8)称为齐次坐标变换方程。

10.1.3 工业机器人运动学和运动规划

一般工业机器人都是利用关节坐标直接编程的。控制器负责指挥机器人的工作,而关节在每个位置的参数是预先记录好的。当机器人执行工作任务时,控制器给出记录好的位置数据,使机器人按照预定的位置序列运动。开发比较高级的机器人程序设计语言,要求具有按照笛卡儿坐标规定工作任务的能力。物体在工作空间内的位置和机器人手臂的位置,都是利用某个确定的坐标系来描述;而某个中间坐标系(如附于手臂端部的坐标系)可以用来规定工作任务[86]。

当机器人的工作任务利用笛卡儿坐标系来描述时,必须把上述这些规定变换为一系列能够由手臂驱动的关节位置。运动方程的求解就是确定机器人手臂位置和姿态的各关节位置的解答。

1. 工业机器人的正运动学

工业机器人的正运动学就是已知机器人各部分构件的物理结构参数,当给出机器人的各个运动关节的关节变量时,就可以确定出机器人在世界坐标系中的位置和运动状态。

工业机器人的正运动学问题的求解方法是利用坐标变换原理得到机器人的运动学方程式,再代入给定的关节变量,计算出位姿矩阵中每个元素的值,从而得到机器人的某个运动部位的位置和运动状态。

正运动学的分析方法有矢量法、直角坐标法和混合法。值得注意的是,正运动学方程的解是唯一的。

对图 10 − 6 所示的机器人机械手,各杆长度条件已知,某一瞬间的关节位置已知,求机器人机械手末端在该瞬时的运动速度和加速度。

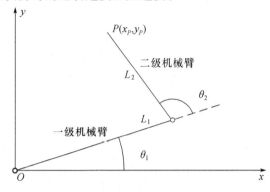

图 10 − 6　机械臂坐标系

首先建立坐标系,如图 10 − 6 所示,通过几何知识,可以很容易求出该时刻机器人机械手末端的位置表达式为

$$\begin{cases} x_P = L_1\cos\theta_1 + L_2\cos(\theta_1 + \theta_2) \\ y_P = L_1\sin\theta_1 + L_2\sin(\theta_1 + \theta_2) \end{cases} \tag{10-9}$$

对式(10 − 9)关于时间求一阶导数,得到机器人机械臂末端的速度表达式为

$$\begin{cases} \dot{x}_P = -L_1\sin\theta_1 \cdot \dot{\theta}_1 - L_2\sin(\theta_1 + \theta_2) \cdot (\dot{\theta}_1 + \dot{\theta}_2) \\ \dot{y}_P = -L_1\cos\theta_1 \cdot \dot{\theta}_1 + L_2\cos(\theta_1 + \theta_2) \cdot (\dot{\theta}_1 + \dot{\theta}_2) \end{cases} \tag{10-10}$$

对式(10 − 10)关于时间求二次导数,得到机器人机械臂末端的加速度表达式为

$$\begin{cases} \begin{aligned} \ddot{x}_P = &-L_1\cos\theta_1 \cdot \dot{\theta}_1^2 - L_1\sin\theta_1 \cdot \ddot{\theta}_1 - L_2\cos(\theta_1 + \theta_2) \cdot \\ &(\dot{\theta}_1 + \dot{\theta}_2)^2 - L_2\sin(\theta_1 + \theta_2) \cdot (\ddot{\theta}_1 + \ddot{\theta}_2) \end{aligned} \\ \begin{aligned} \ddot{y}_P = &-L_1\sin\theta_1 \cdot \dot{\theta}_1^2 + L_1\cos\theta_1 \cdot \ddot{\theta}_1 - L_2\sin(\theta_1 + \theta_2) \cdot \\ &(\dot{\theta}_1 + \dot{\theta}_2)^2 + L_2\cos(\theta_1 + \theta_2) \cdot (\ddot{\theta}_1 + \ddot{\theta}_2) \end{aligned} \end{cases} \tag{10-11}$$

这样,就由机器人机械臂的角度,求得了机械臂末端的位置、速度、加速度等物理信息。

2. 工业机器人的逆运动学

机器人的逆运动学是在已知工业机器人各部分构件的长度和机构运动输出构件的位置的条件下,确定机构中各个运动副之间的相对位置。

逆运动学分析的主要内容有:确定机构的空间位置、确定解的个数、确定解的解法。

之所以要研究机器人的逆运动学,是因为在工业机器人的实际控制过程中,往往碰到的情况是已知工业机器人到达了某个确定位置,求各关节的转动角度。

如图10-7所示,已知某时刻机器人机械手末端的位置是(x_P, y_P),求该时刻机器人机械臂的关节角度。

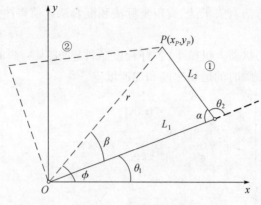

图10-7 机械臂坐标系

从图中10-7可以看出,该时刻机器人的手臂有可能有状态①和状态②两种情况,换言之,机器人关节角度在图中两种情况下,都能满足机器人机械手末端在该位置。

为了求出关节角度,先将OP表示出来,其长度为

$$r = \sqrt{x_P^2 + y_P^2} \tag{10-12}$$

同时可以得到OP与X轴的夹角为

$$\phi = \arctan \frac{y_P}{x_P} \tag{10-13}$$

由余弦定理可知

$$\alpha = \arccos \frac{L_1^2 + L_2^2 - r^2}{2L_1L_2}, \beta = \arccos \frac{r^2 + L_1^2 - L_2^2}{2rL_1} \tag{10-14}$$

如果机器人机械手在状态①位置,则

$$\theta_1 = \phi - \beta, \theta_2 = \pi - \alpha \tag{10-15}$$

如果机器人机械手在状态②位置,则

$$\theta_1 = \phi + \beta, \theta_2 = \pi + \alpha \tag{10-16}$$

通过本例可以得知,对工业机器人的逆运动学所求的解并不是唯一的,有可能是一个或者多个解,也有可能没有解。机器人的工作空间决定了逆运动学问题的解是否存在。工作空间是指机械臂末端执行器所能达到的空间位姿的集合。如果期望位姿不在机械臂的工作空间之内时,则逆运动学问题无解。

3. 工业机器人的运动规划

工业机器人的运动规划研究重点是如何控制机器人的运动轨迹,使机器人沿规定路径运动。机器人的运动轨迹是指操作臂在运动过程中的位移、速度和加速度。路径是机器人的位置序列,而不考虑位姿参数随时间变化的因素。运动轨迹和路径与机器人从一

个位置到另外一个位置的控制方法有关。

1）关节空间运动规划

关节变量直接决定了机器人末端执行器的运动，通过在关节空间进行路径规划，可以达到既省时又可避免雅可比矩阵奇异时导致速度失控现象的效果。由于关节坐标空间和直角坐标空间转换关系的复杂性，只有那些对端点位姿有要求而对端点之间路径无要求的任务，才能在关节空间直接进行规划，这些端点既包含路径起始点和终点，又包含机器人在运动过程中必须通过的一些特定点，称为途径点。

通过求解逆运动学问题将途径点转换成为一组关节变量，然后对于从起始点开始，经过所有途经点，到达终点的机器人的每个关节找一个平滑函数，每个关节在每段路径所需要的时间是相等的，因此所有关节会在同一时间到达途经点，每个途经点形成了机器人要到达的空间位置。

如图 10-8 所示，某关节在 t_0 时刻的关节位置为 q_0，希望在 t_f 时刻的关节位置为 q_f。关节运动的轨迹曲线可以有很多条，如轨迹 1-3，如果机器人按照轨迹 1 和轨迹 2 运动，则机器人运动过程中会有波动，这是不希望发生的。如果机器人按照轨迹 3 运动，则机器人能够平稳地由初始位置运动到目标位置。因此，通常选择类似轨迹 3 的轨迹，经过插值后控制机器人的运动。

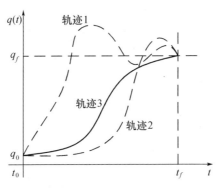

图 10-8 关节的运动轨迹

考虑到关节从 t_0 时刻的关键位置 q_0 运动到 t_f 时刻的关节位置 q_f 的情况。假设在 t_0 和 t_f 时刻机器人的速度均为 0，于是可以得到机器人关节运动的边界条件：

$$\begin{cases} \dot{q}(t_0) = 0, \dot{q}(t_f) = 0 \\ q(t_0) = q_0, q(t_f) = q_f \end{cases} \tag{10-17}$$

三次多项式插值，是指利用三次多项式构成图 10-8 中轨迹 3，并根据控制周期技术来控制各个路径点的期望关节位置。令关节位置为式（10-18）所示的三次多项式，则对其求一阶导数得到关节速度：

$$q(t) = a_0 + a_1 t + a_2 t^2 + a_3 t^3 \tag{10-18}$$

$$\dot{q}(t) = a_1 + 2a_2 t + 3a_3 t^2 \tag{10-19}$$

将式（10-17）中的边界条件代入式（10-18）、式（10-19），可以求解出系数 $a_0, a_1,$ a_2 和 a_3。

$$\begin{cases} a_0 = q_0 \\ a_1 = 0 \\ a_2 = \dfrac{3}{t_f^2}(q_f - q_0) \\ a_3 = -\dfrac{2}{t_f^3}(q_f - q_0) \end{cases} \tag{10-20}$$

将式(10-20)中的系数 $a_0 \sim a_3$ 代入式(10-17)、式(10-18),得到三次多项式插值的期望关节位置和期望关节速度的表达式:

$$q(t) = q_0 + \frac{3}{t_f^2}(q_f - q_0)t^2 - \frac{2}{t_f^3}(q_f - q_0)t^3 \tag{10-21}$$

$$\dot{q}(t) = \frac{6}{t_f^2}(q_f - q_0)\left(1 - \frac{t}{t_f}\right)t \tag{10-22}$$

由于 $0 \leqslant t \leqslant t_f$,所以 $\mathrm{sig}(\dot{q}) = \mathrm{sig}(q_f - q_0) > 0$,sig 表示符号函数。可见 $q(t)$ 是单调上升函数。

2) 笛卡儿空间运动规划

工业机器人笛卡儿空间的路径规划,就是计算机器人在给定路径上各点的位置与姿态。机器人在给定路径上各点处的位置通常利用位置规划来求取。下面以直线运动和圆弧运动的位置规划为例进行分别介绍。

(1) 直线运动位置规划。对于直线运动,假设起点位置为 p_1,目标位置为 p_2,则第 i 步的位置可以表示为

$$p_i = p_1 + \alpha i \tag{10-23}$$

其中,p_i 为机器人在第 i 步时的位置,α 为每步的运动步长。假设从起点位置 p_1 到目标位置为 p_2 的直线运动规划为 n 步,则步长为 $\alpha = (p_2 - p_1)/n$。

(2) 圆弧运动位置规划。对于圆弧运动,假设圆弧由 $\boldsymbol{p}_1, \boldsymbol{p}_2, \boldsymbol{p}_3$ 点构成,其位置记为 $\boldsymbol{p}_1 = \begin{bmatrix} x_1 & y_1 & z_1 \end{bmatrix}^\mathrm{T}, \boldsymbol{p}_2 = \begin{bmatrix} x_2 & y_2 & z_2 \end{bmatrix}^\mathrm{T}, \boldsymbol{p}_3 = \begin{bmatrix} x_3 & y_3 & z_3 \end{bmatrix}^\mathrm{T}$,首先确定圆弧运动的圆心。图 10-9 中,圆心点为 3 个平面 Π_1, Π_2, Π_3 的交点。Π_1 是由 $\boldsymbol{p}_1, \boldsymbol{p}_2$ 和 $\boldsymbol{p}_3$ 点构成的平面,Π_2 是过直线 $\boldsymbol{p}_1\boldsymbol{p}_2$ 中点且与直线 $\boldsymbol{p}_1\boldsymbol{p}_2$ 垂直的平面;Π_3 是过直线 $\boldsymbol{p}_2\boldsymbol{p}_3$ 中心且与直线垂直的平面。

Π_1 的平面方程为

$$\boldsymbol{A}_1 x + \boldsymbol{B}_1 y + \boldsymbol{C}_1 z - \boldsymbol{D}_1 = 0 \tag{10-24}$$

其中,$\boldsymbol{A}_1 = \begin{vmatrix} y_1 & z_1 & 1 \\ y_2 & z_2 & 1 \\ y_3 & z_3 & 1 \end{vmatrix}, \boldsymbol{B}_1 = -\begin{vmatrix} x_1 & z_1 & 1 \\ x_2 & z_2 & 1 \\ x_3 & z_3 & 1 \end{vmatrix}, \boldsymbol{C}_1 = \begin{vmatrix} x_1 & y_1 & 1 \\ x_2 & y_2 & 1 \\ x_3 & y_3 & 1 \end{vmatrix}, \boldsymbol{D}_1 = \begin{vmatrix} x_1 & y_1 & z_1 \\ x_2 & y_2 & z_2 \\ x_3 & y_3 & z_3 \end{vmatrix}$。

Π_2 的平面方程为

$$A_2 x + B_2 y + C_2 z - D_2 = 0 \tag{10-25}$$

其中,$A_2 = x_2 - x_1, B_2 = y_2 - y_1, C_2 = z_2 - z_1, D_2 = \dfrac{1}{2}(x_2^2 + y_2^2 + z_2^2 - x_1^2 - y_1^2 - z_1^2)$。

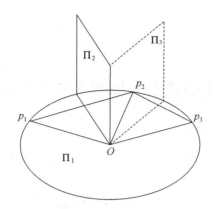

图 10 - 9　圆弧运动位置规划中各平面的关系

Π_3 的平面方程为

$$A_3x + B_3y + C_3z - D_3 = 0 \qquad (10-26)$$

其中，$A_3 = x_2 - x_3, B_3 = y_2 - y_3, C_3 = z_2 - z_3, D_3 = \dfrac{1}{2}(x_2^2 + y_2^2 + z_2^2 - x_3^2 - y_3^2 - z_3^2)$。

求解方程式(10 - 24) ~ 式(10 - 26)，得到圆心坐标：

$$x_0 = \frac{F_x}{E}, y_0 = \frac{F_y}{E}, z_0 = \frac{F_z}{E} \qquad (10-27)$$

其中，$E = \begin{vmatrix} A_1 & B_1 & C_1 \\ A_2 & B_2 & C_2 \\ A_3 & B_3 & C_3 \end{vmatrix}, F_x = \begin{vmatrix} D_1 & B_1 & C_1 \\ D_2 & B_2 & C_2 \\ D_3 & B_3 & C_3 \end{vmatrix}, F_y = \begin{vmatrix} A_1 & D_1 & C_1 \\ A_2 & D_2 & C_2 \\ A_3 & D_3 & C_3 \end{vmatrix}, F_z = \begin{vmatrix} A_1 & B_1 & D_1 \\ A_2 & B_2 & D_2 \\ A_3 & B_3 & D_3 \end{vmatrix}$。

圆的半径为

$$R = \sqrt{(x_1 - x_0)^2 + (y_1 - y_0)^2 + (z_1 - z_0)^2} \qquad (10-28)$$

3) 移动机器人路径规划

路径规划技术是移动机器人相关技术研究中一个重要的研究领域。移动机器人路径规划是指在有障碍物的工作环境中，如何寻找一条从给定起点到终点适当的运动路径，使机器人在运动过程中能安全、无碰撞地绕过所有障碍物。路径规划技术不同于采用动态规划等方法求得的最短路径，而是指移动机器人能综合判断静态及动态环境，从而进行智能决策。移动机器人路径规划主要解决的三个问题是：

(1) 使机器人具备能从初始点运动到目标点的能力；

(2) 机器人执行一定的算法具备能绕开障碍物并且经过某些必经的点的能力；

(3) 在能够完成以上任务的前提下，使机器人的运动轨迹能够最优。

根据工作环境，路径规划模型可分为基于模型的全局路径规划和基于传感器的局部路径规划。基于模型的全局路径规划是指作业环境的全部信息已知，又称静态或离线路径规划；基于传感器的局部路径规划作业环境信息全部未知或部分未知，又称动态或在线路径规划。局部路径规划和全局路径规划并没有本质区别。前者在对全局路径规划的环境进行考虑时会更复杂一些，即动态环境。在某些方面，很多适用于全局路径规划的方法经过改进对于局部路径规划也是使用的;而适用于局部路径规划的方法都可用于全局路径规划。

10.2　工业机器人控制系统及软硬件组成

工业机器人系统通常由机构本体和控制系统两大部分组成,控制系统根据用户的指令对机构本体进行操作和控制,从而完成作业中的各种动作。控制系统是工业机器人"大脑",是其关键和核心部分,控制着机器人的全部动作,控制系统的好坏决定了工业机器人功能的强弱以及性能的优劣。控制系统性能在很大程度上决定了机器人的一生,一个良好的控制系统需具备灵活、方便的操作方式,运动控制方式的多样性和安全可靠性等特点[87]。

1. 工业机器人控制系统的基本原理和主要功能

1) 工业机器人控制的基本原理

工业机器人通常需要经历以下几个过程才能完成人们要求的特定作业:

第一个过程为示教,即按照计算机可接受的方式给机器人作业命令告诉机器人应该做什么;

第二个过程为机器人控制系统中的计算机部分,它负责整个机器人系统的管理、信息获取及处理、控制策略的制定、作业轨迹的制定等任务,这是机器人控制系统中的核心部分;

第三个过程是机器人控制系统中的伺服驱动部分,机器人控制策略经由不同的控制算法转化为驱动信号,驱动伺服电机等驱动部分,实现机器人的高速、高精度运动,从而完成指定的作业;

第四个过程是机器人控制系统中的传感器部分,传感器的反馈可以保证机器人正确地完成指定作业,借助传感器也可以将各种姿态反馈到计算机中,以便计算机对整个系统的运动状况进行实时监控。

2) 机器人控制系统的主要功能

工业机器人控制系统的主要功能是根据指令以及传感信息控制机器人完成一定的动作或者作业任务,从而实现位置、速度、姿态、轨迹、顺序、力及动作等项目。其基本功能如下:

(1) 记忆功能。存储作业顺序、运动路径、运动方式、运动速度和与生产工艺有关的信息。

(2) 示教功能。主要分为离线编程、在线示教以及间接示教三类。其中,在线示教包括示教盒和导引示教两种。

(3) 与外围设备联系的功能。输入和输出接口、通信接口、网络接口、同步接口等。

(4) 坐标设置功能。关节、绝对用户自定义坐标系等。

(5) 人机接口。示教盒、操作面板、显示屏等。

（6）传感器接口。包括位置检测、视觉、触觉、力觉等。

（7）位置伺服功能。包括机器人的多轴联动、运动控制、速度和加速度控制以及动态补偿等。

（8）故障诊断安全保护功能。包括工业机器人运行过程中的系统状态监视、故障状态下的安全保护以及故障自诊断等。

2. 工业机器人控制系统的结构及分类

1）工业机器人控制系统的分层结构

控制一个具有高度智能的工业机器人实际上包含了"运动规划""动作规划""轨迹规划"和"伺服控制"等多个层次，如图 10-10 所示。工业机器人首先由人机接口获取来自操作者的指令，指令的表现形式可以是人的自然语言，或者是由人发出的专用的指令语言，也可以是通过示教工具输入的示教指令，或者通过键盘输入的机器人指令语言以及计算机程序指令。

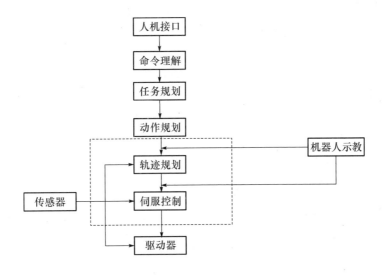

图 10-10　工业机器人控制分层结构图

由工业机器人控制分层结构图可知，机器人首先理解控制命令，把操作者的命令分解为可以实现的"任务"，即任务规划。然后计算机针对各个任务进行动作分解，即动作规划。为了实现机器人的一系列动作，应该对机器人每个关节的运动进行设计，即机器人的轨迹规划。最底层是关节运动的伺服控制。

在工业机器人的控制系统中，智能化程度越高，规划控制的层次越多，操作就越简单，反之，智能化程度越低，规划控制的层次越少，操作就越复杂。要设计一个具有高度智能的机器人，设计者就要完成从命令理解到关节伺服控制的所有工作，而用户只需要发出简单的操作命令。这对设计者来说是一项非常艰巨的工作，因为要预知机器人未来的各种工作状态，并且设计出各种状态的解决方案。对智能化程度较低的机器人来说，设计时省去了很多工作，可以把具体的任务命令设计留给不同的用户去做，但这对用户提出了一些专业上的要求。

应用于实际中的工业机器人,各个层次的功能不一定都具有。操作人员能够完成大部分工业机器人的"动作规划"和"任务规划",有的"轨迹规划"甚至需要依靠人工编程来达到要求的。一般的工业机器人,设计者对轨迹规划的工作已经完成,因此操作者只需要为机器人设定任务和动作。由于工业机器人的任务比较简单专一,对用户来说,为机器人设计任务和动作并不是困难的事情。

2)工业机器人控制系统的分类

(1)工业机器人系统的特点。在对机器人控制中,为了保证实施有效性,其被控对象的特性占有很重要的地位。从动力学的角度来说,机器人应具有以下三点特性:

① 机器人实质上是一个复杂的非线性系统。传动件、驱动元件、结构方面等都是引起机器人成为非线性系统的重要因素。

② 各关节间的相互耦合作用,表现为某个关节的运动,会引起其它关节动力效应,使得其它关节运动所产生的扰动都会影响每一个关节运动。

③ 工业机器人是一个时变系统,关节运动位置的变化会造成动力学参数随之变化。

(2)工业机器人对控制的要求。从用户的角度来看,工业机器人对控制的要求如下:

① 多轴运动相互协调控制,以达到需求的工作轨迹。因为所有关节运动的合成运动构成了机器人的手部运动,要使手部规律运动到达设定的要求,各关节协调动作就必须得到很好的控制,包括动作时序、运动轨迹等多方面的协调。

② 高标准的位置精度,大范围的调速区间。直角坐标式机器人的位置检测元件一般安放在机器人末端执行器上,除此之外,其它机器人关节上的位置检测元件都安装在各自的驱动轴上,为位置半闭环系统。此外,机器人的调速范围很大。这是因为在负载工作时,机器人加工工件的作业速度往往极低,而在空载运行时,为提高生产效率,机器人将以高速运动到达指定位置。

③ 机器人系统的小静差率。机器人在运动过程中需保证运动的平稳性,要求具有很强的抗外界干扰能力,因此系统的刚性必须得到保证,即要求有较小的静差率,否则位置误差将难以达到使用要求。

④ 各关节的速度误差系数的一致性。机器人手臂各关节联合运动促使其在空间移动,尤其是当沿空间直线或者圆弧运动时尤为明显,即使系统存在跟踪误差,应使伺服系统在各轴关节的速度放大系数尽可能具有一致性,而且在不影响系统稳定性的前提下,速度放大系数尽量偏大。

⑤ 位置无超调,快速的动态响应。机器人如果存在位置超调,将可能与工件发生碰撞。为最大限度的减少位置的超调可以适当的增大阻尼,但增大阻尼却降低了系统的快速性。

⑥ 采用加(减)速控制。由于大部分机器人具有很低的机械刚度,在进行大幅度的加(减)速度过程中都会导致系统的振动,因此常采用匀加(减)速运动指令来实现对机器人启动或者停止时的控制。

⑦ 从操作的角度来看,良好的人机界面操作系统可以降低对操作者的技能要求。因此,在大多数情况下,要求设计员在对底层伺服控制器设计的同时,还要兼顾规划算法,而用户只需要运用设计成简单的语言完成任务的描述即可。

(3)工业机器人控制系统分类。根据分类方式的不同,机器人控制方式可以分为不同的种类。总体来说,动作控制方式和示教控制方式为机器人的主要控制方式。按照被控对象来分,控制系统可以分为位置控制、速度控制、加速度控制、力控制、力矩控制、力和位置混合控制等。图 10 – 11 中为机器人控制系统的分类。

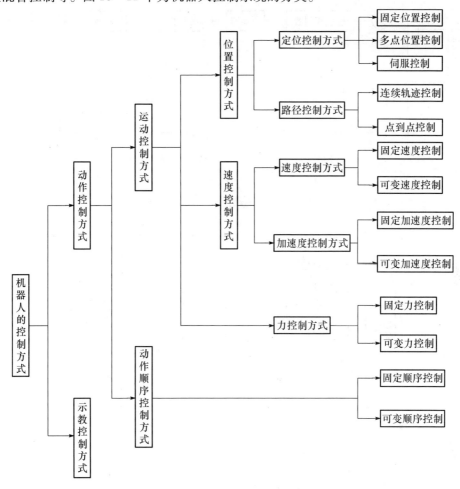

图 10 – 11　机器人控制方式分类

随着运动的复杂性增加和控制难度的增大,分层递阶运动控制系统应运而生。完整的运动控制系统组成框图如图 10 – 12 所示。

分层递阶运动控制器包含上层控制器、中层控制器和底层控制器。上层控制器需要计算能力强、智能程度高、知识粒度粗,但往往响应速度慢。底层控制器需要响应速度快,但往往智能程度低,知识粒度细。中层控制器主要完成运动的协调,计算能力和响应速度介于上层和底层之间。

3) 工业机器人控制系统的软硬件结构

工业机器人控制系统的硬件结构按其控制方式一般可分为三类。

(1) 集中控制方式。用一台功能较强的计算机实现所有控制功能,经济性好,结构简单,但是存在延时性误差,不易于扩展,其构成框图如图 10 – 13 所示。

在早期的机器人中,例如 Hero – Ⅰ,Robot – Ⅰ等,就采用此种结构,但是在控制过程中通常需要繁琐的计算,因此这种控制结构的运行速度较慢。

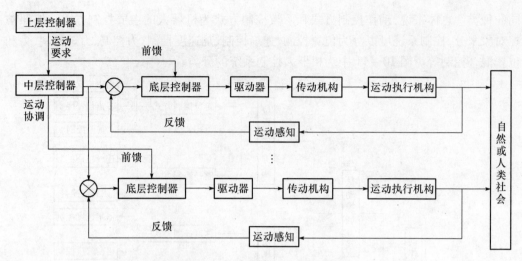

图 10-12 运动控制系统的组成

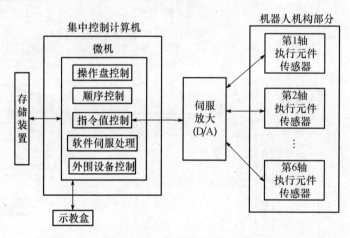

图 10-13 集中控制方式框图

（2）主从控制方式。为实现系统的全部控制功能，采用主、从两级处理器。主 CPU 主要负责完成管理、机器人语言编译和人机接口的功能，同时也利用它强大的运算能力完成坐标变换、轨迹插补和系统自诊断等，并每隔一段时间把作为关节运动的增量送到公用内存，供低级 CPU 读取；从 CPU 中实现所有关节的位置数字控制。其构成框图如图 10-14 所示。主从控制方式系统具有良好的实时性，适用于高精度、高速度控制，但其系统难以扩展，不易维修。

这类系统的 CPU 总线是一种松耦合的关系，两者之间基本不存在联系，仅通过公用内存互换数据，为实现进一步分散功能而采用更多的 CPU 进行几乎是不可能的。日本在 20 世纪 70 年代就是采用这种主从结构生产了 Motoman 机器人（5 关节，直流电机驱动）的计算机系统。

（3）分布式控制方式。目前，主要采用这种上、下位机二级分布式结构，上位机主要实现整个系统管理及运动学计算、轨迹规划等。下位机有多个 CPU 组成，每个 CPU 控制一个相对应关节运动，通过总线形式的对紧耦合对下位机的 CPU 和主控计算机进行联系。

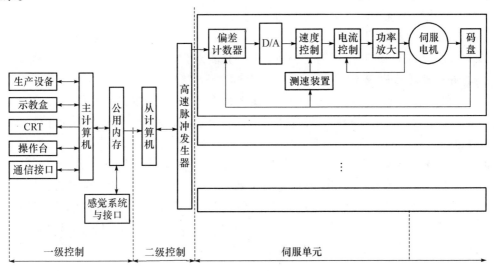

图 10 - 14   主从控制方式框图

系统控制按系统的性质和方式可以分成几个模块,每一个模块对应着相应的控制任务和控制策略,各模式之间的关系即可是主从,亦可是平等。这种方式具有很好实时性,扩展性好,能快速实现高速、高精度控制,可实现智能控制,是目前使用最为主流的一种控制方式,其控制框图如图 10 - 15 所示。

这种结构的控制器明显提高了工作速度和控制性能。但这些多 CPU 系统共有的特性都是针对具体问题而采用的功能分布式结构,即每个处理器承担固定任务。目前世界上大部分商品化机器人控制器都是采用这种结构。

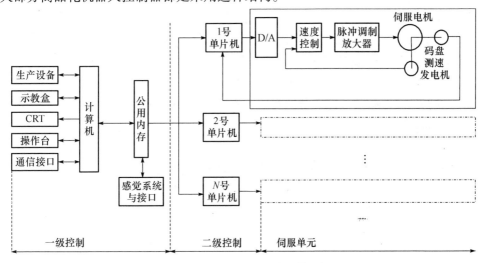

图 10 - 15   分布控制方式框图

上述控制器的几种类型,都存在计算机负担重,实时性差的弱点。所以再实时控制中常采用离线规划和前馈补偿解耦等方法来减轻计算负担。当机器人在运行中受到外界干扰时,其性能将大大降低,高速运动中很难达到要求的精度指标。

287

由于机器人控制算法的复杂性以及机器人控制性能的亟待提高,许多学者从建模、算法等多方面进行了减小计算量的努力,但仍难以在串行结构控制器上满足实时计算的要求。因此,必须从控制器本身寻求解决方案。方法一:选用高档次的微机或者小型机;方法二:采用多处理器共同计算,提高控制器的运算能力。

4) 并行处理结构

并行处理技术是提高运算速度的一个重要而有效的方法,能达到机器人控制点实时性要求。关于机器人控制器并行处理技术,人们对机器人运动学和动力学的并行算法及其实现进行了较多的研究。增强机器人动力学算法计算速度也为实现复杂的控制算法(如计算力矩法、非线性前馈法、自适应控制法)打下了基础。开发并行算法的一种方法就是改造串行算法,使其并行化,然后将算法映射到并行结构。一般有两种方式:一是考虑给定的并行处理器结构,根据处理器结构所支持的计算模型,开发算法的并行性;二是首先开发算法的并行性,然后设计支持该算法的并行处理器结构,以达到最佳并行效率。

构造并行处理结构的机器人控制器的计算机系统一般采用以下方式:

(1) 开发机器人控制专用超大规模集成电路(Very Large Scale Integration,VLSI)。设计专用的 VLSI 能够最大程度地利用机器人控制算法的并行性,依靠芯片内的并行体系结构易于处理机器人控制算法中大量出现的计算,能使运动学、动力学方程的计算速度大大提高。但由于每个芯片对应的算法都是固定的,当算法改变时,芯片则不能使用,因此采用这种方式构造的控制器没有很好的通用性,也难以对系统进行维护和开发。

(2) 利用有并行处理能力的芯片式计算机构成并行处理网络。Transputer 是英国 Inmos 公司研发并生产的一种用于并行处理且有极强计算能力的芯片式计算机。利用 Transputer 芯片,能够很轻松地构造不同的拓扑结构。人们利用 Transputer 并行处理器构造了各种机器人并行处理器,如流水线型、树型等。以实时控制作为最终目的,实现了前馈补偿及计算力矩两种基于固定模型的控制方案。

随着数字信号芯片发展,芯片的速度得到了不断提高,高速数字信号处理器(Digital Signal Processor,DSP)广泛应用到了信息处理的各个方面。DSP 以极快的数字运算速度见长,并易于构成并行处理网络。

(3) 利用通用的微处理器。利用通用的微处理器构成并行处理结构,实现复杂控制策略在线实时计算。

10.3 工业机器人控制系统的信息交互

10.3.1 工业机器人人机界面

人机界面是工业机器人与实际操作者实现信息交互的途径。人机界面通过连接可编程序控制器(PLC)、变频器、直流调速器、仪表等工业控制设备,利用显示屏显示,将工作参数或输入操作命令通过输入单元(如触摸屏、键盘、鼠标等)进行写入。

人机界面产品由硬件和软件两部分组成,硬件部分包括处理器、显示单元、输入单元、通信接口、数据存贮单元等,其中处理器是人机界面的核心元件,它性能的高低决定了产品性能质量。根据人机界面质量等级不同,处理器可分别选用 8 位、16 位、32 位的处理器。人机界面软件一般分为两部分,一部分是运行于人机界面硬件中的系统软件,另一部分是运行于 PC 机 Windows 操作系统下的画面组态软件。操作者必须先使用人机界面的画面组态软件制作"工程文件",再通过 PC 机和人机界面产品的串行通信口,把编制好的"工程文件"下载到人机界面的处理器中运行。

1) 人机界面产品的基本功能

(1) 设备工作状态显示,如指示灯、按钮、文字、图形、曲线等;

(2) 数据、文字输入操作,打印输出;

(3) 生产配方存储,设备生产数据记录;

(4) 简单的逻辑和数值运算;

(5) 可连接多种工业控制设备组网。

2) 人机界面产品的选型指标

(1) 显示屏尺寸,色彩和分辨率;

(2) 人机界面处理器的速度快慢;

(3) 输入方式:触摸屏或薄膜键盘;

(4) 画面存储容量,注意厂商标注的容量单位是字节(Byte),还是位(bit);

(5) 通信口种类及数量,是否支持打印功能。

3) 人机界面产品分类

(1) 初级产品:人机界面输入方式为薄膜键输入,显示尺寸小于 5.7′,画面组态软件免费;

(2) 中级产品:人机界面输入方式为触摸屏输入,显示屏尺寸为 5.7′~12.1′,画面组态软件免费;

(3) 高端产品:人机界面输入方式为基于平板 PC 计算机的、多种通信接口的高性能方式,显示尺寸大于 10.4′,画面组态软件收费;

4) 人机界面的使用方法可分为的步骤

(1) 根据监控任务要求,选择适合的人机界面产品;

(2) 采用 PC 机编辑画面组态软件 的"工程文件";

(3) 测试并保存并已编辑好的"工程文件";

(4) PC 机连接人机界面硬件,下载"工程文件"到人机界面中;

(5) 连接人机界面和工业控制器(如 PLC、仪表等),实现人机交互。

10.3.2 工业机器人控制程序

第一代工业机器人在现代企业的工业机器人中占主要地位,它的基本原理是示教—再现。"示教"也称为导引,即由操作者直接或间接引导机器人,一步一步按实际作业要求告知机器人应该完成的动作和作业的具体内容,机器人在导引过程中以程序的形式记忆下来,并存储在机器人控制装置内;"再现"则是通过存储内容的回放,使机器人能在一定精度范围内按照程序展现所示教的动作和赋予的作业内容。换句话说,使用机器人代替工人进行自动化作业,必须预先赋予机器人完成作业所需的信息,即运动轨迹、作业条件和作业顺序[88]。

289

1. 运动轨迹

运动轨迹是机器人为完成某一作业,工具中心点所掠过的路径,它是机器人示教的重点。从运动形式上看,工业机器人具有点到点运动和连续路径运动两种形式;按照运动路径区分,工业机器人具有直线和圆弧两种动作类型,其它任何复杂的运动轨迹都可由它们组合而成。

为了避免长时间示教和占用大量的存储空间,示教时,不可能将作业轨迹上所有的点都示教一遍。实际上,对于有规律的轨迹,原则上只需要对几个关键程序点进行示教。例如,直线轨迹示教2个程序点(直线起始点和直线结束点);圆弧轨迹示教三个程序点(圆弧起始点、圆弧中间点和圆弧结束点)。具体操作过程中,通常采用点到点方式示教各段运动轨迹的端点,利用机器人控制系统的路径规划的插补运算产生端点之间的连续路径运动。

例如,当出现图10-16所示的运动轨迹时,机器人按照程序点1输入的插补方式和再现速度移动到程序点1的位置。然后,在程序点1和2之间,按照程序点2输入的插补方式和再现速度移动。同样,在程序点2和3之间,按照程序点3输入的插补方式和再现速度移动。以此类推,当机器人到达程序点3的位置以后,按照程序点4输入的插补方式和再现速度移向程序点4的位置。

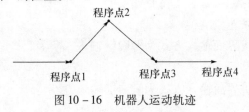

图10-16　机器人运动轨迹

由此可见,机器人运动轨迹的示教主要任务是确认程序点的属性。一般来讲,每个程序点主要包含如下4部分信息。

(1)位置坐标:描述机器人工具中心点的6个自由度(3个平动自由度和3个转动自由度)。

(2)插补方式:机器人再现时,从前一程序点移动到当前程序点的动作类型。

(3)再现速度:机器人再现时,从前一程序点移动到当前程序点的速度。

(4)空走点/作业点:机器人再现时,决定从当前程序点移动到下一程序点是否需要实施作业。作业点则指从当前程序点移动到下一程序点的整个作业过程需要实施的作业,主要用于作业开始点和作业中间点两种情况;空走点指从当前程序点移动到下一程序点的整个过程不需要实施作业,主要用于示教作业开始点和作业中间点之外的程序点。需要指出的是,在作业开始点和作业结束点一般都有相应的作业开始和作业结束命令。

2. 作业条件

为了获得好的产品质量与作业效果,在机器人再现之前,有必要合理配置其作业的工艺条件。例如弧焊作业时的电流、电压、速度和保护气体的流量;电焊作业时的电流、压力、时间和焊钳类型;涂装作业时的涂液吐出量、旋杯旋转、调扇幅气压和高电压等。工业机器人作业条件的输入方法,有如下3种形式:

(1)使用作业条件文件。输入作业条件的文件叫做作业条件文件。使用这些文件时,使得作业命令的应用更为便捷。例如,对机器人弧焊作业来说,焊接条件文件包括引弧条件文件(输入引弧时的条件)、熄弧条件文件(输入熄弧时的条件)和焊接辅助条件文件(输入再引弧功能、再启动功能及自动解除粘丝功能)三种。每种文件的调用以编号形式指定。

(2)在作业命令的附加项中直接设定。采用此方法进行作业条件设定。首先需要了解机器人指令的语言形式,或者程序编辑画面的构成要素。由图 10-17 可知,程序语句一般由行标号、命令及附加项几部分组成。要改动附加项的数据,使光标移动到相应语句后,在教器上点按相关按键。

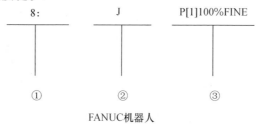

图 10-17 程序语句的主要构成要素
①—行标号;②—命令;③—附加项。

(3)手动设定。在某些应用场合下,有关作业参数的设定需要手动进行。例如,电焊作业时的焊接参数,弧焊作业时用于气体保护的流量等。

3. 作业顺序

同作业条件的设置类似,合理的作业顺序不仅可以保证产品质量,而且可以有效提高效率。一般来讲,作业顺序的设置主要包括如下两个方面:

1)作业对象的工艺顺序

这一部分的内容已经基本上进入机器人运动轨迹合理规划部分中。即在某些简单作业场合,作业顺序的设定同机器人运动轨迹的示教合二为一。

2)机器人和外围周边设备的动作顺序

在整个工业机器人系统中,除了机器人本身,也包括一些周边的设备,如变位机、移动滑台、自动工具快换设备等。要完成期望作业,机器人需要依赖其控制系统与周边辅助设备进行有效的配合,协调运行,从而减少停机时间、降低设备的故障率、提高其安全性,从而得到较好的作业质量。

工业机器人工作前,通常通过"示教"的方法为机器人作业程序生成运动命令,目前主要采用两种方式进行:一是在线示教,由操作者通过示教器,操作机器人使其动作,当认为动作合乎实际作业中要求的位置与姿态时,将这些位置点记录下来,生成动作命令,存入控制器某个指定的示教数据区,并在程序中的适当位置加入对应于工艺参数的作业命令及其它输入输出命令。由于简单直观、易于掌握的特点,使其成为工业机器人目前普遍采用的编程方式。二是离线编程,操作者直接在离线编程系统中对机器人进行轨迹规划、作业编程或在虚拟环境中进行仿真,生成其作业程序,而不对实际作业的机器人直接进行示教。

操作者手持示教器来控制机器人进行运动,记录其作业时的程序点然后插入相应命令。如图 10 - 18 所示,一般的示教过程令操作者观察机器人作业对象的末端夹持器与其本身的相对位姿,用示教器进行操作,不断调整机器人在程序点处位姿、运动参数及其工艺条件,然后将记录下这些数据,转入后一程序点的示教。为了获取信息的方便、快捷、准确,操作者可在不同的坐标系中手动操纵机器人。示教完成后,机器人自动运行(再现)之前示教时所记录的数据并进行插补运算,便可将程序点上记录机器人的位姿再现。

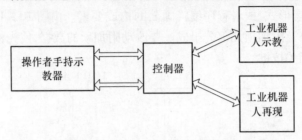

图 10 - 18　工业机器人的在线示教

早期,机器人作业编程系统中,有一种人工牵引示教(也称手把手示教直接示教或直接示教)。即由操作人员牵引装有力 - 力矩传感器的机器人末端执行器对工件实施作业,机器人实时记录整个示教轨迹与工艺参数,然后根据这些在线参数就能准确再现整个作业过程。这种示教方式虽然控制简单,但由于其劳动强度较大且操作技巧较高,精度不易控制。一旦示教错误,唯一修正的方法只能重新示教。因此,一般所指的在线示教编程,主要是前一种(示教器)方式。

综合所述,采用在线示教编制机器人作业任务具有如下共同的特点:

(1) 利用机器人具有较高的重复定位精度的优点,降低了系统误差对机器人运动绝对精度的影响,这也是目前机器人普遍采用这种示教方式的原因。

(2) 操作者应具有扎实的专业知识和过硬的操作技能,而且要现场近距离进行示教,具有一定的危险性,安全性较差。这种编程方式有害操作者的健康。

(3) 在过程繁琐、费时的示教中,需根据作业任务不断调整末端执行器的位姿,这样机器人大量的工作时间,而且时效性比较差。

(4) 完全依靠操作者的经验决定机器人在线示教的精度,难以得到复杂运动轨迹的满意效果。

(5) 基于安全考虑,机器人示教时需要关闭和外围设备相联系的功能。然而,对于那些需要依据外部信息进行实时决策的应用便显得无能为力。

(6) 这种编程方式在这种柔性制造系统里,不能与 CAD 数据库进行连接,这对于工厂实现 CAD/CAM/Robotics 一体化有一定困难。

基于上述特点,采用在线示教的方式可完成那些应用于大批量生产、工作任务简单并且不变化的机器人作业任务的编制。

3) 离线编程

在离线编程时,操作者不必直接对实际作业的机器人示教,而是在离线编程系统中进行编程并进行模拟仿真,进而提高机器人的使用效率及自动化水平。

利用计算机图形学的成果,离线编程构建起机器人与其作业环境的几何模型,控制、操作图形,通过机器人编程语言描述其的工作任务,之后对其结果执行三维图形动画仿真,为保证机器人的程序正确,进行离线计算、规划和调试,然后生成机器人控制器可读代码,最后经过通信接口传送到机器人控制器,如图 10 - 19 所示。

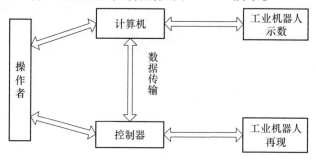

图 10 - 19　机器人的离线编程示意图

近年来,机器人远距离操作和传感器信息处理技术等的发展与进步,基于虚拟现实技术的机器人作业示教已成为机器人学中的新兴研究方向。高端的人机接口,虚拟现实技术允许用户通过声、像、力以及图形等多种交互设备实时地与虚拟现实环境交互。示教或监控机器人按照用户的指挥或动作提示,进行复杂的作业,如图 10 - 20 所示。

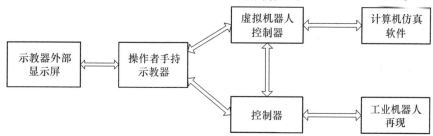

图 10 - 20　机器人的虚拟示教

与传统的在线示教比较,离线编程克服了在线示教的缺点,同时还有以下优点:
(1) 程序易于修改,适合中、小批量的生产要求;
(2) 能够实现多台机器人和辅助外围设备的示教和协调;
(3) 能够实现基于传感器的自动规划功能。

离线编程能够增加机器人的安全性,减少其不工作的时间和降低成本,已被证实是一种有效的示教方式。应为机器人定位精度的提高、传感器应用的增多、控制装置功能的完善和图形编程系统所用的 CAD 工作站不断下降的价格,离线编程的迅速普及,成为机器人编程的发展趋势。当然,离线编程要求编程人员有一定的预备知识,离线编程的软件也需要一定的投入,这些软件大多由机器人公司作为用户的选购附件出售,如 ABB 机器人公司开发的基于 Windows 操作系统的 RobotStudio 软件、FANUC 机器人公司开发的ROBOGUIDE 软件、YASKAWA 机器人公司开发的 MotoSim EG - VRC 软件等。

10.4　工业机器人控制系统接口技术

工业机器人控制系统接口与本书其它章节介绍的接口技术类似,为保证图书的完整性,在这里也作一个简单介绍。

与计算机接口相类似,I/O 接口和存储器接口是工业机器人控制系统常用的两种接口。总线是工业机器人控制系统内部各部件传输数据的通路。I/O 接口按照接口连接对象来分,可将它们分为串行接口、并行接口、键盘接口、磁盘接口、SCSI 接口和 USB 接口等常用接口。以下分两节分别介绍 I/O 接口及总线接口。

10.4.1 I/O 接口

以 IC 芯片或接口板形式出现的 I/O 接口电子电路,是由内部若干专用寄存器及其相应的控制逻辑电路组成。其为 CPU 和 I/O 设备之间交换信息的媒介和桥梁。I/O 接口是通过接口设备来实现 CPU 与外部设备信息的传递;存储器接口是通过接口设备来实现存储器的连接和数据信息的交换。一般情况下,存储器在 CPU 的同步控制下进行工作,其接口电路较简单;然而品种繁多的 I/O 设备相应的接口电路也各不相同,所以,一般说到的接口指的是 I/O 接口[89]。

I/O 接口由硬件电路及软件编程两部分构成。硬件电路由基本逻辑电路,端口译码电路和供选电路等构成,如图 10 - 21 所示。软件编程由初始化程序段、传送方式处理程序段、主控程序段、程序终止和退出程序段及辅助程序段等构成。

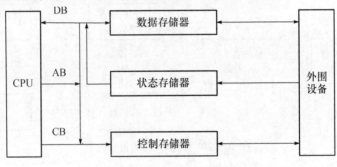

图 10 - 21   I/O 接口电路

1. I/O 接口的分类

I/O 接口的功用是负责将 CPU 通过系统总线把 I/O 电路和外围设备联系到一起。依据电路及设备的复杂程度,其硬件大致可分为两大类:

1) I/O 接口芯片

这些芯片大都是集成电路,通过 CPU 输入不同的命令与参数,同时控制相关的 I/O 电路及简单的外围设备进行相应的操作,定时/计数器、中断控制器、DMA 控制器、并行接口等为常见的接口芯片。

2) I/O 接口控制卡

许多个集成电路按照一定的逻辑组成为一个部件,或直接与 CPU 同在主板上,或将一个插件插在系统总线插槽上。

按接口连接对象划分,可将它们分为串行接口、并行接口、键盘接口、磁盘接口、SCSI接口及 USB 接口等常用接口。

2. I/O 接口的功能

因为计算机的外围设备大多都采用了机电传动设备,且品种繁多,因此,在进行数据交换时,CPU 与 I/O 设备存在如下问题:

速度不匹配:I/O 设备的工作速度要比 CPU 慢的多,由于种类的不同导致它们之间的速度差异也很大,比如硬盘的传输速度就比打印机快得多。

时序不匹配:各个 I/O 设备都有自身的定时控制电路,以自身的速度来传输数据,与 CPU 的时序无法取得统一。

信息格式不匹配:不同的 I/O 设备存储及处理信息的格式不一样,比如可分为串行及并行两种;也可分为二进制格式、ACSII 编码及 BCD 编码等。

信息类型不匹配:由于 I/O 设备采用的信号类型不相同,例如数字信号或模拟信号,所以采用不同的处理方式。

由于以上原因,CPU 须通过接口来与外围设备之间进行数据交换,一般接口有以下 6 种功能:

(1) 设置数据的寄存和缓冲逻辑,来适应 CPU 与外围设备之间的速度差异,一般由一些寄存器或 RAM 芯片构成接口,倘若芯片足够大能够实现数据信息批量传输;

(2) 可进行信息格式之间的转换,比如串行和并行转换;

(3) 可协调 CPU 与外围设备在信息类型与电平之间的差异,比如电平转换驱动器、D/A 或 A/D 转换器等;

(4) 协调时序差异;

(5) 地址译码和设备选择功能;

(6) 设置中断及 DMA 控制逻辑,可在中断及 DMA 允许的情况下产生相应的请求信号,并且在接收到中断及 DMA 回应后完成中断处理及 DMA 传输。

3. I/O 接口的控制方式

CPU 通过接口来控制外围设备,有如下几种方式:

1) 程序查询方式

程序查询这是一种程序直接控制的方式,这种主机与外围设备之间进行信息交换的方式是最简单的,输入及输出完全通过 CPU 执行程序来完成。如果某一外围设备被选中并启动,主机会查询该外围设备的一些状态位,看是否准备就绪,如果外围设备没有准备就绪,主机再次进行查询;如果外围设备已经准备就绪,便执行 I/O 操作一次。

这种方式控制起来比较容易,需少量硬件电路便可,但是外围设备与主机不能同时进行工作,各自外围设备间也不能一起工作,导致很低的系统效率,所以,对外围设备数目不多,I/O 处理实时要求不高,CPU 操作任务较单一,而且不很忙的情况适用。

2) 中断处理方式

CPU 不再被动等待在该情况下,可执行其他程序,外围设备为数据交换做好准备时,便可向 CPU 请求中断服务,CPU 若响应该请求,便暂时停止当前的执行程序,而执行和此请求相对应服务程序,执行完,再执行刚才被中断的程序。

中断处理方式的优点是很明显的,它不仅为 CPU 省去了查询外围设备状态及等待外围设备就绪耗费的时间,提高了其工作效率,同时还满足了外围设备的实时要求。但是要给每个 I/O 设备分配一个中断请求号及相应的中断服务程序,此外管理 I/O 设备提出的中断要求,尚需要一个中断控制器(I/O 接口芯片),比如中断屏蔽和中断请求优先级的设置等。

另外,其缺点是要中断每传送一个字符,启动中断控制器,同时还要保留及恢复现场从而能继续执行原程序,工作量大,若需大量数据交换,系统工作性能会很低。

3) 直接存储器存取 DMA 传送方式

直接存储器存取(Direct Memory Access)方式,也就是 DMA 方式,也称为成组数据传送方式。它的工作原理是一个设备接口试图通过总线直接向另一个设备发送大批量数据,它先向 CPU 发送 DMA 的请求信号。外围设备向 CPU 提出接管总线控制权的总线请求,通过 DMA 的一种专门接口电路——DMA 控制器(DMAC),CPU 接到这个信号后,并在当前总线周期结束以后,会响应 DMA 信号按照 DMA 信号的优先级及提出 DMA 请求的先后顺序。CPU 对某个设备接口响应 DMA 请求时,便让出总线控制权。在 DMA 控制器的管理下,外围设备与存储器直接进行数据的交换,并不需 CPU 的干预。在数据传送完以后, CPU 会接收来自设备接口发送 DMA 结束信号,将总线控制权交还。DMA 的工作流程如图 10 -22 所示。

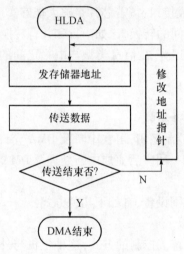

图 10 -22　DMA 的工作流程图

实现 DMA 传送的基本操作如下:

(1) 外围设备可以通过 DMA 控制器向 CPU 发出 DMA 请求;

(2) CPU 响应 DMA 的请求,系统将变为 DMA 的工作方式,并把总线控制权交给 DMA 控制器;

(3) DMA 控制器发送存储器地址,并且决定传送数据块的长度;

(4) 执行 DMA 传送;

(5) DMA 操作结束后,会把总线控制权交还给 CPU。

注意:DMA 请求信号可能会打断一条指令的执行,使它暂时停止执行,数据传送完以后才恢复该指令的执行。

DMA 方式主要适用于一些高速的 I/O 设备。这些设备传输字节或字的速度非常之快。对于这类高速 I/O 设备,如果用输入输出指令或者采用中断的方法来传输字节信息,会占用大量的 CPU 时间,并且也容易造成数据的丢失。而 DMA 方式能够使 I/O 设备直接与存储器进行成批数据的快速传送。

DMA 的控制器或接口一般包含 4 个寄存器:状态控制寄存器、数据寄存器、地址寄存器和字节计数器。

这些寄存器在信息传送之前需要进行初始化设置。即用汇编语言指令在输入输出程序中对各个寄存器写入初始化控制字。

4）无条件传送方式

在这种传送方式下，CPU已认定外围设备做好输入或输出准备，所以不必查询外围设备的状态而直接与外围设备进行数据传送。这种传送方式的特点是：硬件电路与程序的设计均比较简单，在对外围设备要求不高的系统中常常使用，比如用在路灯管理、交通灯管理及广告牌显示等系统中。

5）I/O通道方式

输入/输出通道是一个独立于CPU专门管理I/O的处理机，其控制设备和内存来直接交换数据。它有自己的通道指令，这些指令通过CPU启动，并且在操作结束时向CPU发出中断信号。输入/输出通道控制是一种以内存为中心，实现设备和内存直接进行数据交换的控制方式。在通道方式中，数据的传送方向、存放数据的内存起始地址和传送的数据块长度等，都由通道来进行控制。此外，通道控制方式可以在一个通道内控制多台设备与内存交换数据。因此，通道方式进一步的减轻了CPU的工作负担，增加了计算机系统的并行工作程度。

按信息交换方式及其所连接的设备种类的不同，通道可分为以下三种类型：

（1）字节多路通道：它适用于打印机、终端等低速或中速的I/O设备的连接。这种通道以字节为单位交叉进行工作；当为一台设备传送一个字节以后，立刻为另一台设备传送一个字节。

（2）选择通道：它适用于磁盘、磁带等高速设备的连接。这种通道以"组方式"工作，每次传送一批数据，因此传送速率很高，但是在一段时间内只能服务于一台设备。每当处理完一个I/O请求后，便选择另一台设备并且为其服务。

（3）成组多路通道：这种通道利用了字节多路通道分时工作和选择通道传输速率高的特点，它的实质是对通道程序采用多道程序设计技术，这样使得与通道连接的设备可以并行工作。

I/O通道的工作原理是在通道控制方式中，I/O设备控制器（常简称为I/O控制器）中没有传送字节计数器和内存地址寄存器，但多了通道设备控制器和指令执行部件。CPU只需发出启动指令，指出通道相应的操作和I/O设备，该指令就可启动通道并使该通道从内存中调出相应的通道指令执行。一旦CPU发出启动通道的指令，通道就开始工作。I/O通道控制I/O控制器工作，I/O控制器又控制I/O设备。这样，一个通道可以连接多个I/O控制器，而一个I/O控制器又可以连接若干台同类型的外部设备。

6）I/O处理机方式

I/O处理机具有自己的指令系统，包括读、写、控制、转移、结束以及空操作等指令，并可以执行由这些指令编写的通道程序。通道的运算控制部件包括：

（1）通道地址字（CAW）：记录下一条通道指令存放的地址，其功能类似于中央处理机的指令寄存器。

（2）通道命令字（CCW）：记录正在执行的通道指令，其作用相当于中央处理机的指令寄存器。

（3）通道状态字（CSW）：记录通道、控制器、设备的状态，包括 I/O 传输完成信息、出错信息、重复执行次数等。

通道访问主机一般需要与主机共享同一个内存，目的是保存通道程序和交换数据。通道访问内存采用"周期窃用"的方式。采用通道方式后，输入/输出的执行过程如下：

CPU 在执行用户程序时遇到 I/O 请求，根据用户的 I/O 请求生成通道程序（也可以是事先编好的）。放到内存中，并把该通道程序首地址放入 CAW 中。然后，CPU 执行"启动 I/O"指令，启动通道工作。通道接收"启动 I/O"指令信号，从 CAW 中取出通道程序首地址，并根据此地址取出通道程序的第一条指令，放入 CCW 中；同时向 CPU 发回答信号，通知"启动 I/O"指令完成，CPU 可继续执行。通道开始执行通道程序，进行物理 I/O 操作。当执行完一条指令后，如果还有下一条指令则继续执行；否则表示传输完成，同时自行停止，通知 CPU 转去处理通道结束事件，并从 CCW 中得到有关通道状态。

总之，在通道中，I/O 运用专用的辅助处理器处理 I/O 操作，从而减轻了主处理器处理 I/O 的负担。主处理器只要发出一个 I/O 操作命令，剩下的工作完全由通道负责。I/O 操作结束后，I/O 通道会发出一个中断请求，表示相应操作已完成。

10.4.2　总线接口

1. 总线的组成

总线是指一组进行互连和传输信息的信号线，这组信号线一般都包括地址线、数据线、控制线、电源线等几种信号线。工业机器人控制系统所使用的芯片内部、电路插件板元器件之间、系统各插件板之间、系统与系统之间的连线，都由各自的总线把各部分组织起来，从而组成一个能彼此传输信息和对信息进行加工处理的整体。

内部总线是计算机内部各外围芯片与处理器之间的总线，用于芯片一级的互连；而系统总线是计算机中各插件板与系统板之间的总线，用于插件板一级的互连；外部总线则是工业机器人控制系统和外部设备之间的总线，工业机器人控制系统作为一种设备，通过该总线和其它设备进行信息与数据交换，它用于设备一级的互连。

现场总线是指安装在制造或过程区域的现场装置与控制室内的自动装置之间的数字式、串行、多点通信的数据总线。

2. 总线接口的分类

以下对内部总线、系统总线、外部总线进行分类说明。

1）内部总线的种类

（1）I^2C 总线。I^2C（Inter Integrated Circuit）总线 10 多年前由 Philips 公司推出，是近年来在微电子通信控制领域广泛采用的一种新型总线标准。它是同步通信的一种特殊形式，具有接口线少，控制方式简化，器件封装形式小，通信速率较高等优点。在主从通信中，可以有多个 I^2C 总线器件同时接到 I^2C 总线上，通过地址来识别通信对象。

（2）SPI 总线。SPI（Serial Peripheral Interface）总线技术是 Motorola 公司推出的一种同步串行接口。Motorola 公司生产的绝大多数微控制器都配有 SPI 硬件接口。SPI 总线是一种三线同步总线，因其硬件功能很强，所以，与 SPI 有关的软件就相当简单，使 CPU 有更多的时间处理其他事务。

（3）SCI 总线。SCI（Serial Communication Interface）也是由 Motorola 公司推出的。它

是一种通用异步通信接口 UART。

2）系统总线的种类

（1）PCI 总线（Peripheral Component Interconnect）。Intel 于 1992 年提出了 32b 的 PCI 总线。最早提出的 PCI 总线工作在 33MHz 频率之下，传输带宽达到了 133MB/s（33MHz X 32b/8），目前计算机上广泛采用的是这种 32b、33MHz 的 PCI 总线。

（2）AGP 总线（Accelerated Graphics Port）。Intel 于 1996 年推出了 AGP（加速图形接口，Accelerated Graphics Port）接口，这是显示卡专用的局部总线，是基于 PCI 2.1 版规范并进行扩充修改而成，工作频率为 66MHz，1X 模式下带宽为 266MB/S，是 PCI 总线的两倍。后来依次又推出了 AGP 2X、AGP4X。AGP 8X 传输速度达到了 2.1GB/s。

（3）PCI - Express。Intel 在 2001 年正式公布了旨在取代 PCI 总线的第三代 I/O 技术，最后却被正式命名为 PCI - Express。2002 年 7 月 23 日，PCI - SIG 正式公布了 PCI Express 1.0 规范，在 2006 年的时候正式推出 PCI Express2.0 规范。

3）外部总线的种类

（1）RS - 232 - C 总线。RS - 232 - C 是美国电子工业协会 EIA（Electronic Industry Association）制定的一种串行物理接口标准。设有 25 条信号线，包括一个主通道和一个辅助通道，在多数情况下主要使用主通道，对于一般双工通信，仅需几条信号线就可实现，如一条发送线、一条接收线及一条地线。RS - 232 - C 标准规定的数据传输速率为 50b/s、75b/s、100b/s、150b/s、300b/s、600b/s、1200b/s、2400b/s、4800b/s、9600b/s、19200b/s。RS - 232 - C 标准规定，驱动器允许有 2500pF 的电容负载，通信距离将受此电容限制，例如，采用 150pF/m 的通信电缆时，最大通信距离为 15m；若每米电缆的电容量减小，通信距离可以增加。传输距离短的另一原因是 RS - 232 属单端信号传送，存在共地噪声和不能抑制共模干扰等问题，因此一般用于 20m 以内的通信。

（2）RS - 485 总线。RS - 485 采用平衡发送和差分接收，因此具有抑制共模干扰的能力。加上总线收发器具有高灵敏度，能检测低至 200mV 的电压，故传输信号能在千米以外得到恢复。RS - 485 采用半双工工作方式，任何时候只能有一点处于发送状态，因此，发送电路须由使能信号加以控制。RS - 485 用于多点互连时非常方便，可以省掉许多信号线。应用 RS - 485 可以联网构成分布式系统，其允许最多并联 32 台驱动器和 32 台接收器。

（3）IEEE - 488 总线。IEEE - 488 总线是并行总线接口标准。IEEE - 488 总线用来连接系统，如微计算机、数字电压表、数码显示器等设备及其它仪器仪表均可用 IEEE - 488 总线装配起来。它按照位并行、字节串行双向异步方式传输信号，连接方式为总线方式，仪器设备直接并联于总线上而不需中介单元，但总线上最多可连接 15 台设备。最大传输距离为 20m，信号传输速度一般为 500KB/s，最大传输速度为 1MB/s。

（4）USB 总线。USB（Universal Serial Bus）总线是由 Intel、Compaq、Digital、IBM、Microsoft、NEC、Northern Telecom 等 7 家世界著名的计算机和通信公司共同推出的一种新型接口标准。它基于通用连接技术，实现外设的简单快速连接，达到方便用户、降低成本、扩展 PC 连接外围设备范围的目的。它可以为外设提供电源，而不像普通的使用串、并口的设备需要单独的供电系统。另外，快速是 USB 技术的突出特点之一，USB 的最高传输率可达 12Mb/s 比串口快 100 倍，比并口快近 10 倍，而且 USB 还能支持多媒体。

3. 现场总线

下面就几种主流的现场总线做简单介绍。

1）基金会现场总线（Foundation Fieldbus，FF）

基金会现场总线采用国际标准化组织 ISO 的开放化系统互联 OSI 的简化模型（1，2，7层），即物理层、数据链路层、应用层，另外增加了用户层。FF 分低速 H1 和高速 H2 两种通信速率，前者传输速率为 31.25Kb/s，通信距离可达 1900m，可支持总线供电和本质安全防爆环境。后者传输速率为 1Mb/s 和 2.5Mb/s，通信距离为 750m 和 500m，支持双绞线、光缆和无线发射。FF 的物理媒介的传输信号采用曼切斯特编码。

2）CAN（Controller Area Network）总线

最早由德国 BOSCH 公司推出，它广泛用于离散控制领域，其总线规范已被 ISO 国际标准组织制定为国际标准，得到了 Intel、Motorola、NEC 等公司的支持。CAN 协议分为二层：物理层和数据链路层。CAN 的信号传输采用短帧结构，传输时间短，具有自动关闭功能，具有较强的抗干扰能力。CAN 支持多主工作方式，并采用了非破坏性总线仲裁技术，通过设置优先级来避免冲突，通信距离最远可达 10km（5Kb/s），通信速率最高可达 40m（1Mb/s），网络节点数实际可达 110 个。已有多家公司开发了符合 CAN 协议的通信芯片。

3）LonWorks 总线

LonWorks 总线由美国 Echelon 公司推出，并由 Motorola、Toshiba 公司共同倡导。它采用 ISO/OSI 模型的全部 7 层通信协议，采用面向对象的设计方法，通过网络变量把网络通信设计简化为参数设置。支持双绞线、同轴电缆、光缆和红外线等多种通信介质，通信速率从 300b/s 至 1.5Mb/s 不等，直接通信距离可达 2700m（78Kb/s），被誉为通用控制网络。LonWorks 技术采用的 LonTalk 协议被封装到 Neuron（神经元）的芯片中。采用 LonWorks 技术和神经元芯片的产品，被广泛应用在楼宇自动化、家庭自动化、保安系统、办公设备、交通运输、工业过程控制等行业。

4）DeviceNet 总线

DeviceNet 总线是一种低成本的通信连接也是一种简单的网络解决方案，有着开放的网络标准。DeviceNet 具有的直接互联性不仅改善了设备间的通信而且提供了相当重要的设备级阵地功能。DeviceNet 基于 CAN 技术，传输率为 125Kb/s 至 500Kb/s，每个网络的最大节点为 64 个，其通信模式为：生产者/客户（Producer/Consumer），采用多信道广播信息发送方式。位于 DeviceNet 网络上的设备可以自由连接或断开，不影响网上的其它设备，而且其设备的安装布线成本也较低。

5）PROFIBUS 总线

PROFIBUS 总线是德国标准（DIN19245）和欧洲标准（EN50170）的现场总线标准。由 PROFIBUS-DP、PROFIBUS-FMS、PROFIBUS-PA 系列组成。DP 用于分散外设间高速数据传输，适用于加工自动化领域。FMS 适用于纺织、楼宇自动化、可编程控制器、低压开关等。PA 用于过程自动化的总线类型，服从 IEC1158-2 标准。PROFIBUS 支持主-从系统、纯主站系统、多主多从混合系统等几种传输方式。PROFIBUS 的传输速率为 9.6Kb/s 至 12Mb/s，最大传输距离在 9.6Kb/s 下为 1200m，在 12Mb/s 下为 200m，可采用中继器延长至 10km，传输介质为双绞线或者光缆，最多可挂接 127 个站点。

6）HART（Highway Addressable Remote Transducer）总线

HART 总线最早由 Rosemount 公司开发。其特点是在现有模拟信号传输线上实现数字信号通信，属于模拟系统向数字系统转变的过渡产品。其通信模型采用物理层、数据链路层和应用层三层，支持点对点主从应答方式和多点广播方式。由于它采用模拟数字信号混和，难以开发通用的通信接口芯片。HART 能利用总线供电，可满足本质安全防爆的要求，并可用于由手持编程器与管理系统主机作为主设备的双主设备系统。

7）CC‐Link（Highway Addressable Remote Transducer）总线

CC‐Link 总线由三菱电机为主导的多家公司推出，其增长势头迅猛，在亚洲占有较大份额。在其系统中，可以将控制和信息数据同是以 10Mb/s 高速传送至现场网络，具有性能卓越、使用简单、应用广泛、节省成本等优点。其不仅解决了工业现场配线复杂的问题，同时具有优异的抗噪性能和兼容性。CC‐Link 是一个以设备层为主的网络，同时也可覆盖较高层次的控制层和较低层次的传感层。

8）INTERBUS 总线

INTERBUS 总线采用国际标准化组织 ISO 的开放化系统互联 OSI 的简化模型（1,2,7 层），即物理层、数据链路层、应用层，具有强大的可靠性、可诊断性和易维护性。其采用集总帧型的数据环通信，具有低速度、高效率的特点，并严格保证了数据传输的同步性和周期性；该总线的实时性、抗干扰性和可维护性也非常出色。INTERBUS 广泛地应用到汽车、烟草、仓储、造纸、包装、食品等工业，成为国际现场总线的领先者。

10.5　工业机器人应用及举例

10.5.1　工业机器人应用

自从 20 世纪 60 年代初人类创造了第一台工业机器人以后，机器人就显示出它极大的生命力，它可代替人从事危险、有害、有毒、低温和高热等恶劣环境中的工作；代替人完成繁重、单调而简单的重复劳动，提高劳动生产率，保证产品质量。在短短 50 多年的时间中，机器人技术得到了迅速的发展，目前，工业机器人已广泛应用于汽车及汽车零部件制造业、机械加工行业、电子电气行业、橡胶及塑料工业、食品工业、木材与家具制造业等领域中。归纳起来，机器人应用可划分为两大类：一类是生产产品，另一类是提供服务。当前，工业机器人主要应用于以下几个方面：

1）恶劣工作环境及危险工作

压铸、锻造车间及核工业等领域的作业有害于健康并可能危及生命，或不安全因素很大而不宜人去从事的作业，此类工作由工业机器人做是最适合的。

2）特殊作业场合和极限作业

极地探险、海底探密和太空探索等领域对于人类来说存在着极大挑战，生命安全随时受到威胁，这种情况下，机器人进行作业表现出了极大的优势。

3）自动化生产领域

早期的工业机器人在生产上主要用于冲压、焊接、上、下料等工作。随着柔性自动化的出现，机器人在自动化生产领域扮演了更重要的角色。现举例如下：

（1）焊接机器人。焊接是制造业中一项十分繁重且对工人健康影响较大的作业之一，是目前工业机器人应用最多的行业。焊接机器人有点焊和弧焊两种，可以单机焊接，也可以构成焊接机器人生产线。汽车制造厂已广泛应用焊接机器人进行承重大梁和车身结构的焊接。就弧焊机器人来说，其需要6个自由度，其中3个自由度用来控制焊具跟随焊缝的空间轨迹，另外3个自由度保持焊具与工件表面有正确的姿态关系，这样才能保证良好的焊缝质量。

（2）材料搬运机器人。工厂里的许多材料、工件的搬运工作，比如为机器装卸料、材料运输、码垛及料箱取料等，往往要耗费大量的人力，特别是那些笨重、高温物件，对人工作业还具有很大的危险性。而材料搬运机器人可很容易完成上下料、码垛、卸货以及抓取零件定向等作业。一个简单抓放作业机器人只需较少的自由度；一个给零件定向作业的机器人要求有更多的自由度，以增加其灵巧性。

（3）检测机器人。零件制造过程中的检测以及成品检测都是保证产品质量的关键工序。检测机器人主要有两个工作内容：确认零件尺寸是否在允许的公差内；控制零件按质量分类。

（4）装配机器人。在电子产品装配中，由于电子元件数量多、体积较小、结构复杂，人工装配生产率很低，并且质量不易保证，因而使用装配机器人可以极大地改变这种状况。特别是装配作业过程中，要检测装配作业的误差，而且要试图纠正这种误差。因此，装配机器人上应用有许多传感器，如接触传感器、视觉传感器、接近传感器和听觉传感器等。

（5）喷漆和喷涂机器人。机器人喷涂作业在车辆、家用电器和仪器仪表壳体制造中发挥着重要作用，而且有向其它行业扩展的趋势，如建筑工业、船舶保护、陶瓷制品等。一般在三维表面进行喷漆和喷涂作业时，至少要有5个自由度。由于可燃环境的存在，驱动装置必须防燃防爆。在大件上作业时，往往把机器人装在一个导轨上，以便行走。

另外，工业机器人在热处理、研磨抛光和激光加工等作业中也具有广泛的应用，在这里就不一一介绍。

工业机器人在近半个世纪的诸多生产领域中的使用实践证明，它是提高生产自动化水平、提高劳动生产率和产品质量以及经济效益、改善工人劳动条件和推动社会生产力发展的有效手段，引起了世界各国和社会各层人士的广泛兴趣。我国的工业机器人仍将保持稳定的增长势头，2013年中国机器人保有量约为13万台，占世界工业机器人保有量的5%左右，在保有量上依然小于2012年日本的31万台，美国、德国的16万台和韩国的14万台，位居世界第五，据目前中国工业机器人销量年复合增长25%、日本年复合增长率4%计算，中国工业机器人保有量有望在2018年超越日本达到世界第一。

机器人工业是一个正在高速崛起的产业，随着机器人技术的不断发展和日臻完善，它必将在人类社会的发展中发挥更加重要的作用。

10.5.2 工业机器人应用举例

1. 问题描述

在某工业生产流水线中，要求用一台机器人实现数台机床的上料，工件重复定位精度要求小于0.01mm，制定工业机器人上料解决方案，运用FANUC R－2000iB/165F机器人及视觉技术实现设备的上下料动作，解决工件一致性较差的问题，并使其具有较高的定位精度。

2. 解决方案

工业机器人本身的重复精度大于 0.01mm,导致工件上料存在位置偏差。因此制定以下解决方案。

系统流程如图 10-23 所示。

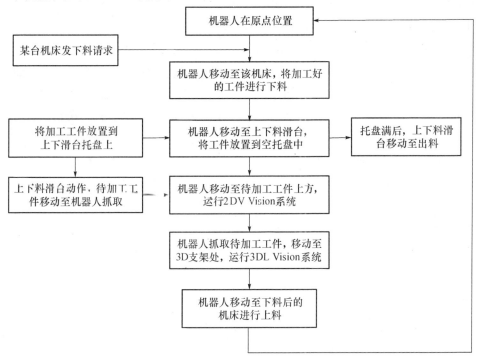

图 10-23　机器人自动柔性搬运系统流程图

系统描述:

1 台 FANUC R-2000iB/165F 机器人:实现整个系统的上下料动作。

1 个机器人手爪:基于 FANUC R-2000iB/165F 机器人专用手爪单元开发的手爪,以适应工件一致性不好的使用情况。

1 个长 11m 的行走轴:在行走轴导轨上安装一台工业机器人,以覆盖多台机床的上料。

2 台上下料滑台:每个上下料滑台上有 4 个托盘,每个托盘分别可以存放一个工件。

电气控制系统:运用人机界面对整个系统的运行状态进行监控,采用 PLC 作为控制器,并使用工业现场总线实现系统中实时和非实时数据的传输。

视觉系统采用 FANUC iR Vision 2DV 和 FANUC iR Vision 3DL 视觉系统。

以下简要介绍该系统中的视觉系统功能和机器人手爪需要具备的软浮动功能。

FANUC iR Vision 2DV 视觉系统:该视觉系统利用一个安装在手爪上的 2D 摄像头完成视觉数据采集。该视觉系统作为待加工工件准确抓取的定位方式,省去通常为满足机器人的准确抓取而必须采用的机械预定位夹具,具有很高的柔性,使得在加工中心上可以非常容易地实现多产品混合生产。

FANUC iR Vision 2DV 视觉系统主要是通过设置视觉系统软件,建立视觉画面上的点位与机器人位置相对应关系。对工件进行视觉成像,与已标定的工件进行比较,得出偏差值,即机器人抓放位置的补偿值,实现机器人自动抓放。在该上下料系统中,待加工工件形状复杂,用夹具进行定位非常复杂,也不利于以后同类新产品的扩展。应用 FANUC iR Vision 2DV 视觉系统后,待加工工件只需放置于上下料滑台无定位装置的托盘上,就能减少在上下料滑台上的设计工作,保证系统的扩展功能。

FANUC iR Vision 3DL 视觉系统:该视觉系统利用一个安装于地面上的 3D Laser Sensor 完成视觉数据采集。该视觉系统解决了定位面有偏差的工件在上料时位置变化问题。如果待加工工件为毛坯件,机器人抓取工件后,上料的定位孔位置会发生变化,甚至工件上料时的平面度也有变化。该技术可以自动补偿位置变化,实现小于 0.01mm 的高精度上料。

通过设置软浮动功能来补偿机器人手爪在抓取工件时产生的位置偏差。当开启软浮动功能后,机器人受外力改变姿态,改变的大小可以通过参数来设定。机器人手爪在抓取毛坯件时可以根据毛坯面改变姿态,达到完全贴合,避免碰撞和摩擦。

10.6 其他用途机器人控制

机器人和工业机器人它们两者之间有联系也有区别,控制方法也不尽相同。前面介绍了工业机器人的控制,以下介绍其它用途机器人控制。

10.6.1 其他用途机器人控制理论架构

目前比较成功的运用在机器人中的控制理论架构有 LAAS(三层体系结构),iTaSC(瞬时任务思路和控制)架构和 OpenSoT(全身控制库)[90]。

LAAS 架构由决策层、执行控制层和功能层共 3 个层次组成。最高层决策层具有任务规划和执行监控管理的功能,能够对来自其他层的事件进行回应;中间层执行控制层动态地控制和协调功能层的各个模块;最低层功能层能够完成机器人内置基本动作,如运动控制等。这种结构层次分明且结构清晰。

iTaSC 是一种基于约束的系统方法,通过传感器执行复杂的任务。iTaSC 包括瞬时任务规范和在一个不确定的框架中进行几何不确定性评估。自动控制器和估计方程的推导在系统任务建模的过程中遵循几何任务模型。这种方法适用于各种各样的机器人系统(移动机器人、多机器人系统、动态人机交互等)[91]。

OpenSoT 提供了一个全身控制库技术,提供不同类别任务、约束、边界的策略来解决动力学问题。OpenSoT 是一个面向全身控制的机器人库,实现它的方法是通过分离任务和运用逆向求解器进行运动学求解。对于同样的任务通过不同的求解器描述,这使得控制变换更容易。OpenSoT 旨在提供一种标准方法用于描述实体,同时建立一个共同体的资源库,有利于创建一个友好综合的用户界面。

10.6.2 其他用途机器人控制方法介绍

1. 基于 Android 手机的家用机器人控制技术

作为服务机器人的一种，家用机器人可以提供防盗监测、休闲娱乐、家电控制、病况监视等服务，针对家用机器人的这一特点需要对家用机器人进行远程控制，主要分为视频监控、传感器信息的获取和运动控制。但是无论是基于 Internet 网络和 PC 终端，还是基于 GSM/GPRS 移动网络或无线电、蓝牙、红外等无线网络的远程控制，都存在局限性，无法实现随时随地对家用机器人进行实时控制。随着 3G 网络的迅速发展，设计利用便携性强的 Android 智能手机和覆盖范围广的 3G 移动网络对家用机器人进行远程控制，能够随时随地了解家庭状况，对于提升家用机器人的服务水平和推动机器人走进家庭生活具有重要意义。

此远程控制系统包括服务器、客户端和下位机三部分。其中服务器程序运行于 Windows 系统平板电脑上，客户端程序运行于 Android 系统智能手机上，服务器和客户端使用统一的 Visible Light Communication（VLC）视频框架提供的 Lib VLC 接口实现远程视频监控功能。服务器程序采用 Microsoft Foundation Classes（MFC）进行开发，调用 VLC 的动态链接库实现了摄像头图像采集、视频编码和 RTP 封包。利用 Real – Time Streaming Protocol（RTSP）协议同客户端交互控制 RTP 报文的发送，实现了视频数据的流式传输。

2. 基于多层 CPG 的运动控制技术

针对足式机器人存在对未知复杂环境中运动控制的难点，采用完整模拟生物运动控制机制的多层中枢模式发生器（CPG）运动控制方法，同时对生物 CPG 的多层神经网络结构、生物与环境的交互运动控制机制及生物 CPG 对多关节与多肢体的协调控制进行模拟，建立完整的仿生控制结构，使其能够在未知、复杂环境中，独立地完成足式机器人的运动控制，且运动具有稳定性、对环境变化的适应性及多关节、肢体的协调性。

10.6.3 其他用途机器人控制技术的发展方向

传统的机器人控制系统基本采用专用计算机和专用机器人语言、专用微处理器的封闭式控制系统结构。这种结构限制了机器人系统的扩展性和灵活性，不利于进一步的扩展和开发。而通用、可靠、开放和实时动态的开放式控制系统，已是机器人控制系统发展的必然趋势。

随着工业自动化逐渐向智慧自动化发展，生产线上对于高效率且智能化运作的机器人需求日益迫切，特定应用积体电路（ASIC）及特定应用标准产品（ASSP）将难以提供系统商灵活的开发平台；然而，Field – Programmable Gate Array（FPGA）则能为系统开发商提供高弹性、高扩展性的开发环境，这将是控制系统设计发展的主流方向。

机器人控制技术主要包括位置控制技术、力矩控制技术与智能控制技术等三方面内容，力矩控制技术和位置控制技术是基础，智能控制技术是研究的发展方向。

机器人智能控制技术主要包含以下两个方面的特点：

1. 系统运行模式智能化

机器人的控制系统是数学模式和非数学模式的整合。也就是说，当机器人遇到数字问题时，就是采用数字运算系统来进行工作；而当机器人遇到复杂性问题时，就会运用系统储存知识来进行工作。因此,机器人智能化控制系统很有实效性,不仅可以解决数字运算问题,还可以解决复杂的判断性问题,它的研发重点不再是简单的数字模型模式,而是智能推理模式。所以,机器人系统在设计时不仅要把机器人运作知识录入到系统中,也要把智能识别和推理能力设计到系统中,这样才能保证机器人运行模式智能化,从而可以自我运行和完成工作任务。

2. 控制系统具有组织能力

智能化机器人的运作系统具有组织能力,可以对工作任务进行计划,从而一步一步完成工作任务。这种组织性控制系统和人类大脑一样,有一定的逻辑思维能力,因此,该系统在开发中要录入符号和数据,让系统可以进行自我推理,从而解决实际运作中的一些复杂问题,这种智能化控制有一定的能动性,是机器人智能化控制的核心系统。

经过这些年的发展,机器人控制技术在很多领域得到了充分的应用,并且在不断地深入。

触觉反馈遥操作机器人由最初的核工业领域应用扩展到深空探测、微创医疗、海洋开发和微操作等领域,其控制技术包括有通信延迟的触觉反馈控制和无通信延迟的触觉反馈,朝着两个方向并行发展:第一,以四通道方法为控制基础,发展出新的异构形式和多机器人控制结构,系统透明性通过干扰抑制来提高;第二,以无源性理论以及干扰观测理论为控制基础,对于时变延迟系统发展出了高透明双向控制和多向控制方法。

视觉反馈控制机器人凭借视觉系统具有了初步的"视觉"功能,但目前机器人的视觉控制水平还比较低级,尤其是以下问题还不能得到有效解决,如 3D 双目协调联动、头眼协调控制、对突然变化或不可预测的运动目标的跟踪、大视野与精确跟踪的矛盾以及因剧烈震动引起的视线偏离补偿等。近年来,借鉴生物头眼协调运动灵活改变视线的神经控制机理构建智能仿生眼是机器人视觉控制研究的新热点。

空间机器人的传统控制方法主要以 PID 控制和计算力矩控制方法为主。其中 PID 控制无法实现高精度跟踪控制,且由于空间机器人的非线性特点,无法满足较大的控制能量要求。计算力矩置法则依赖于精确的系统动力学模型,由于空间机器人很难预先获得精确的数学模型,且存在摩擦干扰等不确定因素的影响,再加上空间机器人所处的特殊环境(如燃料的消耗),会造成系统参数发生变化,这些均对计算力矩控制法的应用构成了很大的挑战。针对传统控制方法的应用局限性,近年来鲁棒自适应控制法、神经网络控制法和输出反馈控制法等控制方法不断应用到空间机器人的运动控制上,解决了空间机器人无速度信息情况下非线性系统的控制问题。另外,由于摩擦死区作为空间机器人的非线性特性的主要表现形式,严重影响了控制系统的性能,虽然以上方法中,神经网络控制方法可以较好地补偿系统死区非线性,但是自适应控制动态性较差,由于神经网络控制采用的并行处理系统对硬件要求较高的局限性影响了神经网络控制方法的工程应用。

第 11 章　数控系统接口技术

一般对 CNC 装置输入/输出和通信接口有四个方面的要求:其一,用户要能将数控命令、代码输入系统,系统要具备拨盘、键盘、软驱、串口、网络接口之类的设备;其二,需具备按程序对继电器、电动机等进行控制的能力和对相关开关量(如超程、机械原点等)进行检测的能力;其三,系统有操作信息提示,用户能对系统执行情况、电动机运动状态等进行监视,系统需配备有 LED(数码管)、CRT(阴极射线管)、LCD(液晶显示器)、TFT(薄膜晶体管)等显示接口电路;其四,随着工厂自动化(FA)及计算机集成制造系统(CIMS)的发展,CNC 装置作为分布式数控系统(DNC)及柔性制造系统(FMS)的重要基础部件,应具有与 DNC 计算机或上级主计算机直接通信的功能或网络通信功能,以便于系统管理和集成。

11.1　数控系统输入输出设备接口

11.1.1　键盘输入接口

键盘是数控机床最常用的输入设备,是实现人机对话的一种重要手段,通过键盘可以向计算机输入程序、数据及控制命令。键盘有两种基本类型:全编码键盘和非编码键盘。

全编码键盘每按下一键,键的识别由键盘的硬件逻辑自动提供被按键的 ASCII 代码或其他编码,并能产生一个选通脉冲向 CPU 申请中断,CPU 响应后将键的代码输入内存,通过译码执行该键的功能。此外还有消除抖动、多键和串键的保护电路。这种键盘的优点是使用方便,不占用 CPU 的资源,但价格昂贵。

非编码键盘,其硬件上仅提供键盘的行和列的矩阵,其他识别、译码等全部工作都是由软件来完成。所以非编码键盘结构简单,是较便宜的输入设备。这里主要介绍非编码键盘的接口技术和控制原理。

非编码键盘在软件设计过程中必须解决的问题是:识别键盘矩阵中被按下的键;产生与被按键对应的编码,消除按键时产生的抖动干扰,防止键盘操作中串键的错误(同时按下一个以上的键)。图 11 - 1 是一般微机系统常用的键盘结构线路。它是由 8 行 × 8 列的矩阵组成,有 64 个键可供使用。行线和列线的交点是单键按钮的接点,键按下,行线和列线互通。CPU 的 8 条低地址线通过反相驱动器接至矩阵的列线,矩阵的行线经反相三态缓冲器接至 CPU 的数据总线上。CPU 的高位地址通过译码接至三态缓冲器的控制端,所以 CPU 访问键盘是通过地址线,与访问其他内存单元相同。键盘也占用了内存空间,若高位地址译码的信号是 38H,则 3800H ~ 38FFH 的存储空间为键盘所占用。

键盘输入信息的过程是这样的:

(1)操作者按下一个键。

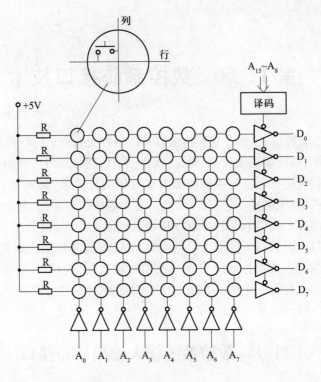

图 11－1　8×8 键盘矩阵

（2）查出按下的是哪一个键,称为键扫描。

（3）给出该键的编码,即键译码。在这种方式中,键的识别和译码是由软件来实现的,采用程序查询的方法来扫描键盘。其扫描的步骤如下：

平时三态缓冲器的输入端是高电平。扫描键盘是否有键按下,首先访问键盘所占用的空间地址,高位地址选通,经译码器打开三态缓冲器的控制端,低位地址 $A_0 \sim A_7$ 全为高电平,然后检查行线,用读入数据的方法判断 $D_0 \sim D_7$ 是否全为零,若全为零,则表示没有键按下。程序再反复扫描,直到查出输入的信息不是零,某一根数据线为高电平,表示键盘中有一个键按下,根据数据的值知道按键是在哪一行。查到有键按下后,必须找出键在哪一列上。接着 CPU 再逐列扫描地址线,其方法是使第 1 列地址线为高,其他 7 列为低,然后再读入数据检查行线,是否有一根数据线为高,若不为高,则使第 2 列为高,其余列为低,再读入数据,是否全零,依此类推一直到读入数据不是全零,即可找出所按下的键在哪一列。

找到按下的键所属的行列,就知按下的是什么键,通过程序处理即可执行按键的功能。以 Z80CPU 为例,键盘扫描的参考程序如下（键盘的占用存储空间为 3800H ～ 38FFH）：

```
        ORG   3000H
KEY：  LD    A,(38FFH)；  列线全为高、读行线
        CP    0
        JR    Z,KEY；     无键按下重复扫描
        LD    B,A；       有键按下保存行值
```

308

```
CALL    D20ms;          消除抖动
LD      A,(3801H);      使第 1 列为高,逐列检查
CP      0
JR      NZ,KEY1;        是第 1 列,转键功能处理
LD      A,(3802H);      不是第 1 列,检查第 2 列
CP      0
JR      NZ,KEY2;        是第 2 列,转键功能处理
LD      A,(3804H);
...
```

注意,当按下键时,由于键是机械触点,因此,键在闭合过程中会产生抖动,图 11 - 2 是一个典型的键触点,当键按下时的抖动变化情况。抖动时间一般在十几毫秒之内,在抖动期间,开关多次闭合和断开,造成输入信息的不可靠。所以,消除抖动影响的最简单办法是在键按下稳定后再查键的信息。克服抖动的常见方法是:①用硬件滤波;②用软件延迟程序,即用软件延时程序待键稳定后再读键的代码。此外,对于多键或串键的问题,一般也是通过软件进行处理。对于多键或串键按下,由于扫描后读入数据信息不是一根数据线为高,可作按下键无效处理。

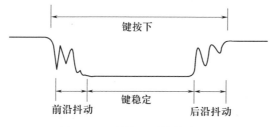

图 11 - 2　键按下时的抖动情况

图 11 - 3 是键盘的另一种硬件结构,它由 6 行 × 5 列的矩阵组成。与上述键盘线路不同之点是,键盘矩阵的行线和列线是通过接口地址与 CPU 通信。

用输入、输出指令来扫描指令,其扫描过程如下:先通过接口 A 执行一条输出指令,使锁存器输出为全高,经反相驱动器使行线为全低,再通过接口 B 执行一条输入指令,读入列线。若读入数据为全高,表明无键按下;若不是全高,则表明有键按下。然后再逐行扫描,以确定哪一个键按下,其过程与图 11 - 3 的键盘相同。

这种键盘结构的特点是键盘不占用内存空间,是常用的一种键盘结构。

11.1.2　显示器输出接口

现代 CNC 装置采用 CRT 作为显示器,它既能显示字符,又能显示图形。利用 CRT 的软键和软键菜单使操作简化,且丰富了操作内容。还可利用 CRT 直接在 CNC 装置上进行人机对话方式的程编过程。CNC 装置能一面进行编程或输入,一面进行数控加工。此外还可利用 CRT 的图形功能进行零件加工程序的仿真,显示零件的轮廓,刀具轨迹、判断加工程序是否合格,检查加工过程中是否出现干涉现象。

1. CRT 显示接口

CRT 中有一类产品是只能显示数字和文字的字符显示器,它大都是 9 英寸的单色显

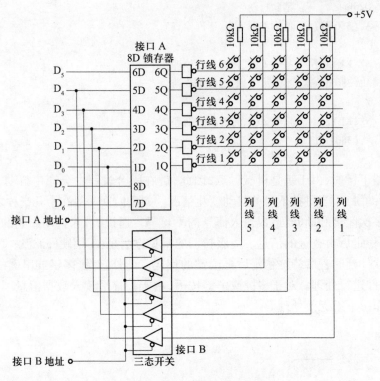

图 11 – 3　键盘输入电路

示器。另一类是既可显示字符又能显示图形的显示器,它多为 14 英寸彩色显示器。

字符显示器的结构比较简单,但它是基础,用它来说明 CRT 的基本工作原理比较方便。这类显示器的视频接口(Video Interface)结构框图如图 11 – 4 所示。

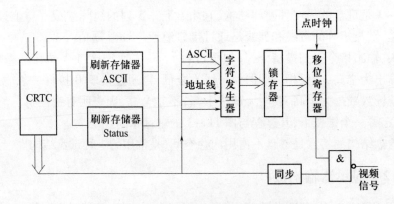

图 11 – 4　字符显示器的视频接口结构框图

屏幕上的字符或图形显示是靠 CRT 中高速运动的电子束不断扫描形成的。电子束打在光屏的磷光化合物上形成光点,光点强度取决于电子束强度,它是可控的。

要形成一幅画面,电子束必须有规律地从左到右,自上而下进行有规则的扫描运动。由偏转电路控制电子束完成这种扫描运动,如图 11 – 5 所示。电子束从屏幕最左顶端 0 开始水平扫描。水平扫描包括水平正程和水平返程。水平正程在屏幕上形成光栅,返程通过消隐信号,使之在屏幕上不形成光栅,即消隐。当电子束从上向下扫到最后一行的右端,垂直正程结束,开始垂直返程(消隐过程),光点重新到原点 0,完成一帧扫描。随后又开始新一帧的扫描。为了与人们视觉暂留特性相配合,帧扫描为每秒 50 次,人们就不会感到屏幕的闪烁。

为了能在 CRT 屏幕上形成图形,必须用视频接口来产生视频信号(Video Signal),以控制电子束的强度,它必须与电子束扫描过程相配合(同步),这样才能在屏幕的确定位置出现稳定的图像。

字符的显示以光点点阵形式表示,常用显示格式 5×7 点阵。为了保证相邻字符显示清晰起见,左右各空一线,上部空一线,下部空两线,即 10 线格式。图 11-6 为 10 线格式的 5×7 点阵的字符 A。各种点阵字符图形预先存放在 ROM 中,构成字符发生器(在 VDC 中)。用需要显示字符的 ASCⅡ代码选择字符发生器中相对应的字符点阵,用线地址选择出字符的线代码(5×7 时为 5 根(位)并行输出的线代码),但视频信号与光栅扫描是同步配合的,它应是串行脉冲信号串,所以字符发生器的输出还要将并行输出的线代码转换成串行的。

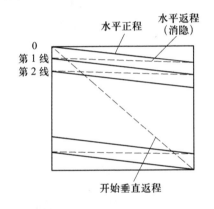

图 11-5　CRT 的扫描运动

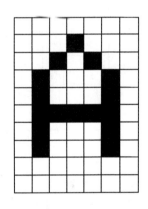

图 11-6　10 线格式的 5×7 点阵字符 A

为了视觉的稳定,CRT 应逐帧重复显示,即要完成帧面信号周期再生。为此接口设有刷新存储器(还有状态刷新存储器,用以存储字符属性,闪烁和高亮度标志等)。它应是屏幕显示格式的映像。例如西门子的 Sinumerik810/850 的字符显示格式的 41 字符 × 17 行。刷新存储的每一映像存储单元都对应屏幕相应字符位置的一个字符。把要在屏幕该位置显示的字符事先存入刷新存储的相应映像存储单元中。当 CRT 扫描对屏幕上某一字符位置时,由 CRT 控制器将刷新存储器对应位置的映像单元中读出 ASCⅡ代码。并将它送至字符发生器,经并/串变换产生视频信号。扫描光栅逐帧重复进行,根据刷新存储器内容而生成的视频信号也逐帧重复,在屏幕上形成稳定的画面。

要显示的内容经总线送至刷新存储器。只要刷新存储器有新内容,屏幕就显示这个新内容,否则 CRT 重复显示原来的信息内容。

采用 14 英寸彩色显示器时屏幕还能显示各种图形。它有两种工作模式:字符工作模式,这与单色显示器工作模式相同;另一模式是图形显示模式,在这种模式下显示器屏幕上的每一个点称为像素。它均可由程序控制其亮度和颜色,因而能显示出质量较好的图形。

为了产生字符,接口中应有字符发生器和字符刷新存储器,而彩色图形也应有图形刷新存储器。存储器的每一位相应屏幕上的一个像素,因此图形刷新存储器的容量与屏幕显示分辨率有关。

接口中另一重要组成部分是彩色编码器。它的功能是按字符属性或像素的颜色,编码成相应三元色(红色、绿色和蓝色)的视频信号。

图 11-7 是 FANUC11 系统的图形显示和键盘控制接口板的结构示意图。

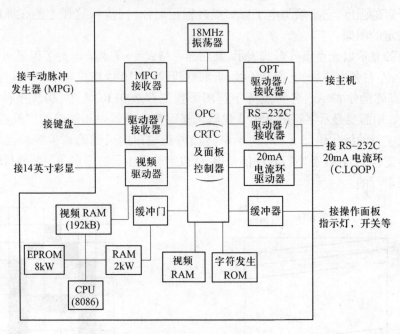

图 11-7 图形显示和键盘控制接口

2. CRT 显示内容

一般,CNC 装置的 CRT 可显示文字,显示当前位置的实际值、软件菜单,显示图形和程序的图形仿真,显示 NC 和 PLC 的信息说明,显示 NC 程序或若干个程序段,显示位移的跟踪误差(位移实际值与给定之差)。

为了更好地说明问题,图 11-8 表示出 Sinumerik810T 的屏幕显示的布置。每部分具体为:

操作方式显示 7 种操作方式中的一种:预置、手动数据输入(MDI)、进给、快速进给、增量点动、回基准点、自动方式。

NC 状态项显示下述信息:复位、单程序段、试运行、程序停生效、数据输出输入。并显示停机的原因:单程序段、程序停生效、暂停时间、个别释放信号丢失等。

报警、注释、PLC 信息段显示:NC 报警信号,存储在 NC 存储器中的注释、PLC 的信息。

中间正文部分显示:NC 有关信息。主要显示操作方式下各种变量及数值,例如实际值显示,当今的 G 功能,同时能显示 3 个 NC 程序段正文。还能显示测试的正文和数值,如刀具修正、零点漂移、图形仿真及加工循环等。

下部的对话部分:显示对操作者的提示信息,如按键开关并未按通、没有程序、小数点输入两次、程序段过长、存储器溢出等。

312

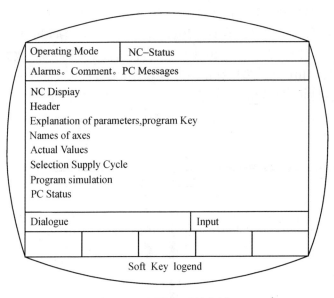

图 11 - 8　屏幕显示的布局

输入部分:显示按下键的名称,最下部的 5 小格是对软键功能的说明。

3. 软键和软键菜单

CNC 装置的 CRT 下方有若干个按键,按键功能可根据软件设定,故称为软键,借助软键和相应的软键菜单极大地方便操作和对控制功能的选择和加快在 CNC 装置上编程的过程。操作者根据菜单指示和软键的功能的说明,直接操作就可以了。如 810T 系统上的 5 个软键构成了庞大的菜单树,可以直接选择各种需要的功能,快速而方便。图 11 - 9 为菜单树的示意图。

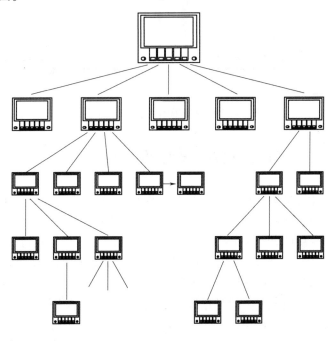

图 11 - 9　菜单树示意图

下例说明采用软键操作,数据通过串行接口输出的过程,如图 11 – 10 所示。

操作开始,屏幕显示情况如图 11 – 10(a)所示;若按下 Data-In-Out(数据输入/输出)软键后,屏幕显示立即变成图 11 – 10(b);此时,接着按下 Data-Out(数据输出)软键,屏幕显示转换成图 11 – 10(c)。若打算输出零件程序,则可按下 Part-Program(零件程序)软键,此时屏幕显示如图 11 – 10(d)所示。此时可根据需要输出主程序或子程序,可按下相应的软键,即可开始输出,按 Stop 软键,输出被停止。屏幕上还显示有关信息,如程序的起始和终止号、接口号等。

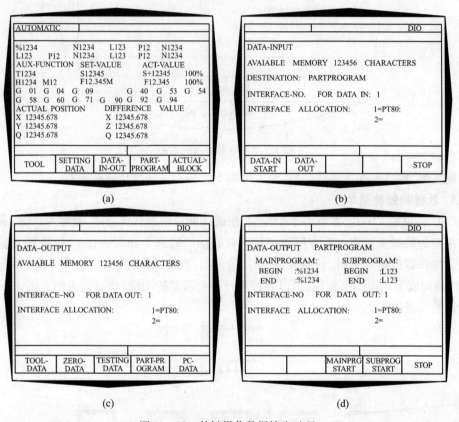

图 11 – 10　软键操作数据输出过程

11.2　数控系统的 I/O 接口

由专用或通用计算机构成的数控系统与外围设备之间进行信息交换不是直接进行的,而是通过接口来实现的。数控机床的接口指的是连接不同设备或系统使之能够进行信息传送和控制的交接部分。根据接口在同一个系统中担当任务及特性,可有不同名称的接口,一般将计算机与外部连接的接口称作输入/输出接口(即 I/O 接口)。

输入/输出接口是 CNC 系统与外界交换信息的必要手段,在 CNC 系统中占有重要的位置。不同的输入/输出设备与 CNC 系统相连接,采用与其相应的 I/O 接口电路和接口芯片。接口芯片一般分为专用接口芯片和通用接口芯片。前者专门用于特殊的输入/输出设备的接口,后者适用于多种设备的接口。CNC 系统和机床之间的来往信号,不能直

接连接,而要通过 I/O 接口电路连接起来,该接口电路的主要任务是:

(1)进行电平转化和功率放大,一般 CNC 系统的信号是 TTL 电平,而控制机床的电平则不一定是 TTL 电平,因此要进行必要的信号电平转换。在重负的情况下,为增强负载能力,还需要经过功率放大环节。

(2)防止噪声引起误动作,要用光耦合器、脉冲变压器或继电器将 CNC 系统和机床之间的信号在电器上加以隔离。输入接口是接收机床操作面板的各开关、按钮信号及机床的各种限位开关信号。因此有经触点输入的接收电路和以电压输入的接收电路,如图 11 - 11 和图 11 - 12 所示,触点输入信号是从机床送入数控系统的信号,要消除其抖动。输出接口是将各种机床工作状态灯的信息送到机床操作面板,把控制机床动作信号送到强电箱,因此有继电器输出电路和无触点输出电路,如图 11 - 13 和图 11 - 14 所示。

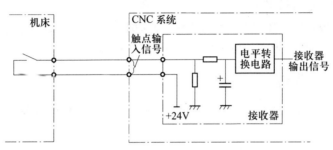

图 11 - 11　触点输入的接收电路

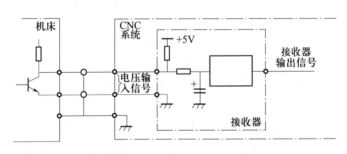

图 11 - 12　电压输入的接收电路

继电器输出由数控系统输出到机床的信号,用于显示指示灯,驱动继电器等,常用干簧继电器,其规格为

触点额定电压:DC 50V 以下;

触点额定电流:DV 500mA 以下;

触点容量:5VA 以下;

抖动时间:1ms 以下。

如图 11 - 13 所示,因用触点直接点亮指示灯时,有冲击电流流过,可能会损坏触点,需设置保护电路。

数控系统的无触点输出采用光耦合器输出,如图 11 - 14 所示。光耦合器的规格为

触点额定电压:DC 30V 以下;

触点额定电流:DC 40mA 以下;

漏电流:100μA 以下;

饱和电压:2V 以下。

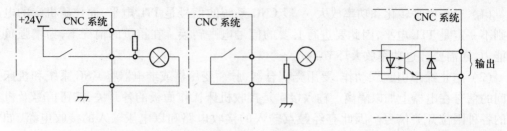

图 11-13 继电器输出电路 　　　　　　图 11-14 无触点输出电路

（3）控制设备的测量信号和控制信号采用模拟量时,在 CNC 系统与控制设备之间必需接入数/模和模/数转换电路。

（4）信号在传输过程中,由于衰减,噪声与反射等影响,会发生畸变。为此要根据信号类别及传输线的质量,采取一定措施并限制信号的传输距离。

11.2.1 接口规范

根据国际标准[ISO4336—1981(E)机床电气设备之间的接口规范]的规定,接口分为四类(见图 11-15):

第Ⅰ类 与驱动命令有关的连接电路;

第Ⅱ类 数控系统与检测系统和测量传感器间的连接电路;

第Ⅲ类 电源及保护电路;

第Ⅳ类 通断信号和代码与信号连接电路。

第Ⅰ类和第Ⅱ类均属于"数字控制"类,其接口传送的信息是数控系统与伺服驱动单元(即速度控制环)、伺服电机、位置检测和速度检测之间的控制信息及反馈信息,因此它们属于数字控制、伺服控制及检测技术范畴。

第Ⅲ类接口电路由数控机床强电线路中的电源控制电路构成。强电线路由电源变压器、控制变压器、各种断路器、保护开关、接触器、功率继电器及熔断器等连接而成,以便为辅助交流电动机、电磁铁、离合器、电磁阀等功率执行元件供电。强电线路不能与低压下工作的控制电路或弱电线路直接连接,也就是说不能和在 DC 24V,DC 15V 及 DC 5V 等低电压下工作的 RCL 与数控系统接口信号电路直接连接,只能通过断路器、热动开关、中间继电器等器件转换成直流低压下工作触点的开、合动作,才能成为继电器逻辑电路和 PLC 可接收的电信号。反之,由 RLC 或 CNC 系统输出来的信号,应先去驱动小型中间继电器,(一般工作电压直流 +24V),然后用中间继电器的触点接通强电线路的功率继电器去直接激励这些负载(电磁铁、电磁离合器、电磁阀线圈)。

第Ⅳ类开关信号和代码信号是数控系统与外部传送的输入输出控制信号。当数控系统带有 PLC 时,这些信号除极少数的高速信号外,均通过 PLC 传送。这第Ⅳ类接口信号根据其功能的必要性又可分为两种:①必需的信号以及为了保护人身和设备安全,或者为了操作、为了兼容性所必需的信号,如"急停""进给保持""NC 准备好"等;②任选的信号,并非任何数控机床都必须有,而是在特定的数控系统和机床相配条件下才需要的信号,如"行程极限""JOG 命令"(手动连续进给)、"NC 报警""程序停止""复位""M 信号"

"S信号""T信号"等。

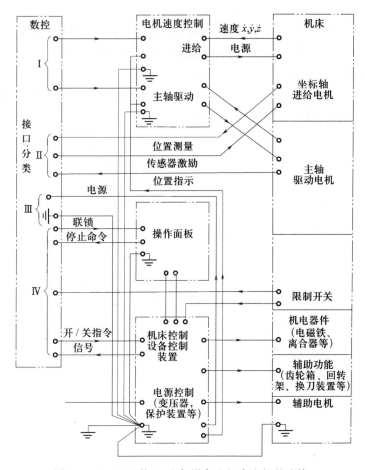

图 11 - 15　CNC装置、电气设备和机床之间的连接

11.2.2　接口电路

1. 机床开关量及其接口[100]

在数控机床中,由机床(MT)向CNC装置传送的信号称为输入信号;由CNC装置向MT传送的信号称为输出信号。这些输入/输出信号有:直流数字输入/输出信号、直流模拟输入/输出信号、交流输入/输出信号。而应用最多的是直流数字输入/输出信号,直流模拟信号用于进给坐标轴和主轴的伺服控制(或其他接收、发送模拟信号的设备),交流信号用于直接控制功率执行器件。接收或发送模拟信号和交流信号,需要专门的接口电路。实际应用中,一般都采用PLC,并配置专门的接口电路才能实现。通常,输入信号都先经光电隔离,使机床和CNC装置之间的信号在电气上实现隔离,防止干扰引起误动作。其次,CNC装置内一般是TTL电平,而要控制的设备或电路不一定是TTL电平,故在接口电路中要进行电平转换和功率放大,以及实行A/D转换。此外为了减少控制信号在传输过程中的衰减、噪声、反射和畸变等影响,还要按信号类别及传输线质量,采取一些措施和限制传输距离。

1) 直流输入信号接口电路

输入接口用于接收机床操作面板上的各开关、按钮信号及机床上的各种限位开关信号。因此,它们包括了以触点输入的接收电路和以电压输入的接收电路。图 11 – 16(a)表示触点(接点)输入电路(分为有源和无源两类),信号为无源触点时的输入情况。

CNC 接口中有触点供电回路,信号使用双线,信号为有源的触点输入情况。图 11 – 16(b)表示信号使用单线,信号滤波常采用阻容滤波器,电平转换采用三极晶体管或光电隔离电平转换器。光电隔离器既有隔离信号防干扰的作用,又起到了电平转换的作用,在 CNC 接口电路中被大量使用。

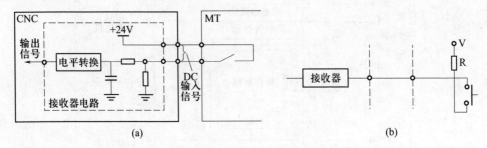

图 11 – 16　输入接口电路

为了防止接点输入电路中的接点抖动,只凭滤波的方法不能解决根本问题,现在经常采用斯密特电路或 R – S 触发器来整型,如图 11 – 17 所示。

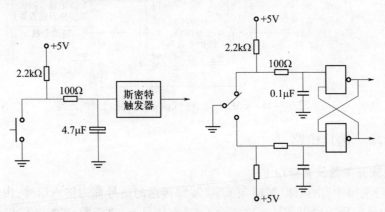

图 11 – 17　用斯密特电路消除接点抖动

以电压输入的接口电路如图 11 – 18 所示。

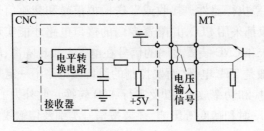

图 11 – 18　电压输入接口电路

318

2）直流输出信号接口电路

输出接口是将机床各种工作状态送到机床操作面板上用灯显示出来,把控制机床动作的信号送到强电箱。因此,有继电器输出电路(图 11-19(a))和无触点输出电路(图 11-19(b))。

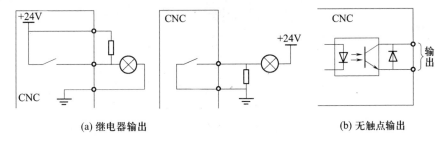

(a) 继电器输出　　　　　　　　　　　　　　　　(b) 无触点输出

图 11-19　直流输出信号接口电路

图 11-20 是负载为指示灯的典型信号输出电路;图 11-21 是负载为继电器线圈的典型信号输出电路。当 CNC 有信号输出时,基极为高电平,晶体管导通,此时输出状态为 0,电流流过指示灯或继电器线圈,使指示灯亮或继电器动作。

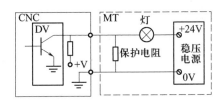　　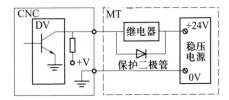

图 11-20　负载为指示灯信号输出电路　　　　图 11-21　负载为继电器线圈的信号输出电路

当 CNC 无输出时,基极为低电平,晶体管截止导通,输出信号状态为 1,不能驱动负载。

在输出电路中需要注意对驱动电路和负载器件的保护。

对于继电器一类电感性负载,必须安装火花抑制;对于电容性负载,应在信号输出负载线路中串联限流电阻(其阻值应确保负载承受的瞬时电流和电压被限制在额定值内);在用晶体管输出直接驱动指示灯时,冲击电流可能损坏晶体管,为此应设置保护电阻以防晶体管被击穿;当被驱动负载是电磁开关、电磁离合器、电磁阀线圈等交流负载,或虽是直流负载,但工作电压或工作电流超过输出信号的工作范围时,应先用输出信号驱动小型中间继电器(一般工作电压 +24V),然后,用它们的触点接通强电线路的功率继电器或直接去激励这些负载(图 11-22)。当 CNC 与 MT 之间有 PC 装置时,PLC 本身具有交流输入、输出信号接口;或有用于直流大负载驱动的专用接口时,输出信号就不必经中间继电器过渡,即可以直接驱动负载器件(这种方案最可靠、最安全)。

3）直流数字输入、输出信号的传送

直流数字输入、输出信号即开/关量 I/O 信号,它们在 CNC 和机床之间传送通过接口存储器进行。机床上各种 I/O 信号均在存储器中占有某一位,该位的状态是二进制的 0 和 1,分别表示开、关或继电器处于断开、接通状态。CNC 装置中的 CPU 定时从接口存储器回收状态,并由软件进行相应处理。同时又向接口输出各种控制命令,控制强电箱的动作。图 11-23 为一种接口电路信号传送框图。

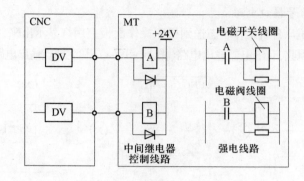

图 11 - 22　大负载驱动输出电路

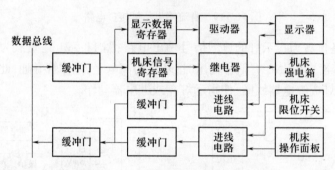

图 11 - 23　接口电路信号传送框图

2. 串行通信及其接口

数据在设备间的传送可用串行方式或并行方式。相距较远的设备数据传送采用串行方式。串行接口需要有一定的逻辑,将机内的并行数据转换成串行信号后再传送出去,接收时也要将收到的串行 I/O 信号经过缓冲器转换成并行数据,再送至机内处理。常用芯片 8251A、MC6850、6852 等,可以实现这些功能。

为了保证数据传送的正确和一致,接收和发送双方对数据的传送应确定一致的且互相遵守的约定,它包括定时、控制、格式化和数据表示方法等。这些约定称为通信规则(procedure)或通信协议(protocol)。串行传送分为异步协议和同步协议两种。异步传送比较简单,但速度不快。同步协议传送效率高,但接口结构复杂,传送大量数据时使用。

异步串行传送在数控机床上应用比较广泛,现在主要的接口标准有 RS - 232C/20mA 电流环和 RS - 422/RS - 449。CNC 装置中 RS - 232C 接口(见图 11 - 24)用以连接输入/输出设备(PTR、PP 或 TTY),外部机床控制面板或手摇脉冲发生器传输速率不超过 9600 b/s,使用 RS - 232C 接口时要注意如下问题:

(1) RS - 232C 规定了数据终端设备(DTE)和数据通信设备(DCE)之间的信号联系关系,故要区分互相通信的设备是 DTE 还是 DCE。计算机或终端设备为 DTE,自动呼叫设备、调制解调器、中间设备等为 DCE。

(2) RS - 232C 有两个地。一个是机壳地,它直接连到系统屏蔽罩上。另一个是信号地,这个地必须连到一起,它是对所有信号提供一个公共参考点。但信号地不一定与机壳绝缘,这是 RS - 232C 潜在的一个问题,造成长距离传输不可靠。一般一对器件间电缆总长不得超过 30m。

320

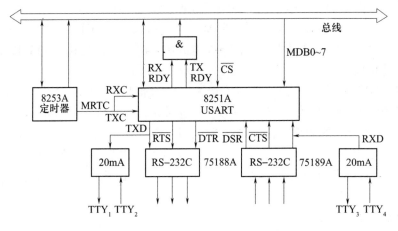

图 11 - 24　RS - 232C 接口

（3）RS - 232C 规定的电平与 TTL 和 MOS 电路电平均不相同。RS - 232C 规定逻辑 0 至少为 3V,逻辑 1 为 - 3V 或更低。电源通常采用 ±12V 或 ±15V。输出驱动器通常采用 75188 或 MC1488;输入接收器采用 75189 或 MC1489,传输频率不超过 20kHz。

CNC 的 20mA 电流环通常与 RS - 232C 一起配置,过去它主要用于连接电传打字机和纸带穿孔复校设备。该接口特点是电流控制,以 20mA 电流作为逻辑 1,零电流为逻辑 0,在环路中只有一个电源。电流环对共模干扰有抑制作用,并可采用隔离技术消除接地回路引起的干扰,传输距离比 RS - 232C 远。

电流环的电路如图 11 - 25 所示,其工作原理:

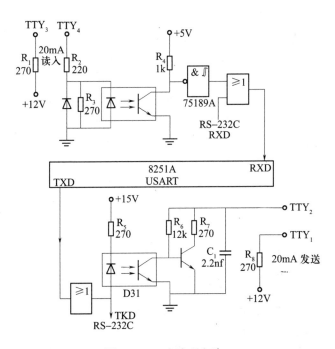

图 11 - 25　电流环电路

输入信号(TTY3、TTY4)经光电隔离和75189A整型后送至8251A的接收端RXD。输出时由8251A的TXD端输出经光电隔离D31与TTY1、TTY2相连。当TXD输出为1时,光电隔离D31断开,使晶体管T导通,20mA电流从+12V电源经R_g、TTY1和TTY2环路流动,相当逻辑1。

为了弥补RS-232C的不足,提出了新的接口标准RS422/RS449。RS-422标准规定了双端平衡电气接口模块。RS-449规定了这种接口的机械连接标准,采用了37脚的连接器,与RS-232C的25脚插座不同。它采用双端(即一个信号的正信号和反信号)驱动器发送信号,用差分接收器接收信号,能抗传送过程的共模干扰,保证更可靠,更快速的数据传送,还允许线路有较大的信号衰减,这样传送频率比RS-232C高得多,传送距离也远得多。

3. 网络通信及其接口

随着制造技术的不断发展,对网络通信要求越来越高,计算机网络是由通信线路,根据一定的通信协议互联起来的独立自主的计算机的集合,联网中的各设备应能保证高速和可靠的传送数据和程序。在这种情况下一般采取同步串行传送方式,在CNC装置中设有专用的微处理机的通信接口,完成网络通信任务。现在网络通信协议都采用以ISO开放式互联系统参考模型的七层结构为基础的有关协议,或采用IEEE802局部网络有关协议。近年来,制造自动化协议MAP(Manufacturing Automation Protocol)已很快成为应用于工厂自动化的标准工业局部网络的协议。FANUC、Siemens、A-B等公司表示支持MAP,在它们生产的CNC装置中可以配置MAP2.1或MAP3.0的网络通信接口。工业局部网络(LAN)有距离限制(几千米),要求较高的传输速率,较低的误码率,可以采用各种传输介质(如电话线、双绞线、同轴电缆和光导纤维等)。

ISO的开放式互联系统参考模型(OSI/RM)是国际标准化组织提出的分层结构的计算机通信协议的模型。这一模型是为了使世界各国不同厂家生产的设备能够互联,它是网络的基础。OSI/RM在系统结构上具有7个层次,如图11-26所示:

第1层　物理层。功能为相邻节点间传送信息及编码。

第2层　数据链路层。功能为提供相邻节点间帧传送的差错控制。

第3层　网络层。完成节点间数据传送的数据包的路径和由来的选择。

第4层　传输层。提供节点至最终节点间可靠透明的数据传送。

第5层　会议层。功能为数据的管理和同步。

第6层　表示层。功能为格式转换。

第7层　应用层。直接向应用程序提供各种服务。

通信一定在两个系统的对应层次内进行,而且要遵守一系列的规则和约定,这些规则和约定称为协议。OSI/RM最大优点在于有效地解决了异种机之间的通信问题。不管两个系统之间差异有多大,只要具有下述特点就可以相互通信:

(1)它们完成一组同样的通信功能;

(2)这些功能分成相同的层次,对等层提供相同的功能;

(3)同等层必须遵守共同的协议。

局部网络标准由IEEE802委员会提出建议,并已被ISO采用。它只规定了数据链路层和物理层的协议。其数据链路层包括逻辑链路控制(LLC)和介质存取控制(MAC)两

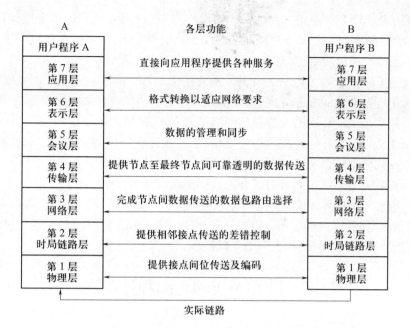

图 11-26 OSI/RM 的 7 层结构

个子层。MAC 子层根据采用的 LAN 技术又分为 CSMA/CD 总线(IEEE802.3)、令牌总线(Token Bus IEEE802.4)、令牌环(Token Ring IEEE802.5)。物理层也包括两个子层:介质存取单元(MAU)和传输载体(Carrier)。MAU 分为基带、载带和宽带传输。传输载体有双绞线、同轴电缆、光导纤维等(见图 11-27)。

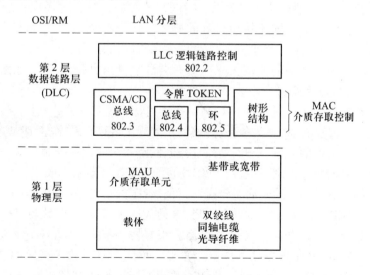

图 11-27 LAN 的分层结构

西门子公司开发了总线结构的 SINEC H1 工业局部总线,遵守 OSI/RM 协议,可以连接成 FMC 和 FMS。其 MAC 子层遵守 CSMA/CD 总结协议,协议采用自行研制的自动化协议 SINEC AP1.0(Automation Protocol)。

为了将 Sinumerik850 系统连接到 SINEC H1 网络,在 Sinumerik850 系统中插入专用的

工厂总线接口板 CP535。通过 SINEC H1 网络,Sinumerik850 系统可以与主控计算机交换信息,传送零件程序,接受命令,传送各种状态信息等。此外 850 系统还可通过插入 AS512 接口板接入星形网络,实现点—点通信。

MAP 是美国 GM 公司发起研究和开发的应用于工厂车间环境的通用网络通信标准。目前已成为工厂自动化的通信标准,为许多国家和企业接受。它的特点:

(1) 采用适于工业环境的令牌通信网络访问方式,网络为总线结构。

(2) 采用适于工业环境的技术措施,提高了工业环境应用的可靠性。如在物理层采用宽带技术及同轴电缆以抗电磁干扰,传输层采用高可靠的传输服务。

(3) 具有较完善的明确而针对性强的高层协议以支持工业应用。

(4) 具有较完善的体系和互联技术,使网络易于配置和扩展。低层次应用可配 Mini MAP(只配数据链路层、物理层和应用层),高层次应用可配置完整的带 7 层协议的 MAP。此外还规定了网络段、子网和各类网络互联技术。

11.3　数控系统的可编程控制器

11.3.1　可编程控制器工作原理

1. 数控机床上的两类控制信息

在数控机床上有两类控制信息:一类是控制机床进给运动坐标轴的位置信息,如数控机床工作台的前、后、左、右移动;主轴箱的上、下移动和围绕某一直线轴的旋转运动位移量等。对于数控车床是控制 Z 轴和 X 轴的移动量;对于三坐标数控机床是控制 X、Y、Z 轴的移动距离;同时还有各轴运动之间关系,插补、补偿等的控制。这些控制是用插补计算出的理论位置与实际反馈位置比较后得到的差值,对伺服进给电机进行控制而实现的。这种控制的核心作用就是保证实现加工零件的轮廓轨迹,除点位加工外,各个轴的运动之间随时随刻都必须保持严格的比例关系。这一类数字量信息是由 CNC 系统(专用计算机)进行处理的,即"数字控制"。

另一类是数控机床运行过程中,以 CNC 系统内部和机床上各行程开关、传感器、按钮、继电器等的开关量信号状态为条件,并按照预先规定的逻辑顺序,对诸如主轴的开停、换向,刀具的更换,工件的夹紧、松开,液压、冷却、润滑系统的运行控制。这一类控制信息主要是开关量信号的顺序控制,一般由 PLC 可编程逻辑控制器来完成。

PLC 控制的虽然是动作的先后逻辑顺序,可它处理的信息是数字量 0 和 1。所以,不管是 PLC 本身带 CPU,还是 CNC 系统的 CPU 来处理这些信号,一台数控机床总是通过计算机将第一类数字量信息和第二类开关量信息很好协调起来,实现正常的运转和工作。因此,PLC 控制技术同样是数控技术的一个重要方面。而且对数控机床(包括其他机械设备)的工作情况分析理解得越透彻,设计的逻辑顺序也就越合理。这也是数控机床上数控系统(计算机)与机床之间的接口。学习和了解它的工作原理、应用方法,对其他机械设备的 PLC 控制将会起到触类旁通的作用。

2. 可编程控制器(PLC)及其工作过程

1) PLC 的基本概念及原理

可编程序控制器 PLC 是 20 世纪 60 年代发展起来的一种新型自动化控制装置。最早是用于替代传统的继电器控制装置,只有逻辑运算、定时、计数以及顺序控制等功能,而且只能进行开关量控制。随着技术的进步,PLC 与先进的计算机控制技术相结合而发展成为一种崭新的工业控制器,其控制功能已远远超出逻辑控制的范畴,正式命名为 Programmable Controller,但为了避免与个人计算机 Personal Computer 的简称 PC 相混淆,仍简称为PLC,国际电工委员会(IEC)对 PLC 所作定义如下:可编程控制器是一种专为在工业环境下应用而设计的数字运算操作的电子系统。它采用可编程序的存储器,用来在其内部存储执行逻辑运算、顺序控制、定时、计数和算术运算等操作的指令,并通过数字式、模拟式的输入和输出,控制各种类型的机械设备和生产过程。可编程序控制器及其有关设备,都应按易于与工业控制系统连成一个整体,易于扩充其功能的原则设计。

小型 PLC 的内部结构如图 11 – 28 所示。它由中央处理器(CPU)、存储器、输入/输出单元、编程器、电源和外部设备等组成,并且内部通过总线相连。

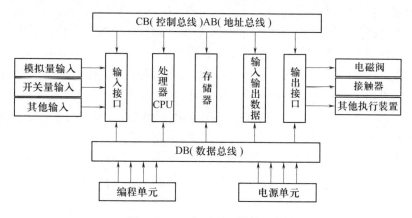

图 11 – 28　小型 PLC 结构示意图

中央处理器单元是系统的核心,通常可直接使用通用微处理器来实现,它通过输入模块将现场信息采入,并按用户程序规定的逻辑进行处理,然后将结果输出去控制外部设备。

存储器主要用于存放系统程序、用户程序和工作数据。其中系统程序是指控制和完成 PLC 各种功能的程序,包括监控程序、模块化应用功能子程序、指令解释程序、故障自诊断程序和各种管理程序等,并且在出厂时由制造厂家固化在 PROM 型存储器中。用户程序是指用户根据工程现场的生产过程和工艺要求而编写的应用程序,在修改调试完成后可由用户固化在 EPROM 中或存储在磁带、磁盘中。工作数据是 PLC 运行过程中需要经常存取,并且会随时改变的一些中间数据,为了适应随机存取的要求,它们一般存放在RAM 中。可见,PLC 所用存储器基本上由 PROM、EPROM 和 RAM 三种形式组成,而存储器总容量随 PLC 类别或规模的不同而改变。

输入/输出模块是 PLC 与外部设备之间的桥梁。它一方面将外部现场信号转换成标准的逻辑电平信号,另一方面将 PLC 内部逻辑信号电平转换成外部执行元件所要求的信号。根据信号特点又可分为直流开关量输入模块、直流开关量输出模块、交流开关量输入模块、交流开关量输出模块、继电器输出模块、模拟量输入模块和模拟量输出模块等。

编程器是用来开发、调试、运行应用程序的特殊工具,一般由键盘、显示屏、智能处理器、外部设备(如硬盘/软盘驱动器等)组成,通过通信接口与 PLC 相连。

电源单元的作用是将外部提供的交流电转换为可编程序控制器内部所需要的直流电源,有的还提供了 DC 24V 输出。一般来讲,电源单元有三路输出,一路供给 CPU 模块使用,一路供给编程器接口使用,还有一路供给各种接口模板使用。对电源单元的要求是很高的,不但要求具有较好的电磁兼容性能,而且还要求工作电源稳定,并且有过电流、过电压保护功能。另外,电源单元一般还装有后备电池(如锂电池),用于掉电时能及时保护 RAM 区中重要的信息和标志。

此外,在大、中型 PLC 中大多还配置有扩展接口和智能 I/O 模块。扩展接口主要用于连接扩展 PLC 单元,从而扩大 PLC 的规模。智能 I/O 模块就是它本身含有单独的 CPU,能够独立完成某种专用的功能,由于它和主 PLC 是并行工作的,从而大大提高了 PLC 的运行速度和效率。这类智能 I/O 模块有计数和位置编码器模块、温度控制模块、阀控制模块和闭环控制模块等。

PLC 在上述硬件环境下,还必须要有相应的执行软件配合工作。PLC 基本软件包括系统软件和用户应用软件。系统软件一般包括操作系统、语言编译系统和各种功能软件等。其中操作系统管理 PLC 的各种资源,协调系统各部分之间、系统与用户之间的关系,为用户应用软件提供了一系列管理手段,以使用户应用程序能正确地进入系统,正常工作。用户应用软件是用户根据电气控制线路图采用梯形图语言编写的逻辑处理软件。

PLC 内部一般采用循环扫描工作方式,在大、中型 PLC 中还增加了中断工作方式。当用户将应用软件设计、调试完成后,用编程器写入 PLC 的用户程序存储器中,并将现场的输入信号和被控制的执行元件相应地连接在输入模板的输入端和输出模板的输出端上,然后通过 PLC 的控制开关使其处于运行工作方式,接着 PLC 就以循环顺序扫描的工作方式进行工作。在输入信号和用户程序的控制下,产生相应的输出信号,完成预定的控制任务。由图 11 - 29 所示的 PLC 典型循环顺序扫描工作流程图可以看出,它在一个扫描周期要完成如下 6 个模块的处理过程。

(1)自诊断模块。在 PLC 的每个扫描周期内首先要执行自诊断程序,其中主要包括软件系统的校验、硬件 RAM 的测试、CPU 的测试、总线的动态测试等。如果发现异常现象,PLC 在作出相应保护处理后停止运行,并显示出错信息,否则将继续顺序执行下面的模块功能。

(2)编程器处理模块。该模块主要完成与编程器进行信息交换的扫描过程。如果 PLC 控制开关已经拨向编程工作方式,则当 CPU 执行到这里时马上将总线控制权交给编程器。这时用户可以通过编程器进行在线监视和修改内存中用户程序,启动或停止 CPU,读出 CPU 状态,封锁或开放输入/输出,对逻辑变量和数字变量进行读写等。当编程器完成处理工作或达到所

图 11 - 29 PLC 循环顺序扫描
工作流程图

326

规定的信息交换时间后,CPU 将重新获得总线的控制权。

（3）网络处理模块。该模块主要完成与网络进行信息交换的扫描过程,只有当 PLC 配置了网络功能时,才执行该扫描过程,它主要用于 PLC 之间、PLC 与磁带机或 PLC 与计算机之间进行信息交换。

（4）用户程序处理模块。在用户程序处理过程中,PLC 中的 CPU 采用查询方式,首先通过输入模块采样现场的状态数据,并传送到输入映像区。在 PLC 按照梯形图(用户程序)先左后右、先上后下的顺序执行用户程序的过程中,根据需要可在输入映像区中提取有关现场信息,在输出映像区中提取历史信息,并在处理后可将其结果存入输出映像区,供下次处理时使用或者以备输出。在用户程序执行完后就进入输出服务扫描过程,CPU 将输出映像区中要输出的状态值按顺序传送到输出数据寄存器,然后再通过输出模板的转换后送去控制现场的有关执行元件。现将该扫描过程如图 11 – 30 所示。

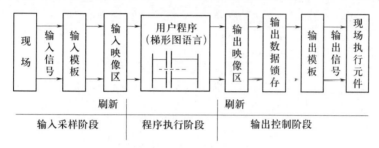

图 11 – 30　PLC 用户程序扫描过程

（5）超时检查模块。超时检查过程是由 PLC 内部的看门狗定时器 WDT(Watch Dog Timer)来完成,若扫描周期时间没有超过 WDT 的设定时间,则继续执行下一个扫描周期;否则若超过了,则 CPU 将停止运行,复位输出,并在进行报警后转入停机扫描过程。由于超时大多是硬件或软件故障而引起系统死机,或者是用户程序执行时间过长而造成,它的危害性很大,所以要加以监视和防患。

（6）出错处理模块。当自诊断出错或超时出错时,就进行报警,出错显示并作相应处理(例如将全部输出端口置为 OFF 状态,保留目前执行状态等),然后停止扫描过程。

2）PLC 的程序编制

PLC 的编程语言——梯形图。目前使用最普遍的编程语言是梯形图和语句表(梯形图助记符)。尽管各厂家的 PLC 各不相同,使用的编程语言也不完全相同,但梯形图的形式与编程方法基本上大同小异。图 11 – 31 所示为某机器人的控制过程,图 11 – 32 和图11 –33所示分别为该机器人的输入/输出及控制程序(三菱 FX 系列 PLC)。

（1）梯形图。这种编程方法与传统的继电器电路图设计很相似。梯形图是由电路接点和软继电器线圈按一定的逻辑关系构成的梯形电路。这种结构为一般技术人员所熟悉,这也是 PLC 能迅速普及的一个原因。

由图 11 –33(a)可见,梯形图两边的母线与继电器电路相似,但它不同于继电器电路。这两条母线没有电源,当控制接点全部接通时,并没有电流在梯形图中流过。在分析梯形图工作状态时,沿用了继电器电路分析的方法,流过梯形图的"电流"是一种虚拟电流。可见,梯形图只描述了电路工作的顺序和逻辑关系。另外,继电器线路图采用硬接线

327

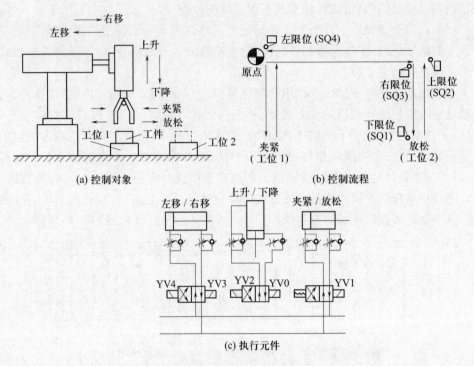

(a) 控制对象

(b) 控制流程

(c) 执行元件

图 11 - 31　机器人控制过程

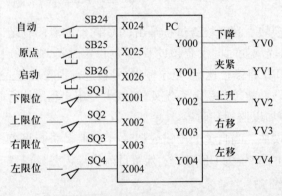

图 11 - 32　输入/输出

方式,而 PLC 梯形图使用的是内部继电器、定时/计数器等都是由软件实现的,使用方便,修改灵活,是继电器硬接线方式无法比拟的。

当使用梯形图编制用户程序时,一般都需要用带 CRT 屏幕显示的编程器,如智能型编程器或通用计算机。

(2) 语句表。当采用简易编程器编程时,无法直接用梯形图编制用户程序。为了使编程语言既保持梯形图的简单、直观和易懂的特点,又能采用简易编程器编制用户程序,于是产生了梯形图的派生语言——语句表,如图 11 - 33(b)所示。

语句表也称指令表或编码表。每一个语句包括语句序号(有的叫地址)、操作码(即指令助记符)和数据(参加逻辑运算等操作的软继电器号)。对于不同厂家的 PLC,其指令的表达方法(即指令助记符)不尽相同,在使用时要注意。

328

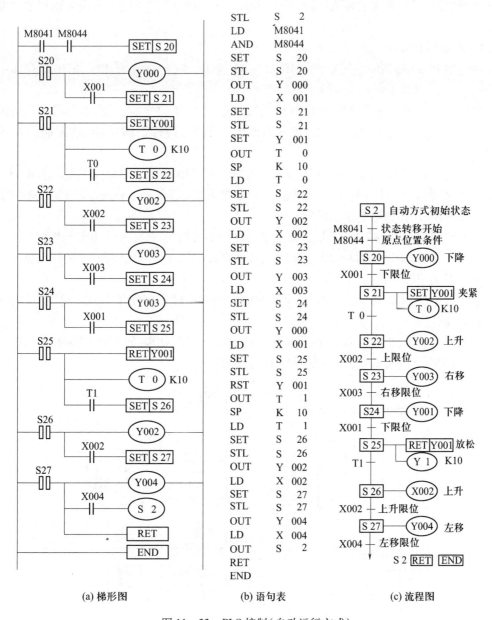

(a) 梯形图　　　　　(b) 语句表　　　　　(c) 流程图

图 11 - 33　PLC 控制(自动运行方式)

一般语句的编写可以根据梯形图逐步写出,也可以直接写出而不一定要有梯形图。对于简易编程器,可以通过其键盘键入语句表,将用户程序送入 PLC,对智能型或通用微机编程器,则既可直接用梯形图编程,又可用语句表编程。

除了以上两种方法外,还可以用控制系统流程图编程,如图 11 - 33(c)所示。为适应 PLC 应用的发展,计算机高级语言也已引入到了 PLC 的应用程序中来。

11.3.2　PLC 在数控系统中的应用

PLC 在数控系统中是介于数控装置与机床之间的中间环节,根据输入的离散信息,在

329

内部进行逻辑运算,并完成输入/输出控制功能,PLC 用在 CNC 系统中有内装型和独立型之分。

1. 内装型 PLC

内装型 PLC 的 CNC 系统框图如图 11-34 所示。它与独立型 PLC 相比具有如下特点:

(1) 内装型 PLC 的性能指标由其所从属的 CNC 系统的性能、规格来确定。它的硬件和软件部分被作为 CNC 系统的基本功能统一设计,具有结构紧凑、适配能力强等优点。

(2) 内装型 PLC 有与 CNC 共用微处理器和具有专用微处理器两种类型。前者利用 CNC 微处理器的余力来发挥 PLC 的功能,I/O 点数较少;后者由于有独立的 CPU,多用于顺序程序复杂、动作速度要求快的场合。

(3) 内装型 PLC 与 CNC 其他电路通常装在一个机箱内,共用一个电源和地线。

(4) 内装型 PLC 的硬件电路可与 CNC 其他电路制作在同一块印制电路板上,也可以单独制成附加印制电路板,供用户选择。

(5) 内装型 PLC,对外没有单独配置的输入/输出电路,而使用 CNC 系统本身的输入/输出电路。

(6) 采用 PLC,扩大了 CNC 内部直接处理的窗口通信功能,可以使用梯形图编辑和传送高级控制功能,且造价低,提高了 CNC 的性能价格比。

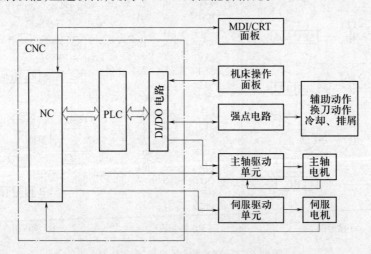

图 11-34 内装型 PLC 的 CNC 系统框图

内装型 PLC 与继电器逻辑电路(RLC)相比,具有响应速度快、控制精度高、可靠性高、柔性好、易与计算机联网等高品质的功能。

2. 独立型 PLC

独立型 PLC 与 CNC 机床的关系如图 11-35 所示。

独立型 PLC 的特点如下:

(1) 根据数控机床对控制功能的要求可以灵活选购或自行开发通用型 PLC。一般来说单机数控设备所需 PLC 的 I/O 点数多在 128 点以下,少数设备在 128 点以上,选用微型和小型 PLC 即可。而大型数控机床、FMC、FMS、FA、CIMS,则选用中型和大型 PLC。

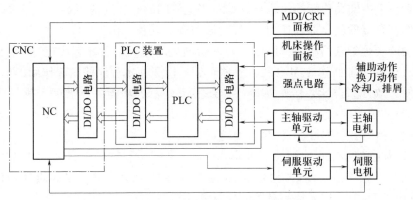

图 11-35　独立型 PLC 的 CNC 机床系统框图

（2）要进行 PLC 与 CNC 装置的 I/O 连接，PLC 与机床侧的 I/O 连接。CNC 和 PLC 装置均有自己的 I/O 接口电路，需将对应的 I/O 信号的接口电路连接起来。通用型 PLC，一般采用模块化结构，装在插板式笼箱内。I/O 点数可通过 I/O 模块或者插板的增减灵活配置，使得 PLC 与 CNC 的 I/O 信号的连接变得简单。

（3）可以扩大 CNC 的控制功能。在闭环（或半闭环）数控机床中，采用 D/A 和 A/D 模块，由 CNC 控制的坐标运动称为插补坐标，而由 PLC 控制的坐标运动称为辅助坐标，从而扩大了 CNC 的控制功能。

（4）在性能/价格比上不如内装型 PLC。总的来看，单微处理器的 CNC 系统采用内装型 PLC 为多，而独立型 PLC，主要用在多微处理器 CNC 系统、FMC、FMS、FA、CIMS 中具有较强的数据处理、通信和诊断功能，成为 CNC 与上级计算机联网的重要设备。单机 CNC 系统中的内装型和独立型 PLC 的作用是一样的，主要是协助 CNC 装置实现刀具轨迹和机床顺序控制。

3. M、S、T 功能的实现

PLC 处于 CNC 装置和机床之间，用 PLC 程序代替以往的继电器线路实现 M、S、T 功能的控制和译码。即按照预先规定的逻辑顺序对诸如主轴的启停，转向、转数，刀具的更换，工件的夹紧、松开，液压、气动、冷却、润滑系统的运行等进行控制。

1）M 功能的实现

M 功能也称辅助功能，其代码用字母 M 后跟随两位数字表示。根据 M 代码的编程，可以控制主轴的正反转及停止，主轴齿轮箱的变速，冷却液的开关，卡盘的夹紧和松开，以及自动换刀装置的取刀和还刀等。例如，某数控系统设计的基本辅助功能如表 11-1 所列。

表 11-1　基本辅助功能动作类型

辅助功能代码	功能	类型	辅助功能代码	功能	类型
M00	程序停	A	M07	液态冷却	I
M01	选择停	A	M08	雾状冷却	I
M02	程序结束	A	M09	关冷却液	A
M03	主轴顺时针旋转	I	M10	夹紧	H
M04	主轴逆时针旋转	I	M11	松开	H
M05	主轴停	A	M30	程序结束并倒带	A
M06	换刀准备	C			

表 11-1 中辅助功能的执行条件是不完全相同的。有的辅助功能在经过译码处理传送到工作寄存器后就立即起作用,故称为段前辅助功能,并记为 I,例如 M03、M04 等。有些辅助功能要等到它们所在程序段中的坐标轴运动完成之后才起作用,故称为段后辅助功能,并记为 A,例如 M05、M09 等。有些辅助功能只在本程序段内起作用,当后续程序段到来时便失效,记为 C 类,例如 M06 等。还有一些辅助功能一旦被编入执行后便一直有效,直至被注消或取代为止,并记为 H 类,例如 M10、M11 等。根据这些辅助功能动作类型的不同,在译码后的处理方法也有所差异。

例如,在数控加工程序被译码处理后,CNC 系统控制软件就将辅助功能的有关编码信息通过 PLC 输入接口传送到 PLC 中相应寄存器中,然后供 PLC 的逻辑处理软件扫描采样,并输出处理结果,用来控制有关的执行元件。

2) S 功能的实现

S 功能主要完成主轴转速的控制,并且常用 S2 位代码形式和 S4 位代码形式来进行编程。S2 位代码编程是指 S 代码后跟随两位十进制数字来指定主轴转速,共有 100 级 (S00 ~ S99) 分度,并且按等比级数递增,其公比为 $\sqrt[20]{10} = 1.12$,即相邻分度的后一级速度比前一级速度增加约 12%。这样根据主轴转速的上、下限和上述等比关系就可以获得一个 S2 位代码与主轴转速(BCD 码)的对应表格,它用于 S2 位代码的译码。图 11-36 所示为 S2 位代码在 PLC 中的处理框图,图中译 S 代码和数据转换实际上就是针对 S2 位代码查出主轴转速的大小,然后将其转换成二进制数,并经上、下限幅处理后,将得到的数字量进行 D/A 转换,输出一个 0 ~ 10V、0 ~ 5V 或 -10 ~ +10V 的直流控制电压给主轴伺服系统或主轴变频器,从而保证了主轴按要求的速度旋转。

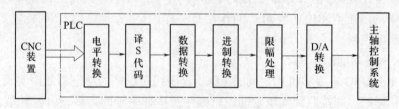

图 11-36 S 功能处理框图

S4 位代码编程是指 S 代码后跟随 4 位十进制数字用来直接指定主轴转速,例如,S1500 就直接表示主轴转速为 1500r/min,可见 S4 位代码表示的转速范围为 0 ~ 9999r/min。显然,它的处理过程相对于 S2 代码形式要简单一些,也就是它不需要图中"译 S 代码"和"数据转换"两个环节。另外,图中上、下限幅处理的目的实质上是为了保证主轴转速处于一个安全范围内,例如将其限制在 20 ~ 3000r/min 范围内,这样一旦给定超过上下边界时,则取相应边界值作为输出即可。

在有的数控系统中为了提高主轴转速的稳定性,保证低速时的切削力,还增设了一级齿轮箱变速,并且可以通过辅助功能代码来进行换挡选择。例如,使用 M38 可将主轴转速变换成 20 ~ 600r/min 范围,用 M39 代码可将主轴转速变换成 600 ~ 3000r/min。

据此可以写出 S4 代码编程的 S 功能软件流程图如图 11-37 所示。

在这里还要指出的是,D/A 转换接口电路既可安排在 PLC 单元内,也可安排在 CNC 单元内;既可以由 CNC 或 PLC 单独完成控制任务,也可以由两者配合完成。

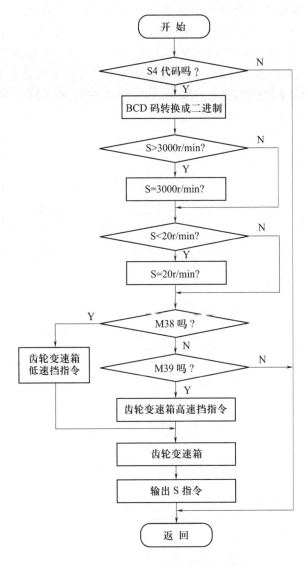

图 11 - 37　处理 S 功能的软件流程图

3）T 功能的实现

　　T 功能,即刀具功能,T 代码后跟随 2 位 ~5 位数字表示要求的刀具号和刀具补偿号。数控机床根据 T 代码通过 PLC 可以管理刀库,自动更换刀具,也就是说根据刀具和刀具座的编号,可以简便、可靠地进行选刀和换刀控制。根据取刀/还刀位置是否固定可将换刀功能分为随机存取换刀控制和固定存取换刀控制。在随机存取换刀控制中,取刀和还刀与刀具座编号无关,还刀位置是随机变动的。在执行换刀的过程中,当取出所需的刀具后,刀库不需转动,而是在原地立即存入换下来的刀具。这时,取刀、换刀、存刀一次完成,缩短了换刀时间,提高了生产效率,但刀具控制和管理要复杂一些。在固定存取换刀控制中,被取刀具和被还刀具的位置都是固定的,也就是说换下的刀具必须放回预先安排好的固定位置。显然,后者增加了换刀时间,但其控制要简单些。如图 11 - 38 所示为采用固定存取换刀控制方式的 T 功能处理框图,另外,数控加工程序中有关 T 代码的指令经译码处理后,由 CNC 系统控制软件将有关信息传送给 PLC,在 PLC 中进一步经过译码并在刀具数据表内检索,找到 T 代码指定刀号对应的刀具编号(即地址),然后与目前使用的刀号相比较。如果相同则说明 T 代码所指定的刀具就是目前正在使用的刀具,当然不必再进行换刀操作,而返回原入口处。若不相同则要求进行更换刀具操作,即首先将主轴上的现行刀具归还到它自己的固定刀座号上,然后回转刀库,直至新的刀具位置为止,最后取出所需刀具装在刀架上。至此才完成了整个换刀过程。

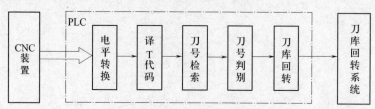

图 11-38 T 功能处理框图

据此可以写出处理 T 功能的软件流程如图 11-39 所示。

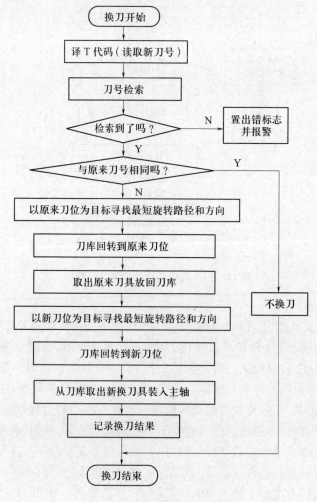

图 11-39 功能处理流程图

334

4. PLC 在数控机床上的应用实例

CNC 给 PLC 的信息主要是 M、S、T 等辅助功能代码。M 功能是辅助功能,根据不同的 M 代码,可以控制主轴,主轴齿轮箱变速,冷却液开关,卡盘的夹紧,自动换刀装置的取刀、归刀等运动。S 功能是主轴转速给定功能。可以用 4 位或两位代码指定主轴转速。PLC 处理 S 代码的过程,如图 11 - 40 所示。图中限位器的作用,当 S 代码给定的转速大于 3000r/min 时,限定主轴转速为 3000r/min;当 S 代码给定转速小于 20r/min 时,限定转速为 20r/min。这些数据均为二进制数,经 D/A 变换后转换成为 20 ~ 3000r/min 相对应的模拟量输出电压作为转速指令,以控制主轴的转速。

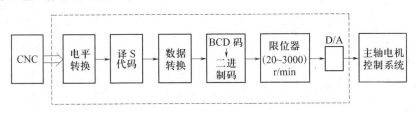

图 11 - 40　PLC 处理 S 代码的过程

1) 主轴的控制

(1) 主轴运动的控制。图 11 - 41 是控制主轴运动的局部梯形图。图中包括主轴旋转方向控制(顺时针旋转或逆时针旋转)和主轴齿轮换挡控制(低速挡或高速挡)。控制方式分手动和自动两种工作方式。当机床操作面板上的工作方式开关选在手动时,HS. M 信号为 1。此时,自动工作方式信号 AUTO 为 0(梯级 1 的 AUTO 常闭软接点为 1),由于 HS. M 为 1,软继电器 HAND 线圈接通,使梯级 1 中的 HAND 常开软接点闭合,线路自保,从而处于手动工作方式。

在"主轴顺时针旋转"梯级中,HAND = 1,当主轴旋转方向旋钮置于主轴顺时针旋转位置时,CW. M(顺转开关信号) = 1,又由于主轴停止旋钮开关 OFF. M 没接通,SPOFF 常闭触点为 1,使主轴手动控制顺时针旋转。

当逆时针旋钮开关置于接通状态时,和顺时针旋转分析方法相同,使主轴逆时针旋转。由于主轴顺转和逆转继电器的常闭触点 SPCW 和 SPCCW 互相接在对方的自保线路中,再加上各自的常开触点接通,使之自保并互锁,同时 CW. M 和 CCW. M 是一个旋钮的两个位置,也起互锁作用。

在"主轴停"梯级中,如果把主轴旋钮开关接通(即 OFF. M = 1),使主轴停软继电器线圈通电,它的常闭软触点(分别接在主轴顺转和主轴逆转梯级中)断开,从而停止主轴转动(正转和逆转)。

工作方式开关选在自动位置时,此时 AS. M = 1,使系统处于自动方式,分析方法同手动方式。由于手动、自动方式梯级中软继电器的常闭触点互相接在对方线路中,使手动、自动工作方式互锁。

在自动方式下,通过程序给出主轴顺时针旋转指令 M03,或逆时针旋转指令 M04,或主轴停止旋转指令 M05,分别控制主轴的旋转方向和停止,图中 DEC 为译码功能指令。当零件加工程序中有 M03 指令,在输入执行时,经过一段时间延时(为几十毫秒)MF = 1,开始执行 DEC 指令,译码确认为 M03 指令后,M03 软继电器接通,其接在"主轴顺转"梯级中的 M03 软常开触点闭合,使继电器 SPCW 接通(即为 1),主轴顺时针(在自动控制方式下)旋转。若程序上有 M04 指令或 M05 指令,控制过程与 M03 指令时类似。

SPHGEAR 齿轮高速换挡到位开关
LGEAR 手动低速换挡操作开关
HCEAR 手动高速换挡操作开关

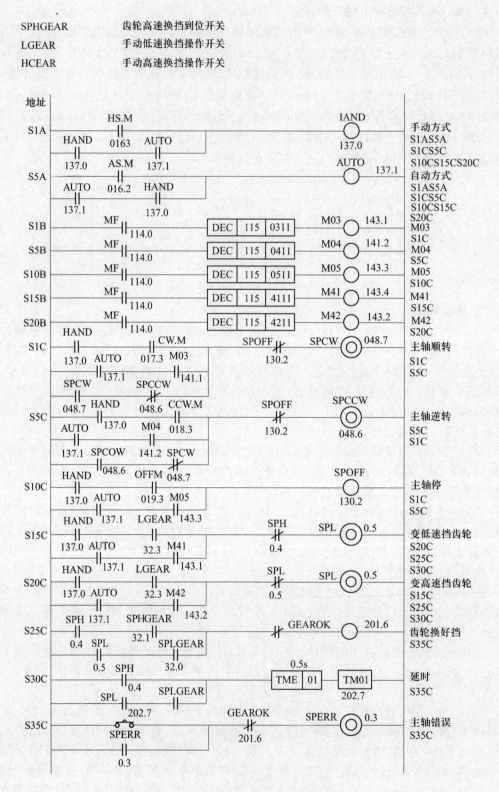

图 11-41 控制主轴运动的局部梯形图

在机床运行的顺序程序中，需执行主轴齿轮换挡时，零件加工程序上应给出换挡指令。M41 代码为主轴齿轮低速挡指令，M42 代码为主轴齿轮高速挡指令。以变低速挡齿轮为例，说明自动换挡控制过程。

带有 M41 代码的程序输入执行，经过延时，MF = 1，DEC 译码功能指令执行。译出 M41 后，使 M41 软继电器接通，其接在"变低速挡齿轮"梯级中的软常开触点 M41 闭合，从而使继电器 SPL 接通，齿轮箱齿轮换在低速挡。SPL 的常开触点接在延时梯级中，此时闭合，定时器 TMR 开始工作，经过定时器设定的延时时间后，如果能发出齿轮换挡到位开关信号，即 SPLGEAR = 1，说明换挡成功。使换挡成功软继电器 GEAROK 接通（即为 1），SPERR 为 0，即 SPERR 软继电器断开，没有主轴换挡错误。当主轴齿轮换挡不顺利或出现卡住现象时，SPLGEAR 为 0，则 GEAROK 为 0，经过 TMR 延时后，延时常开触点闭合，使主轴错误继电器接通，通过常开触点闭合保持，发出错误信号，表示主轴换挡出错。

处于手动工作方式时，也可以进行手动主轴齿轮换挡。此时把机床操作面板上的选择开关 LGEAR 置 1（手动换低速齿轮挡开关）就可完成手动将主轴齿轮换为低速挡。同样，也可由主轴出错显示来表明齿轮换挡是否成功。

（2）主轴定向控制。加工中心在进行加工时，自动交换刀具或精镗孔时要用到主轴定向功能，其控制梯形图如图 11 - 42 所示。

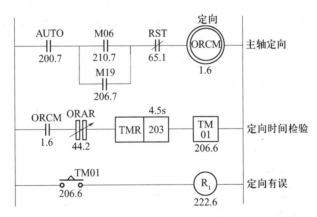

图 11 - 42　主轴定向控制梯形图

图中，M06 是换刀指令，M19 是主轴定向指令，这两个信号并联作为主轴定向控制的主令信号；AUTO 为自动工作状态信号，手动时 AUTO 为 0，自动时为 1，RST 为 CNC 系统的复位信号；ORCM 为主轴定向继电器，其触点输出到机床以控制主轴"定向到位"信号。

为了检测主轴定向是否在规定时间内完成，这里应用了功能指令 TMR 进行定时操作。准停时限为 4.5s，如在 4.5s 内不能完成定向控制，将发出报警信号，R_1 即为报警继电器。

2）刀库的控制

T 功能是刀具选择功能。可以管理刀库，进行自动刀具交换，数控机床一般有两种换刀控制方式，即刀套编码和刀具编码制。PLC 可以按不同编码制来处理 T 功能。以刀套制编码的 T 功能处理示意图如图 11 - 43 所示。

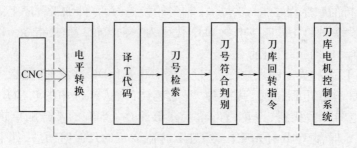

图 11 – 43　PLC 处理 T 代码的过程

由 PLC 处理 T、S 代码的过程可见,数控系统送出 S、T 代码后均应先进行电平转换,再进行译码,即识别出 M、S、T 等控制信息,然后再进行如数据转换、刀具检索、符号判别、刀库回转等处理过程。因此,所用 PLC 的指令系统中,也就有处理相应过程的指令,如译码指令(DEC),代码转换指令(COD),刀库旋转指令(ROT),数据转换指令(DCNV),一致性判别指令(COIN),数据检索指令(DSCH))等。这些指令是 PLC 的专用指令。

图 11 – 44 是固定存取、自动换刀、寻找刀号控制的梯形图。该机床设有 8 个刀位的刀库(图 11 – 44(a)),可在加工过程中进行自动换刀。为此,预先要把刀号寄存在数据表中(图 11 – 44(b))。在此梯形中,应用了多个功能指令以实现自动换刀控制,现逐一加以说明。

(1) T 代码检索指令 DSCH。这是一个数据检索指令,用来检索 T 代码。它有 3 个控制条件:

控制线 0[#]　0　处理两位 BCD 码数据;

　　　　　　1　处理 4 位 BCD 码数据。

控制线 1[#]　复位信号 RST:

　　　　　　0　TERR 不复位;

　　　　　　1　TERR 复位。

控制线 2[#]　检索控制信号:

　　　　　　0　不作处理,对 TERR 不起作用;

　　　　　　1　执行检索处理。

DSCH 指令用于输入与表数据相同的数据的检索,若检索"有",在输出数据地址中存入该数据的表头的相对地址。同时将输出软继电器 TERR 置 0,若未检索出,TERR 为 1。

该指令共有如下 4 个预置参数:

参数 1　为数据表容量。本例刀库共有 8 把刀,建立的刀号数据表只有 8 个数,故本参数预定值为 0008。

参数 2　为数据表的头部地址。按图 11 – 44(b)这个参数为 0173。

参数 3　为数据检索数据地址。假定机床正使用的刀号是 8,而下一段加工程序要换 6 号刀。检索功能需将 6 号刀从数据表中检索出来,并把刀号 6 以两位 BCD 码的形式存入 0117 地址单元中,则参数 3 的值即为 0117。

参数 4　检索结果输出地址。检索功能将检索出来的 6 号刀所在数据表中的序号 6 也以两位 BCD 码输出到 0151 地址单元中,故参数 4 的值即为 0151。

338

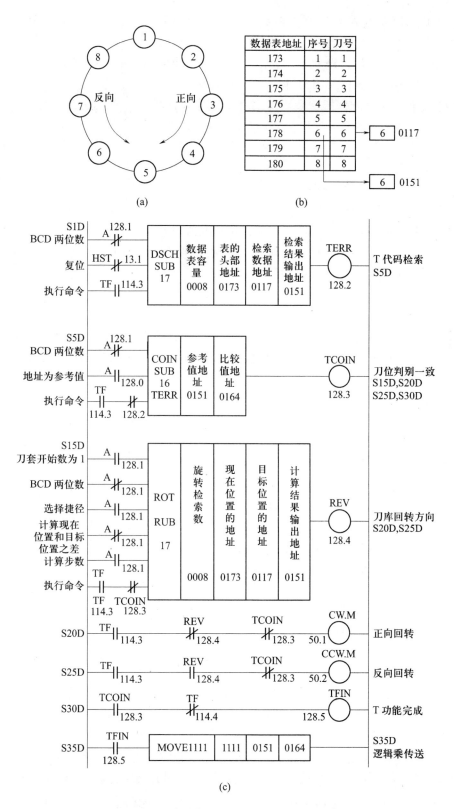

图 11-44　自动换刀、寻找刀号控制的梯形图

通电后常闭触点 A 断开，0# 控制线为 0 态，故 DSCH 功能指令按两位 BCD 码处理检索数据。当 CNC 系统读到 T6 指令代码信号时，表示要进行自动换刀，将此信息传入 PLC。经延时 80ms 以后，TF 闭合，开始 T 代码检索，即由所预置的参数决定。将 6 号刀号存入 0117，将序号 6 存入 0151，同时 TERR 置 0。

（2）刀位一致性判别指令 COIN。该指令判别基准值与比较值是否一致。当判别一致时，将输出软继电器 TCOIN 置 1；不一致时，则 TCOIN 置 0。

其控制条件 0# 线、2# 线与 DSCH 指令一样，而控制 1# 线是 0 时，基准值为常数；为 1 时，基准值为地址。

在本例中，COIN 指令处理两位 BCD 码。因 A 信号上电状态为 1，故 2# 控制线为"1"，COIN 处理的基准值为地址。这与后面的参数相一致。

COIN 指令的参数有两个，第一个参数是基准值或基准值的地址，第二个参数是比较值或比较值的地址。本例按地址处理，故两参数分别是 0151 和 0164，其中 0151 存放的是新刀序号 6，而 0164 存放的是原使用刀的序号 8。

当 TERR 由 DSCH 指令置 0 后，COIN 指令即开放执行。因 0151 与 0164 内数据不一致，则输出 TCOIN0，这将启动刀库回转。

（3）刀库回转控制指令 ROT。该指令的功能是计算刀库或转塔的目标位置和现在位置之间相差的步数或位置号，并把它置入计算结果地址。可实现以最短捷路径将刀库或转塔转至预期位置。

指令 ROT 的控制条件共 6 个：

控制线 0#　0　刀库开始号为 0；

　　　　　1　刀库开始号为 1。

控制线 1#　0　定位数据为两位 BCD 码；

　　　　　1　定位数据为 4 位 BCD 码。

控制线 2#　0　刀库 1 个方向旋转（CCW）；

　　　　　1　刀库 2 个方向旋转（CW，CCW）。

控制线 3#　0　计算目标位置；

　　　　　1　计算目标位置前 1 个位置。

控制线 4#　0　计算位置号（定位号）；

　　　　　1　计算步数。

控制线 5#　0　不进行处理；

　　　　　1　执行 ROT 指令。

软继电器 REV 的状态：

0　表示转向为 CW（向刀库定位号增加的方向旋转）；

1　表示转向为 CCW（向定位号减少的方向旋转）。

转向以最短捷路径来决定。

根据梯形图中接点 A 的状态即可决定本例中 ROT 指令的控制条件。

ROT 指令参数也有 4 个，参数 1 为旋转检索数，即旋转定位数，对本例为 8。参数 2 为现在位置的地址，对本例因现在所用刀具序号在 0164 地址内，故参数 2 为 0164。参数 3 为目标位置地址，本例应为 0151。参数 4 为计算结果输出地址，本例选定为 0512。

340

当刀具判别指令执行后，TCOIN 输出为 0，其常闭触点闭合，TF 此时仍为 1，故旋转控制 ROT 指令开始执行。根据 ROT 控制条件的设定，计算出刀库现在位置与目标位置相差步数为 2，将此数据存入 0152 地址。并选择出最短旋转捷径，使 REV 置 1，通过 CCW.M 反向旋转继电器，驱动刀库反向旋转两步，即找到了 6 号刀位。

（4）逻辑"与"后传输指令 MOVE。这条指令的功能是比较数据与输入数据进行逻辑"与"（AND），把结果存在输出数据地址中。为此，该指令有 4 个参数。参数 1 是比较数据的高 4 位，接着参数 2 是比较数据的低 4 位。参数 3 是输入数据的地址，参数 4 是输出数据的地址。利用"与"逻辑的功能，可使用该指令对数据的高 4 位或低 4 位进行屏蔽，或消除数据中的干扰信号。本例使用这条指令的是将存于 0151 地址的新刀具序号 6 照原样传送到 0164 地址中，为下次换刀作准备。因此参数 1 和 2，均采用了全 1，经与 0151 内的数据 6 的压缩的两位 BCD 代码 00000110 相"与"后，其值不变，照原样传送到 0164 地址。

当刀库反转两步到位后，ROT 指令执行完毕。此时 T 功能完成信号 TFIN 的常闭触点使 MOVE 指令开始执行，完成数据传送任务。

下一扫描周期，COIN 刀位判别执行结果，使 TCOIN 置 1，切断 ROT 指令，切断 CCW.M 控制，刀库不再回转即可进行自动换刀操作，同时给出 TFIN 信号，报告 T 功能已完成。

若下一零件加工程序段需另换一把刀，则重复上述动作。

11.4　数控系统的通信

现代 CNC 装置都带有标准串行通信接口，能够方便地与编程机及微型计算机相连，进行点对点通信，实现零件程序、参数的传送。随着工厂自动化（FA）和现代集成制造系统（CIMS）的发展，CNC 装置作为分布式数控系统（DNC）及柔性制造系统（FMS）的基础组成部分，应该具有与 DNC 计算机或上级主计算机直接通信功能或网络通信功能。

例如，FANUC15 系列的 CNC 装置配有专用通信处理机和 RS – 422 接口，并具有远距离缓冲功能。当采用 HDLC（高级数据链路控制）协议时，传送速率可达 920kb/s。该系列 CNC 装置还可配置 MAP3.0 接口板，接入 MAP 工业局部网络中。Sinumer-ik850/880 系列的 CNC 装置，除了配置有 RS – 232C 接口外，还配置了 Sinec H1 网络接口和 Sinec H2 接口。Sinec H1 网络类似 Ethernet（以太网），遵循 IEEE8023 协议。Sinec H2 网络遵循 MAP3.0 协议（与 IEEE8024 相符合）。B 公司的 8600CNC 装置配置有小型 DNC 接口、远距离输入/输出接口和相当于工业局部网络通信接口的数据高速通道三种接口。

11.4.1　数字通信概述

1. 数据通信系统

在现代制造系统或各加工单元之间进行数据通信时，要通过有关通信设备和传输媒体交换信息。而这些通信设备和传输媒体构成了连接各加工设备的数据通信系统，从数据通信的角度出发其结构如图 11 – 45 所示。

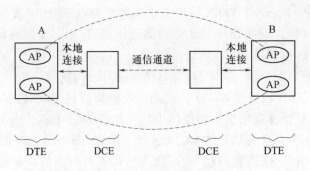

图 11 - 45　数据通信系统的一般结构

AP—应用程序；– – –—表示逻辑通信；——— —表示物理通信。

　　图中的 A 和 B 表示进行通信的双方，AP 表示进行通信的应用程序(如数控系统中的通信功能子程序)。例如制造单元计算机 A 将控制信息和数控加工程序送往数控系统 B，在数控系统 B 进行加工的过程中，再将有关的加工状态和过程传送给制造单元计算机 A。这个双通信的过程用图中虚线来表示，即逻辑上的通信。而实际上双方之间的通信要经过有关的通信装置和通信信道(即通信线路)才能完成。

　　图中发送、接收信息的制造单元计算机和数控系统在通信系统中被称为数据终端设备 DTE(Data Teminal Equipment)。DTE 是对信息进行收集和处理的设备，它们是信源(信息的发送端)或信宿(接收信息的一端)或两者兼有，例如一台计算机、终端或制造系统中进行通信的某个设备。

　　在通信过程中要通过信号变换器将准备传输的数据(即标准的二进制代码信号)转换为适合信道传输的信号。在通信系统中，将信号变换器等类似的装置称为数据电路终接设备 DCE(Data Circuit-terminating Equipment)或数据通信设备(Data Communication Equipment)，它们作为 DTE 和通信信道的连接点。例如，在远距离传输时，可将二进制脉冲信号通过调制解调器 Modem(Modulation/Demodulation)转换(调制)为音频载波信号后再送到信道上，在接收端，再将接收到的音频载波信号通过 MODEM 转换(解调)为原数据的脉冲序列。

　　有了上述概念，图中数据通信系统的通信过程(以 A 到 B 的通信为例)可以理解为：A 地的 DTE 作为信源发出信息，经本地连接(如 RS - 232C 接口)到 DCE，将数据转换为适合信道传输的信号，再通过通信信道传输到 B 地的 DCE，并转换为原来的数字信号，经本地连接最后传输到 B 地的信宿 DTE，完成一次通信任务。

2. 通信方式

　　数据通信的基本方式可分为并行通信和串行通信。并行通信是指数据的各位同时进行传送，其特点是传输速度快，但当距离较远、位数又多时，导致了通信线路复杂且成本高。串行通信是指数据一位位地顺序传送，其特点是通信线路简单，只要一对传输线就可以实现通信，并可利用电话线，从而大大地降低了成本，特别适用于远距离通信，但传送速度慢。

　　串行通信本身又分为异步通信与同步通信两种。异步通信是指通信中两个字符间时间间隔是不固定的。同步通信则在通信过程中每个字符间的时间间隔是相等的，而每个字符中的两个相邻位代码的时间间隔也是固定的，它适用于信息量大的远程通信系统。

异步通信与同步通信的数据格式如图 11-46 所示。CNC 系统的串行通信一般采用异步通信,所以本书主要介绍异步通信。

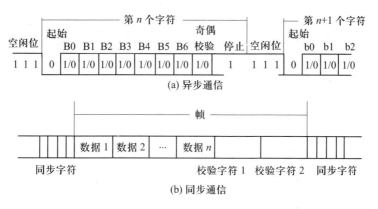

(a) 异步通信

(b) 同步通信

图 11-46 串行通信的数据格式

异步通信要求在发送每一个字符时都要在数据位的前面加一位起始位,在数据位的后面要有 1 位、1.5 位或 2 位的停止位。在数据位和停止位之间可以有一位奇偶校验位,数据位可以是 5~8 位长。

在串行通信中,串行数据传送是在两个通信端之间进行的。根据数据传送方向的不同有如图 11-47 所示的三种方式:①单工方式,只允许数据按照一个固定的方向传送,数据不能从 B 站传送到 A 站,在这种方式中一方只能发送,而另一方只能作为接收站;②半双工方式,数据能从 A 站传送到 B 站,也能从 B 站传送到 A 站,但是不能同时在两个方向上传送,每次只能有一个站发送,一个站接收;③全双工方式,通信线路的两端都能同时传送和接收数据,数据可以同时在两个方向上传送。全双工方式相当于把两个方向相反的单工方式组合在一起,而且它需要两路传输线。

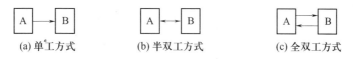

(a) 单工方式　　(b) 半双工方式　　(c) 全双工方式

图 11-47 串行通信的数据传送模式

波特率是衡量数据传送速率的指标,在计算机数据通信中广泛应用波特率这一术语来表示数据信息传送的速度。它表示每秒钟传送信息位的数量。在实际通信过程中,它要求发送站和接收站都要以相同的数据传送速率工作。异步通信的传送速率在 50~9600b/s 之间。

长距离通信时,通常要用电话线传送。由于用电话线传送一个频率为 1000~2000Hz 的正弦波模拟信号时,能以较小的失真进行传输,所以在远距离通信时,发送方要用调制器把数字信号转换为模拟信号,接收方用解调器检测发送端送来的模拟信号,再把它转换成数字信号,这就是信号的调制和解调,如图 11-48 所示,实现调制和解调任务的装置称为信号的调制解调器或称为数传机。

频移键控(FSK)法是一种常用的调制方法,它把数控信号 1 与 0 调制成易于鉴别的两个不同频率的模拟信号,其原理如图 11-49 所示。

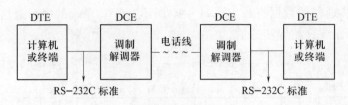

图 11 – 48　调制与解调示意图

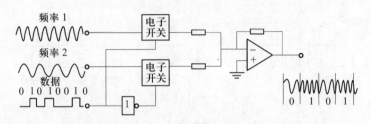

图 11 – 49　FSK 调制法原理图

　　两个不同频率的模拟信号,分别由电子开关控制,在运算放大器的输入端相加,而电子开关由要传送的数字信号(即数字)控制。当信号为 1 时,控制上面的电子开关导通,传出一串频率较高的模拟信号;当信号为 0 时,控制下面的电子开关导通,传出一串频率较低的模拟信号,于是在运算放大器的输出端,就得到了调制后的信号。

3. 传输媒体

　　传输媒体是指数据通信中所使用的载体。目前常用的传输媒体有以下几种:

　　(1)双绞线(Twisted Pair)。为了减小信号传输中串扰及信号放射影响的程度,将两根绝缘铜导线按一定的密度互相绞在一起形成双绞线。双绞线电缆则由一对或多对双绞线组成。双绞线可分为非屏蔽双绞线(Unshielded Twisted Pair,UTP)和屏蔽双绞线(Shielded Twisted Pair,STP)两种。

　　(2)同轴电缆(Coaxial Cable)。同轴电缆是绕同一轴线的两个导体所组成,即内导体(单芯铜导线)和外导体(网状导电铝箔)。外导体的作用是屏蔽电磁干扰和辐射。常用同轴电缆的型号:粗缆 RG – 8 或 RG – 11(50Ω),细缆 RG – 58A/U 或 C/U(50Ω),公用天线电视(CATV)电缆 RG – 59(75Ω)等。

　　(3)光缆(Fiber Optics)。光缆是用光导纤维中脉动光束的形式携带被传输的信息。它的优点是信号的损耗小、频带宽、传输率高并且不受外界电磁干扰,但是它的成本高并且连接技术比较复杂,在光缆的两端都要有一个装置来完成光信号和电信号的转换。光纤通信可分为只提供一条光通路的单模传输和提供多条光通路的多模传输两种方式。

4. 无线传输媒体

　　无线传输媒体通过空间来传输信息。主要有微波通信、激光通信和红外线通信三种技术:

　　(1)微波通信已广泛应用于电报、电话和电视的传播,目前,利用微波通信建立的计算机局域网络也日益增多。由于微波是沿直线传输,所以长距离传输时要有多个微波中继站组成通信链路,而通信卫星可以看作是悬挂在太空中的微波中继站,可通过通信卫星实现远距离的信息传输。微波通信的主要特点是有很高的带宽(1 ~ 11GHz)、容量大、通

344

信双方不受环境位置的影响并且不需事先铺设电缆。不过微波信号容易受到电磁干扰，地面微波通信也会造成相互之间的干扰；另外大气层中的雨雪会大量吸收微波信号，当长距离传输时会使得信号衰减而无法接收。

（2）激光通信的优点是带宽更高、方向性好、不受气候和环境的影响、保密性能好等。但激光穿越大气时会衰减，特别在空气污染、下雪下雾、能见度差的情况下，可能会使通信中断。激光通信多使用于短距离的传输。

（3）红外线通信技术相对来说，其收/发器的成本小，多用于遥控装置的通信。但它的缺点是传输距离有限，而且易受室内空气状态（例如有烟雾等）的影响。

11.4.2 数控系统常用串行通信接口标准

1. RS-232C 接口标准

在串行通信中，广泛应用的标准是 RS-232C 标准。它是美国电子工业协会（EIA）在1969 年公布的数据通信标准。RS 是推荐标准（Recommended Standard）的英文缩写，232C 是标准号，该标准定义了数据终端设备（DTE）和数据通信设备（DCE）之间的连接信号的含义及其电压信号规范等参数。其中 DTE 可以是计算机，DCE 一般指调制解调器，表示为 Modem。RS-232C 标准规定使用 25 根插针的标准连接器，并对连接器的尺寸及各插针的排列位置等都作了明确的规定。

RS-232C 连接器任何插针信号都对应着一种状态，该状态为下面任何一对可能状态中的一种：

SPACE/MARK（空号/传号）；

ON/OFF。

逻辑 0/逻辑 1 信号电平与信号状态之间的关系如图 11-50 所示。ON 状态对应逻辑 0，OFF 状态对应逻辑 1，可见 RS-232C 采用的是负逻辑。由图可见，驱动器或信源要发送逻辑 0，必须提供 +5 ~ +15V 电压；发送逻辑 1 必须提供 -5 ~ -15V 电压。而接收器端逻辑 0 的电压范围为 +3 ~ +15V，逻辑 1 的电压范围为 -3 ~ -15V。可见，信号在从信号源到终点的传递过程中允许有 2V 的电压降（即 2V 噪声容限）。

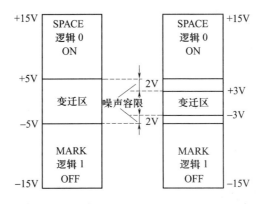

图 11-50 RS-232C 接口的电气特性

显然，RS-232 电平与 TTL 逻辑电路所产生的电平不同，它们之间必须采用电平换转电路，常用的芯片有 MC1488 或 74188（用作驱动器），MC1489（用作接收器），如图 8-51

所示。RS-232C 接口为不平衡接口,每个电路采用单线,两个方向的传输共用一个信号地线,会产生较大的串线干扰。尽管使用了比较高的传送电平,它所能连接的最大距离一般不超过 15m,通信速率不超 20kb/s。

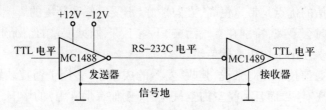

图 11-51 RC-232 电气接口电路

RS-232 线路的功能特性如表 11-2 所列,表中定义了 RS-232C 25 针连接器中的 20 条连接线。由表可见,RS-232C 接口包括两条信道:主信道和辅助信道。辅助信道的速率比主信道低得多,用于在连接的两设备之间传送一些辅助的控制信息,一般很少使用。

表 11-2 RS-232C 线路功能表

线路代号	针号	功能	类型				方向	
			地	数据	数据	定时	DTE→DEC	DEC→DTE
AA	1	保护地	√					
AB	7	信号地	√					
BA	2	发送数据		√			√	
BB	3	接收数据		√				√
CA	4	请求发送			√		√	
CB	5	允许发送			√			√
CC	6	数据装置准备好			√			√
CD	20	数据终端准备好			√		√	
CE	22	振铃指示			√			√
CF	8	接收线路信号检测			√			√
CG	21	信号质量检测			√			√
CH	23	数据信号速率选择			√		√	
CI	23	数据信号速率选择			√			√
DA	24	发送信号码元定时				√	√	
DB	15	发送信号码元定时				√		√
DD	17	接收信号码元定时				√		√
SBA	14	辅助信道发送数据					√	
SBB	16	辅助信道发送数据		√				√
SCA	19	辅助信道请求发送		√	√			
SCB	13	辅助信道允许发送			√			√
SCF	12	辅助信道接收信号检测			√			√

RS-232C 标准在构成电缆连接器方面有比较大的自由度。首先 RS-232C 对连接器本身就没有什么规定。其次在标准中定义的 21 根信号线中，可以根据系统要求进行选择。适合微机系统的标准电缆：只发送；具有 RTS 的只发送；只接收；半双工；全双工；具有 RTS 的全双工；特殊应用等。在微机系统中还经常采用一些特殊的（非标准）RS-232C 电缆，如图 11-52 所示。

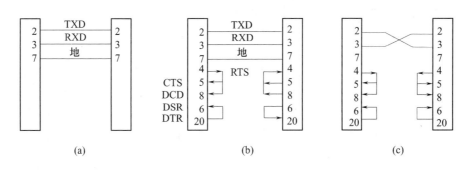

图 11-52　几种特殊的 RS-232C 电缆示意图

图 11-52(a)所示为仅有 3 根导线的经济型电缆。对于很多微机系统，这样的配置就已经够用了。

有的微机系统的器件需使用请求发送和允许发送，否则就不能进入发送。这时可以采用如图 11-52(b)所示的具有多环回的三线电缆。由于将请求发送接到允许发送和接收线路信号检测，所以请求发送的建立暗含着电路保证和信道准备好阶段的完成。另外，将数据终端准备好接到数据装置。这样，一旦 DTE 确立了它的数据终端准备线，设备准备好阶段即完成。

在图 11-52(b)的基础上将数据发送和数据接收进行交叉，便构成了如图 11-52(c)所示的具有多环回的零调制解调器。"零"意味着它不做任何事情。"调制解调器"意味着它是 DCE。因此，零调制解调器构成了两个 DTE 之间的 DCE，满足了 DTE-DCE RS-232C 接口对的要求。这种形式常用于近距离范围内，无调制解调器的两台 DTE 设备的连接。

2. RS-449 以及 RS-423、RS-422 标准

为了适应技术快速发展的需求，EIA 于 1977 年 11 月颁发了直接涉及机械特性和功能特性的 RS-449 标准，并于 1978 年 9 月和 1978 年 12 月分别推出有关电气特性的 RS-423A 和 RS-422A 标准。这些标准对 RS-232C 标准作了比较大的修改。

关于机械特性，由于 RS-449 包括的信号多于 25 种，所以选用了新连接器，使用串行二进制数据交换的数据终端设备和数据电路终接设备的通用 37 针和 9 针连接器相接。在表 11-3 中列出了 RS-449 的线路功能特性，并与 RS-232C 做了相对应的比较。RS-449 规定了 10 个新信号，它们的功能如下：

表 11 - 3 　RS - 449、RS - 232 线路功能对照表

RS - 449			RS - 232	
线路代号	功能	37 针连接器分配	线路代号	功能
	信号地	19	AB	
SC	发送公共回线	37		
RC	接收公共回线	20		
IS	终端在服务中	28		
IC	进行呼叫	15	CE	振铃指示
TR	终端准备好	12 - 30	CD	数据终端准备好
DM	数据方式	11 - 29	CC	数据装置准备好
SD	发送数据	4 - 22	BA	发送数据
RD	接收数据	6 - 24	BB	接收数据
TT	终端定时	17 - 35	DA	发送信号码元定时
ST	发送定时	5 - 23	DB	发送信号码元定时
RT	接收定时	8 - 26	DD	接收信号码元定时
RS	请求发送	7 - 25	CA	请求发送
CS	允许发送	9 - 27	CB	允许发送
RR	接收准备好	13 - 31	CF	接收线路信号检测
SQ	信号质量	33	CG	信号质量检测
NS	新信号	34	CH	
	选择频率			
SF	信号速率选择	16	CH	数据信号速率选择（DTE 为源）
SR	信号速度指示	16	CI	数据信号速率选择（DCE 为源）
SI		2		
SSD	第二发送数据	3	SBA	
SRD	第二接收数据	4	SBB	
SRS	第二请求发送	7	SCA	
SCS	第二允许发送	8	SCB	
SRR	第二接收准备好	6	SCF	第二接收线路信号检测
TT	本地环回	10		
RT	远程环回	14		
TM	测试方式	18		
SS	选择备用	32		
SB	备用指示	36		

（1）SC（发送公共回线）。该线为从 DTE 到 DCE 方向上使用的非平衡电路提供信号公共回线。

（2）RC（接收公共回线）。该线为从 DCE 到 DTE 方向上使用的非平衡电路提供信号

公共回线。

（3）IS（终端在服务）。该信号线用来通知 DCE、DTE 是否正在运行。

（4）NS（新信号）。该信号主要用在多点查询中。当远程 DCE 以交换载波的方式操作时，控制 DTE 轮流查询每个远程 DTE，询问有无信息发送。若远程 DTE 有信息要发送，则在收到控制 DTE 发来的查询后立即将信息送入信道。结果使控制 DTE-DCE 站接收到一系列短信息组。控制 DCE 必须适应来自几个远程站的快速离散信息。在异步系统中，当信源变化时，接收数据线可能会收到一些假信号。利用 NS 线控制 DTE 通知DCE，来自某远程 DTE 的信息已传送结束，而另一个准备传送信息，这样使控制 DCE 不过问假的交换信息而只对通道上正确的数据信息作出响应。

（5）SF（选择频率）。该信号用于多点查询，DTE 使用该信号来选择 DCE 传送或接收数据的频率，被选择的频率作为传送频率，未选的频率作为接收频率。

（6）LL（本地环回）。DTE 用该信号来请求启动远程环回测试。当该线被激活时，本地 DTE 产生的数据和控制信号经本地 DCE 回到本地 DTE，用以检测本地 DTE 和 DCE 的功能。

（7）RL（远程环回）。DTE 用该信号来请求启动远程环回测试。当该线被激活时，本地 DTE 产生的数据和控制信号经本地 DCE 到远程 DCE 再返回本地 DTE，用以检验本地DTE、本地 DCE、通信信道以及远地 DCE。

（8）TM（测试方式）。用以通知 DTE 本地 DCE 的测试条件已经建立。

（9）SS（选择备用）。DTE 使用该信号请求用备用设备代替原设备。

（10）SB（备用指示）。用以指示 DTE 目前使用的是备用设备还是常规设备。典型的情况是当 SS 线被激活时，SB 线也随之被激活。

RS-449 标准规定，当传送速率低于 20kb/s 时，类别I信号可以通过非平衡 RS-423A或平衡 RS-422A 电气特性实现。当传送速率高于 20Kb/s 时，类别 I 信号必须使用平衡RS-422A 电气特性，而类别II信号总是使用 RS-423A 电气特性。

类别 I 信号包括：

SD（发送数据）；RD（接收数据）；

TT（终端定时）；ST（发送定时）；

RT（接收定时）；RS（请求发送）；

CS（允许发送）；RR（接收器准备好）；

TR（终端准备好）；DM（数据方式）。

由于 RS-449 的一部分线路采用了非平衡的电气特性，因而保持了 RS-232C 的兼容性。RS-423A、RS-422A 的电气接口图如图 11-53 和图 11-54 所示。

对于 RS-423A，采用了非平衡发送器、差分接收器，每个信号一根导线，每个方向都有一根独立的信号回线，因而减少了串扰，可传输的信号速率达 300kb/s。对于RS-422A，采用的是平衡发送器、差分接收器，每个信号两根导线，因而进一步减小了串扰，可传输的信号速率高达 10kb/s。RS-423A 和 RS-422A 的电压与逻辑状态之间的关系示于图 11-55 和图 11-56 中两个标准都使用了比 RS-232C（-15V～+15V）窄的电压范围（-6V～+6V）。由于 RS-423A 采用的是非平衡发送电路，因此用了比较大的噪声余量（3.8V），而 RS-422A 的噪声余量只有 1.8V。

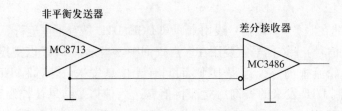

图 11 - 53   RS - 423A 电气接口图

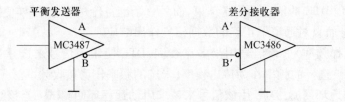

图 11 - 54   RS - 422A 电气接口图

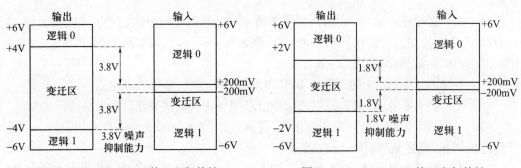

图 11 - 55   RS - 423A 接口电气特性   图 11 - 56   RS - 422A 接口电气特性

11.4.3   数控系统网络通信接口

当前对生产自动化提出很高的要求,生产要有很高的灵活性并能充分利用制造设备资源。为此将 CNC 装置和各种系统中的设备通过工业局域网络(LAN)联网以构成 FMS 或 CIMS。联网时应能保证高速和可靠地传送数据和程序。在这种情况下,一般采用同步串行传送方式,在 CNC 装置中设有专用的通信微处理机的通信接口,担负网络通信任务。其通信协议都采用以 ISO 开放式互联系统参考模型的 7 层结构为基础的有关协议,或 IEEE802 局域网络有关协议。近年来制造自动化协议 MAP(Manufacturing Automation Protocol)已很快成为应用于工厂自动化的标准工业局域网的协议。FANUC、Siemens、A - B 等公司表示支持 MAP,在它们生产的 CNC 装置中可以配置 MAP2.1 或 MAP3.0 的网络通信接口。

从计算机网络技术看,计算机网络是通过通信线路并根据一定的通信协议互联起来的独立自主的计算机的集合。CNC 装置可以看作是一台具有特殊功能的专用计算机。计算机的互联是为了交换信息、共享资源。工厂范围内应用的主要是局域网络,通常它有距离限制(几千米),较高的传输速率,较低的误码率和可以采用各种传输介质(如电话线、双绞线、同轴电缆和光导纤维)。ISO 的开放式互联系统参考模型(OSI/RM)是国际标准组织提出的分层结构的计算机通信协议的模型。提出这一模型是为了使世界各国不同厂家生产的设备能够互联，它是网络的基础。OSI/RM 在系统结构上具有 7 个层次如图11-57所示。

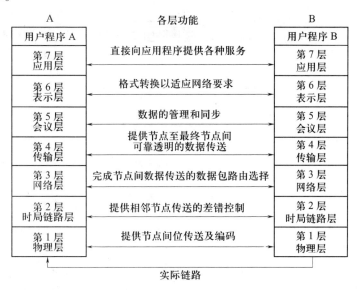

图 11-57 OSI/RM 的 7 层结构

通信一定是在两个系统之间进行的，因此两个系统都必须具有相同的层次功能。通信可以是在两个系统的对应层次(同等层 Peer)内进行。同等层间通信必须遵循一系列规则或约定，这些规则和约定称为协议。OSI/RM 最大优点在于有效地解决了异种机之间的通信问题。不管两个系统之间的差异有多大，只要具有下述特点就可以相互有效地通信：

（1）它们完成一组同样的通信功能。

（2）这些功能分成相同的层次，对等层提供相同的功能。

（3）同等层必须共享共同的协议。

局域网络标准由 IEEE802 委员会提出建议，并已被 ISO 采用，它只规定了链路层和物理层的协议。它将数据链路层分成逻辑链路控制(LLC)和介质存取控制(MAC)两个子层。MAC 中根据采用的 LAN 技术分成：CSMA/CD(LEEE802.3)、令牌总线(Token Bus802.4)和令牌环(Token Ring802.5)。物理层也分成两个子层次：介质存取单元(MAU)和传输载体(Carrier)。MAU 分基带、载带和宽带传输。传输载体有双绞线、同轴电缆、光导纤维(见图 11-58)。

西门子公司开发了总线结构的 SINEC H1 工业局域网络可用以连接成 FMC 和 FMS。SINEC H1 是基于以太网技术，其 MAC 子层采用 CSMA/CD(802.3)，协议采用自行研制的自动化协议 SINEC AP1.0(Automation Protocol)。

为了将 Sinumerik850 系统连接至 SINEC H1 网络，在 850 系统中插入专用的工厂总线接口板 CP535，通过 SINEC H1 网络，850 系统可以与主控计算机交换信息，传送零件程序，接收指令，传送各种状态信息等。主计算机通过网络向 850 系统传送零件程序的过程如图 11-59 所示。西门子的 850 系统是一台多微处理机的高档 CNC 系统。从结构上看

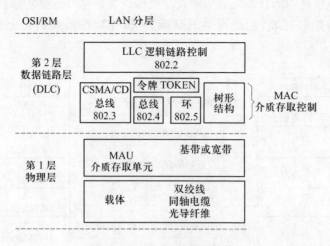

图 11 – 58　LAN 的分层结构

850 系统可以分成三个区域：NC 区、PC 区和 COM 区。NC 区负责传统的数控功能，采用通道概念，可同时处理加工程序达 16 通道，其位置控制可达 24 轴和 6 个主轴。PC 区是内装的可编程控制器。COM 区主要任务是零件程序和中央数据的存储和管理。它有两个通道：一个用于零件程序在 CRT 上图形仿真；另一个用于所有接口的 I/O 处理。它还包含用户存储子模块用以存储所配置机床用的特殊专用加工循环。

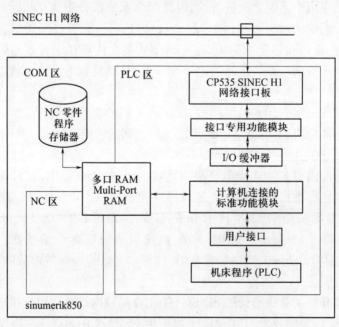

图 11 – 59　SINUMERIK 850 与 SINEC H1 网络的连接

　　主计算机送来的零件程序经工业局域网络到达 850 系统 PC 区的 CP535 接口，再经专用接口功能模块处理，存入多口 RAM，然后由 COM 区将之存入 NC 零件程序存储器中。

352

其数据交换的格式是"透明"方式,如图 11 - 60 所示。数据帧内容包括信息帧长度(2 字节长)、标识段(8 字节长)、差错编码(2 字节长)及有效的实际数据(最多 224 字节)。

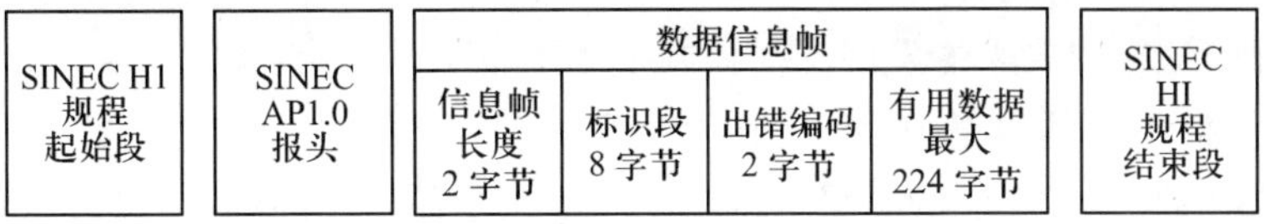

SINEC H1 规程 起始段	SINEC AP1.0 报头	数据信息帧				SINEC HI 规程 结束段
		信息帧 长度 2 字节	标识段 8 字节	出错编码 2 字节	有用数据 最大 224 字节	

图 11 - 60　SINEC AP1.0 协议的帧格式

信息帧长度是标识段、差错编码、有效数据长度之和,最短为 10 字节,最长为 234 字节。通过标识段可以确定所传信息的含义和内容。差错编码是说明出现信息负应答的原因,以编码方式出现。

此外 SINUMERIK 850 还可通过插入 AS512 接口板,采用 964R 规程接入星形网络实现点—点通信。信息帧格式中有效数据最大为 128 字节。

MAP 是美国 GM 公司发起研究和开发的应用于工厂车间环境的通用网络通信标准,目前已成为工厂自动化的通信标准。其特点为:

(1) 采用适于工业环境的令牌通信网络访问方式,网络采用总线结构。

(2) 采用适应工业环境的技术措施,提高了工业环境应用的可靠性,如在物理层采用宽带技术及同轴电缆以抗电磁干扰,传输层采用高可靠的传输报务。

(3) 具有较完善的明确而针对性强的高层协议以支持工业应用。

(4) 具有较完善的体系和互联技术,使网络易于配置和扩展。低层次应用可配 Mini MAP(只配置 DLC 层、物理层以及应用层),高层次应用可配置完整的带 7 层协议的全 MAP。此外还规定了网络段、子网和各类网络互联技术。

11.5　开放式数控系统接口

11.5.1　概述

传统的数控系统采用模拟接口,由于模拟接口对噪声敏感,分辨率有限,信号漂移不可避免,每次只能在一个方向上传送一个命令,接线复杂导致干扰量大及安装难度高等弱点,严重限制了数控系统的性能。在数字伺服驱动问世后,模拟接口已经完全不适应驱动技术的发展,越来越无法满足人们对数控系统开放性、模块化、高速化、多轴分布控制的需求。为了克服模拟接口的缺点,许多运动控制器及伺服驱动器供应商开发出了各种专有的运动控制接口。虽然这些接口解决了某些问题,但是失掉了接口的开放性和可移植性。用它们开发出的产品,不仅要依赖于特定类型的伺服驱动技术,而且还要受到特定的供应商产品的限制,这种情况清楚地表明了迫切需要寻找一种新的接口标准。目前已经出现了多种数字运动控制接口,也都能克服模拟接口的缺点,但是已经成为国际标准的开放式数字运动控制接口只有一个,那就是 SERCOS 接口。它提供了一个高性能的独立于供应商的驱动器接口。

SERCOS(Serial Real-time Communication System)接口是数字控制器与驱动器间的串行实时通信总线。1986年,由欧洲各国控制器和驱动器供应商和OEM(初始设备制造厂)机器制造商组成了一个共享工作组,共同开发用于驱动器和控制器间的下一代开放式接口。他们的目标是充分利用数字技术的广泛优越性,保持驱动技术与CNC技术的彼此独立性,保障该接口未来的发展不受控制及驱动技术的约束,满足下一代接口的设计准则,经过40多个人的共同努力,终于在1989年诞生了SERCOS接口协议。问世后,在各种自动化应用中取得了明显的效果,证实了该接口具有巨大的潜力。1995年,国际电气技术委员会把它采纳为IEC61491,成为当今唯一的用于运动控制的开放式接口国际标准。

SERCOS数字运动控制接口提供了高度实时性,高精度同步,并且具有配置和访问多达400多个不同的驱动器参数的能力。其主要技术特点:

(1)采用光纤作为通信介质。采用光电信号数字同步通信技术,使数控系统具有高的实时响应能力,精密同步功能及高可靠性,其固有的噪声免疫能力,对大电流驱动系统尤为重要。

(2)强大的通信能力。SERCOS接口采用环形拓扑结构,每一个环最多可连接40个驱动器及输入输出设备,控制器与所连设备间通过每一运动周期发送一串双向通信电文来进行彼此间同步通信,电文长度可大于80字节,这是现场总线无法匹敌的。

(3)极高的开放性。全面描述了世界各厂商生产的数字驱动器技术参数,使SERCOS接口具有更高的开放性。为使SERCOS接口成为各制造商共同协定的国际标准,SERCOS接口定义了400多个参数,并为厂商提供了自定义参数的机制,因此技术参数的全面描述代表了SERCOS接口的实力。

(4)既经济又可靠的分布式控制。在电机附近,整个系统的装配方便,系统的经济性高。有效解决了传统数控生产线上需要安装有大量的电器柜和密密麻麻的连线,还需采取各种复杂的防干扰措施,故障率和成本都很高的问题。

(5)支持高速高分辨率的数据通信。采用不同的SERCOS接口控制器可以支持2Mb/s、4Mb/s、8Mb/s、16Mb/s的数据通信速率。对在16Mb/s下的SERCOS接口实际数据通信速度已接近于100Mb/s的以太网。SERCOS接口采用32位的数据值,所以具有很高的分辨率。

(6)支持输入/输出控制。由于SERCOS接口专门解决了高速通信环的分段问题,因而就可以把输入/输出站接SERCOS环中,使SERCOS接口可以支持离散和模拟量设备。

(7)具有高度的灵活性。SERCOS接口周期时间以下列方式灵活地选择:$62.5\mu s$、$125\mu s$、$500\mu s$、$1ms$的整数倍。在一个周期内发送和反馈的数据类型和数量是可以预设的,这种灵活性使设计者能够通过改变周期时间、数据内容和驱动器数量来满足特定的应用需要。对于一个驱动器数量较少的系统可以以更快的速度发送更多的数据、系统的单位和变量格式。该接口允许为标准化报文定义可接受的单位表,例如转、毫米、英寸等,也可定义字节值格式。此外还可选择控制器和驱动器供应商预定义的操作。

11.5.2 SERCOS 接口的特性和能力[92]

1. SERCOS 接口特征

1）接口布置

如图 11 – 61 所示，接口协议第一个要处理的问题是"这个新的总线应该支持什么样的接口布置点"。它的目标是，要在控制器与驱动器间成为单一的接口，即这个总线不仅要传送命令信息，而且也要传送反馈信息，从而保证驱动器和控制器间的技术独立性，最终形成的接口布局根本不同于传统技术。在传统技术中位置环与控制器中的插件紧紧地集成在一起。而在 SERCOS 接口技术中，位置环在数字驱动器内闭合。这使控制器中的封闭环数下降至 0，控制器不需要位置反馈，降低了对处理器的要求，同时也意味着提高了处理器速度和控制轴数。采用了 SERCOS 接口后系统的控制结构如图 11 – 61 所示，其运动控制功能块图如图 11 – 62 所示。

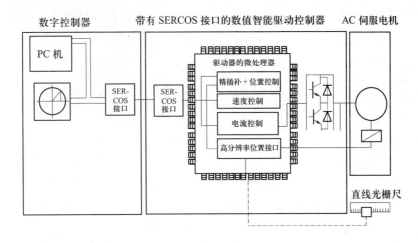

图 11 – 61　采用 SERCOS 接口的运动控制结构

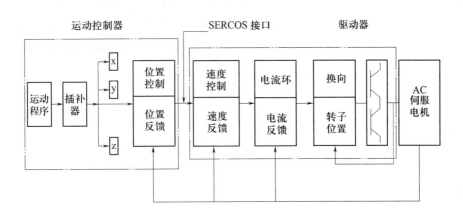

图 11 – 62　采用 SERCOS 接口的运动控制功能块图

2）传输介质

选择光纤作为通信介质，因为它具有固有的噪声免疫能力，尤其是对于大电流驱动系统特别重要。设计了一个环形结构,以便减少系统所需要的组件数量,这使得系统在不增加额外硬件的情况下,理论上允许无限的增加轴数。如果一台机床要增加一根 B 轴,只需要打开此环,然后把一个新的驱动接到环上。实际上在此总线的一个环上最多能接 256 个驱动器。

3) 通信结构

使用串行总线,把控制环分割成许多段,这似乎是不可能的。但是,通过大量的基础工作解决了这个问题,确保了多轴的严格同步。在每根轴上预设了扫描时间,选择了主站/从站通信结构,这里控制器扮演主控者,驱动器允许对控制器的请求作出响应(见图11 −61)。

4) 报文格式

控制器与驱动器的所有通信都是通过一组定义好的报文来进行的。报文的数据都有一个相应的标识号(IDN),不仅对于所有参数(如环增益),而且对于称为"实时"封闭环的信息都要遵循此规定。这个体制把大多数通用接口的数据都标准化了,如一个控制器开发者总是可以依靠 IDN00036 给出速度命令值。为了不使开发者受到标准化数据的限制,在报文中可配置供应商使用的特殊数据。

5) 系统的单位和变量格式

该接口允许为标准化报文定义可接受的单位表,如转、毫米、英寸等,也可定义字节值格式。此外,还可选择任何控制器和驱动器供应商预定义的操作。

6) 周期性操作

由于在串行传送中存在着不可避免的延迟,使命令信号等环数据在串行通道上同步传送是必须要解决的难题。SERCOS 接口采用主站/从站概念,主站(控制器)根据预先设定的周期以精确的时间间隔向从站(驱动器)发送主控同步报文(MST)。每一个周期从发送一个 MST 开始,MST 被用作时间标记,为所有驱动器确定了在总线上接收命令信号,作出响应,发送反馈信号的时间(每个驱动器通过 MST 来使它自己的内部时钟和活动内容与控制器同步)。SERCOS 接口采用专门技术把串行链上信号抖动量保持在一个低水平上,两个周期间的信号抖动小于 $1\mu m$,因而通过一个内部时序,保证了在光缆环上的所有驱动器在精确的统一时刻按照它们的命令信号采取行动,在精确的统一时刻采集它们的实际位置信息。

SERCOS 接口周期时间以下列方式灵活的选择:$62.5\mu m, 125\mu m, 500\mu m, 1\mu m$ 的整数倍。在一个周期内发送和反馈的数据类型和数量是可以预设的,这种灵活性使设计者能够通过改变周期时间、数据内容和驱动器数量来满足特定的应用需要。对于一个驱动器数量较少的系统可以更快的速度发送更多的数据;反之,降低数据的传送速率可以使系统在一个环上安装更多的驱动器。必要时可以使用多个光缆环来连接更多的驱动器。

7) 服务通道

参数初始化和系统诊断等信息属于非实时信息。长的信息分割成多个两字长的块在服务通道上发送,在接受端重新装配。

8) 支持高速高分辨率的数据通信

SERCOS 接口控制器 SERCOS410B/816 是一个 SERCOS 接口通信系统的大规模集成

356

电路。SERCOS410B 支持 2Mb/s 和 4Mb/s 的数据通信速率。SERCOS816 支持 8Mb/s 和 16Mb/s 数据通信速率。对在 16Mb/s 下的 SERCOS 接口实际数据通信速度已接近于 100Mb/s 的互联网。

SERCOS 接口采用 32 位的数据值,所以它有很高的分辨率。

9)支持输入/输出控制

由于 SERCOS 接口专门解决了高速通信环的分段问题,因而就可以把输入/输出站接入 SERCOS 环中,使 SERCOS 接口还可以支持离散和模拟量设备。

2. SERCOS 接口的实际能力

1)高速传输线

由给出的分布式控制能力,使开发者基本上采用基于工业 PC 机的控制器控制了大量的轴,并开始与电子直线轴、电子凸轮、电子齿轮等技术结合,向机器制造者提供高水准的动态性能和同步精度。

2)高速加工系统

建立在 SERCOS 产品基础上的 XL0 高速加工系统,在直径为 68mm 的圆周上进行 XY 圆弧插补,加工速度为 20m/min,达到的零件制造精度为 4μm。

3)位置命令操作模式

SERCOS 把轴的位置环从控制器移入驱动器,并且通过对其他控制功能的分析,把轴的各种特定的功能全部放进了 SERCOS 兼容驱动器内,其中包括:

(1)检测:机床的许多操作涉及到在收到一个信号时立即采集轴的位置,如刀具和工件的测量。长期以来这个任务由控制器来执行,它必须即时采集移动轴的位置。现在,采用 SERCOS 兼容驱动器后,把检测信号发到驱动器,而不是发到控制器。当驱动器自动检测出测头的动作时,它立即把轴的当前位置存储起来,并通过 SERCOS 向控制器发出信号,然后控制器使用 SERCOS 服务通道请求和接收此捕捉到的位置。

(2)返回机器零件点:SERCOS 兼容驱动器内部有一个回零点例程,使控制器不再承担此项任务。

(3)进给前馈:在系统的位置控制中,它是补偿位置延时或跟随误差的一种算法。这对于高速多轴联动的机器是必须的。由于它属于轴的特性,所以把它建入 SERCOS 驱动器的位置能力中。

(4)反向误差补偿:它是一个为克服在运动反向时由滚珠丝杠或齿轮间的反向间隙造成丢失运动量的里程。因为它属于轴的特性,所以把它建入 SERCOS 驱动器内。

(5)导程误差补偿:它要用到一张编程位置与实际位置关系表,用以补偿机械传动链总中的误差。

(6)数字存储示波器:现代数字驱动器具有存储能力,用来存储一张位置速度或力矩等数据的采集表,然后通过 SERCOS 服务通道把这些数据传送到控制器,并在控制台上显示。

(7)快速移动到确定的停止位置:它是在高效生产中普遍要用到的运动特性,涉及到使一根轴从运动状态进入暂停状态。为了不在控制器中增加硬件或软件,把此特性放到驱动器中。

以前,上述这些功能都放在控制器中,并且只有绝对需要时才包含。现在通过 SER-

COS 接口可以把它们都包含在驱动器中,具有上述功能的驱动器称为智能驱动器,任何与这种驱动器相连的控制器都可使用上述功能,这等同于一种面向对象的控制开发。智能驱动器使控制器大大减轻负担,从而能更快地执行任务,控制更多的轴。

11.5.3　SERCOS 接口技术[93]

SERCOS 接口在控制器和驱动器间传送数据,有效地排除了噪声干扰。每一光缆环可以连接的驱动器数量取决于周期时间、数据量、传输速率。每一控制器连接的驱动器数量可以用多个光缆环来扩展,如表 11 - 4 所列。

表 11 - 4　每一环可连接的驱动器数量

周期时间 /ms	每一驱动器在一周期内传送的周期数据总量	传送速率/ (Mb/s)	驱动数量	非周期数据传送率/(Kb/s)	剩余时间/ μs
2	32 字节	2	8	8	390
1	32 字节	4	8	16	125
1	36 字节	8	16	32	208
0.5	36 字节	16	14	128	113
2	标准报文 2、3、4	16	112	8	330

SERCOS 接口规范标准化了控制器和驱动器间交换操作数据的格式比例因子。在初始化阶段,根据控制器的驱动器工作特征,配置对接口的操作。无论驱动器还是控制器都能执行速度和位置控制,由于数据格式的灵活性,可用于控制结构和操作模式。通过命令值和反馈值的周期数据交换、精确等长的时序、测量值和命令值的同步,控制器能够与所有被连接的驱动器同步。通信周期时间可以从下列各值中选择:$6\mu s, 125\mu s, 250\mu s \times n$ ($n = 1,2,3,\cdots$)。

此外,控制器的控制面板可以用来显示和输入驱动器特定数据、参数和诊断信息,它们通过一个异步服务通道和标准化数据记录来传送。

用短字或长字格式表示的命令值和反馈值能够在控制器和每个驱动器间双向传送。参数、诊断文字等光数据分段在多个周期内传送,控制器可以分别地请求这些数据。通过循环通信来自动地矫正命令值和反馈值在传送过程中发生的错误,如果在上一个周期发生了错误,那么在下一个周期仍然传送上一个周期的数据。两次连续的错误传送将导致驱动器停止工作。

1. 系统概述

采用 SERCOS 接口的控制器可以根据需要接上一个或几个环结构。图 11 - 63 描述了一个实例。

控制器与一个光缆环之间的连接件称为主站,主站指挥和控制在一个环上的所有通信。一个或多个驱动器和光缆环之间的连接件称为从站。一组驱动器可以被聚集在一起,通过一个从站连入环中,通过塑料光缆或玻璃光缆和标准化的连接件构成的传送段,使各个从站驱动器彼此连接。

358

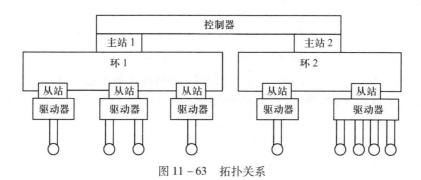

图 11 - 63　拓扑关系

在环内交换的信息完全取决于控制器和驱动器间的任务分配,信息的直接交换仅仅发生在控制器和驱动器间,而不是在驱动器之间。

1) 操作模式

在一台机器中,几个驱动器执行由控制器协调的任务。图 11 - 64 只画出了几个驱动器中的一个,在图的左边表示被协调的命令值。在电流控制结构中,把力矩、速度、位置三个封闭控制环阶式地连接起来,这个例子显示了一个阶式连接结构,这里位于下层的控制电路相关的时间常数,比位于上层的小(至少减少至原来的 1/2 ·· 1/4)。

SERCOS 接口有能力处理图 11 - 64 中的操作模式。

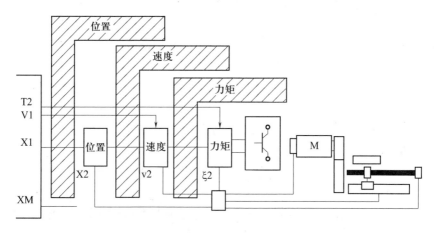

图 11 - 64　操作模式

(1) 仅仅是驱动器的力矩控制,称为力矩控制。

(2) 驱动器的速度和力矩控制(对应于通常使用的模拟接口概念),称为度控制。所有封闭控制环的控制,包括驱动器的位置控制称为位置控制。

(3) 使用微型计算机控制电动机力矩可以达到的周期一般为 $250\mu s$,是否能够通过一个接口以相同的周期时间发送例句命令值,取决于控制器每 $250\mu s$ 产生新命令值的能力。如此短的周期时间给 SERCOS 接口构成了相当重的负担,此时一个光缆环只能支持少量的驱动器,为此有必要采用几个光缆环。

可以建立一个具有好的动态特性和小的跟踪误差的轮廓控制系统,控制器能够对建立在一个动态轨迹模型上的所有轴的驱动器产生位置、速度和力矩的联动命令。因为对于数字化数据传送,实际上不存在分辨率的限制,所以它能够把所有封闭控制环放到驱动器内部。在这种配置中控制器既能够发送位置命令值,又能够发送速度和力矩的前馈信号。如果需要,可以对不同轴用不同的操作模式。此外,每根轴可以有一个基本操作模式和几种辅助操作模式。控制器可以在操作中切换操作模式。

装有 SERCOS 接口的驱动器,在应用时不需要同时具备上述所有操作模式的能力。唯一的要求是为某个操作模式(或其变种)及其变量和参数提供足够的文档。

控制环内的数据要精确和准时,不准时的数据是无价值的。当发现了一个传送错误时,通信周期继续,并使用旧的数据或估计值再做一次通信,以便纠正通信错误。如果发生重复传送错误,必须作出一个预定的响应,如停止系统。

控制器与驱动器间的所有数据交换都是通过报文来进行的,SERCOS 接口协议中定义了三种报文:

(1)主控同步报文 MST(Master Synchronization Telegram):由主站在传输周期开始时广播 MST,MST 非常短,用来保证每个传输周期时序同步。

(2)主控数据报文 MDT(Master Data Telegram):由主站在一个周期内所规定的时刻发送一次,MDT 很长,用来把命令值数据从控制器发送到驱动器。

(3)驱动器报文 DT(Drive Telegram):由每一个从站(驱动器)分别发送,来把反馈值数据从驱动器发送到控制器。

由此可见,在驱动器间不发生直接的数据传输。

2)数据内容

(1)处理数据:所有由 SERCOS 接口处理的数据都赋予一个 ID 号(IDN),此类数据包括参数、系统过程命令、命令值和反馈值。参数用于调整驱动器和控制器,以保证系统的无错操作;系统过程命令用于激活驱动器内的函数过程,或者控制器和驱动器的函数过程;命令值和反馈值通常作为周期交换收据包含在报文中。

① 用周期模式交换的数据:传输的数据包括命令值和反馈值,数据交换以快速同步的方法进行。

表 11 - 5 给出了一些典型的操作数据,说明了三种操作模式及其命令值和反馈值。在一个通信周期内,从控制器向每个驱动器发送一个控制字,从每个驱动器向控制器发送回一个状态字。可以把控制字和状态字的信息分为两类:与数据传送相关的信息,控制非周期传送(控制/确认),为周期传送提供两个实时控制/状态位;与驱动器相关的信息。在控制字内要求的操作模式,发送“驱动器启动”和“驱动器使能”命令。在状态字内发送错误和警报信息(分成三类),发布“驱动器是否准备好操作或准备好上电”信息。

表 11 - 5　周期性传送的典型操作数据

操作模式	位置控制	速度控制	力矩控制
	控制字		
控制器到驱动器	位置命令值 附加位置命令值	位置命令值 附加速度命令值	位置命令值 附加力矩命令值
	状态值		
控制器到驱动器	位置反馈 1 位置反馈 1	速度反馈	力矩反馈

② 用非周期传输模式交换的数据:传输的数据包括参数和过程命令,数据交换的速度比周期传输模式慢得多,如表 11 - 6 所列。

表 11 - 6 非周期传送的典型数据

与 SERCOS 接口操作模式相关的数据		
位置数据	速度数据	力矩数据
正向极限值 正向极限值	正向极限值 正向极限值	正向极限值 正向极限值
极性 参考距离 1 参考距离 1 反向间隙 位置开关 1 - 16 测头值 1 或 2 正向边沿有效 测头值 1 或 2 正向边沿有效	双向极限值 极性 回零速度	双向极限值 极性

正如前面提到的,装有 SERCOS 接口的部件(驱动器和控制器)不需要支持包含在此规范中所有可能的数据和过程命令。系统提供了相关部件使用的数据和过程命令表,这些表可以通过控制器从驱动器读出,从而获得了与特定驱动器有关的必要信息。

要发送的数据和序列应该在初始化阶段确定,在初始化时发送一组定标数据是非常有用的。改变定标后,SERCOS 接口会按照规范来重新计算和改变驱动器内操作算法使用的数据格式。

(2) 数据块:SERCOS 接口不仅是一个数据传送系统,而且它还为机器及其控制器和驱动器提供了大量的数据、过程命令及其附加信息,这些数据、过程命令及其附加信息被综合成数据块,每个 IDN 都有一个相应的数据块,数据块内包含数据的名称、属性、单位、最小和最大输入值,以及数据本身。必须通过 IDN 才能访问数据和过程命令。共有 $65535(2^{16})$ 个 IDN 可用,从 0 到 32767 保留为标准数据,它们由 SERCOS 接口来定义。从 32768 到 65535 留作产品的特殊数据,它们可以由控制器和驱动器制造商定义,不存在一般的兼容性。

3) 数据传送

(1) 报文结构:一般的报文结构如图 11 - 65 所示。所有报文定界符在位传输层内引进,在高层上看不见。

地址和帧检验序列:从主站发出的报文在地址域有一个目标地址。一个特殊的目标地址是广播地址(255),这个地址只能由主站使用。从驱动器发出的报文在它们的地址域中的地址是源地址(驱动器地址)。帧检验序列是用标准的 CRC 检查来自动计算的。

数据记录:在图 11 - 65 中,②、③、④部分表示报文的数据域。②主站的同步报文(MST)。③来自第 m 个驱动器(地址为"××",×× 的取值范围为 1 ~ 254)的报文(AT_m)。④主站的数据报文(MDT)。

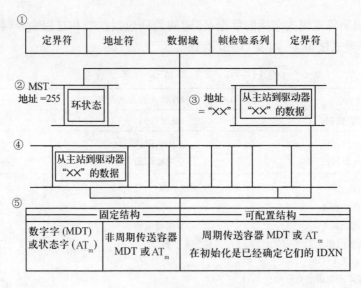

| 定界符 | 地址符 | 数据域 | 帧检验系列 | 定界符 |

② MST
地址 =255   环状态

③ 地址 = "××"   从主站到驱动器 "××" 的数据

④ 从主站到驱动器 "××" 的数据

⑤   固定结构   可配置结构

| 数字字 (MDT) 或状态字 (AT_m) | 非周期传送容器 MDT 或 AT_m | 周期传送容器 MDT 或 AT_m 在初始化是已经确定它们的 IDXN |

图 11 - 65   报文结构一览图

MDT 的数据域包含 K 个数据记录（这里 $K = M$, M 是在环上的驱动器总数）。AT 数据域仅包含一个数据记录。⑤说明所有的数据记录由固定结构和可配置结构两部分组成。固定结构包含下列内容：对于 MDT，一个控制字和一个主站发向一个驱动器的非周期数据容器；对于 AT_m，一个状态字和一个驱动器发送到主站的非周期数据容器。

可配置结构在初始化阶段根据应用来指定（包括总长度、数据数量、数据序列），它用作周期发送的数据容器。在初始化完成后，每个书记域的长度已知，且在操作期间保持不变，这就保证了在通信周期内（图 11 - 68）所有报文在操作阶段都有固定的长度，且按照固定的时间安排来传送（图 11 - 67）。

（2）传输层原理：图 11 - 66 是一个描述主站和从站之间的传输层组织原理图。最高的传输层是非周期传输层，它有自己的安全机制。应用层位于非周期传输层之上，它是由非周期传输层支持的过程命令。

非周期传输是由周期传输支持的，用户可以访问周期传输和非周期传输。所有数据都是可以非周期传输的，但是只有一部分数据能够周期传输。

（3）对传输层的访问：图 11 - 67 描述的是对光缆环的访问，它通过一个时间槽的方法来管理。初始化阶段，系统自动计算出每个驱动器有能力使用它的内部时钟来访问光缆环。使用这个方法，可以用最小的管理消耗，实现严格的实时同步运行。由于非常严格地定义了数据的往返流动，所以这个简单方法是切实可行的。

（4）通信周期：如图 11 - 68 所示，在单个通信周期（例如 1ms）内，主站和所有驱动器间交换全部周期数据。

如图 11 - 68(a) 所示，在主站向所有驱动器广播一个 MST 时，开始一个通信周期，所有驱动器同时接收这个信息。以这个 MST 为基础，每个驱动器使它发送时间槽和它的反馈采集捕捉点同步，使它的内部处理特别是控制环同步。这种类型的同步使命令信号的延迟时间达到最小和稳定，从而把动态性能提高到与控制环相当的水平。

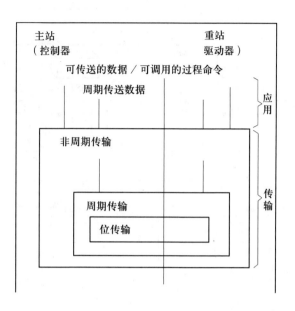

图 11 – 66　传输层

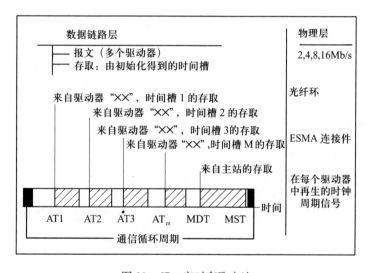

图 11 – 67　定时存取方法

MST 同步报文非常短(在 2Mb/s 传输率下约 30μs),它的数据域只有 1 个字节长。在操作阶段,这种情况保持恒定,甚至位填充也不会引起任何短暂的波动。

如图 11 – 68(b)所示,在第一个预定的时间槽到来时,第一个驱动器把驱动器报文(AT)发送到环上,其他驱动器作为转发器把这个 AT 传送到主站。在 AT 中有它自己的地址(= 源地址)和向主站传送的数据(反馈值和状态)。

如图 11 – 68(c)所示,所有其他驱动器在它们的预定时间槽内以同样的方式向主站发送它们的 AT。主站监视所有的驱动器发送是否正确,在接收到第一个 AT 后,控制器开始根据要求的任务评估和处理这个 AT。

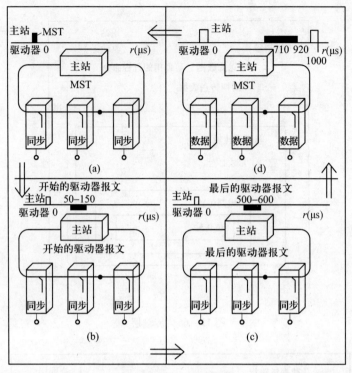

图 11 – 68　通信周期

如图 11 – 68(d)所示,在周期的末尾,主站向所有的驱动器发送一个长的 MDT,所有的驱动器同时接收这个广播的报文。每个驱动器都知道它在初始化阶段定义的 MDT 内的数据槽,以这种方式把新的命令值同步地供应给所有轴。

在一个通信周期结束的瞬间,主站发送 MST 来开始下一个周期。允许的周期时间:
$6\mu s$、$125\mu s$、$250\mu s \times n (n = 1, 2, \cdots)$。

短的通信周期时间只能用于少量驱动器,主要用作力矩操作模式。较长的通信周期时间可以用作位置控制操作模式,且可带动更多的驱动器。

(5)非周期数据传送:非周期数据由主站引入并控制其传送,执行它的整个操作。从站不能启动非周期传送,它只能作出响应。正如前面所谈到的,非周期传送是建立在周期传送的基础上。

在通信阶段 1(CP1)和通信阶段 2(CP2)中,在 MDT 和 AT 中为非周期数据交换保留了 2 个字节。在通信阶段 4(CP4)中,可以把 MDT 和 AT 中的非周期数据容器扩展到 8 个字节。在传送较长的数(如一个名字或一个 IDN 的列表)时,必须把数据传送分配到几个通信周期上。

控制字和状态字内各自都提供了为满足传输和控制所需的握手信号位。非周期数据不同于周期数据,接收者不需要在同一个周期内作出响应。主站可以识别接收状态,当从站还没有从非周期数据容器拿到所需数据时,则重复发送(可以多达 10 次)。一旦非周期数据容器空了,主站可以发送其他数据。在最后的传送结束时,从站开始处理(即读/写)数据,避免从站的数据过载。在从站完成了要求的阅读和处理后,向主站发回数据。主站根据这个应答确认信号,又可以向从站发送数据。

在 SERCOS 接口中没有为非周期数据传送设置允许的持续时,主站可以在任何时刻终止从站中的处理,从站也可以终止处理。在从站处理期间发生一个错误时(例如数据被写保护),在驱动器的状态字设置一个出错标记,出错原因被传入非周期数据容器内。

(6)过程命令:主站可以向驱动器发送过程命令,有些过程命令要在驱动器内触发一个很长的复杂处理。例如:控制回零点过程、测量循环过程、停轴过程、驱动器控制的同步操作过程。

在技术上,过程命令有与其他数据相同的结构,也通过非周期数据传送容器来传送。用属性来标识一个数据是否是过程命令,如果是,则用过程命令控制来处理此操作数据。在从站中对过程命令的处理一般是启动一个复杂函数。

在状态字中有一位用来指示过程命令确认的改变(表示过程命令已执行),因而在同一时间可以激活多个过程命令,或者在一个或多个过程命令被激活时启动一个所要求的数据交换。

主站能够通过过程命令控制对从站进行设置和激活过程命令,使此命令能中断或删除。在从站内出现错误时,详细的出错信息会传输到主站。

2. 初始化

上电后,在正常的操作状态(=通信阶段4)到达前,系统要经过几个状态(即通信阶段)。

1)通信阶段0(CP0)

在主站电器供电、内部初始化和检查通过后,主站开始发送主站同步报文(MST),系统进入通信阶段0。从站电器通电后,它作为转发器工作,即一个从站把接收到的报文送到环上的下一个从站。如果所有物理存在的从站作为转发器正常工作,那么 MST 会送回到主站的输入口。在主站无中断地接收到自己的 MST 报文10次后,就转换到通信阶段1。于是,主站就能同时发送和接收报文。但是从站在给定的时刻只能发送或接收报文。

2)通信阶段1(CP1)

主站通过它的 MST 发布当前的通信阶段是通信阶段1,并且开始发送通信阶段1的MST。主站分别寻呼各个驱动器,MST 只包含一个数据记录。此时周期数据容器还未建立,非周期数据容器还没有起作用,控制字保持常数。驱动器地址"××"给出了 MDT 发送的对象。当驱动器接收到一个寻呼它的 MDT 时,它用通信阶段1的 AT 作出响应,以指出此驱动器存在,且为通信阶段作好准备。主站要接收来自各个驱动器的响应,如果必要,主站可以多次请求。当所有驱动器已经作出响应,主站切换到通信阶段2。

3)通信阶段2(CP2)

通信阶段2的 MDT 的结构如下:

(1)一个以定义的驱动器地址。

(2)只有一个数据记录。

(3)此数据记录没有周期传送容器。

在通信阶段2,操作周期传送协议。但是在一个周期内,只与单个驱动器发生数据交换。通信阶段2要交换的数据有:通信参数(如后续通信阶段的时间槽);定义周期传送配置表的参数。

在定义这些参数前,控制器要知道各个驱动器支持的参数(包括操作模式),操作者可以从各个驱动器制造商提供的规格中检索出这些信息。控制器可以从存储在驱动器内的数据和过程命令支持表中(见 IDN00017,IND00025)检索出同样的信息。

在通信阶段 2,除了上述结构数据,还可发送其他数据,如选择驱动器特征的数据,但是这些数据在以后的通信阶段中传送更有效。然后,主站向每个驱动器发送过程命令"CP3 转换检查"。在处理这个过程命令期间,每个驱动器内部检查在通信阶段 3 是否可进行无错误操作(即驱动器是否已经发到了通信阶段 3 必要的参数)。在每个驱动器对这个过程命令作出响应——"过程命令正确执行"后,主站就用 MST 发布通信阶段 3。

4) 通信阶段 3(CP3)

在通信阶段 3 除了周期传送用的容器仍然无意义外,整个通信循环和所有报文跟正常操作(= 通信阶段 4)一样完整。在通信阶段 2 定义的时间槽开始起作用。在这个通信阶段内,主站能够通过非周期传输与所有的驱动器交换数据。因此,在通信阶段 3 以更高效的方式向驱动器发送要选择的驱动器特征参数。

最后,主站向每一个驱动器发送过程命令"CP4 转换检查"。此时,每个驱动器内部检查在通信阶段 4 能否进行无错误操作。在每个驱动器以"过程命令正确执行"作出响应后,主站就用 MST 发布进入通信阶段(即正常操作),完成了初始化。

3. 错误和状态信息

每个驱动器的状态字内都具有诊断 1、诊断 2、诊断 3(C1D,C2D,C3D)的成组信息。C1D 信息意味着在驱动器内发现一个出错情况后,速度开始迅速下降,下降到所规定的最小速度时,紧接着力矩等于零,导致关机。由驱动器本身来执行此处理。C2D 信息意味着有一个可能要停机的警告。C3D 信息纯粹是状态信息(如反馈速度 < 临界速度,力矩 < 临界力矩)。

11.6　数控系统总线技术

总线是一组信号线的集合,是一种传送信息的公共通道,通常由数据总线信号、地址总线信号、控制总线信号、时钟信号及电源信号组成。具有总线结构方式的系统硬件可以模块化,适合开放式系统的要求。总线规定了处理各部件或各子系统之间相互通信的标准接口,使不同时期、不同厂家的部件都可以通过总线组合在一起,为用户根据自己的应用要求选配系统的组成提供方便,为用户系统的升级换代提供可能。这样,在需要升级系统时,就可以以模块为单位进行更新和升级。因此,为了保证用户产品的持久性、可升级性,能以最低的成本适应技术的发展和用户的需求变化,保护用户的投资,适应控制技术和计算机技术的瞬息万变,在组建系统的初期,选择好的总线标准非常重要。

目前比较流行的标准总线有并行和串行两种,其中并行总线有:8/32 位的 STD 总线,16 位的 ISA 总线、MULTIBUS I,32 位的 MULTIBUS II、VME 总线、PCI 等;串行总线有:通用串行总线 USB 及各种现场总线,如 CAN 总线、Profibus 总线等。由于现场总线的通信协议遵循网络通信的开放系统互连模型,故也属于控制网络范畴。在 CNC 系统中,可供选取的开放总线有 ISA,STD,VME,PCI 以及 CAN,Profibus 等。下面介绍几种 CNC 系统常用的总线。

11.6.1　STD 总线[94]

STD 总线(standard bus)是美国 Prolog 公司 1978 年推出的总线标准,1987 年被批准为 IEEE961 标准。STD 总线主要用于以微处理机为中心的工业测控领域,如工业机器人、数控机床、数据采集系统、仪器仪表等。STD 总线采用底板总线结构,如图 11-69 所示,在一块底板上并行布置了数据总线、地址总线、控制总线和电源线。底板上安装若干个 56 脚插座,56 个插脚分别和底板上的 56 条信号线相连。母板上只有总线,没有其他元器件。因此,称之为无源底板。其他的模板,如 CPU,A/D 等都可以挂接在母板上。这些挂接模板必须符合 STD 总线的规范,即满足 STD 总线的电气特性和机械特性。

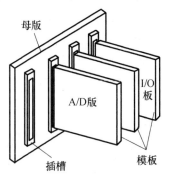

图 11-69　STD 总线结构

STD 总线是 56 条信号线的并行底板总线,每条信号线的定义见表 11-7。56 条信号线分为如下 4 个功能组。

表 11-7　STD 总线引脚定义

		元件面					走线面		
	引脚	信号名称	流向	说明		引脚	信号名称	流向	说明
逻辑电源	1	V_{CC}		+5VDC		2	V_{CC}	入	+5VDC
	3	GND		逻辑地		4	GND	入	逻辑地
	5	$V_{BB\#1}/V_{BAT}$	入/出	偏压#1/后备电源		6	$V_{BB\#2}/DCP$	入	偏压#2/直流掉电信号
数据总线	7	$D3/A19$	入/出	数据总线/地址扩展		8	$D7/A23$	入/出	数据总线/地址扩展
	9	$D2/A18$	入/出			10	$D6/A22$	入/出	
	11	$D1/A17$	入/出			12	$D5/A21$	入/出	
	13	$D0/A16$	入/出			14	$D4/A20$	入/出	
地址总线	15	$A7$	出	地址总线		16	$A15/D15$	出/入	地址总线/数据总线扩展
	17	$A6$	出			18	$A14/D14$	出/入	
	19	$A5$	出			20	$A13/D13$	出/入	
	21	$A4$	出			22	$A12/D12$	出/入	
	23	$A3$	出			24	$A11/D11$	出/入	
	25	$A2$	出			26	$A10/D10$	出/入	
	27	$A1$	出			28	$A9/D9$	出/入	
	29	$A0$	出			30	$A8/D8$	出/入	

	元件面				走线面		
	引脚	信号名称	流向	说明	引脚	信号名称	流向	说明
控制总线	31	$\overline{WR}$	出	存储器或 I/O 写	32	$\overline{WR}$	出	存储器或 I/O 读
	33	$\overline{IORQ}$	出	I/O 地址请求	34	$\overline{MEMRQ}$	出	存储器地址请求
	35	$\overline{IOEXP}$	入/出	I/O 扩展	36	$\overline{MEMEX}$	入/出	存储器扩展
	37	$\overline{REFRESH}$	出	刷新定时	38	$\overline{MCSYNC}$	出	CPU 周期同步
	39	$\overline{STATUS1}$	出	CPU 状态	40	$\overline{STATUS0}$	出	CPU 状态
	41	$\overline{BUSAK}$	出	总线响应	42	$\overline{BUSRQ}$	入	总线请求
	43	$\overline{INTAK}$	出	中断响应	44	$\overline{INTRQ}$	入	中断请求
	45	$\overline{WAITRQ}$	出	等待请求	46	$\overline{NMIRQ}$	入	非屏蔽中断
	47	$\overline{SYSRESET}$	出	系统复位	48	$\overline{PBRESET}$	入	按钮复位
	49	$CLOCK$	出	处理器时钟	50	$CRTRL$	入	辅助定时
	51	PCO	出	优先级链输出	52	PCI	入	优先级链输入
辅助电源	53	$AUXGND$	入	辅助地	54	$AUXGND$	入	辅助地
	55	$AUX + V$	入	+12VDC	56	$AUX—V$	入	–12VDC

a. 8 根双向数据总线引脚 7～14。

b. 16 根地址线引脚 15～30。

c. 22 根控制线引脚 31～52。

d. 10 根电源线引脚 1～6，引脚 53～56。

由于模板式结构使用方便，设计和制造成本较低，STD 总线已成为十多年来发展最快的总线之一。基于 STD 总线的工控机成为在 20 世纪 80 年代中后期的主流机型之一。STD 总线具有以下的特点：

（1）小板结构 STD 总线采用小模板结构，在机械强度、抗断裂、抗振动、抗老化和抗干扰等方面具有优越性。STD 总线将大母板的功能射分为单。功能的小板结构，如 CPU 板、A/D 板、D/A 板、存储器板、I/O 板等。用户根据实际需要选用不同的模板组合成系统。这种积木式的结构硬件冗余少，开发周期短，使用维护方便，可靠性高，抗干扰能力强。

（2）开放式系统结构。STD 总线采取了开放式结构，计算机系统的组成没有固定的模式或标准机型，而是提供了大量的功能模板，用户可以根据自己的需要选用各种功能模板，像搭积木一样任意拼装出自己所需的计算机系统。必须注意，一个系统只允许选用一块 CPU（称主模板），其余的从模板可任选。

（3）兼容式总线结构。STD 总线采取了兼容式的总线结构，既可支持 8 位微处理器，如 8085，Z80 等，也可支持 16、32 位微处理器，如 8086,68000 等。这种兼容性可灵活地扩充和升级，只要将新选的 CPU 主模板插入总线槽，取代原来的 CPU 板，然后将软件改变过来，而原有的各种从模板仍可被利用。这样可避免重复投资，降低改造费用，缩短新系统的开发和调试周期，提高了系统的可用性。

11.6.2 PCI 总线[95,96]

PCI 总线数控控制系统的传输速度和实时特性具有明显的优势,所以原先工业普遍使用的 ISA 总线逐渐被 PCI 总线代替。

1. PCI 总线物理协议

以 32 位 PCI 总线为例说明有关的总线信号,如表 11-8 所列。

IN 为输入信号;T/S 为双向三态信号;S/T/S 为持续三态信号;#为低电平有效。

表 11-8　总线信号

基本引脚	类型	功能
CLK	IN	系统时钟
AD[31:00]	T/S	地址和数据复用信号线信号
C/BE[3:00]#	T/S	总线命令和地址使能信号
PAR	T/S	奇偶检验信号
FRAME#	S/T/S	帧周期信号,指示总线操作起始和终止
IRDY#	S/T/S	主设备准备好信号
TRDY#	S/T/S	目标设备准备好信号
STOP#	S/T/S	目标设备要求终止当前数据传输信号
DEVSEL#	S/T/S	目标设备选中信号

2. 单一数据存取周期

存取周期指 PCI 总线主设备和目标设备间点对点的数据传输,包括:内存读、写,输入输出读、写,配置读、写操作。PCI 总线定义三种不同的地址空间:内存空间、I/O 空间和配置空间。根据不同的读写操作,将选择不同的地址空间。一个存取周期开始时,PCI 总线主设备置 FRAME#有效,首先开始一个地址期(Address Phase),在这段时间内,有效地址和命令分别位于 AD 和 C/BE 信号线上。由 PCI 总线主设备驱动 AD 和 C/BE#信号,并在一个系统时钟周期之后,为这些信号线驱动 PAR 信号有效。C/BE#上的命令类型指出是哪一个地址空间和哪一种具体操作,如表 11-9 所列。

表 11-9　C/BE# 命令类型

C/BE#[3210]	命令类型	C/BE#[3210]	命令类型
0000	中断确认周期	1000	保留
0001	特殊周期	1001	保留
0010	I/O 读周期	1010	配置读周期
0011	I/O 写周期	1011	配置写周期
0100	保留	1100	多重存储器读
0101	保留	1101	双地址周期
0110	内存读周期	1110	存储器在线读
0111	内存写周期	1111	存储器写和使能无效

在地址期之后为一个数据期(Data Phase),在这段时间内数据被传送。PCI 总线上所有目标设备对地址进行译码,地址对应设备通过置 DEVSEL#信号有效来响应传送周期。此时 AD 和 C/BE#上分别为数据和字节的使能信息(指出 32 位数据总线中哪几个字节有效)。对于写周期,PCI 总线主设备分别驱动被写数据、有效字节信息和这些信号的校验至 AD、C/BE#和 PAR 信号线上;对于读周期,PCI 总线主设备驱动有效字节信息至 C/BE#,由目标设备驱动被读数据和 AD 信号的校验到 PAR 信号线上。而且由于 AD 由主设备驱动转成目标设备驱动,所以在目标设备驱动信号之前,AD 要保持一个系统时钟周期的三态,以便完成转换。数据的传输开始于 IRDY#和 TRDY#都有效情况下 CLK 的第一个上升沿时。当 FRAME#无效、IRDY#有效时,说明当前的传输是最后一个数据的传输。数据传输完毕,IRDY#被置无效,一次传输正常结束。在图 11 - 69 所示的读时序中,FRAME#有效指示读周期的开始。FRAME#有效的第一个时钟为地址周期,CBE#[3:0]上为操作命令。随后的为数据周期,如果总线主控设备准备好接受数据时,将置 IRDY#有效。如果总线目标设备准备好传输数据时,将置 TRDY#有效。数据传输发生在 IRDY#和 TRDY#均有效的时钟上升沿处,IRDY#和 TRDY#两个中任何一个无效都将使总线自动插入一个等待周期。由 FRAME#无效和 IRTY#有效来表示最后一个数据传输。

空闲期(Mel Phase)是指没有总线操作的时段,此时 FRAME#和 IRDY#无效。此外 PCI 总线主设备和目标设备都可以通过在 IRDY#和 TRDY#有效前加入若干等待周期以延迟传输开始时间。图 11 - 70 和图 11 - 71 分别为 PCI 总线读、写操作时序图。其中两个互相指向尾部的箭头表示周转周期。所有可能被多个设备驱动的信号都需要周转周期,以避免当信号驱动由一个设备切换到另一个设备时发生竞争。

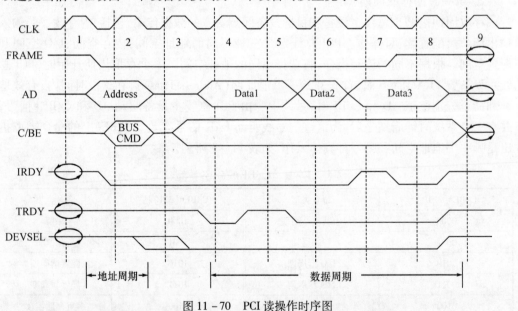

图 11 - 70　PCI 读操作时序图

在地址期,单个和突发传输协议是一致的。在数据期,当 PCI 主设备准备好接收或传输数据时,IRDY#有效。如果 FRAME#在 IRDY#有效的同时无效,即开始第一个数据传输时无效,说明此操作为单一数据传输;如果 FRAME#仍保持有效,则该方式为突发方式。

370

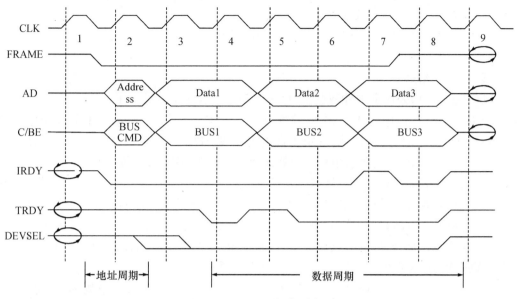

图 11-71　PCI 写操作时序图

一个突发传送包括一系列微传送（Micro Access），第一个微传送的地址称基地址（Base Address），在地址期得到。随后的微传送地址将根据这一基地址做相应的增加得到。与单一方式一样，当 FRAME#无效而 IRDY#有效时，突发传输进行最后数据传送，FRAME#和 IRDY#都无效时，传输结束。

在图 11-71 所示的写时序中，由于 AD[31:0]一直由总线主控设备驱动，所以不需要周转周期。写操作期间的数据传输方式类似于读操作。在数据传输的过程中，总线的主控设备和目标设备都可以终止当前的总线操作。通常总线主控设备可以通过设置 FRAME#无效、IRDY#有效来指示最后一个数据周期；目标设备则通过设置 STOP#有效来请求终止，然后由主控设备来终止操作。

3. 突发传送

PCI 总线支持成组突发方式传送。与其他总线传输协议不同，PCI 总线不使用单独的信号线和命令来定义突发方式的进行，而是通过 FRAME#和 IRDY#信号时序的变化使单个数据的传输自然地转成突发方式。

4. 中断确认周期

中断确认周期可以认为是一个特殊的读操作，主设备为 HOST/PCI 桥路，目标设备为含有中断控制器的 PCI 总线设备。PCI 总线规则支持分布式的中断申请信号线（INTX#），INTX#信号线的目的可以允许特殊的 PCI 设备对主 CPU 进行总线申请。当一个设备对总线提出申请之后，主 CPU 通过 HOST/PCI 桥路执行一个中断确认周期。中断控制器的任务是在该周期的数据周期把中断矢量放在 AD[31:00]信号线上。其主要特点如下：

（1）中断确认周期执行无需译码，所以包含中断控制器的 PCI 总线设备对操作的响应通过置 DEVSEL#有效完成。

（2）响应中断确认周期的 PCI 设备通过 TRDY#信号延长周期，与其他传送一样，TRDY#与主设备（HOST/PCI 桥路）的 IRDY#共同决定周期长度。

（3）中断确认周期只能是读操作。

（4）可以按单个读或突发读方式操作。

（5）设备可以由主设备故障终止、目标设备可以由重试终止、断开终止、目标设备故障终止来结束周期。

5. PCI 总线仲裁

PCI 总线结构采用集中仲裁机制，每一个 PCI 主设备都有独立的 REQ#（总线占用请求）和 GNT#（总线占用允许）二条信号线与中央仲裁器（Central Arbiter）相连。由中央仲裁器对各设备的申请进行仲裁，决定由谁占用总线。PCI 总线规则并没有给中央仲裁器建立一个明确的协议，它要求中央仲裁器支持一个合理的算法，给每个 PCI 主设备确立获得总线控制权的等待时间。协议基本要求包括：

（1）对总线所有权提出申请的设备必须具备立刻开始总线周期的能力。如果被授予总线所有权后（GNT#有效），主设备尚不能开始总线操作，它应放弃所有权，而由中央仲裁器重新仲裁；如果该设备不放弃所有权，且在第 16 个 CLK 周期仍不能开始操作，中央仲裁器则认为该主设备为"死设备"，以后也不再授予其总线所有权。

（2）被授予总线所有权的主设备应在 8 个 CLK（推荐为 2～3 个）周期内，驱动 AD[31:00] 和 C/BE#[3:00] 信号线至一个稳定电平；在 9 个 CLK（推荐为 3～4 个）周期内，驱动 PAR 信号至一个稳定电平。

（3）当一个主设备拥有总线所有权时（REQ#和 GNT#都有效），如果中央仲裁器想把总线所有权转给另外一个主设备，它将置当前设备的 GNT#无效，此时有两种情况：①当前主设备正在进行操作（FRAME#有效），那么当前主设备完成操作后，交回总线所有权。②当前主设备处于空闲期（FRAME#和 IDRY#均无效），它将立刻交回所有权。

（4）PCI 主设备可在任何需要时刻对总线提出申请，REQ#有效后，也可在任何时刻撤回申请。但在一个操作周期时如果发生重试、断开、目标设备故障引起的操作终止，REQ#必须置为无效。这是因为中央仲裁器只监测 PCI 总线的 REQ#、FRAME#和 IRDY#信号，而对 STOP#信号引起的终止是不知道的，这样将不能及时把总线所有权转给其他提出申请的设备，因此要置 REQ#无效。

如果总线不是在空闲状态，一个主设备的 GNT#无效和下一个主设备的 GNT#有效之间至少应有一个 CLK 周期，否则会在 AD 和 PAR 信号线上出现时序冲突。

11.6.3　CAN 现场总线

过去的运动控制卡同伺服系统通信一般都采用 RS-232 或者 RS-485 进行通信，由于 RS-232 的通信速度低，不能满足数控系统实时性能的要求，虽然 RS-485 的速度高，但是这种接口的通信多为查询方式，效率低，难以满足较高的实时性要求；再者，使用 RS422/485 接口的通信网工作在主从模式，主节点成为系统的瓶颈，一旦主节点出故障，会导致整个通信系统的瘫痪；另外，由于 RS422/485 接口通信规约缺乏统一标准，不同厂家生产的设备很难互连，不适合开放系统的建设，因而需采用新的技术替代这种通信方式。

1. CAN 总线技术概述

CAN（Controller Area Network）即控制器局域网，它是一个串行、异步、多主机的通信协议。CAN 最初由德国 Bosch 公司推出，用于汽车内部测量与执行部件之间的数据通信。作为一种技术先进、可靠性高、功能完善、成本低廉的远程网络通信控制方式，其应用领域已由汽车行业扩展到工业现场控制、电力系统、智能大厦、小区安防、交通工具、医疗仪器、环境监控等众多领域。

CAN 总线规范已被 ISO 国际标准组织制定为国际标准，CAN 协议也是建立在国际标准组织的开放系统互连参考模型基础上的。由于其只定义了数据链路层和物理层协议，用户需在其基础上开发适合系统实际需要的应用层通信协议，但由于 CAN 总线极高的可靠性，从而使应用层通信协议得以大大简化。

2. CAN 的分层结构[97]

为适应系统设计的开放性要求，CAN 总线的通信网络依照开放系统互连规范，按层次结构设置。按照 ISO 制定的 OSI 七层网络通信模型的要求，并考虑到作为工业测控的底层网络，其信息传输量相对较少，信息传输的实时性要求较高，现场连接方式也较简单，所以，CAN 网络的设计只采用了符合 OSI 规范的三层结构模型：物理层、数据链路层和应用层，如图 11-72 所示。图中，物理层定义信号怎样传输，完成电气连接，实现驱动器接收器特性；数据链路层分为媒体访问控制（MAC）子层和逻辑链路控制（LLC）子层，其中 MAC 子层是实现 CAN 协议的核心，它的功能主要是传送规则，即控制帧结构、执行仲裁、错误检测、出错标定、应答、串行化/解除串行化。

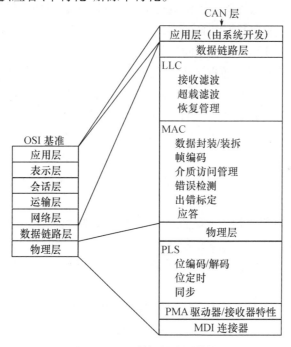

图 11-72　数据的分层结构

3. 通信协议[97]

为了实现对网络节点及总线的完善管理，保证系统的可靠性，CAN 通信协议规定了四种不同用途的网络通信帧，即数据帧、远程帧、错误指示帧和超载帧。

数据帧用于各个节点之间的数据或指令传送。数据帧的结构如表 11-10 所列，由 7 位不同的场位组成：帧起始、仲裁场、控制场、数据场、CRC 校验场、ACK 场和帧结束。远程帧是在网络上的接受节点需要寻址数据源时才向总线发出的，以启动源节点发送各自的数据。远程帧与数据帧在格式上相似,不同之处仅是 RTR 被置高、数据长度码无效及无数据场。

表 11 – 10　CAN 的数据帧

帧起始	仲裁场	控制场	数据场	CRC 场	ACK 场	帧结束

出错指示帧是当网络上的接受节点检测到总线上的报文出错时向总线发出的一组错误指示信息,通知发送方当前报文未被正确接受,重新发送当前报文。超载帧用于通知网络上的节点目前接受节点正忙或总线正忙,请各节点暂缓发送。CAN 通信协议的实现,包括各种通信协议的组织和发送,均是由集成在 CAN 通信控制器中的电路实现的,因此,系统的软件开发人员的主要精力应集中在应用层软件的开发上。

基于上述问题,这里采用 CAN 总线来代替以往设计中普遍采用 RS – 232 进行与伺服控制卡的通信。由于 CAN 总线属于现场总线的一种,所以它具有现场总线的特点:

(1) 实现了全分布式多机系统,无主从机之分,网络上任何节点均可在任意时刻主动地向其他节点发送信息,通信方式十分灵活。

(2) 采用非破坏性总线优先级仲裁技术,当两个节点同时向网络上发送消息时,优先级低的节点主动停止发送数据,而优先级高的节点可以不受影响地继续发送信息,有效避免了总线冲突。按节点类型分成不同的优先级,可以满足不同的实时要求。

(3) CAN 可以实现远程数据请求。通过发送一个远程帧,需要数据的节点可以请求另一节点发送相应的数据帧,该数据帧和对应的远程帧以相同的标识符命名。

(4) CAN 总线报文传输不含目标地址,以全网广播为基础,各个接收站根据报文中反映数据性质的标识符过滤报文,决定是否接收,其优点在于可实现在线上网(下网)、即插即用和多点接收。

(5) CAN 采用监视总线、循环冗余检验、位填充和报文格式检查等措施,保证了极低的信息出错率。

(6) CAN 节点有能力识别永久性故障和短暂扰动,且故障节点在错误严重时会自动切断与总线的联系。

(7) CAN 中已损报文由检出错误的任何节点进行标定。这样的报文将失效,并自动进行重新发送。

(8) CAN 每帧数据信息为 0 ~ 8 字节,具体长度由用户决定。

(9) CAN 总线用户接口简单,编程方便,配置灵活,很容易构成用户系统。这些特点完全符合开放体系结构的要求,同时,CAN 总线具有可靠性高、稳定性好、抗干扰能力强、通信速率快、造价及维护成本低等优点,非常适合开放式数控系统的应用。

11.6.4　Profibus 现场总线

Profibus 是 Process Filed Bus 的简称,它是符合德国国家标准和欧洲国家标准 EN50170 的现场总线。Profibus 产品的市场份额占欧洲首位,大约为 40%。目前世界上许多自动化设备制造商如西门子公司都为它们生产的设备提供 Profibus 接口。Profibus 已广泛运用于加工制造过程和楼宇自动化。

1. Profibus 现场总线概述[98]

Profibus 是唯一的全集成 H1（过程）和 H2（工厂自动化）的现场总线解决方案，是一种不依赖于制造商的开放式现场总线标准。采用 Profibus 标准系统，不同制造商所生产的设备不须对其接口进行特别调整就可通信，Profibus 可用于高速并对时间苛求的数据传输，也可用于大范围的复式通信场合，如图 11 – 73 所示。

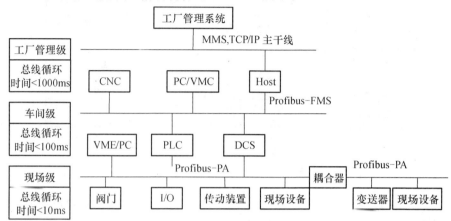

图 11 – 73　Profibus 现场总线连接示意图

Profibus 根据应用的特点分为 Profibus—DP、Profibus—FMS、Profibus—PA 三个兼容版本。其中，Profibus—DP（H2）是一种经过优化的高速通信连接，专为自动控制系统和设备级分散 I/O 之间的通信设计的，可用于分布式高速通信系统的数据传输，其传输速率可达 12Mb/s，一般构成单主站系统。

Profibus—FMS 主要解决车间级通用性通信任务，提供大量的通信服务，完成中等速度的循环和非循环通信任务，用于纺织工业、楼宇自动化、电气传动、传感器和执行器、低压开关设备等一般的自动化控制，一般构成实时多主网络系统。

Profibus—PA（H1）是专为过程自动化设计的，提供标准的本质安全的传输技术，一般用于对安全性要求较高的场合及由总线供电的站点。一般 Profibus—FMS 和 Profibus—DP 混合使用。

Profibus 的特点为可使分散式数字化控制器从现场层到车间级网络化，该系统分为主站和从站。主站决定总线的数据通信，当主站得到总线控制权（令牌）时，没有外界请求也可以主动送信息。从站为外围设备，典型的从站包括输入输出设备、控制器、驱动器和测量变送器。它们没有总线控制权，仅对接收到的信息给予确认，或当主站发出请求时向主站发送信息。

2. Profibus 协议结构和通信模型[99]

Profibus 协议的结构是根据开放式系统互联参考模型 ISO7498 制定的，Profibus 的协议结构和 Profibus 各协议层和子层的结构如图 11 – 74 所示。

Profibus – DP 和 Profibus – FMS 采用了相同的媒体访问控制协议（第 2 层）和传输技术（第 1 层）。

Profibus – DP 使用地 1、2 层和用户接口。为了获得快速和高效率的数据传输，第 3~7 层没有定义。直接数据链路映像（Direct Data Link Mapper——DDLM）为用户接口

375

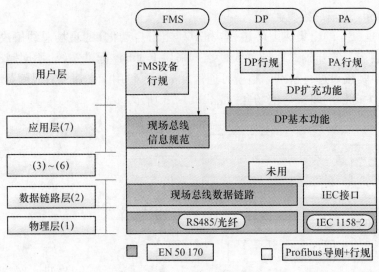

图 11 - 74　Profibus 协议结构

提供第 2 层的访问服务。用户接口定义了用户及系统以及不同设备可以调用的应用功能,并详细说明了各种不同 Profibus - DP 设备的行为,还提供了 RS485 传输技术和光纤传输技术。

Profibus—FMS 第 1、2 和 7 层均加以定义,第 3 - 6 层没有定义。第 7 层由现场总线报文规范(FMS)和底层接口(Lower Layer Interface——LLI)组成。Profibus—FMS 包括了用户协议,并向用户提供了广泛选用的强有力的通信服务,LLI 协调了不同的通信关系,并向 FMS 提供不依赖于设备第 2 层的访问方式。第 2 层现场总线数据链路可完成总线访问控制和数据的可靠性,它还为 Profibus—FMS 提供了 RS485 传输技术和光纤传输技术。

Profibus—PA 数据传输采用扩展的 Profibus—DP 协议,另外还采用了描述现场设备行为的 PA 规范,根据 IEC11582 - 2 标准,这种传输技术可确保其本质安全性,并使现场设备通过总线供电。使用分段式耦合器,Profibus—PA 设备能很方便地集成到 Profibus—DP 网络上。

在 Profibus 的层次结构中,第 1 层物理层(PHY)规定了线路传输介质、物理连接的类型和电气特性。Profibus 通过采用差分电压输出的 RS485 实现连接。在线性拓扑结构下采用双绞线电缆,树形结构还可能用到中继器。

第 2 层数据链路层的媒体访问控制(MAC)子层描述了连接到传输介质的总线访问方法。Profibus 采用一种混合访问方法。由于不能使所有设备在同一时刻传播,所以在 Profibus 主(Master)设备之间用令牌的方法。为使 Profibus 从(Slave)设备之间也能传输信息,从设备由主设备循环查询。而第 2 层的现场总线链路控制(FLC)子层则规定了对低层接口(LLI)有效的第 2 层服务,并提供服务访问点(SAP)的管理与 LLI 相关的缓冲器。

第 1 层和第 2 层的现场总线管理(FMAI/2)完成 MAC 特定的总线参数的设定和 PHY 的设定。FMC 和 LLI 之间的 SAP 可以通过 FMA1/2 激活或撤销。此外,第 1 层和第 2 层可能出现的错误事件可能会被传输到更高层(FAM7)。

第 7 层 LLI 子层协调了不同的通信关系,将现场总线报文规范(FMS)的服务映射到第 2 层(FLC)的服务,LLI 集成了 OSI 七层参考模型的 3~6 层中的重要功能,如监控连接和数据传输。此外,LLI 还检查在建立连接期间用于描述一个逻辑链接通道的所有重要参数。可以在 LLI 中选择不同的连接类型,主/主连接或主/从连接。数据交换既可是循环的,也可是非循环的。而现场总线报文规范(FMS)子层将用于通信管理的应用服务和用于用户的用户数据(变量、域、程序、事件通告)分组。借助于此,才可能访问一个应用过程的通信对象。FMS 主要用于协议数据单元(PDU)的编码和译码。

位于第 7 层之上的应用层接口,构成了应用过程接口。其目的是将过程对象转换为通信对象。现场总线管理 FMA7 保证了 FMS 和 LLI 子层的参数化以及总线参数向第 2 层(FMA1/2)的正确传递。某些实际的应用过程中,通过 FMA7 把各子层事件和错误显示给用户。

3. Profibus 的主要特性

1)传输技术

由于单一的现场总线技术不可能满足所有的要求,因此,Profibus 提供了一下三种类型:DP 和 FMS 的 RS485 传输、PA 的 IEC1158 - 2 传输和光纤传输。

(1)DP 和 FMS 的 RS485 传输技术。RS485 采用屏蔽的双绞铜线电缆,共用一根导线对,适用于需要高速传输和设备简单而又便宜的各个领域。在不使用中继器时,每段最多有 32 个站;使用中继器时,最多可以达到 127 个站。传输速率可选用 9.6kb/s ~ 12 Mb/s,一旦设备投入运行,全部设备均需选用同一传输速率。电缆的最大长度取决于传输速率,见表 11 - 11。

表 11 - 11 RS485 传输速度与 A 型电缆的距离

波特率/(kb/s)	9.6	19.2	93.75	187.5	500	1500	12000
(距离/段)/m	1200	1200	1200	1000	400	200	100

(2)PA 的 IEC1158 - 2 传输技术。IEC1158 - 2 传输技术能满足化工和石化工业的要求,可保证本质安全性和现场设备通过总线供电。这是一种位同步协议,可进行无电流的连续传输。在不使用中继器时,每段最多有 32 个站;使用中继器时,最多可到 126 个站。传输速率为 31.25kb/s。

(3)光纤传输技术。在电磁干扰很大的场合,可使用光纤导体,以增大高速传输的最大距离,一种专用的总线插头可将 RS485 信号转换成光纤信号或者将光线信号转换成 RS485 信号,这使得在同一系统中,可同时使用 RS485 和光纤传输技术。

令牌传递方式采用总线网络拓扑结构,但网上各主站传递程序保证了每个主站在一个确切规定的时间段内得到总线访问权(令牌)。令牌信息是一条特殊的报文,它在主站之间传递总线访问权。令牌在所有主站中循环一周的最长时间是事先规定的。在 Profibus 中,令牌传递仅在各主站通信时使用。主从方式允许主站在得到总线访问令牌时可与从站通信,每个主站均可向主站或从站发送或索取信息。

2)Profibus 总线访问协议

Profibus 的 DP、FMS 和 PA 采用单一的总线访问协议。在 Profibus 中,总线访问协议由第 2 层现场总线链路层(FDL)来实现。媒体访问控制(MAC)控制了站点数据传输的顺序。MAC 必须确保在任何一个时刻只有一个站点发送数据。

Profibus 协议的设计旨在满足媒体访问控制的基本要求。在复杂的自动化系统（主站）相互通信期间,必须保证在确切限定的时间间隔中,任何一个站点要有足够的时间来完成其通信任务。在复杂的控制设备和简单的 I/O 设备（从站）之间周期、实时数据的通信,应尽可能的快速和简单。

因此,Profibus 总线访问协议包括主站之间的令牌传递方式和主站与从站之间的主从方式,如图 11 -75 所示。

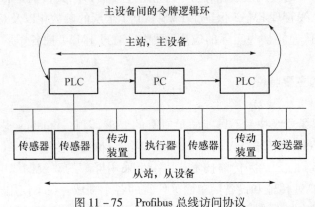

图 11 -75   Profibus 总线访问协议

实现下列系统配置:
- 纯主 - 从系统;
- 纯主 - 主系统（带令牌传递）;
- 混合系统。

图 11 -75 所示为一个由 3 个主站和 7 个从站构成的 Profibus 系统配置。3 个主站构成令牌逻辑环,当某主站得到令牌报文后,该主站可在一定时间执行主站工作。在这段时间内,它可依照主—从关系表与所有从站通信,也可依照主—主关系与所有主站通信。

令牌逻辑环是所有主站的组织链,按照它们的地址构成令牌逻辑环。在这个环中,令牌（总线访问权）在规定的时间内按照次序（地址的升序）在各主站中依次传递。

在总线系统初建时,主站媒体访问控制（MAC）的任务是制定总线上的站点分配,并建立令牌逻辑环。在总线运行期间,断电或损坏的主站必须从环中被排除,新上电的主站必须加入令牌逻辑环。总线访问控制保证令牌按地址升序依次在各主站间传递,各主站的令牌具体保持时间长短取决于该令牌的配置的循环时间。另外,Profibus 媒体访问控制还可监测传输介质及收发器是否有故障、检查站点地址是否出错（如地址重复）以及令牌错误（如多个令牌或令牌丢失）。

第 2 层的另一个重要任务是,保证数据的可靠性。Profibus 第 2 层的结构格式保证高度的数据完整性,这是依靠所有报文的海明距离 HD = 4 以及使用特殊的起始和结束定界符、无间距的字节同步传输和每个字节的奇偶校验来保证的。

Profibus 第 2 层按照非连接的模式操作,除提供点对点逻辑数据传输外,还提供多点通信（广播及所有选择广播）功能。

378

11.6.5 DeviceNet 总线

DeviceNet 是 1994 年由 AB 公司(现属于 Rockwell)提出的现场总线技术,是一种底层设备现场总线。它既可连接底端工业设备,又可连接像变频器、操作员终端这样的复杂设备。它通过一根电缆将诸如可编程序控制器、传感器、测量仪表、光电开关、操作员终端、电动机、变频器和软起动器等现场智能设备连接起来,它是分布式控制系统的理想解决方案。这种网络虽然是工业控制网的低端网络,通信速率不高,传输的数据量也不太大,但它采用了先进的通信概念和技术,具有低成本、高效率、高性能、高可靠性等优点[98,100]。

DeviceNet 是一种简单的网络解决方案,在提供多供货商同类部件间的可互换性的同时,减少了配线和安装自动化设备的成本和时间。

DeviceNet 总线是一个开放式网络标准,其规范和协议都是开放的,用户将设备连接到系统时,无须购买硬件、软件或许可权。任何个人或制造商都能以少量的复制成本从 ODVA 获得 DeviceNet 规范。

1. DeviceNet 总线的网络模型[98][101]

如图 11 - 76 所示,DeviceNet 遵从 ISO/OSI 参考模型,它的网络结构分为三层,即物理层、数据链路层和应用层,物理层下面还定义了传输的介质。按照 IEEE802.2 和 802.3 标准,数据链路层又划分为逻辑链路控制(LLC)和媒体访问控制(MAC)。物理层又划分为物理层信号(Physical Layer Signal, PLS)和媒体访问单元(Medium Attachment Unit, MAU)。

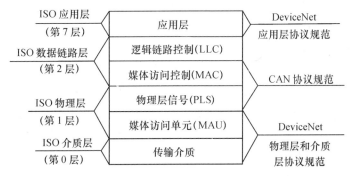

图 11 - 76   DeviceNet 的 ISO/OSI 参考模型

DeviceNet 的物理层采用了 CAN 总线物理层信号的定义,增加了有关传输介质的规范。DeviceNet 的数据链路层沿用 CAN 总线协议规范,采用生产者/消费者通信模式,充分利用 CAN 的报文过滤技术,有效节省了节点资源。DeviceNet 的应用层定义了传输数据的语法和语义,是 DeviceNet 协议的核心技术[100]。

1) DeviceNet 物理层

DeviceNet 物理层定义了网络的总线拓扑结构以及网络元件,具体包括系统接地、粗缆和细缆混合结构、网络端接和电源分配。DeviceNet 所采用的典型拓扑结构是干一分支方式,线缆包括粗缆(多用于干线)和细缆(多用于分支线),总线线缆中包括 24V 直流电源和信号线(两组双绞线)以及信号屏蔽线。在设备连接方式上,可以灵活选用开放式和密封式的连接器。网络供电采取分布式方式,支持冗余结构。总线支持有源和无源设备。

对于有源设备,提供专门设计的带有光隔离的收发器。设备网提供 125/250/500kb/s 三种可选的通信波特率,最大拓扑距离为 500m,每个网络段最大可达 64 个节点。

2)DeviceNet 数据链路层[101]

数据链路层是 ISO 模型的第二层,该层协议处理两个由物理通道直接相连节点之间的通信。数据链路层协议的目的在于提高数据传输的效率,为其上层提供透明的无差错的通信服务,把物理介质的不可靠因素尽可能地屏蔽起来,让高层协议免于考虑物理介质的可靠性问题。

IEEE 802 委员会为局域网定义了介质访问控制(MAC)层、逻辑链路控制(LLC)层。介质访问控制层和逻辑链路控制层是属于 OSI 参考模型中数据链路层的两个子层。数据链路层是在两个网络节点之间保证数据正常交换的通路,主要功能是保证相邻节点的正确传输。发送方数据链路层的具体工作是接收来自高层的数据,并将它们加工成帧,然后经物理通道将帧发送给接收方,如图 11 –77 所示。

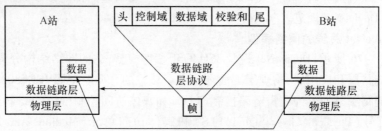

图 11 –77　数据链路协议工作图

3)DeviceNet 应用层

DeviceNet 在充分利用 CAN 总线物理层和数据链路层的基础上,提出一种独特的应用层协议,其中运用了许多全新的概念。

DeviceNet 采用对象建模的方法,将每个总线设备视为一个对象集合体的节点。这些节点的总线行为表现是其内部对象之间相互作用的结果。

在描述了 DeviceNet 的对象模型基础上,为便于对总线设备内部的对象实施操作,DeviceNet 定义了对这些对象的编址方法。

DeviceNet 借助 CAN 帧来运载自己的信息,并对数据报文进行分组、分类型等。

2. DeviceNet 总线的网络结构[102]

DeviceNet 控制网络由多个节点构成,这些节点挂接在网络的干线或支线上。如图 11 –78所示,该网络是一种干线/支线式的总线型拓扑结构。粗、细电缆(双绞线)均可用作干线或支线。网络上的设备可直接由总线供电,并可实现多电源的冗余供电。

图 11 –78　DeviceNet 总线网络结构示意图

11.6.6 ControlNet 总线

在工业自动化系统的网络结构中,ControlNet 通常用作控制层网络,它适用于一些对确定性、可重复性、实时性和传输的数据量要求较高的场合,如协同工作的多驱动器系统、焊接控制、机器人控制、视觉信息处理、运动控制、复杂的批次控制、有大量数据传送要求的过程控制、有多个控制器和人机界面共存的系统等[103]。

1. ControlNet 协议分层结构

ControlNet 协议的制定参照了 OSI 7 层协议模型,参照了其中的 1、2、3、4、7 层,既考虑到网络的效率和实现的复杂程度,又兼顾到协议技术的向前兼容性和功能完整性,与一般现场总线相比增加了网络层和传输层。这对于与异种网络的互连和网络的桥接功能提供了支持,更有利于大范围的组网。ControlNet 协议分层及其与 OSI 模型的比较如图 11-79 所示。由图可见 ControlNet 没有 OSI 七层模型中的会话层,ControlNet 的对象与对象模型相当于 OSI 的应用层,数据管理相当于 OSI 的表示层,报文路由传输与连接管理相当于 OSI 的传输层和网络层。

Controlnet 中网络和传输层的任务是建立和维护连接。这一部分协议主要定义了 UCMM(未连接报文管理)、报文路由(Message Router)对象、连接管理(Connection Management)对象及相应的连接管理服务。

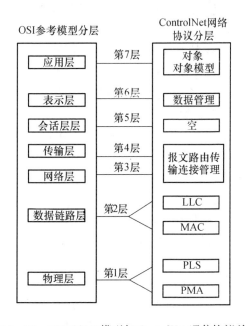

图 11-79　ISO OSI 7 模型与 ControlNet 通信协议关系

2. 物理层

ControlNet 支持多种媒体类型,包括同轴电缆和光纤。同轴电缆的使用可带来极大的灵活性,如直接掩埋、高度柔韧等,而光纤具有很强的抗干扰性或本质安全性。使用主干网段和中继器,ControlNet 几乎支持任何由同轴电缆或光纤构成的拓扑结构,包括树形、星形等。

ControlNet 使用的同轴电缆 RG6 与有线电视同轴电缆相同,其价格低廉、易于购买;使用的光纤有两种类型,短距离系统可延伸 300m,中等距离系统可延伸 7km,并且使用标准的光纤连接器。光纤仅支持点对点的连接,可连接两个终端节点、两个中继器或一个终端节点和一个中继器,不支持菊花链结构。另外,光纤支持有源集线器拓扑结构。

一个 ControlNet 的链路包含一个或多个主干网段。网段由主干电缆、分接器及终端电阻组成。终端电阻连接器安装在每个网段的末端,以保证 ControlNet 的正常工作。连接设备的分接器可连到主干网络的任何位置。各个网段用中继器相连(中继器也需用分接器相连),用于增加节点数量、延伸用户段的总长度或建立一个星形或树形网络结构。中继器的数量取决于用户网络的拓扑结构。ControlNet 是一个与地隔离的同轴电缆或光纤网络。用户务必选择适当的电缆、连接器及附件,用正确的安装技术,以保证网络不会发生意外接地[104,105]。

3. ControlNet 数据链路层

ControlNet 的数据链路层分为媒体访问控制(MAC)子层和逻辑链路控制(LLC)子层。MAC 子层的任务是解决网络上所有的节点共享一个信道所带来的信道争用问题。LLC 子层的任务是把要传输的数据组成帧,并且解决差错控制和流量控制的问题,从而在不可靠的物理链路上实现可靠的数据传输。LLC 子层为网络层的数据传输提供三种服务:不可靠的数据报服务、确认的数据报服务、可靠的面向连接的服务。

ControlNet 采用的 MAC 协议是一种令牌总线协议,它采用的是隐性令牌传递机制。也就是说,虽然 ControlNet 也是持有令牌的节点发送数据,但是网络上并没有真正的令牌在传递。网络上的每一个节点有唯一的 MAC 地址(1~99)。ControlNet 网络中的每个节点都有一个隐性令牌寄存器,每个节点都不停地监听每个数据帧的源节点地址,当该帧传输完毕之后,就把隐性令牌寄存器的值设为监听到的源节点地址加 1。如果某个节点发现其隐性令牌寄存器的值正好与其 MAC 地址相同,就可以立即开始发送数据。这样,由于网络上所有节点的隐性令牌寄存器的值在任一时刻都相同,所以可以有效保证在任一时刻都只有一个节点发送数据,从而避免了冲突[103]。

4. 网络与传输层

ControlNet 中网络层和传输层用于建立连接并对其进行维护,该功能的实现主要涉及未连接报文管理器 UCMM(Unconnected Message Manager)对象、连接路由器对象、连接管理者对象、传输连接、传输类以及应用连接。

连接是不同节点的两个或多个应用对象之间的一种联系,是终端节点之间数据传送的路径或虚电路。终端节点可以跨越不同的系统和不同的网络,但因连接的资源是有限的,所以设备要限制连接的数量。ControlNet 上的报文传送可以是面向连接的和面向非连接的。对于面向连接的通信,ControlNet 需要建立和维护连接;资源为某个特定的应用事先保留(节点可能用尽其所有资源);可减小对所接收数据包的处理。对于面向非连接的通信,不需建立或维护连接;资源未事先保留(未连接资源不会用光);每个报文的附加量增多。

UCMM 是向没有事先建立连接的设备发送请求的一种方式,支持任何控制与信息协议 CIP(Control and Information Protocol)的服务。报文路由器收到 UCMM 报文后,去掉

UCMM 的报头,将请求传送给特定的对象类,尽管报文有一部分附加量,但绕过了连接建立的过程。UCMM 主要用于一次性的操作或非周期性的请求。

5. 设备描述

ControlNet 使用设备描述来实现设备之间的互操作性、同类设备的互换性和行为一致性。设备描述有专家达成一致意见的标准描述和一般的或厂商自定义的非标准描述。CI 负责在技术规范中发布设备描述。根据 ControlNet 技术规范,每个厂商为其每个 ControlNet 产品发布一致性兼容声明,其内容涉及此设备所遵循的技术规范的发布日期和版本号,设备中实现的所有的协议选项和设备遵循的设备描述。

设备描述的内容如下:①为设备类型确定对象模型,即设备对象模型;②列出对象接口;③描述此设备类型的生产和消费数据类型;④确定配置数据以及访问这些数据的公共接口。

11.6.7 Ethernet/IP 总线[106]

Ethernet/IP 是一个面向工业自动化应用的工业应用层协议,这里的 IP 表示为工业协议(Industrial Protocol)。Ethernet/IP 可以和现在所有的标准以太网设备兼容使用,是实时以太网通信行规中重要组成成员之一。

Ethernet/IP 网络中,控制器与现场中的传感器和执行器之间的数据信息传输完全满足控制域的实时性要求。非周期性信息数据的可靠传输(如程序下载、组态文件)采用 TCP 技术,而有时间要求和周期性控制数据的传输由 UDP 的堆栈来处理。Ethernet/IP 通信协议模型如图 11-80 所示。

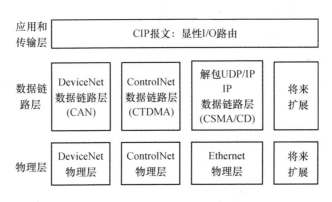

图 11-80 Ethernet/IP 通信协议模型

Ethernet/IP 协议栈结构如图 11-81 所示。

Ethernet/IP 实时以太网技术是由 ControlNet 国际组织 CI、工业以太网协会(IEA)和开放的 DeviceNet 供应商协会 ODVA 等共同开发的工业以太网标准。Ethernet/IP 在 TCP/IP 上附加了 CIP(Common Industrial Protocal,通用工业协议),在应用层进行实时数据交换。CIP 的控制功能部分用于实时 I/O 报文(或隐形报文),信息表述和传输处理部分用于报文交换,也叫显性报文。

CIP 控制和信息协议作为 Ethernet/IP 的特色部分,其目的是为了提高设备间的互操作性。CIP 一方面提供实时 I/O 通信,另一方面实现信息的对等传输。其控制部分用来

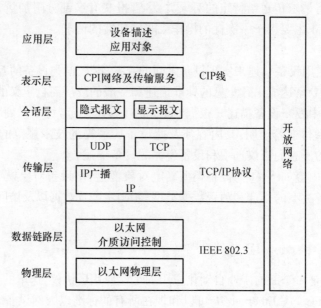

图 11 - 81　Ethernet/IP 协议栈结构

实现实 I/O 通信,信息部分用来实现非实时的信息交换,并且采用控制协议来实现实时 I/O 报文传输或者内部报文传输,采用信息协议来实现信息报文交换和外部报文交换。CIP 采用面向对象的设计方法,为操作控制设备和访问控制设备中的数据提供服务集。应用对象来描述控制设备中的通信信息、服务、节点的外部特征和行为等。

　　CIP 提供了一系列标准的服务,使用"隐式"和"显示"方式对网络节点数据进行访问和控制。CIP 数据包根据请求服务类型被赋予一个报文头。通过以太网传输的 CIP 数据包具有特殊的以太网报文头,一个 IP 头、一个 TCP 头和封装头。封装头包括了控制命令、格式和状态信息、同步信息等。这允许 CIP 数据包通过 TCP 或 UDP 传输并能够由接收方解包。Ethernet/IP 不仅擅长处理传输数据量很小的监控指令数据,还适于发送大数据量的数据块。

　　Ethernet/IP 技术可直接采用现成商用以太网的 TCP/IP 芯片、物理媒体和协议组,支持显式和隐式报文。Ethernet/IP 实时以太网系统结构如图 11 - 82 所示。

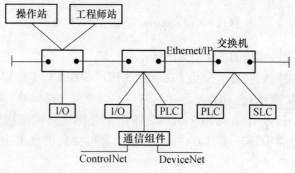

图 11 - 82　Ethernet/IP 实时以太网系统结构

384

Ethernet/IP 网络使用有源星状拓扑结构,图中的 PLC 是可编程控制器。从图中可以看到,控制器和智能控制装置的 I/O 接口与交换机直接相连,操作站和工程师站也直接挂接在交换机上。星状拓扑结构的优点是支持 10Mb/s 和 100Mb/s 的产品,可以将其混合,使用 1000Mb/s、100Mb/s 和 10Mb/s 的交换机;系统接线简便、容易查找故障、维护方便。Ethernet/IP 实时以太网监控系统基于 Web 方式工作,使用标准的 IE 浏览器,可在客户端直接读写数据、解读诊断信息以及建立用户自定义界面。

参 考 文 献

[1] 贾振旭. 国产数控系统与国外数控系统的差距对比[J]. 金属加工(冷加工),2015(5):16-17.

[2] 董泽富. 关于国内主流数控系统性能对比的分析与探讨[J]. 房地产导刊,2014(9):99.

[3] 汪艺. CIMT2013 重大专项展区报道[J]. 制造技术与机床,2013(7):11-15.

[4] 恩宝贵. 喜看按细分市场需要发展数控化、智能化成套机床的美景[J]. 制造技术与机床,2014(10):16-18.

[5] 肖明,张幼龙. CCMT2014 国产数控系统展品综述[J]. 世界制造技术与装备市场,2014(4):59-68.

[6] 张幼龙,肖明. CIMT 2013 国产数控系统展品综述[J]. 世界制造技术与装备市场,2013(5):68-76.

[7] 汪艺. 智能创新产业升级——西门子数控系统亮相 CIMT2013[J]. 制造技术与机床,2013(5):15-16.

[8] 周敏森. CCMT2014 展品七大技术看点[J]. 世界制造技术与装备市场,2013(6):40,80.

[9] 赵宇龙. FANUC 助您走在智能化加工的前沿——访北京发那科机电有限公司高级技术咨询工程师栗炜[J]. 金属加工(冷加工),2014(2):13.

[10] 汪艺. 西门子携全面智能数控解决方案亮相 CIMT2015[J]. 制造技术与机床,2015(6):44.

[11] 赵宇龙. CCMT2014 数控系统新发展看机械制造业新"四化"[J]. 金属加工(冷加工),2014(6):14-16.

[12] 蔡波,张昌盛,马琪. 即将到来的"工业4.0"[J]. 导航与控制,2015,14(1):8-12.

[13] 陈循介. 当今世界机床的技术发展趋势[J]. 世界制造技术与装备市场,2014(2):65-67.

[14] 钟建琳,李树春,常城. STEP-NC 数控系统相关技术研究[J]. 电气与自动化,2014(3):194-196.

[15] 富宏亚,胡泊,韩德东. STEP-NC 数控技术研究进展[J]. 计算机集成制造系统,2014(3):569-578.

[16] 李丽,房立金,王国勋. 基于 STEP-NC 的 NURBS 实时直接插补技术研究[J]. 组合机床与自动化加工技术,2014 (6):62-65.

[17] 余道洋. 基于 NURBS 的复杂曲线曲面高速高精度加工技术研究[D]. 合肥:合肥工业大学,2014.

[18] 肖善华. 基于 Mastercam X~6 旋钮五轴编程与加工研究[J]. 制造技术与机床,2012(8):140-143.

[19] 刘建元. 自由曲面实时插补技术及其改进研究[J]. 制造业自动化,2012(3):47-50.

[20] http://www.advantech.com/support/index.asp.

[21] 孟书云. 基于曲线投影的复杂曲面加工刀轨研究[J]. 湖南科技大学学报(自然科学版),2010,02:32-35.

[22] 李丽,房立金,王国勋. NURBS 曲面五轴加工刀具路径规划技术研究[J]. 机械制造,2014(2):5-9.

[23] 陈蔚. 样条曲线插补算法及其自适应速度控制研究[D]. 合肥:合肥工业大学,2014.

[24] Rida T F,Carlotta G,Alessandra S. Local modification of pythagorean-hodograph quintic spline curves using the B-spline form[J]. Advances in Computational Mathematics,2015.

[25] Rida T F,Carlotta G,Alessandra S. Identiflcation and "reverse engineering" of pythagorean-hodograph curves[J]. Computer-Aided Geometric Design,2015,34:21-36.

[26] 王布静,刘希玉. 基于遗传算法和非均匀有理 B 样条的创新设计[J]. 计算机技术与发展,2011(6):20-23.

[27] B M Imani,A G. Real-time PH-based interpolation algorithm for high speed CNC machining[J]. The International Journal of Advanced Manufacturing Technology,2011,56:619-629.

[28] Javad J,Mohammad R A. A novel acc-jerk-limited NURBS interpolation enhanced with an optimized S-shaped quintic feedrate scheduling scheme[J]. The International Journal of Advanced Manufacturing Technology,2015,77:1889-1905

[29] 史中权,叶文华. 多轴联动条件下插补速度实时可调的前瞻控制算法[J]. 航空学报,2014(2):582-592.

[30] 肖钊,杨旭静,王伏林. 曲面数控加工中面向 NURBS 刀具路径生成的刀位点分段算法[J]. 计算机辅助设计与图形学学报,2011,23(6):1561-1566.

[31] Liu Huan,Liu Qiang,Zhou Shengkai,et al. A NURBS interpolation method with minimal feed rate fluctuation for CNC

machine tools[J]. The International Journal of Advanced Manufacturing Technology,2015,78:1241 – 1250.

[32] Travis F,Schraeder,Rida T,F. Experimental performance analysis of an inverse dynamics CNC compensation scheme for high – speed execution of curved toolpaths[J]. The International Journal of Advanced Manufacturing Technology,2014, 73:195 – 208.

[33] 李玲,魏玮. 一种基于椭圆插值的随机曲线生成算法[J]. 河北工业大学学报,2012,41(5):20 – 26.

[34] Qiu Wenwang,Liu Qiang,Yuan Songmei. Modeling of cutting forces in orthogonal turn – milling with round insert cutters [J]. The International Journal of Advanced Manufacturing Technology,2015,78:1211 – 1222.

[35] Wang Aizeng,Zhao Gang. Wave lets based quantitative design of B – spline curves[J]. Expert Systems with Applications, 2014,41:6871 – 6875.

[36] Rida T F,Tsai Yi Feng,et al. Exact Taylor series coefficients for variable – feedrate CNC curve interpolators[J]. Computer – Aided Design,2001,33(2):155 – 165.

[37] Alexander Y,Zhang Ke,Yusuf A. Smooth trajectory generation for five – axis machine tools[J]. International Journal of Machine Tools & Manufacture,2013,71:11 – 19.

[38] Xu H Y,Tam H Y,Iso phote interpolation[J]. Computer – Aided Design,2003,35(14):1337 – 1344.

[39] 孟书云,赵东标. 复杂曲面笔式加工仿真系统研制[J]. 机械设计与制造,2010(12):132 – 134.

[40] Liu Min,Huang Yu,Yin Ling,et al. Development and implementationofa NURBS interpolator with smooth feed rate scheduling for CNC machine tools[J]. International Journal of Machine Tools & Manufacture,2014,87:1 – 15.

[41] Sun Yuwen,Zhao Yang,Xu Jinting,et al. The feed rate scheduling of parametric interpolator with geometry,Process and drive constraints for multi – axis CNC machine tools[J]. International Journal of Machine Tools & Manufacture,2014, 85:49 – 57.

[42] Chen Mo,Zhao Wan Sheng,Xi Xue Cheng. Augmented Taylor's expansion method for B – spline curve interpolation for CNC machinetools[J]. International Journal of Machine Tools & Manufacture,2015,94:109 – 119.

[43] Kima Yong – Joon,Gershon E,Michael B,et al. Precise gouging – free tool orientations for 5 – axis CNC machining[J]. Computer – Aided Design,2015,58:220 – 229.

[44] 刘宏利. 基于极坐标系的数据插补算法的宏程序的开发及应用[J]. 机械科学与技术,2009(10):1321 – 1324.

[45] 侯雪滨. NURBS 插补技术在复杂曲面数控加工中的应用[J]. 机械管理开发,2012(1):20 – 23.

[46] Zhao Huan,Zhu Li Min,Ding Han. A parametric interpolator with minimal feed fluctuation for CNC machine tools using arc – length compensation and feedback correction[J]. International Journal of Machine Tools & Manufacture,2013,75: 1 – 8.

[47] 孟书云,赵东标. 参数曲面上投影曲线的直接插补算法[J]. 华南理工大学学报(自然科学版),2006,34(2): 88 – 91.

[48] 温华锋. 具有自由曲线插补功能的运动控制器的设计与实现[D]. 哈尔滨工业大学,2012.

[49] 季国顺,王文,陈子辰. 基于预估 – 校正公式的参数曲线插补算法[J]. 浙江大学学报,2008,42(10):1765 – 1769.

[50] Wang Jun bin,Yau Hong Tzong. Universal real – time NURBS interpolator on a PC – based controller[J]. The International Journal of Advanced Manufacturing Technology,2014,71:497 – 507.

[51] 朱昊,刘京南,杨安康,等. 基于 NURBS 模型的自由曲线加工轨迹自适应生成方法(英文)[J]. Journal of Southeast University(English Edition),2014(3):296 – 301.

[52] 刘志峰,张森,蔡力钢,等. 基于粒子群优化五阶段 S 曲线加减速控制算法[J]. 北京工业大学学报,2015(5): 641 – 648.

[53] 周胜德,梁宏斌,乔宇. 基于 NURBS 曲线插补的五段 S 曲线加减速控制方法研究[J]. 组合机床与自动化加工技术,2011(4):37 – 41,46.

[54] Feng Jingchun,Li Yuhao,Wang Yuhan,et al. Design of a real – time adaptive NURBS interpolator with axis acceleration limit[J]. The International Journal of Advanced Manufacturing Technology,2010,48:227 – 241.

[55] 徐文尚. 计算机控制系统[M]. 2 版. 北京:北京大学出版社,2014:1 – 9.

[56] 康波,李云霞. 计算机控制系统[M]. 北京:电子工业出版社,2015:1 – 5.

[57] 汪木兰编. 数控原理及系统[M]. 北京:机械工业出版社,2004:249 – 257.

[58] 郭艳玲,王海滨,徐达丽.机床数控系统[M].哈尔滨:东北林业大学出版社,2011:225－230.

[59] 韩建海.数控技术及装备[M].武汉:华中科技大学出版社,2007:31－45.

[60] 黄国权,田浩鹏,赵林.数控技术[M].哈尔滨:哈尔滨工程大学出版社,2013:80－82.

[61] 李莉芳,周克媛,黄伟.数控技术及应用[M].北京:清华大学出版社,2012:66－68.

[62] 翟庆钟,王卫兵,冯静安,等.基于Stewart平台的六轴并联机床的研究[J].机械,2013(11):16－19.

[63] 房立金.并联机床发展探讨[J].航空制造技术,2008(17):74－77.

[64] 梁桥康,王耀南,彭楚武.数控系统[M].北京:清华大学出版社,2013:269－273.

[65] 隋秀凛,高安邦.实用机床设计手册[M].北京:机械工业出版社,2010:27－28.

[66] GB/T 18759.1—2002,《机械电气设备 开放式数控系统 第1部分:总则》[Z].

[67] 秦承刚.开放式数控系统的实时操作系统优化技术研究与应用[D].沈阳:中国科学院研究生院(沈阳计算技术研究所),2012:1－10.

[68] 石宏,蔡光起,史家顺.开放式数控系统的现状与发展[J].机械制造,2005,43(490):18－21.

[69] 林旺东.浅谈开放式数控系统的研究[J].OCCUPATION,2008(1):107－108.

[70] 王普,张蕾,郝立伟.基于RTX的全软件数控系统的研究[J].燕山大学学报,2007,31(6):513－516.

[71] 赵春红,秦现生,唐红.基于PC的开放式数控系统研究[J].机械科学与技术,2005,24(9):1108－1113.

[72] 曹川川.基于PMAC的加工中心开放式数控系统研究[D].天津:天津职业技术师范大学,2015:1－2.

[73] 乐小燕.基于Windows的Open CNC技术在制码控制系统中的应用[D].南昌:南昌大学,2006:2－4.

[74] 韩伟,宋明伟,魏志强,等.基于Windows的华中世纪星数控系统PLC编程系统设计[J].机床与液压,2011,39(14):97－99.

[75] 钟超扬.开放体系结构的华中I型数控系统[J].WMEM,2002,(1):33－35.

[76] 叶伯生,朱志红,熊清平.计算机数控系统原理、编程与操作[M].武汉:武汉华中理工大学出版社,1999:95－123.

[77] 叶伯生.数控原理及系统[M].北京:中国劳动社会保障出版社,2003:123－155.

[78] 天津维杰泰克自动化技术有限公司.AT6400运动控制卡用户使用手册[Z].2003,6.

[79] 彭玉海.基于PMAC的数控系统研究与开发[D].西安:西安理工大学,2007:7－19.

[80] 陈清德,陈永明.纯软件开放式数控系统ServoWorks CNC及其应用[J].WMEM,2007(3):72－74.

[81] 林万强.KT600－基于光纤伺服总线的开放式数控系统[J].制造技术与机床,2008(11):139－141.

[82] 韩建海.工业机器人[M].武汉:华中科技大学出版社,2009:7－9.

[83] 蒋刚,龚迪琛,蔡勇,等.工业机器人[M].成都:西南交通大学出版社,2011:17－61.

[84] 蔡自兴.机器人学基础[M].北京:机械工业出版社,2013:67－70.

[85] 兰虎.工业机器人技术及应用[M].北京:机械工业出版社,2014:52－65.

[86] 王忠敏.嵌入式系统原理与应用[M].北京:高等教育出版社,2011:3－7.

[87] Alessio R,Enrico M H,Darwin G C,et al. OpenSoT: a Whole－Body Control Library for the Compliant Humanoid Robot COMAN[J]. 2015 IEEE International Conference on Robotics and Automation (ICRA),2015,6248－6253.

[88] Ruben S,Tinne D L,Kasper C,et al. iTASC: a Tool for Multi－Sensor Integration in Robot Manipulation[J]. IEEE International Conference on Multisensor Fusion and Integration for Intelligent Systems,2008,426－433.

[89] 金锋.PMSM伺服系统的非脆弱控制[M].沈阳:东北大学出版社,2013:38－43.

[90] 陈德道.数控技术及其应用[M].北京:国防工业出版社,2009:85－88.

[91] 薛惠芳,郑海明.机电一体化系统设计[M].北京:中国质检出版社,中国标准出版社,2012:94－97.

[92] 吴黎明.数字控制技术[M].北京:科学出版社,2011,195－198.

[93] 许勇.工业通信网络技术和应用[M].西安:西安电子科技大学出版社,2013:289－192.

[94] 赵雪岩,杨春燕,熊伟.最新接口器件应用手册[M].西安:西安电子科技大学出版社,2008:123－126.

[95] 甘永梅,刘晓娟,晃武杰.现场总线技术及其应用[M].2版.北京:机械工业出版社,2008:84－203.

[96] 郭琼.现场总线技术及其应用[M].北京:机械工业出版社,2011:36－40.

[97] 王振力,孙平,刘洋.工业控制网络[M].北京:人民邮电出版社,2012:135－139.

[98] 舒志兵.现场总线网络化多轴运动控制系统研究与应用[M].上海:上海科学技术出版社,2012:81－84.

[99] 吴勤勤. 控制仪表及装置[M]. 北京：化学工业出版社,2013:280－282.

[100] 李仁. 电气控制技术[M]. 3 版. 北京：机械工业出版社,2008:230－237.

[101] 陈在平,岳有军. 工业控制网络与现场总线技术[M]. 北京：机械工业出版社,2006:143－147.

[102] 负卫国,何波. 现代可编程控制器及其通信网络[M]. 西安：陕西科学技术出版社,2004:122－125.

[103] 张少军,谭志. 计算机网络与通信技术[M]. 北京：清华大学出版社,2012:284－289.

[104] 张吉堂,刘永姜. 现代数控原理及系统[M]. 北京：国防工业出版社,2009.

[105] 王先逵. 机床数字控制技术手册.[M]. 北京：国防工业出版社,2013,10.

[106] 王爱玲. 机床数控技术[M]. 2 版. 北京：高等教育出版社,2013.